全国造价工程师考试命题研究组 编

押题宝 Yatibao
配有软件

全国造价工程师

考点划分与解析

建设工程计价/建设工程造价管理/建设工程案例分析

黄河水利出版社

图书在版编目(CIP)数据

全国造价工程师考点划分与解析/全国造价工程师考试命题研究组编.-郑州:黄河水利出版社,2014.6

ISBN 978-7-5509-0813-0

Ⅰ.①全… Ⅱ.①全 … Ⅲ.①建筑造价管理-工程师-资格考试-自学参考资料 Ⅳ.①TU723.3

中国版本图书馆 CIP 数据核字(2014)第 114493 号

出 版 社:黄河水利出版社

地址:河南省郑州市顺河路黄委会综合楼 14 层　　邮政编码:450003

发行单位:黄河水利出版社

发行部电话:0371-66026940、66020550、66028024、66022620(传真)

E-mail:hhslcbs@126.com

承印单位:河南省地质彩色印刷厂

开本:787 mm×1 092 mm　1/16

印张:23.5

字数:543 千字　　印数:1—2 000

版次:2014 年 6 月第 1 版　　印次:2014 年 6 月第 1 次印刷

定价:150.00 元

目　　录

建设工程造价管理

第一章 工程造价管理及其基本制度……3
第一节 工程造价的基本内容……3
第二节 工程造价管理的组织和内容……4
第三节 工程造价专业人员管理制度……7
第四节 工程造价咨询管理制度……12
第五节 工程造价管理的发展……15
第二章 相关法规法律……18
第一节 合同法及价格法……18
第二节 建筑法及相关条例……25
第三节 招标投标及其实施条例……33
第三章 工程项目管理……37
第一节 工程项目管理概述……37
第二节 工程项目的组织……41
第三节 工程项目的计划与控制……43
第四节 流水施工组织方法……48
第五节 工程网络计划技术……52
第六节 工程项目风险管理……62
第四章 工程经济……65
第一节 资金的时间价值及其计算……65
第二节 投资方案经济效果评价……70
第三节 价值工程……76
第四节 工程寿命周期成本分析……81
第五章 工程项目投融资……84
第一节 工程项目资金来源……84
第二节 工程项目融资……94

第三节 与工程项目有关的税收及保险规定……98
第六章 工程建设全过程造价管理……111
第一节 决策阶段造价管理……111
第二节 设计阶段造价管理……118
第三节 发承包阶段造价管理……128
第四节 施工阶段造价管理……144

建设工程计价

第一章 建设工程造价构成……157
第一节 概述……157
第二节 设备及工器具购置费用的构成和计算……158
第三节 建筑安装工程费用构成和计算……160
第四节 工程建设其他费用的构成和计算……165
第五节 预备费和建设期利息的计算……168
第二章 建设工程计价方法及计价依据……170
第一节 工程计价方法……170
第二节 工程量清单计价与计量规范……173
第三节 建筑安装工程人工、材料及机械台班定额消耗量……175
第四节 建筑安装工程人工、材料及机械台班单价……180
第五节 工程计价定额……182
第六节 工程造价信息……186
第三章 建设项目决策和设计阶段工程造价的预测……190
第一节 投资估算的编制……190
第二节 设计概算的编制……199
第三节 施工图预算的编制……203
第四章 建设项目发承包阶段合同价款的约定……208
第一节 发承包方式与招标文件的编制……208
第二节 招标工程量清单与招标控制价的编制……210
第三节 投标文件及投标报价的编制……215
第四节 中标价及合同价款的约定……220
第五节 工程总承包及国际工程合同价款的约定……223
第五章 建设项目施工阶段合同价款的调整和结算……229
第一节 合同价款调整……229
第二节 工程计量与合同价款结算……237

第三节 工程总承包和国际工程合同价款的结算……245
第六章 建设项目竣工决算的编制和竣工后质量保证金的处理……255
第一节 竣工验收……255
第二节 竣工决算……260
第三节 质量保证金的处理……265

建设工程造价案例分析

第一章 建设项目投资估算与财务评价……269
第一节 建设项目投资估算……269
第二节 建设项目财务分析……276
第三节 建设项目不确定性分析与风险分析……280
第二章 工程设计、施工方案技术经济分析……287
第一节 工程设计、施工方案综合评价……287
第二节 工程设计、施工方案比选与优化……290
第三节 工程网络计划的调整与优化……298
第三章 工程计量与计价……307
第一节 工程量计算……307
第二节 工程计价定额的编制……310
第三节 设计概算、施工图预算的编制……316
第四节 工程量清单计价……320
第四章 建设工程招标投标……325
第一节 工程招标程序与方式……325
第二节 工程评标与定标……336
第三节 工程投标策略与方法……339
第五章 工程合同价款管理……341
第一节 工程合同价的类型及其适用条件……341
第二节 工程变更的处理……348
第三节 工程索赔的计算与审核……350
第四节 工程合同争议的处理……352
第六章 工程结算与决算……355
第一节 工程价款支付与结算……355
第二节 资金使用计划与投资偏差分析……360
第三节 竣工决算的编制……362

建设工程造价管理

第一章 工程造价管理及其基本制度

章	节
第一章 工程造价管理及其基本制度	第一节 工程造价的基本内容
	第二节 工程造价管理的组织和内容
	第三节 工程造价专业人员管理制度
	第四节 工程造价咨询管理制度
	第五节 工程造价管理的发展

第一节 工程造价的基本内容

<table>
<tr><th>本节要点</th><th colspan="2">本节内容</th></tr>
<tr><td rowspan="2">工程造价含义</td><td>从投资者（业主）的角度分析，工程造价是指建设一项工程预期开支或实际开支的全部固定资产投资费用。也就是建设工程项目固定资产总投资。</td><td rowspan="2">这两种含义实质上就是以不同角度把握同一事物的本质。对市场经济条件下的投资者来说，工程造价就是项目投资，是“购买”工程项目要付出的价格；同时，工程造价也是投资者作为市场供给主体“出售”工程项目时确定价格和衡量投资经济效益的尺度。</td></tr>
<tr><td>从市场交易的角度分析，工程造价是指为建成一项工程，预计或实际在土地市场、设备市场、技术劳务市场以及工程承包发包市场等交易活动中所形成的建筑安装工程价格或建设工程总价格。</td></tr>
<tr><td>工程承发包价格</td><td colspan="2">是工程造价中一种重要的、也是较为典型的价格交易形式，是在建筑市场通过招标投标，由需求主体（投资者）和供给主体（承包商）共同认可的价格。</td></tr>
<tr><td>工程计价的特征</td><td colspan="2">1.计价的单件性。产品的单件性决定了每项工程都必须单独计算造价。
2.计价的多次性。投资估算是建设项目进行决策、筹集资金和合理控制造价的主要依据。概算造价一般分为：建设项目概算总造价、各个单项工程概算综合造价、各单位工程概算造价。
3.计价的组合性。
4.计价方法的多样性。工程的多次计价有各不相同的计价依据，每次计价的精确度要求也各不相同，由此决定了计价方法的多样性。例如，投资估算的方法有设备系数法、生产能力指数估算法等；计算概、预算造价的方法有单价法和实物法等。
5.计价依据的复杂性。</td></tr>
</table>

静态投资与动态投资	静态投资是以某一基准年、月的建设要素的价格为依据所计算出的建设项目投资的瞬时值。静态投资包括：建筑安装工程费、设备和工器具购置费、工程建设其他费用、基本预备费，以及因工程量误差而引起的工程造价的增减等。	静态投资和动态投资密切相关。动态投资包含静态投资，静态投资是动态投资最主要的组成部分，也是动态投资的计算基础。
	动态投资是指为完成一个工程项目的建设，预计投资需要量的总和。动态投资除包括静态投资，还包括建设期贷款利息、投资方向调节税、涨价预备费等。动态投资概念较为符合市场价格运行机制，使投资的估算、计划、控制更加符合实际。	
建设项目总投资	建设项目总投资是指投资主体为获取预期收益，在选定的建设项目上所需投入的全部资金。建设项目按用途可分为生产性建设项目和非生产性建设项目。生产性建设项目总投资包括固定资产投资和流动资产投资两部分；非生产性建设项目总投资只包括固定资产投资，不含流动资产投资。建设项目总造价是指项目总投资中的固定资产投资总额。	
固定资产投资	固定资产投资是投资主体为达到预期收益的资金垫付行为。我国的固定资产投资包括基本建设投资、更新改造投资、房地产开发投资和其他固定资产投资四种。	
建筑安装工程造价	建筑安装工程造价亦称建筑安装产品价格。从投资的角度看，它是建设项目投资中的建筑安装工程部分的投资，也是工程造价的组成部分。从市场交易角度看，建筑安装工程实际造价是投资者和承包商双方共同认可的、由市场形成的价格。	

第二节　工程造价管理的组织和内容

本节要点		本节内容
工程造价管理	建设工程投资费用管理	建设工程投资费用管理是指为了实现投资的预期目标，在规划、设计方案条件下，预测、确定和监控工程造价及其变动的系统活动。建设工程投资费用管理属于投资管理范畴，它既涵盖了微观层次的项目投资费用管理，也涵盖了宏观层次的投资费用管理。
	建设工程价格管理	建设工程价格管理属于价格管理范畴。在市场经济条件下，价格管理一般分为两个层次：在微观层次上，是指生产企业在掌握市场价格信息的基础上，为实现管理目标而进行的成本控制、计价、定价和竞价的系统活动。在宏观层次上，是指政府部门根据社会经济发展的实际需要，利用现有的法律、经济和行政手段对价格进行管理和调控，并通过市场管理规范市场主体价格行为的系统活动。

建设工程全面造价管理	全寿命期造价管理	建设工程全寿命期造价是指建设工程初始建造成本和建成后的日常使用成本之和，它包括建设前期、建设期、使用期及拆除期各个阶段的成本。由于在实际管理过程中，在工程建设及使用的不同阶段，工程造价存在诸多不确定性，因此全寿命期造价管理至今只能作为一种实现建设工程全寿命期造价最小化的指导思想，指导建设工程的投资决策及设计方案的选择。
	全过程造价管理	全过程造价管理是指覆盖建设工程策划决策及建设实施各个阶段的造价管理。包括：前期决策阶段的项目策划、投资估算、项目经济评价、项目融资方案分析；设计阶段的限额设计、方案比选、概预算编制；招标投标阶段的标段划分、承包发包模式及合同形式的选择、标底编制；施工阶段的工程计量与结算、工程变更控制、索赔管理；竣工验收阶段的竣工结算与决算等。
	全要素造价管理	控制建设工程造价不仅仅是控制建设工程本身的建造成本，还应同时考虑工期成本、质量成本、安全与环境成本的控制，从而实现工程成本、工期、质量、安全、环境的集成管理。全要素造价管理的核心是按照优先性的原则，协调和平衡工期、质量、安全、环保与成本之间的对立统一关系。
	全方位造价管理	建设工程造价管理不仅仅是业主或承包单位的任务，而应该是政府建设主管部门、行业协会、建设单位、设计单位、施工单位以及有关咨询机构的共同任务。尽管各方的地位、利益、角度等有所不同，但必须建立完善的协同工作机制，才能实现建设工程造价的有效控制。
工程造价管理的组织系统	政府行政管理系统	1. 国务院建设主管部门造价管理机构。主要职责是： （1）组织制定工程造价管理有关法规、制度并组织贯彻实施； （2）组织制定全国统一经济定额和制订、修订本部门经济定额； （3）监督指导全国统一经济定额和本部门经济定额的实施； （4）制定和负责全国工程造价咨询企业的资质标准及其资质管理工作； （5）制定全国工程造价管理专业人员执业资格准入标准，并监督执行。 2. 国务院其他部门的工程造价管理机构。包括：水利、水电、电力、石油、石化、机械、冶金、铁路、煤炭、建材、林业、军队、有色、核工业、公路等行业的造价管理机构。主要是修订、编制和解释相应的工程建设标准定额，有的还担负本行业大型或重点建设项目的概算审批、概算调整等职责。 3. 省、自治区、直辖市工程造价管理部门。主要职责是修编、解释当地定额、收费标准和计价制度等。此外，还有审核国家投资工程的标底、结算、处理合同纠纷等职责。
	企事业单位管理系统	企事业单位对工程造价的管理，属微观管理的范畴。设计单位、工程造价咨询企业等按照业主或委托方的意图，在可行性研究和规划设计阶段合理确定和有效控制建设工程造价，通过限额设计等手段实现设定的造价管理目标；在招标投标工作中编制招标文件、标底，参加评标、合同谈判等工作；在项目实施阶段，通过对设计变更、工期、索赔和结算等管理进行造价控制。设计单位、工程造价咨询机构通过在全过程造价管理中的业绩，赢得自己的信誉，提高市场竞争力。工程承包企业的造价管理是企业自身管理的重要内容。工程承包企业设有自己专门的职能机构参与企业的投标决策，并通过对市场的调查研究，利用过去积累的经验，研究报价策略，提出报价；在施工过程中，进行工程造价的动态管理，注意各种调价因素的发生和工程价款的结算，避免收益的流失，以促进企业盈利目标的实现。

工程造价管理的组织系统	行业协会管理系统	中国建设工程造价管理协会是经住房和城乡建设部和民政部批准成立的，代表我国建设工程造价管理的全国性行业协会，是亚太区测量师协会（PAQS）和国际工程造价联合会（ICEC）等相关国际组织的正式成员。全国性造价管理协会与地方造价管理协会是平等、协商、相互支持的关系，地方协会接受全国性协会的业务指导，共同促进全国工程造价行业管理水平的整体提升。
工程造价管理的主要内容	工程项目策划阶段	按照有关规定编制和审核投资估算，经有关部门批准，即可作为拟建工程项目策划决策的控制造价；基于不同的投资方案进行经济评价，作为工程项目决策的重要依据。
	工程设计阶段	在限额设计、优化设计方案的基础上编制和审核工程概算、施工图预算。对于政府投资工程而言，经有关部门批准的工程概算，将作为拟建工程项目造价的最高限额。
	工程发承包阶段	进行招标策划、编制和审核工程量清单、招标控制价或标底，确定投标报价及其策略，直至确定承包合同价。
	工程施工阶段	进行工程计量及工程款支付管理，实施工程费用动态监控，处理工程变更和索赔，编制和审核工程结算、竣工决算，处理工程保修费用。
工程造价管理基本原则	以设计阶段为重点的全过程造价管理	工程造价控制贯穿于项目建设全过程的同时，应注重工程设计阶段的造价控制。工程造价控制的关键在于前期决策和设计阶段，而在项目投资决策完成后，控制工程造价的关键就在于设计。要有效地控制建设工程造价，就应将工程造价管理的重点转到工程项目策划决策阶段。
	主动控制与被动控制相结合	在工程建设全过程中进行这样的工程造价控制当然有意义。但这种立足于调查—分析—决策基础之上的偏离—纠偏—再纠偏的控制是一种被动控制，因为这样做只能发现偏离，还必须立足于事先主动地采取控制措施，实施主动控制。
	技术与经济相结合	这是控制工程造价最有效的手段。要有效地控制工程造价，应从组织、技术、经济等多方面采取措施。从组织上采取的措施，包括明确项目组织结构，明确造价控制者及其任务，明确管理职能分工；从技术上采取措施，包括重视设计多方案选择，严格审查监督初步设计、技术设计、施工图设计、施工组织设计，深入技术领域研究节约投资的可能性；从经济上采取措施，包括动态地比较造价的计划值和实际值，严格审核各项费用支出，采取对节约投资的有力奖励措施等。

第三节 工程造价专业人员管理制度

本节要点	本节内容
造价工程师的素质要求	1. 造价工程师是复合型的专业管理人才。作为工程造价管理者，造价工程师应是具备工程、经济和管理知识与实践经验的高素质复合型专业人才。 2. 造价工程师应具备技术技能。技术技能是指能使用由经验、教育及培训的知识、方法、技能及设备，来达到特定任务的能力。 3. 造价工程师应具备人文技能。人文技能是指与人共事的能力和判断力。造价工程师应具有高度的责任心与协作精神，善于与业务有关的各方面人员沟通、协作，共同完成对项目目标的控制或管理。 4. 造价工程师应具备观念技能。观念技能是指了解整个组织及自己在组织中地位的能力，使自己不仅能按本身所属的群体目标行事，而且能按整个组织的目标行事。同时，造价工程师应有一定的组织管理能力，具有面对机遇与挑战积极进取，勇于开拓的精神。 5. 造价工程师应有健康的体魄。健康的心理和较好的身体素质是造价工程师适应紧张、繁忙工作的基础。
造价工程师的职业道德	1. 遵守国家法律、法规和政策，执行行业自律性规定，珍惜职业声誉，自觉维护国家和社会公共利益。 2. 遵守“诚信、公正、精业、进取”的原则，以高质量的服务和优秀的业绩，赢得社会和客户对造价工程师职业的尊重。 3. 勤奋工作，独立、客观、公正、正确地出具工程造价成果文件，使客户满意。 4. 诚实守信，尽职尽责，不得有欺诈、伪造、作假等行为。 5. 尊重同行，公平竞争，搞好同行之间的关系，不得采取不正当的手段损害、侵犯同行的权益。 6. 廉洁自律，不得索取、收受委托合同约定以外的礼金和其他财物，不得利用职务之便谋取其他不正当的利益。 7. 造价工程师与委托方有利害关系的应当主动回避；同时，委托方也有权要求其回避。 8. 对客户的技术和商务秘密负有保密义务。 9. 接受国家和行业自律组织对其职业道德行为的监督检查。
造价工程师执业资格考试	凡从事工程建设活动的建设、设计、施工、工程造价咨询、工程造价管理等单位和部门，必须在计价、评估、审查（核）、控制及管理等岗位配备有造价工程师执业资格的专业技术管理人员。

<table>
<tr><td rowspan="4">造价工程师注册</td><td>注册管理部门</td><td>国务院建设主管部门作为造价工程师注册机关，负责全国注册造价工程师的注册和执业活动，实施统一的监督管理工作。
各省、自治区、直辖市人民政府建设主管部门对本行政区域内作为造价工程师的省级注册、执业活动的初审机关，对其行政区域内造价工程师的注册、执业活动实施监督管理。
国务院铁道、交通、水利、信息产业等相关专业部门作为造价工程师的注册初审机关，负责对其管辖范围内造价工程师的注册、执业活动实施监督管理。</td></tr>
<tr><td>注册条件</td><td>1. 取得造价工程师执业资格；
2. 受聘于一个工程造价咨询企业或者工程建设领域的建设、勘察设计、施工、招标代理、工程监理、工程造价管理等单位；
3. 没有不予注册的情形。</td></tr>
<tr><td>注册程序</td><td>取得造价工程师执业资格证书的人员申请注册的，应当向聘用单位工商注册所在地的省级注册初审机关或者部门注册初审机关提出注册申请。
对申请初始注册的，注册初审机关应当自受理申请之日起 20 日内审查完毕，并将申请材料和初审意见报注册机关。注册机关应当自受理之日起 20 日内做出决定。
对申请变更注册、延续注册的，注册初审机关应当自受理申请之日起 5 日内审查完毕，并将申请材料和初审意见报注册机关。注册机关应当自受理之日起 10 日内做出决定。</td></tr>
<tr><td>初始注册</td><td>取得造价工程师执业资格证书的人员，可自资格证书签发之日起 1 年内申请初始注册。逾期未申请者，须符合继续教育的要求后方可申请初始注册。初始注册的有效期为 4 年。
申请初始注册的，应当提交下列材料：
1. 初始注册申请表；
2. 执业资格证件和身份证件复印件；
3. 与聘用单位签订的劳动合同复印件；
4. 工程造价岗位工作证明；
5. 取得造价工程师执业资格证书的人员，自资格证书签发之日起 1 年后申请初始注册的，应当提供继续教育合格证明；
6. 受聘于具有工程造价咨询企业资质的中介机构的，应当提供聘用单位为其缴纳的社会基本养老保险凭证、人事代理合同复印件，或者劳动、人事部门颁发的离退休证复印件；
7. 外国人、台港澳人员应提供外国人就业许可证书、台港澳人员就业证书复印件。</td></tr>
</table>

造价工程师注册	延续注册	注册造价工程师注册有效期满需继续执业的，应当在注册有效期满 30 日前，按照规定的程序申请延续注册。延续注册的有效期为 4 年。 申请延续注册的，应当提交下列材料： 1. 延续注册申请表； 2. 造价工程师注册证书； 3. 与聘用单位签订的劳动合同复印件； 4. 前一个注册期内的工作业绩证明； 5. 继续教育合格证明。
	变更注册	在注册有效期内，注册造价工程师变更执业单位的，应当与原聘用单位解除劳动合同，并按照规定的程序办理变更注册手续。变更注册后延续原注册有效期。 申请变更注册的，应当提交下列材料： 1. 变更注册申请表； 2. 造价工程师注册证书； 3. 与新聘用单位签订的劳动合同复印件； 4. 与原聘用单位解除劳动合同的证明文件； 5. 受聘于具有工程造价咨询企业资质的中介机构的，应当提供聘用单位为其缴纳的社会基本养老保险凭证、人事代理合同复印件，或者劳动、人事部门颁发的离退休证复印件； 6. 外国人、台港澳人员应当提供外国人就业许可证书、台港澳人员就业证书复印件。
	注册证书和执业印章	注册证书和执业印章是注册造价工程师的执业凭证，应当由注册造价工程师本人保管、使用。造价工程师注册证书和执业印章由注册机关核发。注册造价工程师遗失注册证书、执业印章，应当在公众媒体上声明作废后，按照规定的程序申请补发。
	不予注册的情形	1. 不具有完全民事行为能力的； 2. 申请在两个或者两个以上单位注册的； 3. 未达到造价工程师继续教育合格标准的； 4. 前一个注册期内造价工作业绩达不到规定标准或未办理暂停执业手续而脱离工程造价业务岗位的； 5. 受刑事处罚，刑事处罚尚未执行完毕的； 6. 因工程造价业务活动受刑事处罚，自刑事处罚执行完毕之日起至申请注册之日止不满 5 年的； 7. 因工程造价业务活动以外的原因受刑事处罚，自处罚决定之日起至申请注册之日止不满 3 年的； 8. 被吊销注册证书，自被处罚决定之日起至申请之日止不满 3 年的； 9. 以欺骗、贿赂等不正当手段获准注册被撤消，自被撤消注册之日起至申请注册之日止不满 3 年的； 10. 法律、法规规定不予注册的其他情形。

造价工程师注册	注册证书失效、撤销注册及注销注册	注册证书失效。注册造价工程师有下列情形之一的，其注册证书失效： 1. 已与聘用单位解除劳动合同且未被其他单位聘用的； 2. 注册有效期满且未延续注册的； 3. 死亡或者不具有完全民事行为能力的； 4. 其他导致注册失效的情形。
		撤销注册。有下列情形之一的，注册机关或其上级行政机关依据职权或者根据利害关系人的请求，可以撤销注册造价工程师的注册： 1. 行政机关工作人员滥用职权、玩忽职守作出准予注册许可的； 2. 超越法定职权作出准予注册许可的； 3. 违反法定程序作出准予注册许可的； 4. 对不具备注册条件的申请人作出准予注册许可的； 5. 依法可以撤销注册的其他情形。 同时，申请人以欺骗、贿赂等不正当手段获准注册的，应当予以撤销。
		注销注册。有下列情形之一的，由注册机关办理注销注册手续，收回注册证书和执业印章或者公告其注册证书和执业印章作废： 1. 有注册证书失效情形发生的； 2. 依法被撤销注册的； 3. 依法被吊销注册证书的； 4. 受到刑事处罚的； 5. 法律、法规规定应当注销注册的其他情形。 注册造价工程师有上述情形之一的，注册造价工程师本人和聘用单位应当及时向注册机关提出注销注册的申请；有关单位和个人有权向注册机关举报；县级以上地方人民政府建设主管部门或者其他有关部门应当及时告知注册机关。
	重新注册	被注销注册或者不予注册者，在具备注册条件后重新申请注册的，按照规定的程序办理。
	暂停执业	在注册有效期内，注册造价工程师因特殊原因需要暂停执业的，应当到注册初审机构办理暂停执业手续，并交回注册证书和执业印章。
	信用制度	注册造价工程师及其聘用单位应当按照规定，向注册机关提供真实、准确、完整的注册造价工程师信用档案信息。注册造价工程师信用档案应当包括造价工程师的基本情况、业绩、良好行为、不良行为等内容。违法违规行为、被投诉举报处理、行政处罚等情况应当作为造价工程师的不良行为记入其信用档案。注册造价工程师信用档案信息按规定向社会公示。
造价工程师执业	注册造价工程师的执业范围	1. 建设项目建议书、可行性研究投资估算的编制和审核，项目经济评价，工程概算、预算、结算，竣工结（决）算的编制和审核； 2. 工程量清单、标底（或者控制价）、投标报价的编制和审核，工程合同价款的签订及变更、调整，工程款支付与工程索赔费用的计算； 3. 建设项目管理过程中设计方案的优化、限额设计等工程造价分析与控制，工程保险理赔的核查； 4. 工程经济纠纷的鉴定。

<table>
<tr><td rowspan="2">造价工程师执业</td><td>注册造价工程师的权利</td><td>1. 使用注册造价工程师名称；
2. 依法独立执行工程造价业务；
3. 在本人执业活动中形成的工程造价成果文件上签字并加盖执业印章；
4. 发起设立工程造价咨询企业；
5. 保管和使用本人的注册证书和执业印章；
6. 参加继续教育。</td></tr>
<tr><td>注册造价工程师的义务</td><td>1. 遵守法律、法规和有关管理规定，恪守职业道德；
2. 保证执业活动成果的质量；
3. 接受继续教育，提高执业水平；
4. 执行工程造价计价标准和计价方法；
5. 与当事人有利害关系的，应当主动回避；
6. 保守在执业中知悉的国家秘密和他人的商业、技术秘密。</td></tr>
<tr><td colspan="2">造价工程师继续教育</td><td>继续教育应贯穿于造价工程师的整个执业过程，是注册造价工程师持续执业资格的必备条件之一。注册造价工程师有义务接受并按要求完成继续教育。</td></tr>
<tr><td colspan="2">造价工程师法律责任</td><td>1. 对擅自从事工程造价业务的处罚。未经注册，以注册造价工程师的名义从事工程造价业务活动的，所签署的工程造价成果文件无效，由县级以上地方人民政府建设行政主管部门或者其他有关专业部门给予警告，责令停止违法活动，并可处以 1 万元以上，3 万元以下的罚款。
2. 对未提供信用档案信息的处罚。注册造价工程师或者其聘用单位未按照要求提供造价工程师信用档案信息的，由县级以上地方人民政府建设主管部门或者其他有关专业部门责令限期改正；逾期不改的，可处以 1 千元以上，1 万元以下的罚款。</td></tr>
<tr><td rowspan="3">造价员管理制度</td><td>造价员登记从业管理制度</td><td>造价员登记条件：
1. 取得证书。
2. 受聘于一个建设、设计、施工、工程造价咨询、招标代理、工程监理、工程咨询或工程造价管理等单位。
3. 无以下不予登记的情形：
（1）不具有完全民事行为能力；
（2）申请在两个或两个以上单位从业的；
（3）逾期登记且未达到继续教育要求的；
（4）已取得注册造价工程师证书，且在有效期内的；
（5）受刑事处罚未执行完毕的；
（6）在工程造价从业活动中，受行政处罚，且行政处罚决定之日至申请登记之日不满 2 年的；
（7）以欺骗、贿赂等不正当手段获准登记被注销的，自注销登记之日至申请登记之日不满 2 年的；
（8）法律、法规规定不予登记的其他情形。</td></tr>
<tr><td>从业</td><td>造价员应在本人完成的工程造价成果文件上签字、加盖从业印章，并承担相应的责任。</td></tr>
<tr><td>资格管理和继续教育</td><td>资格证书和从业印章应由本人保管、使用。资格证书原则上每 4 年验证一次，验证结论分为合格、不合格和注销三种。造价员应接受继续教育，每 2 年参加继续教育的时间累计不得少于 20 学时。</td></tr>
</table>

第四节　工程造价咨询管理制度

本节要点		本节内容
资质等级标准	甲级工程造价咨询企业资质标准	1. 已取得乙级工程造价咨询企业资质证书满3年； 2. 企业出资人中注册造价工程师人数不低于出资人总人数的60%，且其出资额不低于企业注册资本总额的60%； 3. 技术负责人是注册造价工程师，并具有工程或工程经济类高级专业技术职称，且从事工程造价专业工作15年以上； 4. 专职从事工程造价专业工作的人员（以下简称专职专业人员）不少于20人。其中，具有工程或者工程经济类中级以上专业技术职称的人员不少于16人，注册造价工程师不少于10人，其他人员均需要具有从事工程造价专业工作的经历； 5. 企业与专职专业人员签订劳动合同，且专职专业人员符合国家规定的职业年龄（出资人除外）； 6. 专职专业人员人事档案关系由国家认可的人事代理机构代为管理； 7. 企业注册资本不少于人民币100万元； 8. 企业近3年工程造价咨询营业收入累计不低于人民币500万元； 9. 具有固定的办公场所，人均办公建筑面积不少于10㎡； 10. 技术档案管理制度、质量控制制度、财务管理制度齐全； 11. 企业为本单位专职专业人员办理的社会基本养老保险手续齐全； 12. 在申请核定资质等级之日前3年内无违规行为。
	乙级工程造价咨询企业资质标准	1. 企业出资人中注册造价工程师人数不低于出资人总人数的60%，且其出资额不低于注册资本总额的60%； 2. 技术负责人是注册造价工程师，并具有工程或工程经济类高级专业技术职称，且从事工程造价专业工作10年以上； 3. 专职专业人员不少于12人，其中，具有工程或者工程经济类中级以上专业技术职称的人员不少于8人，注册造价工程师不少于6人，其他人员均需要具有从事工程造价专业工作的经历； 4. 企业与专职专业人员签订劳动合同，且专职专业人员符合国家规定的职业年龄（出资人除外）； 5. 专职专业人员人事档案关系由国家认可的人事代理机构代为管理； 6. 企业注册资本不少于人民币50万元； 7. 具有固定的办公场所，人均办公建筑面积不少于10㎡； 8. 技术档案管理制度、质量控制制度、财务管理制度齐全； 9. 企业为本单位专职专业人员办理的社会基本养老保险手续齐全； 10. 暂定期内工程造价咨询营业收入累计不低于人民币50万元； 11. 在申请核定资质等级之日前无违规行为。

资质许可的程序	甲级许可程序	申请甲级工程造价咨询企业资质的，首先应当向申请人工商注册所在地省、自治区、直辖市人民政府建设主管部门或者有关专业部门提出申请。省、自治区、直辖市人民政府建设主管部门、国务院有关专业部门应当自受理申请材料之日起 20 日内审查完毕，然后将初审意见和全部申请材料报国务院建设主管部门；最终由国务院建设主管部门自受理之日起 20 日内作出是否给予审批的决定。
	乙级许可程序	申请乙级工程造价咨询企业资质的，直接由省、自治区、直辖市人民政府建设行政主管部门审查决定。其中，申请有关专业乙级工程造价咨询企业资质的，由省、自治区、直辖市人民政府建设主管部门与同级的有关专业部门共同审查决定。乙级工程造价咨询企业资质许可的具体实施程序由省、自治区、直辖市人民政府建设主管部门依法确定。省、自治区、直辖市人民政府建设主管部门应当自作出决定之日起 30 日内，将准予资质许可的决定报国务院建设主管部门备案。
资质证书	资质证书的领取和补办	准予资质许可的造价咨询企业，资质许可机关应当向申请人颁发工程造价咨询企业资质证书。该资质证书由国务院建设主管部门统一印制，分正本和副本。正本和副本具有同等法律效力。如果工程造价咨询企业遗失了资质证书，应首先在公众媒体上声明作废后，向资质许可机关申请补办。
	资质证书的续期申请	工程造价咨询企业资质有效期为 3 年。资质有效期届满，需要继续从事工程造价咨询活动的，应当在资质有效期届满 30 日前向资质许可机关提出资质延续申请。资质许可机关应当根据申请作出是否准予延续的决定。准予延续的，资质有效期延续 3 年。
	资质证书的变更	工程造价咨询企业的名称、住所、组织形式、法定代表人、技术负责人、注册资本等事项发生变更的，应当自变更确立之日起 30 日内，到资质许可机关办理资质证书变更手续。工程造价咨询企业合并的，合并后存续或者新设立的工程造价咨询企业可以承继合并前各方中较高的资质等级，但应当符合相应的资质等级条件。工程造价咨询企业分立的，只能由分立后的一方承继原工程造价咨询企业资质，但应当符合原工程造价咨询企业资质等级条件。

资质的撤销和注销	撤销资质	有下列情形之一的，资质许可机关或者其上级机关，根据利害关系人的请求或者依据职权，可以撤销工程造价咨询企业资质： 1. 资质许可机关工作人员滥用职权、玩忽职守作出准予工程造价咨询企业资质许可的； 2. 超越法定职权作出准予工程造价咨询企业资质许可的； 3. 违反法定程序作出准予工程造价咨询企业资质许可的； 4. 对不具备行政许可条件的申请人作出准予工程造价咨询企业资质许可的； 5. 依法可以撤销工程造价咨询企业资质的其他情形。 同时，工程造价咨询企业以欺骗、贿赂等不正当手段取得工程造价咨询企业资质的，应当予以撤销。此外，工程造价咨询企业取得工程造价咨询企业资质后，如不再符合相应资质条件的，资质许可机关根据利害关系人的请求或者依据职权，可以责令其限期改正；逾期不改的，可以撤回其资质。
	注销资质	有下列情形之一的，资质许可机关应当依法注销工程造价咨询企业资质： 1. 工程造价咨询企业资质有效期满，未申请延续的； 2. 工程造价咨询企业资质被撤销、撤回的； 3. 工程造价咨询企业依法终止的； 4. 法律、法规规定的应当注销工程造价咨询企业资质的其他情形。
业务承接	级别规定	甲级工程造价咨询企业可以从事各类建设项目的工程造价咨询业务；乙级工程造价咨询企业可以从事工程造价 5000 万元人民币以下的各类建设项目的工程造价咨询业务。
	业务范围	1. 建设项目建议书及可行性研究投资估算、项目经济评价报告的编制和审核； 2. 建设项目概预算的编制与审核，并配合设计方案比选、优化设计、限额设计等工作进行工程造价分析与控制； 3. 建设项目合同价款的确定（包括招标工程工程量清单和标底、投标报价的编制和审核）；合同价款的签订与调整（包括工程变更、工程洽商和索赔费用的计算）与工程款支付，工程结算、竣工结算和决算报告的编制与审核等； 4. 工程造价经济纠纷的鉴定和仲裁的咨询； 5. 提供工程造价信息服务等。 同时，工程造价咨询企业可以对建设项目的组织实施进行全过程或者若干阶段的管理和服务。

业务承接	咨询合同及其履行	工程造价咨询企业在承接各类建设项目的工程造价咨询业务时，可以参照《建设工程造价咨询合同》(示范文本)与委托人签订书面的工程造价咨询合同。 建设工程造价咨询合同一般包括下列主要内容： 1. 委托人与咨询人的详细信息； 2. 咨询项目的名称、委托内容、要求、标准，以及履行期限； 3. 委托人与咨询人的权利、义务与责任； 4. 咨询业务的酬金、支付方式和时间； 5. 合同的生效、变更与终止； 6. 违约责任、合同争议与纠纷的解决方式； 7. 当事人约定的其他专用条款的内容。 工程造价咨询企业从事工程造价咨询业务，应按照相关合同或约定出具工程造价成果文件。工程造价成果文件应当由工程造价咨询企业加盖有企业名称、资质等级及证书编号的执业印章，并由执行咨询业务的注册造价工程师签字、加盖个人执业印章。
	企业分支机构	工程造价咨询企业设立分支机构的，应当自领取分支机构营业执照之日起30日内，持下列材料到分支机构工商注册所在地省、自治区、直辖市人民政府建设主管部门备案： 1. 分支机构营业执照复印件； 2. 工程造价咨询企业资质证书复印件； 3. 拟在分支机构执业的不少于3名注册造价工程师的注册证书复印件； 4. 分支机构固定办公场所的租赁合同或产权证明。 省、自治区、直辖市人民政府建设主管部门应当在接受备案之日起20日内，报国务院建设主管部门备案。
	跨省区承接业务	工程造价咨询企业跨省、自治区、直辖市承接工程造价咨询业务的，应当自承接业务之日起30日内到建设工程所在地省、自治区、直辖市人民政府建设主管部门备案。

第五节　工程造价管理的发展

本节要点		本节内容
发达国家和地区工程造价管理的特点	政府的间接调控	发达国家一般按投资来源不同，将项目划分为政府投资项目和私人投资项目。政府对不同类别的项目实行不同力度和深度的管理，重点是控制政府投资工程。
	有章可循的计价依据	费用标准、工程量计算规则、经验数据等是发达国家和地区计算和控制工程造价的主要依据。

发达国家和地区工程造价管理的特点	多渠道的工程造价信息	发达国家和地区都十分重视对各方面造价信息的及时收集、筛选、整理以及加工工作。这是因为造价信息是建筑产品估价和结算的重要依据，是建筑市场价格变化的指示灯。从某种角度讲，及时、准确地捕捉建筑市场价格信息是业主和承包商能否保持竞争优势和取得盈利的关键因素之一。如在美国，建筑造价指数一般由一些咨询机构和新闻媒介来编制，在多种造价信息来源中，工程新闻记录(ENR)造价指标是比较重要的一种。编制 ENR 造价指数的目的是准确地预测建筑价格，确定工程造价。它是一个加权总指数，由构件钢材、波特兰水泥、木材和普通劳动力 4 种个体指数组成。ENR 共编制两种造价指数，一是建筑造价指数，一是房屋造价指数。这两个指数在计算方法上基本相同，区别仅体现在计算总指数中的劳动力要素不同。ENR 指数资料来源于 20 个美国城市和 2 个加拿大城市，ENR 在这些城市中派有信息员，专门负责收集价格资料和信息。ENR 总部则将这些信息员收集到的价格信息和数据汇总，并在每个星期四计算并发布最近的造价指数。
	造价工程师的动态估价	英国，业主对工程的估价一般要委托工料测量师行来完成。在估价时，工料测量师先将不同设计阶段提供的拟建工程项目资料与以往同类工程项目对比，结合当前建筑市场行情，确定项目单价。
	通用的合同文本	美国建筑师学会(AIA)的合同条件体系更为庞大，分为 A、B、C、D、F、G 系列。其中，A 系列是关于发包人与承包人之间的合同文件；B 系列是关于发包人与提供专业服务的建筑师之间的合同文件；C 系列是关于建筑师与提供专业服务的顾问之间的合同文件；D 系列是建筑师行业所用的文件；F 系列是财务管理表格；G 系列是合同和办公管理表格。AIA 系列合同条件的核心是“通用条件”。采用不同的计价方式时，只需选用不同的“协议书格式”与“通用条件”结合。AIA 合同条件主要有总价、成本补偿及最高限定价格等计价方式。
	重视实施过程中的造价控制	国外对工程造价的管理是以市场为中心的动态控制。
我国工程造价管理的发展	工程造价管理的国际化	随着中国经济日益融入全球资本市场，在我国的外资和跨国工程项目不断增多，这些工程项目大都需要通过国际招标、咨询等方式运作。同时，我国政府和企业在海外投资和经营的工程项目也在不断增加。国内市场国际化，国内外市场的全面融台，使得我国工程造价管理的国际化成为一种趋势。我国工程造价咨询企业应以市场为导向，转换经营模式，增强应变能力，在竞争中求生存，在拼搏中求发展，在未来激烈的市场竞争中取得主动。

我国工程造价管理的发展	工程造价管理的信息化	进入20世纪90年代中期，伴随着计算机和互联网技术的普及，全国性的工程造价管理信息化已成必然趋势。
	工程造价管理的专业化	经过长期的市场细分和行业分化，未来工程造价咨询企业应向更加适合自身特长的专业方向发展。作为服务型的第三产业，工程造价咨询企业应避免走大而全的规模化，而应朝着集约化和专业化模式发展。企业专业化的优势在于：经验较为丰富、人员精干、服务更加专业、更有利于保证工程项目的咨询质量、防范专业风险能力较强。

第二章 相关法律法规

章	节
第二章 相关法律法规	第一节 合同法及价格法
	第二节 建筑法及相关条例
	第三节 投标招标法及其实施条例

第一节 合同法及价格法

本节要点		本节内容
合同的形式		当事人订立合同，有书面形式（是指合同书、信件和数据电文等可以有形地表现所载内容的形式）、口头形式（指当事人用谈话的方式订立的合同）和其他形式（主要包括默示形式和推定形式）。
合同的内容		合同的内容由当事人约定，一般包括：当事人的名称或姓名和住所，标的，数量，质量，价款或者报酬，履行的期限、地点和方式，违约责任，解决争议的方法。
要约	要约及其有效的条件	要约应当符合如下规定： 1. 内容具体确定； 2. 表明经受要约人承诺，要约人即受该意思表示约束。也就是说，要约必须是特定人的意思表示，必须是以缔结合同为目的，必须具备合同的主要条款。
	要约的生效	要约到达受要约人时生效。如采用数据电文形式订立合同，收件人指定特定系统接收数据电文的，该数据电文进入该特定系统的时间，视为到达时间；未指定特定系统的，该数据电文进入收件人的任何系统的首次时间，视为到达时间。
	要约的撤回和撤销	要约可以撤回，撤回要约的通知应当在要约到达受要约人之前或者与要约同时到达受要约人。要约可以撤销，撤销要约的通知应当在受要约人发出承诺通知之前到达受要约人。但有下列情形之一的，要约不得撤销： 1. 要约人确定了承诺期限或者以其他形式明示要约不可撤销； 2. 受要约人有理由认为要约是不可撤销的，并已经为履行合同作了准备工作。
	要约的失效	有下列情形之一的，要约失效： 1. 拒绝要约的通知到达要约人； 2. 要约人依法撤销要约； 3. 承诺期限届满，受要约人未作出承诺； 4. 受要约人对要约的内容作出实质性变更。

<table>
<tr><td rowspan="5">承诺</td><td>承诺的期限</td><td>承诺应当在要约确定的期限内到达要约人。要约没有确定承诺期限的，承诺应当依照下列规定到达：
1. 除非当事人另有约定，以对话方式作出的要约，应当即时作出承诺；
2. 以非对话方式作出的要约，承诺应当在合理期限内到达。</td></tr>
<tr><td>承诺的生效</td><td>承诺通知到达要约人时生效。承诺不需要通知的，根据交易习惯或者要约的要求作出承诺的行为时生效。采用数据电文形式订立合同的，承诺到达的时间适用于要约到达受要约人时间的规定。</td></tr>
<tr><td>承诺的撤回</td><td>承诺可以撤回，撤回承诺的通知应当在承诺通知到达要约人之前或者与承诺通知同时到达要约人。</td></tr>
<tr><td>逾期承诺</td><td>受要约人超过承诺期限发出承诺的，除要约人及时通知受要约人该承诺有效的以外，为新要约。</td></tr>
<tr><td>要约内容的变更</td><td>承诺的内容应当与要约的内容一致。有关合同标的、数量、质量、价款或者报酬、履行期限、履行地点和方式、违约责任和解决争议方法等的变更，是对要约内容的实质性变更。受要约人对要约的内容作出实质性变更的，为新要约。</td></tr>
<tr><td colspan="2">合同的成立</td><td>1. 合同成立的时间。当事人采用合同书形式订立合同的，自双方当事人签字或者盖章时合同成立。当事人采用信件、数据电文等形式订立合同的，可以在合同成立之前要求签订确认书。签订确认书时合同成立。
2. 合同成立的地点。承诺生效的地点为合同成立的地点。采用数据电文形式订立合同的，收件人的主营业地为合同成立的地点；没有主营业地的，其经常居住地为合同成立的地点。当事人另有约定的，按照其约定。当事人采用合同书形式订立合同的，双方当事人签字或者盖章的地点为合同成立的地点。
3. 合同成立的其他情形。合同成立的情形还包括：
（1）法律、行政法规规定或者当事人约定采用书面形式订立合同，当事人未采用书面形式但一方已经履行主要义务，对方接受的；
（2）采用合同书形式订立合同，在签字或者盖章之前，当事人一方已经履行主要义务，对方接受的。</td></tr>
<tr><td colspan="2">格式条款</td><td>1. 格式条款提供者的义务。提供格式条款的一方应当遵循公平的原则确定当事人之间的权利义务关系，并采取合理的方式提请对方注意免除或限制其责任的条款，按照对方的要求，对该条款予以说明。
2. 格式条款无效。提供格式条款一方免除自己责任、加重对方责任、排除对方主要权利的，该条款无效。此外，《中华人民共和国合同法》规定的合同无效的情形，同样适用于格式合同条款。
3. 格式条款的解释。对格式条款的理解发生争议的，应当按照通常理解予以解释。对格式条款有两种以上解释的，应当作出不利于提供格式条款一方的解释。格式条款和非格式条款不一致的，应当采用非格式条款。</td></tr>
<tr><td colspan="2">缔约过失责任</td><td>当事人在订立合同过程中有下列情形之一，给对方造成损失的，应当承担损害赔偿责任：</td></tr>
</table>

<table>
<tr><td colspan="2">缔约过失责任</td><td>1. 假借订立合同，恶意进行磋商；
2. 故意隐瞒与订立合同有关的重要事实或者提供虚假情况；
3. 有其他违背诚实信用原则的行为。
当事人在订立合同过程中知悉的商业秘密，无论合同是否成立，不得泄露或者不正当地使用。泄露或者不正当地使用该商业秘密给对方造成损失的，应当承担损害赔偿责任。</td></tr>
<tr><td rowspan="4">合同的效力</td><td>合同生效</td><td>合同生效与合同成立是两个不同的概念。合同的成立，是指双方当事人依照有关法律对合同的内容进行协商并达成一致的意见。合同成立的判断依据是承诺是否生效。合同生效，是指合同产生法律上的效力，具有法律约束力。在通常情况下，合同依法成立之时，就是合同生效之日，二者在时间上是同步的。但有些合同在成立后，并非立即产生法律效力，而是需要其他条件成就之后，才开始生效。</td></tr>
<tr><td>效力待定合同</td><td>效力待定合同是指合同已经成立，但合同效力能否产生尚不能确定的合同。效力待定合同主要是由于当事人缺乏缔约能力、财产处分能力或代理人的代理资格和代理权限存在缺陷所造成的。效力待定合同包括：限制民事行为能力人订立的合同和无权代理人代订的合同。</td></tr>
<tr><td>无效合同</td><td>1. 无效合同的情形。有下列情形之一的，合同无效：
（1）一方以欺诈、胁迫的手段订立合同，损害国家利益；
（2）恶意串通，损害国家、集体或第三人利益；
（3）以合法形式掩盖非法目的；
（4）损害社会公共利益；
（5）违反法律、行政法规的强制性规定。
2. 合同部分条款无效的情形。合同中的下列免责条款无效：
（1）造成对方人身伤害的；
（2）因故意或者重大过失造成对方财产损失的。</td></tr>
<tr><td>可变更或者撤销的合同</td><td>1. 合同可以变更或者撤销的情形。当事人一方有权请求人民法院或者仲裁机构变更或者撤销的合同有：
（1）因重大误解订立的；
（2）在订立合同时显失公平的。
一方以欺诈、胁迫的手段或者乘人之危，使对方在违背真实意思的情况下订立的合同，受损害方有权请求人民法院或者仲裁机构变更或者撤销。当事人请求变更的，人民法院或者仲裁机构不得撤销。
2. 撤销权的消灭。撤销权是指受损害的一方当事人对可撤销的合同依法享有的、可请求人民法院或仲裁机构撤销该合同的权利。有下列情形之一的，撤销权消灭：
（1）具有撤销权的当事人自知道或者应当知道撤销事由之日起 1 年内没有行使撤销权；
（2）具有撤销权的当事人知道撤销事由后明确表示或者以自己的行为放弃撤销权。</td></tr>
</table>

<table>
<tr><td>合同的效力</td><td>可变更或者撤销的合同</td><td>3. 无效合同或者被撤销合同的法律后果。无效合同或者被撤销合同自始没有法律约束力。合同部分无效，不影响其他部分效力的，其他部分仍然有效。合同无效、被撤销或者终止的，不影响合同中独立存在的有关解决争议方法的条款的效力。</td></tr>
<tr><td rowspan="4">合同的履行</td><td>原则</td><td>合同履行的原则主要包括全面适当履行原则和诚实信用原则。</td></tr>
<tr><td>一般规则</td><td>合同生效后，当事人就质量、价款或者报酬、履行地点等内容没有约定或者约定不明确的，可以协议补充；不能达成补充协议的，按照合同有关条款或者交易习惯确定。依照上述规定仍不能确定的，适用下列规定：
1. 质量要求不明确的，按照国家标准、行业标准履行；没有国家标准、行业标准的，按照通常标准或者符合合同目的的特定标准履行。
2. 价款或者报酬不明确的，按照订立合同时履行地的市场价格履行；依法应当执行政府定价或者政府指导价的，按照规定履行。
3. 履行地点不明确，给付货币的，在接受货币一方所在地履行；交付不动产的，在不动产所在地履行；其他标的，在履行义务一方所在地履行。
4. 履行期限不明确的，债务人可以随时履行，债权人也可以随时要求履行，但应当给对方必要的准备时间。
5. 履行方式不明确的，按照有利于实现合同目的的方式履行。
6. 履行费用的负担不明确的，由履行义务一方负担。</td></tr>
<tr><td>特殊规则</td><td>1. 价格调整。《中华人民共和国合同法》规定，执行政府定价或政府指导价的，在合同约定的交付期限内政府价格调整时，按照交付时的价格计价。逾期交付标的物的，遇价格上涨时，按照原价格执行；价格下降时，按照新价格执行。逾期提取标的物或者逾期付款的，遇价格上涨时，按照新价格执行；价格下降时，按照原价格执行。
2. 代为履行。是指由合同以外的第三人代替合同当事人履行合同。与合同转让不同，代为履行并未变更合同的权利义务主体，只是改变了履行主体。
3. 提前履行。合同通常应按照约定的期限履行，提前或迟延履行属违约行为，因此债权人可以拒绝债务人提前履行债务，但提前履行不损害债权人利益的除外，此时，因债务人提前履行债务给债权人增加的费用，由债务人负担。
4. 部分履行。合同通常应全部履行，债权人可以拒绝债务人部分履行债务，但部分履行不损害债权人利益的除外，此时，因债务人部分履行债务给债权人增加的费用，由债务人负担。</td></tr>
<tr><td>抗辩权</td><td>应当先履行债务的当事人，有确切证据证明对方有下列情形之一的，可以中止履行：
1. 经营状况严重恶化；
2. 转移财产、抽逃资金，以逃避债务；
3. 丧失商业信誉；
4. 有丧失或者可能丧失履行债务能力的其他情形。</td></tr>
</table>

<table>
<tr><td rowspan="2">合同的履行</td><td rowspan="2">债权人的代位权和撤销权</td><td>1. 债权人代位权。是指债权人为了保障其债权不受损害，而以自己的名义代替债务人行使债权的权利。因债务人怠于行使其到期债权，对债权人造成了损害，债权人可以向人民法院请求以自己的名义代位行使债务人的债权。代位权的行使范围以债权人的债权为限。债权人行使代位权的必要费用，由债务人负担。</td></tr>
<tr><td>2. 债权人撤销权。是指债权人对债务人所作的危害其债权的民事行为，有请求法院予以撤销的权利。
因债务人放弃其到期债权或者无偿转让财产，对债权人造成了损害，债权人可以请求人民法院撤销债务人的行为。债务人以明显不合理的低价转让财产，对债权人造成损害，并且受让人知道该情形，债权人也可以请求人民法院撤销债务人的行为。撤销权的行使范围以债权人的债权为限。债权人行使撤销权的必要费用，由债务人负担。撤销权自债权人知道或者应当知道撤销事由之日起1年内行使，5年内没有行使撤销权的，该撤销权消灭。</td></tr>
<tr><td colspan="2">合同的变更</td><td>合同的变更是指对已经依法成立的合同，在承认其法律效力的前提下，对其进行修改或补充。当事人协商一致，可以变更合同。当事人对合同变更的内容约定不明确，令人难以判断约定的新内容与原合同内容的本质区别，则推定为未变更。</td></tr>
<tr><td colspan="2">合同的转让</td><td>合同转让是当事人一方取得另一方同意后将合同的权利义务转让给第三方的法律行为。合同转让是合同变更的一种特殊形式，它不是变更合同中规定的权利义务内容，而是变更合同主体。包括债权转让、债务转让、债权债务一并转让。</td></tr>
<tr><td rowspan="4">合同的终止</td><td>条件</td><td>债务已经按照约定履行；合同解除；债务相互抵消；债务人依法将标的物提存；债权人免除债务；债权债务同归于一人；法律规定或者当事人约定终止的其他情形。</td></tr>
<tr><td>合同的解除</td><td>合同的解除是指当事人一方在合同规定的期限内未履行、未完全履行或者不能履行合同时，另一方当事人或者发生不能履行情况的当事人可以根据法律规定的或者合同约定的条件，通知对方解除双方合同关系的法律行为。法定解除条件。包括：因不可抗力致使不能实现合同目的；在履行期限届满之前，当事人一方明确表示或者以自己的行为表明不履行主要债务；当事人一方迟延履行主要债务，经催告后在合理期限内仍未履行；当事人一方迟延履行债务或者有其他违约行为致使不能实现合同目的；法律规定的其他情形。</td></tr>
<tr><td>合同债务的抵销</td><td>抵销是当事人互有债权债务，在到期后，各以其债权低偿所付债务的民事法律行为，是合同权利义务终止的方法之一。</td></tr>
<tr><td>标的物的提存</td><td>有下列情形之一，难以履行债务的，债务人可以将标的物提存：
1. 债权人无正当理由拒绝受领；
2. 债权人下落不明；
3. 债权人死亡未确定继承人或者丧失民事行为能力未确定监护人；
4. 法律规定的其他情形。如果标的物不适于提存或者提存费用过高，债务人可以依法拍卖或者变卖标的物，提存所得的价款。</td></tr>
</table>

违约责任	特点	1. 违约责任以有效合同为前提。与侵权责任和缔约过失责任不同，违约责任必须以当事人双方事先存在的有效合同关系为前提。如果双方不存在合同关系，或者虽订立过合同，但合同无效或已被撤销，那么，当事人不可能承担违约责任。 2. 违约责任以违反合同义务为要件。违约责任是当事人违反合同义务的法律后果。因此，只有当事人违反合同义务，不履行或者不适当履行合同时，才应承担违约责任。 3. 违约责任可由当事人在法定范围内约定。违约责任主要是一种赔偿责任，因此可由当事人在法律规定的范围内自行约定。只要约定不违反法律，就具有法律约束力。 4. 违约责任是一种民事赔偿责任。首先，它是由违约方向守约方承担的民事责任，无论是违约金还是赔偿金，均是平等主体之间的支付关系；其次，违约责任的确定，通常应以补偿守约方的损失为标准，贯彻损益相当的原则。
	承担方式	1. 继续履行。继续履行是指在合同当事人一方不履行合同义务或者履行合同义务不符合合同约定时，另一方合同当事人有权要求其在合同履行期限届满后继续按照原合同约定的主要条件履行合同义务的行为。继续履行是合同当事人一方违约时，其承担违约责任的首选方式。 （1）违反金钱债务时的继续履行。当事人一方未支付价款或者报酬的，对方可以要求其支付价款或者报酬。 （2）违反非金钱债务时的继续履行。当事人一方不履行非金钱债务或者履行非金钱债务不符合约定的，对方可以要求履行，但有下列情形之一的除外：法律上或者事实上不能履行；债务的标的不适于强制履行或者履行费用过高；债权人在合理期限内未要求履行。 2. 采取补救措施。如果合同标的物的质量不符合约定，应当按照当事人的约定承担违约责任。对违约责任没有约定或者约定不明确的，可以协议补充；不能达成补充协议的，按照合同有关条款或者交易习惯确定。依照上述办法仍不能确定的，受损害方根据标的的性质以及损失的大小，可以合理选择要求对方承担修理、更换、重作、退货、减少价款或者报酬等违约责任。 3. 赔偿损失。当事人一方不履行合同义务或者履行合同义务不符合约定的，在履行义务或者采取补救措施后，对方还有其他损失的，应当赔偿损失。损失赔偿额应当相当于因违约所造成的损失，包括合同履行后可以获得的利益，但不得超过违反合同一方订立合同时预见到或者应当预见到的因违反合同可能造成的损失。当事人一方违约后，对方应当采取适当措施防止损失的扩大；没有采取适当措施致使损失扩大的，不得就扩大的损失要求赔偿。当事人因防止损失扩大而支出的合理费用，由违约方承担。经营者对消费者提供商品或者服务有欺诈行为的，依照《中华人民共和国消费者权益保护法》的规定承担损害赔偿责任。 4. 违约金。当事人可以约定一方违约时应当根据违约情况向对方支付一定数额的违约金，也可以约定因违约产生的损失赔偿额的计算方法。约定的

违约责任	承担方式	违约金低于造成的损失的，当事人可以请求人民法院或者仲裁机构予以增加；约定的违约金过分高于造成的损失的，当事人可以请求人民法院或者仲裁机构予以适当减少。当事人就迟延履行约定违约金的，违约方支付违约金后，还应当履行债务。 5. 定金。当事人可以依照《中华人民共和国担保法》约定一方向对方给付定金作为债权的担保。债务人履行债务后，定金应当抵作价款或者收回。给付定金的一方不履行约定的债务的，无权要求返还定金；收受定金的一方不履行约定的债务的，应当双倍返还定金。当事人既约定违约金，又约定定金的，一方违约时，对方可以选择适用违约金或者定金条款。
	承担主体	合同当事人双方违约时违约责任的承担。当事人双方都违反合同的，应当各自承担相应的责任。因第三人原因造成违约时违约责任的承担。当事人一方因第三人的原因造成违约的，应当向对方承担违约责任。当事人一方和第三人之间的纠纷，依照法律规定或者依照约定解决。
合同争议的解决	和解	和解是合同当事人之间发生争议后，在没有第三人介入的情况下，合同当事人双方在自愿、互谅的基础上，就已经发生的争议进行商谈并达成协议，自行解决争议的一种方式。和解方式简便易行，有利于加强合同当事人之间的协作，使合同能更好地得到履行。
	调解	调解是指合同当事人于争议发生后，在第三者的主持下，根据事实、法律和合同，经过第三者的说服与劝解，使发生争议的合同当事人双方互谅、互让，自愿达成协议，从而公平、合理地解决争议的一种方式。
	仲裁	仲裁是指发生争议的合同当事人双方根据合同中约定的仲裁条款或者争议发生后由其达成的书面仲裁协议，将合同争议提交给仲裁机构并由仲裁机构按照仲裁法律规范的规定居中裁决，从而解决合同争议的法律制度。当事人不愿协商、调解或协商、调解不成的，可以根据合同中的仲裁条款或事后达成的书面仲裁协议，提交仲裁机构仲裁。涉外合同的当事人可以根据仲裁协议向中国仲裁机构或者其他仲裁机构申请仲裁。仲裁裁决具有法律约束力。合同当事人应当自觉执行裁决。不执行的，另一方当事人可以申请有管辖权的人民法院强制执行。裁决作出后，当事人就同一争议再申请仲裁或者向人民法院起诉的，仲裁机构或者人民法院不予受理。但当事人对仲裁协议的效力有异议的，可以请求仲裁机构作出决定或者请求人民法院作出裁定。
	诉讼	诉讼是指合同当事人依法将合同争议提交人民法院受理，由人民法院依司法程序通过调查、作出判决、采取强制措施等来处理争议的法律制度。有下列情形之一的，合同当事人可以选择诉讼方式解决合同争议： 1. 合同争议的当事人不愿和解、调解的； 2. 经过和解、调解未能解决合同争议的； 3. 当事人没有订立仲裁协议或者仲裁协议无效的； 4. 仲裁裁决被人民法院依法裁定撤销或者不予执行的。

<table>
<tr><td rowspan="2">经营者的价格行为</td><td>经营者权利</td><td>1. 自主制定属于市场调节的价格；
2. 在政府指导价规定的幅度内制定价格；
3. 制定属于政府指导价、政府定价产品范围内的新产品的试销价格，特定产品除外；
4. 检举、控告侵犯其依法自主定价权利的行为。</td></tr>
<tr><td>经营者违规行为</td><td>1. 相互串通，操纵市场价格，侵害其他经营者或消费者的合法权益；
2. 除降价处理鲜活、季节性、积压商品外，为排挤对手或独占市场，以低于成本的价格倾销，扰乱正常的生产经营秩序，侵害国家利益或者其他经营者的合法权益；
3. 捏造、散布涨价信息，哄抬价格，推动商品价格过高上涨；
4. 利用虚假或使人误解的价格手段，诱骗消费者或者其他经营者与其进行交易；
5. 对具有同等交易条件的其他经营者实行价格歧视等等。</td></tr>
<tr><td rowspan="3">政府的定价行为</td><td>政府定价的商品</td><td>1. 与国民经济发展和人民生活关系重大的极少数商品价格；
2. 资源稀缺的少数商品价格；
3. 自然垄断经营的商品价格；
4. 重要的公用事业价格；
5. 重要的公益性服务价格。</td></tr>
<tr><td>定价目录</td><td>政府指导价、政府定价的定价权限和具体适用范围，以中央和地方的定价目录为依据。中央定价目录由国务院价格主管部门制定、修订，报国务院批准后公布。地方定价目录由省、自治区、直辖市人民政府价格主管部门按照中央定价目录规定的定价权限和具体适用范围制定，经本级人民政府审核同意，报国务院价格主管部门审定后公布。省、自治区、直辖市人民政府以下各级地方人民政府不得制定定价目录。</td></tr>
<tr><td>定价依据</td><td>政府应当依据有关商品或者服务的社会平均成本和市场供求状况、国民经济与社会发展要求以及社会承受能力，实行合理的购销差价、批零差价、地区差价和季节差价。制定关系群众切身利益的公用事业价格、公益性服务价格、自然垄断经营的商品价格时，应当建立听证会制度，征求消费者、经营者和有关方面的意见。</td></tr>
</table>

第二节 建筑法及相关条例

<table>
<tr><th colspan="2">本节要点</th><th>本节内容</th></tr>
<tr><td>建筑工程施工许可</td><td>施工许可证的申领</td><td>1. 已办理建筑工程用地批准手续；
2. 在城市规划区内的建筑工程，已取得规划许可证；
3. 需要拆迁的，其拆迁进度符合施工要求；
4. 已经确定建筑施工单位；
5. 有满足施工需要的施工图纸及技术资料；
6. 有保证工程质量和安全的具体措施；
7. 建设资金已经落实；
8. 法律、行政法规规定的其他条件。</td></tr>
</table>

<table>
<tr><td rowspan="2">建筑工程施工许可</td><td>施工许可证的有效期限</td><td>建设单位应当自领取施工许可证之日起 3 个月内开工。因故不能按期开工的，应当向发证机关申请延期；延期以两次为限，每次不超过 3 个月。既不开工又不申请延期或者超过延期时限的，施工许可证自行废止。</td></tr>
<tr><td>中止施工和恢复施工</td><td>在建的建筑工程因故中止施工的，建设单位应当自中止施工之日起 1 个月内，向发证机关报告，并按照规定做好建设工程的维护管理工作。建筑工程恢复施工时，应当向发证机关报告；中止施工满 1 年的工程恢复施工前，建设单位应当报发证机关核验施工许可证。按照国务院有关规定批准开工报告的建筑工程，因故不能按期开工或者中止施工的，应当及时向批准机关报告情况。因故不能按期开工超过 6 个月的，应当重新办理开工报告的批准手续。</td></tr>
<tr><td colspan="2" rowspan="2">从业资格</td><td>单位资质。从事建筑活动的施工企业、勘察、设计和监理单位，按照其拥有的注册资本、专业技术人员、技术装备、已完成的建筑工程业绩等资质条件，划分为不同的资质等级，经资质审查合格，取得相应等级的资质证书后，方可在其资质等级许可的范围内从事建筑活动。</td></tr>
<tr><td>专业技术人员资格。从事建筑活动的专业技术人员，如建筑师、结构工程师、造价工程师、监理工程师、建造师等，应当依法取得相应的执业资格证书，并在执业资格证书许可的范围内从事建筑活动。</td></tr>
<tr><td colspan="2">建筑工程发包</td><td>1. 发包方式。建筑工程依法实行招标发包，对不适于招标发包的可以直接发包。建筑工程实行招标发包的，发包单位应当将建筑工程发包给依法中标的承包单位。建筑工程实行直接发包的，发包单位应当将建筑工程发包给具有相应资质条件的承包单位。
2. 禁止行为。提倡对建筑工程实行总承包，禁止将建筑工程肢解发包。建筑工程的发包单位可以将建筑工程的勘察、设计、施工、设备采购一并发包给一个工程总承包单位。但是，不得将应当由一个承包单位完成的建筑工程肢解成若干部分发包给几个承包单位。
3. 按照合同约定，建筑材料、建筑构配件和设备由工程承包单位采购的，发包单位不得指定承包单位购入用于工程的建筑材料、建筑构配件和设备或者指定生产厂、供应商。</td></tr>
<tr><td rowspan="2">建筑工程承包</td><td>承包资质</td><td>承包建筑工程的单位应当持有依法取得的资质证书，并在其资质等级许可的业务范围内承揽工程。禁止建筑施工企业超越本企业资质等级许可的业务范围或者以任何形式用其他建筑施工企业的名义承揽工程。禁止建筑施工企业以任何方式允许其他单位或个人使用本企业的资质证书、营业执照，以本企业的名义承揽工程。</td></tr>
<tr><td>联合承包</td><td>大型建筑工程或结构复杂的建筑工程，可以由两个以上的承包单位联合共同承包。共同承包的各方对承包合同的履行承担连带责任。两个以上不同资质等级的单位实行联合共同承包的，应当按照资质等级低的单位的业务许可范围承揽工程。</td></tr>
</table>

<table>
<tr><td rowspan="2">建筑工程承包</td><td>工程分包</td><td>建筑工程总承包单位可以将承包工程中的部分工程发包给具有相应资质条件的分包单位。但是，除总承包合同中已约定的分包外，必须经建设单位认可。施工总承包的，建筑工程主体结构的施工必须由总承包单位自行完成。建筑工程总承包单位按照总承包合同的约定对建设单位负责；分包单位按照分包合同的约定对总承包单位负责。总承包单位和分包单位就分包工程对建设单位承担连带责任。</td></tr>
<tr><td>禁止行为</td><td>禁止承包单位将其承包的全部建筑工程转包给他人，或将其承包的全部建筑工程肢解以后以分包的名义分别转包给他人。禁止总承包单位将工程分包给不具备资质条件的单位。禁止分包单位将其承包的工程再分包。</td></tr>
<tr><td colspan="2">建筑工程造价</td><td>建筑工程的发包单位与承包单位应当依法订立书面合同，明确双方的权利和义务。建筑工程造价应当按照国家有关规定，由发包单位与承包单位在合同中约定。发包单位和承包单位应当全面履行合同约定的义务。不按照合同约定履行义务的，依法承担违约责任。发包单位应当按照合同的约定，及时拨付工程款项。</td></tr>
<tr><td colspan="2">建筑工程监理</td><td>国家推行建筑工程监理制度。工程监理单位应当根据建设单位的委托，客观、公正地执行监理任务。工程监理人员发现工程设计不符合建筑工程质量标准或者合同约定的质量要求的，应当报告建设单位要求设计单位改正；认为工程施工不符合工程设计要求、施工技术标准和合同约定的，有权要求建筑施工企业改正。</td></tr>
<tr><td colspan="2">建筑安全生产管理</td><td>建筑工程安全生产管理必须坚持安全第一、预防为主的方针，建立健全安全生产的责任制度和群防群治制度。</td></tr>
<tr><td colspan="2">建筑工程质量管理</td><td>建设单位不得以任何理由，要求建筑设计单位或建筑施工单位违反法律、行政法规和建筑工程质量、安全标准，降低工程质量，建筑设计单位和建筑施工单位应当拒绝建设单位的此类要求。建筑工程的勘察、设计单位必须对其勘察、设计的质量负责。勘察、设计文件应当符合有关法律、行政法规的规定和建筑工程质量、安全标准，建筑工程勘察、设计技术规范以及合同的约定。设计文件选用的建筑材料、建筑构配件和设备，应当注明其规格、型号、性能等技术指标，其质量要求必须符合国家规定的标准。建筑设计单位对设计文件选用的建筑材料、建筑构配件和设备，不得指定生产厂、供应商。建筑施工企业对工程的施工质量负责。</td></tr>
<tr><td rowspan="3">建设单位的质量责任和义务</td><td>工程发包</td><td>建设单位应当将工程发包给具有相应资质等级的单位。建设单位不得将建设工程肢解发包。建设单位应当依法对工程建设项目的勘察、设计、施工、监理以及与工程建设有关的重要设备、材料等的采购进行招标。建设单位必须向有关的勘察、设计、施工、工程监理等单位提供与建设工程有关的原始资料。原始资料必须真实、准确、齐全。</td></tr>
<tr><td>施工图设计文件审查</td><td>建设单位应当将施工图设计文件报县级以上人民政府建设主管部门或者其他有关部门审查。施工图设计文件未经审查批准的，不得使用。</td></tr>
<tr><td>工程监理</td><td>实行监理的建设工程，建设单位应当委托具有相应资质等级的工程监理单位进行监理，也可以委托具有工程监理相应资质等级并与被监理工程的施工承包单位没有隶属关系或者其他利害关系的该工程的设计单位进行监理。</td></tr>
</table>

建设单位的质量责任和义务	工程施工	1. 建设单位在领取施工许可证或者开工报告前，应当按照国家有关规定办理工程质量监督手续。 2. 按照合同约定，由建设单位采购建筑材料、建筑构配件和设备的，建设单位应当保证建筑材料、建筑构配件和设备符合设计文件和合同要求。建设单位不得明示或者暗示施工单位使用不合格的建筑材料、建筑构配件和设备。 3. 涉及建筑主体和承重结构变动的装修工程，建设单位应当在施工前委托原设计单位或者具有相应资质等级的设计单位提出设计方案；没有设计方案的，不得施工。房屋建筑使用者在装修过程中，不得擅自变动房屋建筑主体和承重结构。
	工程竣工验收	建设工程竣工验收应当具备下列条件： 1. 完成建设工程设计和合同约定的各项内容； 2. 有完整的技术档案和施工管理资料； 3. 有工程使用的主要建筑材料、建筑构配件和设备的进场试验报告； 4. 有勘察、设计、施工、工程监理等单位分别签署的质量合格文件； 5. 有施工单位签署的工程保修书。
勘察、设计单位的质量责任和义务	工程承揽	从事建设工程勘察、设计的单位应当依法取得相应等级的资质证书，并在其资质等级许可的范围内承揽工程。禁止勘察、设计单位超越其资质等级许可的范围或者以其他勘察、设计单位的名义承揽工程。禁止勘察、设计单位允许其他单位或者个人以本单位的名义承揽工程。勘察、设计单位不得转包或者违法分包所承揽的工程。
	勘察设计	勘察、设计单位必须按照工程建设强制性标准进行勘察、设计，并对其勘察、设计的质量负责。勘察单位提供的地质、测量、水文等勘察成果必须真实、准确。设计单位应当根据勘察成果文件进行建设工程设计。设计文件应当符合国家规定的设计深度要求，注明工程合理使用年限。注册建筑师、注册结构工程师等注册执业人员应当在设计文件上签字，对设计文件负责。设计单位还应当就审查合格的施工图设计文件向施工单位作出详细说明。
施工单位的质量责任和义务	工程承揽	施工单位应当依法取得相应等级的资质证书，并在其资质等级许可的范围内承揽工程。禁止施工单位超越本单位资质等级许可的业务范围或者以其他施工单位的名义承揽工程；禁止施工单位允许其他单位或者个人以本单位的名义承揽工程；施工单位不得转包或者违法分包工程。
	工程施工	施工单位对建设工程的施工质量负责。施工单位应当建立质量责任制，确定工程项目的项目经理、技术负责人和施工管理负责人。施工单位还应当建立、健全教育培训制度，加强对职工的教育培训；未经教育培训或者考核不合格的人员，不得上岗作业。建设工程实行总承包的，总承包单位应当对全部建设工程质量负责；建设工程勘察、设计、施工、设备采购的一项或者多项实行总承包的，总承包单位应当对其承包的建设工程或者采购的设备的质量负责。总承包单位依法将建设工程分包给其他单位的，分包单位应当按照分包合同的约定对其分包工程的质量向总承包单位负责，总承包单位与分包单位对分包工程的质量承担连带责任。施工单位必须按照工程设计图纸和施工技术标准施工，不得擅自修改工程设计，不得偷工减料。施工单位在施工过程中发现设计文件和图纸有差错的，应当及时提出意见和建议。

施工单位的质量责任和义务	质量检验	施工单位必须按照工程设计要求、施工技术标准和合同约定，对建筑材料、建筑构配件、设备和商品混凝土进行检验，检验应当有书面记录和专人签字；未经检验或者检验不合格的，不得使用。施工人员对涉及结构安全的试块、试件以及有关材料，应当在建设单位或者工程监理单位监督下现场取样，并送具有相应资质等级的质量检测单位进行检测。施工单位还必须建立、健全施工质量的检验制度，严格工序管理，作好隐蔽工程的质量检查和记录。隐蔽工程在隐蔽前，施工单位应当通知建设单位和建设工程质量监督机构。施工单位对施工中出现质量问题的建设工程或者竣工验收不合格的建设工程，应当负责返修。
工程监理单位的质量责任和义务	业务承担	工程监理单位应当依法取得相应等级的资质证书，并在其资质等级许可的范围内承担工程监理业务。禁止工程监理单位超越本单位资质等级许可的范围或者以其他工程监理单位的名义承担工程监理业务；禁止工程监理单位允许其他单位或者个人以本单位的名义承担工程监理业务；工程监理单位不得转让工程监理业务。
	监理工作实施	工程监理单位应当依照法律、法规以及有关技术标准、设计文件和建设工程承包合同，代表建设单位对施工质量实施监理，并对施工质量承担监理责任。工程监理单位应当选派具备相应资格的总监理工程师和监理工程师进驻施工现场。
工程质量保修	工程质量保修制度	建设工程实行质量保修制度。建设工程承包单位在向建设单位提交工程竣工验收报告时，应当向建设单位出具质量保修书。质量保修书中应当明确建设工程的保修范围、保修期限和保修责任等。建设工程的保修期，自竣工验收合格之日起计算。
	工程最低保修期限	在正常使用条件下，建设工程最低保修期限为： 1. 基础设施工程、房屋建筑的地基基础工程和主体结构工程，为设计文件规定的该工程合理使用年限； 2. 屋面防水工程、有防水要求的卫生间、房间和外墙面的防渗漏，为 5 年； 3. 供热与供冷系统，为 2 个采暖期、供冷期； 4. 电气管道、给排水管道、设备安装和装修工程，为 2 年。其他工程的保修期限由发包方与承包方约定。
监督管理	工程质量监督检查	县级以上人民政府建设行政主管部门和其他有关部门履行监督检查职责时，有权采取下列措施： 1. 要求被检查的单位提供有关工程质量的文件和资料； 2. 进入被检查单位的施工现场进行检查； 3. 发现有影响工程质量的问题时，责令改正。
	工程竣工验收备案	建设单位应当自建设工程竣工验收合格之日起 15 日内，将建设工程竣工验收报告和规划、公安消防、环保等部门出具的认可文件或者准许使用文件报建设行政主管部门或者其他有关部门备案。

监督管理	工程质量事故报告	建设工程发生质量事故，有关单位应当在 24 小时内向当地建设行政主管部门和其他有关部门报告。对重大质量事故，事故发生地的建设行政主管部门和其他有关部门应当按照事故类别和等级向当地人民政府和上级建设行政主管部门和其他有关部门报告。特别重大质量事故的调查程序按照国务院有关规定办理。任何单位和个人对建设工程的质量事故、质量缺陷都有权检举、控告、投诉。
建设工程安全生产管理条例	建设单位的安全责任	建设单位应当向施工单位提供施工现场及毗邻区域内供水、排水、供电、供气、供热、通信、广播电视等地下管线资料，气象和水文观测资料，相邻建筑物和构筑物、地下工程的有关资料，并保证资料的真实、准确、完整。建设单位不得对勘察、设计、施工、工程监理等单位提出不符合建设工程安全生产法律、法规和强制性标准规定的要求，不得压缩合同约定的工期；不得明示或者暗示施工单位购买、租赁、使用不符合安全施工要求的安全防护用具、机械设备、施工机具及配件、消防设施和器材。建设单位在编制工程概算时，应当确定建设工程安全作业环境及安全施工措施所需费用；在申请领取施工许可证时，应当提供建设工程有关安全施工措施的资料。依法批准开工报告的建设工程，建设单位应当自开工报告批准之日起 15 日内，将保证安全施工的措施报送建设工程所在地的县级以上地方人民政府建设行政主管部门或者其他有关部门备案。
	勘察、设计、工程监理及其他有关单位的安全责任	勘察单位的安全责任。勘察单位应当按照法律、法规和工程建设强制性标准进行勘察，提供的勘察文件应当真实、准确，满足建设工程安全生产的需要。
		设计单位的安全责任。设计单位应当按照法律、法规和工程建设强制性标准进行设计，防止因设计不合理导致生产安全事故的发生。
		工程监理单位的安全责任。工程监理单位应当审查施工组织设计中的安全技术措施或者专项施工方案是否符合工程建设强制性标准。工程监理单位和监理工程师应当按照法律、法规和工程建设强制性标准实施监理，并对建设工程安全生产承担监理责任。
		机械设备配件供应单位的安全责任。为建设工程提供机械设备和配件的单位，应当按照安全施工的要求配备齐全有效的保险、限位等安全设施和装置。出租的机械设备和施工机具及配件，应当具有生产（制造）许可证、产品合格证。出租单位应当对出租的机械设备和施工机具及配件的安全性能进行检测，在签订租赁协议时，应当出具检测合格证明。禁止出租检测不合格的机械设备和施工机具及配件。
		施工机械设施安装单位的安全责任。在施工现场安装、拆卸施工起重机械和整体提升脚手架、模板等自升式架设设施，必须由具有相应资质的单位承担。安装、拆卸上述机械和设施，应当编制拆装方案、制定安全施工措施，并由专业技术人员现场监督。安装完毕后，安装单位应当自检，出具自检合格证明，并向施工单位进行安全使用说明，办理验收手续并签字。

建设工程安全生产管理条例	施工单位的安全责任	工程承揽。施工单位从事建设工程的新建、扩建、改建和拆除等活动，应当具备国家规定的注册资本、专业技术人员、技术装备和安全生产等条件，依法取得相应等级的资质证书，并在其资质等级许可的范围内承揽工程。
		安全生产责任制度。施工单位主要负责人依法对本单位的安全生产工作全面负责。施工单位应当建立健全安全生产责任制度，制定安全生产规章制度和操作规程，保证本单位安全生产条件所需资金的投入，对所承担的建设工程进行定期和专项安全检查，并做好安全检查记录。建设工程实行施工总承包的，由总承包单位对施工现场的安全生产负总责。
		安全生产管理费用。施工单位对列入建设工程概算的安全作业环境及安全施工措施所需费用，应当用于施工安全防护用具及设施的采购和更新、安全施工措施的落实、安全生产条件的改善，不得挪作他用。
		施工现场安全管理。施工单位应当设立安全生产管理机构，配备专职安全生产管理人员。专职安全生产管理人员负责对安全生产进行现场监督检查。发现安全事故隐患，应当及时向项目负责人和安全生产管理机构报告；对违章指挥、违章操作应当立即制止。专职安全生产管理人员的配备办法由国务院建设行政主管部门会同国务院其他有关部门制定。
		安全生产教育培训。施工单位的主要负责人、项目负责人、专职安全生产管理人员应当经建设行政主管部门或者其他有关部门考核合格后方可任职。施工单位应当建立健全安全生产教育培训制度，应当对管理人员和作业人员每年至少进行一次安全生产教育培训，其教育培训情况记入个人工作档案。安全生产教育培训考核不合格的人员，不得上岗。作业人员进入新的岗位或者新的施工现场前，应当接受安全生产教育培训。垂直运输机械作业人员、安装拆卸工、爆破作业人员、起重信号工、登高架设作业人员等特种作业人员，必须按照国家有关规定经过专门的安全作业培训，并取得特种作业操作资格证书后，方可上岗作业。
		安全技术措施和专项施工方案。施工单位应当在施工组织设计中编制安全技术措施和施工现场临时用电方案，对下列达到一定规模的危险性较大的分部分项工程编制专项施工方案，并附具安全验算结果，经施工单位技术负责人、总监理工程师签字后实施，由专职安全生产管理人员进行现场监督： 1. 基坑支护与降水工程； 2. 土方开挖工程； 3. 模板工程； 4. 起重吊装工程； 5. 脚手架工程； 6. 拆除、爆破工程； 7. 国务院建设行政主管部门或者其他有关部门规定的其他危险性较大的工程。 上述所列工程中涉及深基坑、地下暗挖工程、高大模板工程的专项施工方案，施工单位还应当组织专家进行论证、审查。

建设工程安全生产管理条例		施工现场安全防护。施工单位应当在施工现场入口处、施工起重机械、临时用电设施、脚手架、出入通道口、楼梯口、电梯井口、孔洞口、桥梁口、隧道口、基坑边沿、爆破物及有害危险气体和液体存放处等危险部位，设置明显的符合国家标准的安全警示标志。施工单位应当向作业人员提供安全防护用具和安全防护服装，并书面告知危险岗位的操作规程和违章操作的危害。
		施工现场卫生、环境与消防安全管理。施工单位应当将施工现场的办公、生活区与作业区分开设置，并保持安全距离；办公、生活区的选址应当符合安全性要求。施工单位对因建设工程施工可能造成损害的毗邻建筑物、构筑物和地下管线等，应当采取专项防护措施。施工单位应当在施工现场建立消防安全责任制度，确定消防安全责任人，制定用火、用电、使用易燃易爆材料等各项消防安全管理制度和操作规程，设置消防通道、消防水源，配备消防设施和灭火器材，并在施工现场入口处设置明显标志。
		施工机具设备安全管理。施工机具设备应当具有生产（制造）许可证、产品合格证，并在进入施工现场前进行查验。还必须由专人管理，定期进行检查、维修和保养，建立相应的资料档案，并按照国家有关规定及时报废。
	监督管理	安全施工措施的审查。建设行政主管部门在审核发放施工许可证时，应当对建设工程是否有安全施工措施进行审查，对没有安全施工措施的，不得颁发施工许可证。建设行政主管部门或者其他有关部门对建设工程是否有安全施工措施进行审查时，不得收取费用。
		安全监督检查权力。 县级以上人民政府负有建设工程安全生产监督管理职责的部门在各自的职责范围内履行安全监督检查职责时，有权采取下列措施： 1. 要求被检查单位提供有关建设工程安全生产的文件和资料； 2. 进入被检查单位施工现场进行检查； 3. 纠正施工中违反安全生产要求的行为； 4. 对检查中发现的安全事故隐患，责令立即排除；重大安全事故隐患排除前或者排除过程中无法保证安全的，责令从危险区域内撤出作业人员或者暂时停止施工。
	生产安全事故的应急救援和调查处理	生产安全事故应急救援。县级以上地方人民政府建设行政主管部门应当根据本级人民政府的要求，制定本行政区域内建设工程特大生产安全事故应急救援预案。
		生产安全事故调查处理施工单位发生生产安全事故，应当按照国家有关伤亡事故报告和调查处理的规定，及时、如实地向负责安全生产监督管理的部门、建设行政主管部门或者其他有关部门报告；特种设备发生事故的，还应当同时向特种设备安全监督管理部门报告。接到报告的部门应当按照国家有关规定，如实上报。实行施工总承包的建设工程，由总承包单位负责上报事故。

第三节 投标招标法及其实施条例

本节要点		本节内容
招标	招标方式	招标分为公开招标和邀请招标两种方式。招标人采用公开招标方式的，应当发布招标公告。依法必须进行招标的项目，应当通过国家指定的报刊、信息网络或者媒介发布招标公告。招标人采用邀请招标方式的，应当向3个以上具备承担招标项目的能力、资信良好的特定法人或者其他组织发出投标邀请书。招标公告或投标邀请书应当载明招标人的名称和地址、招标项目的性质、数量、实施地点和时间以及获取招标文件的办法等事项。招标人不得以不合理的条件限制或者排斥潜在投标人，不得对潜在投标人实行歧视待遇。
	招标文件	招标人应当根据招标项目的特点和需要编制招标文件。招标文件不得要求或者标明特定的生产供应者以及含有倾向或者排斥潜在投标人的其他内容。招标人对已发出的招标文件进行必要的澄清或者修改的，应当在招标文件要求提交投标文件截止时间至少15日前，以书面形式通知所有招标文件收受人。该澄清或者修改的内容为招标文件的组成部分。
	其他规定	招标人设有标底的，标底必须保密。招标人应当确定投标人编制投标文件所需要的合理时间。依法必须进行招标的项目，自招标文件开始发出之日起至投标人提交投标文件截止之日止，最短不得少于20日。
投标	投标文件	投标文件的内容。投标人应当按照招标文件的要求编制投标文件。投标文件的送达。投标人应当在招标文件要求提交投标文件的截止时间前，将投标文件送达投标地点。招标人收到投标文件后，应当签收保存，不得开启。投标人少于3个的，招标人应当依照《中华人民共和国招标投标法》重新招标。在招标文件要求提交投标文件的截止时间后送达的投标文件，招标人应当拒收。
	联合投标	两个以上法人或者其他组织可以组成一个联合体，以一个投标人的身份共同投标。联合体各方均应具备承担招标项目的相应能力。由同一专业的单位组成的联合体，按照资质等级较低的单位确定资质等级。联合体中标的，联合体各方应当共同与招标人签订合同，就中标项目向招标人承担连带责任。
	其他规定	投标人不得相互串通投标报价，不得排挤其他投标人的公平竞争，损害招标人或其他投标人的合法权益。投标人不得与招标人串通投标，损害国家利益、社会公共利益或者他人的合法权益。投标人不得以低于成本的报价竞标，也不得以他人名义投标或者以其他方式弄虚作假，骗取中标。禁止投标人以向招标人或评标委员会成员行贿的手段谋取中标。
开标		开标应当在招标人的主持下，在招标文件确定的提交投标文件截止时间的同一时间、招标文件中预先确定的地点公开进行。应邀请所有投标人参加开标。开标时，由投标人或者其推选的代表检查投标文件的密封情况，也可以由招标人委托的公证机构检查并公证。经确认无误后，有工作人员当众拆封，宣读投标人名称、投标价格和投标文件的其他主要内容。开标过程应当记录，并存档备查。

评标		评标委员会的组成。依法必须进行招标的项目，其评标委员会由招标人的代表和有关技术、经济等方面的专家组成，成员人数为 5 人以上单数。其中，技术、经济等方面的专家不得少于成员总数的 2/3。与投标人有利害关系的人不得进入相关项目的评标委员会；评标委员会成员的名单在中标结果确定前应当保密。投标文件的澄清或者说明。评标委员会可以要求投标人对投标文件中含义不明确的内容作必要的澄清或者说明，但澄清或者说明不得超出投标文件的范围或改变投标文件的实质性内容。招标人应当采取必要的措施，保证评标在严格保密的情况下进行。
中标		中标人确定后，招标人应当向中标人发出中标通知书，并同时将中标结果通知所有未中标的投标人。中标通知书对招标人和中标人具有法律效力，招标人和中标人应当自中标通知书发出之日起 30 日内，按照招标文件和中标人的投标文件订立书面合同。招标文件要求中标人提交履约保证金的，中标人应当提交。依法必须进行招标的项目，招标人应当自确定中标人之日起 15 日内，向有关行政监督部门提交招标投标情况的书面报告。
《招标投标法实施条例》招标	招标范围和方式	1. 可以邀请招标的项目。国有资金占控股或者主导地位的依法必须进行招标的项目，应当公开招标；但有下列情形之一的，可以邀请招标： （1）技术复杂、有特殊要求或者受自然环境限制，只有少量潜在投标人可供选择； （2）采用公开招标方式的费用占项目合同金额的比例过大。 2. 可以不招标的项目。有下列情形之一的，可以不进行招标： （1）需要采用不可替代的专利或者专有技术； （2）采购人依法能够自行建设、生产或者提供； （3）已通过招标方式选定的特许经营项目投资人依法能够自行建设、生产或者提供； （4）需要向原中标人采购工程、货物或者服务，否则将影响施工或者功能配套要求； （5）国家规定的其他特殊情形。
	招标代理机构	招标代理机构的资格依照法律和国务院的规定由有关部门认定。招标代理机构应当拥有一定数量的取得招标职业资格的专业人员。招标代理机构不得在所代理的招标项目中投标或者代理投标，也不得为所代理的招标项目的投标人提供咨询。招标代理机构不得涂改、出租、出借、转让资格证书。
	招标文件与资格审查	资格预审公告和招标公告。公开招标的项目，应当依照招标投标法和本条例的规定发布招标公告、编制招标文件。招标人采用资格预审办法对潜在投标人进行资格审查的，应当发布资格预审公告、编制资格预审文件。资格预审。招标人应当合理确定提交资格预审申请文件的时间。依法必须进行招标的项目提交资格预审申请文件的时间，自资格预审文件停止发售之日起不得少于 5 日。资格预审结束后，招标人应当及时向资格预审申请人发出资格预审结果通知书。未通过资格预审的申请人不具有投标资格。通过资格预审的申请人少于 3 个的，应当重新招标。

<table>
<tr>
<td>《招标投标法实施条例》招标</td>
<td>招标工作的实施</td>
<td>1. 禁止投标限制。招标人如对招标项目划分标段，应当遵守招标投标法的有关规定，不得利用划分标段限制或者排斥潜在投标人。依法必须进行招标的项目的招标人不得利用划分标段规避招标。
2. 总承包招标。招标人可以依法对工程以及与工程建设有关的货物、服务全部或者部分实行总承包招标。
3. 两阶段招标。对技术复杂或者无法精确拟定技术规格的项目，招标人可以分两阶段进行招标
4. 投标有效期。招标人应当在招标文件中载明投标有效期。投标有效期从提交投标文件的截止之日起算。
5. 投标保证金。如招标人在招标文件中要求投标人提交投标保证金，投标保证金不得超过招标项目估算价的 2%。投标保证金有效期应当与投标有效期一致。
6. 标底及投标限价。招标人可以自行决定是否编制标底。一个招标项目只能有一个标底。标底必须保密。</td>
</tr>
<tr>
<td rowspan="4">《招标投标法实施条例》投标</td>
<td>投标规定</td>
<td>投标人参加依法必须进行招标的项目的投标，不受地区或者部门的限制，任何单位和个人不得非法干涉。投标人撤回已提交的投标文件，应当在投标截止时间前书面通知招标人。投标人发生合并、分立、破产等重大变化，应当及时书面告知招标人。如投标人不再具备资格预审文件、招标文件规定的资格条件或者其投标影响招标公正性，其投标无效。</td>
</tr>
<tr>
<td>投标人相互串通投标</td>
<td>1. 投标人之间协商投标报价等投标文件的实质性内容；
2. 投标人之间约定中标人；
3. 投标人之间约定部分投标人放弃投标或者中标；
4. 属于同一集团、协会、商会等组织成员的投标人按照该组织要求协同投标；
5. 投标人之间为谋取中标或者排斥特定投标人而采取的其他联合行动。</td>
</tr>
<tr>
<td>招标人与投标人串通投标</td>
<td>1. 招标人在开标前开启投标文件并将有关信息泄露给其他投标人；
2. 招标人直接或者间接向投标人泄露标底、评标委员会成员等信息；
3. 招标人明示或者暗示投标人压低或者抬高投标报价；
4. 招标人授意投标人撤换、修改投标文件；
5. 招标人明示或者暗示投标人为特定投标人中标提供方便；
6. 招标人与投标人为谋求特定投标人中标而采取的其他串通行为。</td>
</tr>
<tr>
<td>弄虚作假</td>
<td>1. 使用伪造、变造的许可证件；
2. 提供虚假的财务状况或者业绩；
3. 提供虚假的项目负责人或者主要技术人员简历、劳动关系证明；
4. 提供虚假的信用状况；
5. 其他弄虚作假的行为。</td>
</tr>
</table>

《招标投标法实施条例》开标、评标和中标	开标	招标人应当按照招标文件规定的时间、地点开标。如投标人少于3个，不得开标；招标人应当重新招标。如投标人对开标有异议，应当在开标现场提出，招标人应当当场作出答复，并制作记录。
	评标委员会	依法必须进行招标的项目，其评标委员会的专家成员应当从评标专家库内相关专业的专家名单中以随机抽取方式确定。任何单位和个人不得以明示、暗示等任何方式指定或者变相指定参加评标委员会的专家成员。依法必须进行招标的项目的招标人非因招标投标法和本条例规定的事由，不得更换依法确定的评标委员会成员。评标委员会成员与投标人有利害关系的，应当主动回避。
	评标	招标人应当根据项目规模和技术复杂程度等因素合理确定评标时间。招标人应当向评标委员会提供评标所必需的信息，但不得明示或者暗示其倾向或者排斥特定投标人。评标委员会成员应当按照招标文件规定的评标标准和方法，客观、公正地对投标文件提出评审意见。
	投标的否决	1. 投标文件未经投标单位盖章和单位负责人签字； 2. 投标联合体没有提交共同投标协议； 3. 投标人不符合国家或者招标文件规定的资格条件； 4. 同一投标人提交两个以上不同的投标文件或者投标报价，但招标文件要求提交备选投标的除外； 5. 投标报价低于成本或者高于招标文件设定的最高投标限价； 6. 投标文件没有对招标文件的实质性要求和条件作出响应； 7. 投标人有串通投标、弄虚作假、行贿等违法行为。
	投标文件的澄清	投标文件中有含义不明确的内容、明显文字或者计算错误，评标委员会认为需要投标人作出必要澄清、说明的，应当书面通知该投标人。投标人的澄清、说明应当采用书面形式，并不得超出投标文件的范围或者改变投标文件的实质性内容。
	中标	中标候选人应当不超过3个，并标明排序。依法必须进行招标的项目，招标人应当自收到评标报告之日起3日内公示中标候选人，公示期不得少于3日。
	签订合同及履约	招标人和中标人应当依照招标投标法和本条例的规定签订书面合同，合同的标的、价款、质量、履行期限等主要条款应当与招标文件和中标人的投标文件的内容一致。招标人和中标人不得再行订立背离合同实质性内容的其他协议。招标人最迟应当在书面合同签订后5日内向中标人和未中标的投标人退还投标保证金及银行同期存款利息。招标文件要求中标人提交履约保证金的，中标人应当按照招标文件的要求提交。履约保证金不得超过中标合同金额的10%。中标人不得向他人转让中标项目，也不得将中标项目肢解后分别向他人转让。
投诉		如果投标人或者其他利害关系人认为招标投标活动不符合法律、行政法规规定，可以自知道或者应当知道之日起10日内向有关行政监督部门投诉。投诉应当有明确的请求和必要的证明材料。
处理		行政监督部门应当自收到投诉之日起3个工作日内决定是否受理投诉，并自受理投诉之日起30个工作日内作出书面处理决定；需要检验、检测、鉴定、专家评审的，所需时间不计算在内。

第三章 工程项目管理

章	节
第三章 工程项目管理	第一节 工程项目管理概述
	第二节 工程项目管理的组织
	第三节 工程项目计划与控制
	第四节 流水施工组织方法
	第五节 工程网络计划技术
	第六节 工程项目风险管理

第一节 工程项目管理概述

本节要点		本节内容
工程项目的组成	单项工程	单项工程是指在一个工程项目中，具有独立的设计文件，竣工后可以独立发挥生产能力或效益的一组配套齐全的工程项目。
	单位（子单位）工程	单位工程是指具备独立施工条件并能形成独立使用功能的建筑物及构筑物。对于建筑规模较大的单位工程，可将其能形成独立使用功能的部分作为一个子单位工程。具有独立施工条件和能形成独立使用功能是单位（子单位）工程划分的基本要求。单位工程是单项工程的组成部分。
	分部（子分部）工程	分部工程是单位工程的组成部分，应按专业性质、建筑部位确定。一般工业与民用建筑工程的分部工程包括：地基与基础工程、主体结构工程、装饰装修工程、屋面工程、给排水及采暖工程、电气工程、智能建筑工程、通风与空调工程、电梯工程。当分部工程较大或较复杂时，可按材料种类、施工特点、施工程序、专业系统及类别等将其划分为若干子分部工程。
	分项工程	分项工程是分部工程的组成部分，一般按主要工程、材料、施工工艺、设备类别等进行划分。例如，土方开挖工程、土方回填工程、钢筋工程、模板工程、混凝土工程、砖砌体工程、木门窗制作与安装工程、玻璃幕墙工程等。
工程项目的分类	按建设性质划分：工程项目可分为新建项目、扩建项目、改建项目、迁建项目和恢复项目。	
	按投资作用划分：工程项目可分为生产性工程项目和非生产性工程项目。	

工程项目的分类		按项目规模划分：基本建设项目分为大型、中型、小型三类；更新改造项目分为限额以上和限额以下两类。
		按项目的效益和市场需求划分：工程项目可划分为竞争性项目、基础性项目和公益性项目三种。
		按项目的投资来源划分：工程项目可划分为政府投资项目和非政府投资项目。
工程项目建设程序		指工程项目从策划、评估、决策、设计、施工到竣工验收、投入生产或交付使用的整个建设过程中，各项工作必须遵循的先后工作次序。
工程项目投资决策阶段的工作内容	编报项目建议书	1. 项目提出的必要性和依据。 2. 产品方案、拟建规模和建设地点的初步设想。 3. 资源情况、建设条件、协作关系和设备技术引进国别、厂商的初步分析。 4. 投资估算、资金筹措及还贷方案设想。 5. 项目进度安排。 6. 经济效益和社会效益的初步估计。 7. 环境影响的初步评价。
	编报可行性研究报告	可行性研究是对工程项目在技术上是否可行和经济上是否合理进行科学的分析和论证。
	项目投资决策审批制度	政府投资项目。对于采用直接投资和资本金注入方式的政府投资项目，政府需要从投资决策的角度审批项目建议书和可行性研究报告，除特殊情况外不再审批开工报告，同时还要严格审批其初步设计和概算；对于采用投资补助、转贷和贷款贴息方式的政府投资项目，则只审批资金申请报告。
		非政府投资项目。对于企业不使用政府资金投资建设的项目，政府不再进行投资决策性质的审批，区别不同情况实行核准制或登记备案制。核准制。企业投资建设《政府核准的投资项目目录》中的项目时，仅需向政府提交项目申请报告，不再经过批准项目建议书、可行性研究报告和开工报告的程序。备案制。对于《政府核准的投资项目目录》以外的企业投资项目，实行备案制。除国家另有规定外，由企业按照属地原则向地方政府投资主管部门备案。
工程项目建设实施阶段的工作内容	工程设计	工程设计的阶段及其内容。工程项目的设计工作一般划分为两个阶段，即初步设计和施工图设计。重大项目和技术复杂项目，可根据需要增加技术设计阶段。 1. 初步设计。是根据可行性研究报告的要求所做的具体实施方案，目的是为了阐明在指定的地点、时间和投资控制数额内，拟建项目在技术上的可行性和经济上的合理性，并通过对工程项目所做出的基本技术经济规定，编制项目总概算。 2. 技术设计。应根据初步设计和更详细的调查研究资料编制，以进一步解决初步设计中的重大技术问题， 3. 施工图设计。根据初步设计或技术设计的要求，结合现场实际情况，完整地表现建筑物外型、内部空间分割、结构体系、构造状况以及建筑群的组成和周围环境的配合。

		施工图设计文件的审查。根据建设部2000年颁布的《建筑工程施工图设计文件审查暂行办法》规定，建设单位应当将施工图报送建设行政主管部门，由建设行政主管部门委托有关审查机构，进行结构安全和强制性标准、规范执行情况等内容的审查。
	建设准备	1. 征地、拆迁和场地平整。 2. 完成施工用水、电、通信、道路等接通工作。 3. 组织招标选择工程监理单位、承包单位及设备、材料供应商。 4. 准备必要的施工图纸。 5. 办理工程质量监督和施工许可手续。
	施工安装	工程项目经批准新开工建设，项目即进入施工安装阶段。项目新开工时间，是指工程项目设计文件中规定的任何一项永久性工程第一次正式破土开槽开始施工的日期。不需开槽的工程，正式开始打桩的日期就是开工日期。铁路、公路、水库等需要进行大量土、石方工程的，以开始进行土方、石方工程的日期作为正式开工日期。
工程项目建设实施阶段的工作内容	生产准备	生产准备工作的内容根据项目或企业的不同，其要求也各不相同，但一般应包括以下主要内容：招收和培训生产人员；组织准备；技术准备；物资准备。
	竣工验收	竣工验收的范围和标准。按照国家现行规定，工程项目按批准的设计文件所规定的内容建成，符合验收标准，即工业项目经过投料试车（带负荷运转）合格，形成生产能力的；非工业项目符合设计要求，能够正常使用的，都应及时组织验收，办理固定资产移交手续。工程项目竣工验收、交付使用，应达到下列标准： 1. 生产性项目和辅助公用设施已按设计要求建完，能满足生产要求； 2. 主要工艺设备已安装配套，经联动负荷试车合格，形成生产能力，能够生产出设计文件规定的产品； 3. 职工宿舍和其他必要的生产福利设施，能适应投产初期的需要； 4. 生产准备工作能适应投产初期的需要； 5. 环境保护设施、劳动安全卫生设施、消防设施已按设计要求与主体工程同时建成使用。
		竣工验收的准备工作。建设单位应认真做好工程竣工验收的准备工作，主要包括： 整理技术资料；绘制竣工图。
		编制竣工决算。建设单位必须及时清理所有财产、物资和未用完或应收回的资金，编制工程竣工决算，分析概（预）算执行情况，考核投资效益，报请主管部门审查。
	竣工验收的程序和组织	根据国家现行规定，规模较大、较复杂的工程建设项目应先进行初验，然后进行正式验收。规模较小、较简单的工程项目，可以一次进行全部项目的竣工验收。

项目后评价	效益后评价	项目效益后评价是项目后评价的重要组成部分。具体包括经济效益后评价、环境效益和社会效益后评价、项目可持续性后评价及项目综合效益后评价。
	过程后评价	过程后评价是指对工程项目的立项决策、设计施工、竣工投产、生产运营等全过程进行系统分析，找出项目后评价与原预期效益之间的差异及其产生的原因，使后评价结论有根有据，同时针对问题提出解决办法。
工程项目管理的概念		工程项目管理是指组织运用系统工程的观点、理论和方法对工程项目周期内的所有工作（包括项目建议书、可行性研究、评估论证、设计、采购、施工、验收等）进行计划、组织、指挥、协调和控制的过程。工程项目管理的核心任务是控制项目目标（造价、质量、进度），最终实现项目的功能以满足使用者的需求。工程项目的造价、质量和进度三大目标是一个相互关联的整体，三大目标之间既存在着矛盾的方面，又存在着统一的方面。
工程项目管理的类型		在工程项目的策划决策和建设实施过程中，由于各阶段的任务和实施主体不同，从而构成了不同类型的项目管理，包括：业主方的项目管理、工程总承包方的项目管理、设计方的项目管理、施工方的项目管理、供货方的项目管理等。
工程项目管理的任务		合同管理、组织协调、目标控制、风险管理、信息管理、环境保护。
工程项目管理的发展趋势		为了适应工程项目大型化、项目大规模融资及分散项目风险等需求，工程项目管理呈现出集成化、国际化、信息化趋势。
项目法人责任制	项目法人的设立	新上项目在项目建议书被批准后，应由项目的投资方派代表组成项目法人筹备组，具体负责项目法人的筹建工作。有关单位在申报项目可行性研究报告时，须同时提出项目法人的组建方案，否则，其可行性研究报告将不予审批。在项目可行性研究报告被批准后，应正式成立项目法人。按有关规定确保资本金按时到位，并及时办理公司设立登记。项目公司可以是有限责任公司（包括国有独资公司），也可以是股份有限公司。
	项目董事会的职权	建设项目董事会的职权有：负责筹措建设资金；审核、上报项目初步设计和概算文件；审核、上报年度投资计划并落实年度资金；提出项目开工报告；研究解决建设过程中出现的重大问题；负责提出项目竣工验收申请报告；审定偿还债务计划和生产经营方针，并负责按时偿还债务；聘任或解聘项目总经理，并根据总经理的提名，聘任或解聘其他高级管理人员。
	项目总经理的职权	项目总经理的职权有：组织编制项目初步设计文件，对项目工艺流程、设备选型、建设标准、总图布置提出意见，提交董事会审查；组织工程设计、施工监理、施工队伍和设备材料采购的招标工作，编制和确定招标方案、标底和评标标准，评选和确定投、中标单位。
工程监理制	工程监理的范围	国家重点建设工程；大中型公用事业工程；成片开发建设的住宅小区工程；利用外国政府或者国际组织贷款、援助资金的工程；国家规定必须实行监理的其他工程。

工程监理制	工程监理中造价控制的工作内容	造价控制是工程监理的主要任务之一。监理工程师受建设单位的委托，进行工程造价控制的主要工作内容包括： 1. 根据工程特点、施工合同、工程设计文件及经过批准的施工组织设计对工程进行风险分析，制定工程造价目标控制方案，提出防范性对策。 2. 编制施工阶段资金使用计划，并按规定的程序和方法进行工程计量、签发工程款支付证书。 3. 审查施工单位提交的工程变更申请，力求减少变更费用。 4. 及时掌握国家调价动态，合理调整合同价款。 5. 及时收集、整理工程施工和监理有关资料，协调处理费用索赔事件。 6. 及时统计实际完成工程量，进行实际投资与计划投资的动态比较，并定期向建设单位报告工程投资动态情况。 7. 审核施工单位提交的竣工结算书，签发竣工结算款支付证书。
工程招标投标制		1. 大型基础设施、公用事业等关系社会公共利益、公众安全的项目。 2. 全部或者部分使用国有资金投资或者国家融资的项目。 3. 使用国际组织或者外国政府贷款、援助资金的项目。
合同管理制		工程建设是一个极为复杂的社会生产过程，由于现代社会化大生产和专业化分工，许多单位会参与到工程建设之中，而各类合同则是维系各参与单位之间关系的纽带。

第二节 工程项目管理的组织

本节要点		本节内容
工程项目发承包模式	总分包模式	有利于工程项目的组织管理。有利于控制工程造价。有利于控制工程质量。有利于缩短建设工期。对建设单位而言，选择总承包单位的范围小，一般合同金额较高。对总承包单位而言，责任重、风险大，需要具有较高的管理水平和丰富的实践经验。当然，获得高额利润的潜力也比较大。
	平行承包模式	有利于建设单位择优选择承包单位。有利于控制工程质量。有利于缩短建设工期。组织管理和协调工作量大。工程造价控制难度大。相对于总分包模式而言，平行承包模式不利于发挥那些技术水平高、综合管理能力强的承包单位的综合优势。
	联合体承包模式	1. 对建设单位而言，与总分包模式相同，合同结构简单，组织协调工作量小，而且有利于工程造价和建设工期的控制。 2. 对联合体而言，可以集中各成员单位在资金、技术和管理等方面的优势，克服单一公司力不能及的困难，不仅可增强竞争能力，而且也可增强抗风险能力。
	合作体承包模式	建设单位的组织协调工作量小，但风险较大。各承包单位之间既有合作的愿望，又不愿意组成联合体。

<table>
<tr><td rowspan="3">工程项目发承包模式</td><td rowspan="2">CM 承包模式</td><td>1. 采用快速路径法施工。即在工程设计尚未结束之前，当工程某些部分的施工图设计已经完成时，就开始进行该部分工程的施工招标，从而使这部分工程的施工提前到工程项目的设计阶段。
2. CM 单位有代理型（Agency）和非代理型（Non-Agency）两种。代理型的 CM 单位不负责工程分包的发包，与分包单位的合同由建设单位直接签订。而非代理型的 CM 单位直接与分包单位签订分包合同。
3. CM 合同采用成本加酬金方式。</td></tr>
<tr><td>CM 承包模式在工程造价控制方面的价值。与施工总承包模式相比，采用 CM 承包模式时的合同价更具合理性。CM 单位不赚取总包与分包之间的差价。应用价值工程方法挖掘节约投资的潜力。GMP 可大大减少建设单位在工程造价控制方面的风险。</td></tr>
<tr><td colspan="2">Partnering 模式：出于自愿。高层管理的参与。Partnering 协议不是法律意义上的合同。信息的开放性。</td></tr>
<tr><td rowspan="4">工程项目管理组织机构形式</td><td>直线制</td><td>直线制组织机构的主要优点是结构简单、权力集中、易于统一指挥、隶属关系明确、职责分明、决策迅速。但由于未设职能部门，项目经理没有参谋和助手，要求领导者通晓各种业务，成为“全能式”人才。无法实现管理工作专业化，不利于项目管理水平的提高。</td></tr>
<tr><td>职能制</td><td>职能制组织机构的主要优点是强调管理业务的专门化，注意发挥各类专家在项目管理中的作用。由于管理人员工作单一，易于提高工作质量，同时可以减轻领导者的负担。但是，由于这种机构没有处理好管理层次和管理部门的关系，形成多头领导，使下级执行者接受多方指令，容易造成职责不清。</td></tr>
<tr><td>直线职能制</td><td>直线职能制组织结构既保持了直线制统一指挥的特点，又满足了职能制对管理工作专业化分工的要求。其主要优点是集中领导、职责清楚，有利于提高管理效率。但这种组织机构中各职能部门之间的横向联系差，信息传递路线长，职能部门与指挥部门之间容易产生矛盾。</td></tr>
<tr><td>矩阵制</td><td>矩阵制组织机构的优点是能根据工程任务的实际情况灵活地组建与之相适应的管理机构，具有较大的机动性和灵活性。它实现了集权与分权的最优结合，有利于调动各类人员的工作积极性，使工程项目管理工作顺利地进行。但是，矩阵制组织机构经常变动，稳定型差，尤其是业务人员的工作岗位频繁调动。此外，矩阵中的每一个成员都受项目经理和职能部门经理的双重领导，如果处理不当，会造成矛盾，产生扯皮现象。矩阵制组织机构又可分为强矩阵制组织形式、中矩阵制组织形式和弱矩阵制组织形式。</td></tr>
</table>

第三节 工程项目计划与控制

<table>
<tr><th colspan="2">本节要点</th><th>本节内容</th></tr>
<tr><td rowspan="5">工程项目计划体系</td><td rowspan="3">建设单位的计划体系</td><td>工程项目前期工作计划是指对工程项目可行性研究、项目评估的工作进度安排，它可使工程项目策划决策阶段各项工作的时间得到控制。</td></tr>
<tr><td>工程项目建设总进度计划是指对工程项目从开始建设（设计、施工准备）至竣工投产（动用）全过程的统一部署。其主要目的是安排各单项工程、单位工程的建设进度，合理分配年度投资，组织各方面的协作，保证初步设计所确定的各项建设任务的完成。工程项目建设总进度计划的主要内容包括文字和表格两部分。</td></tr>
<tr><td>工程项目年度计划是依据工程项目建设总进度计划和批准的设计文件进行编制的。该计划既要满足工程项目建设总进度计划的要求，又要与当年可能获得的资金、设备、材料、施工力量相适应。应根据分批配套投产或交付使用的要求，合理安排本年度建设的工程项目。工程项目年度计划主要包括文字和表格两部分内容。</td></tr>
<tr><td rowspan="2">承包单位的计划体系</td><td>项目管理规划大纲是项目管理工作中具有战略性、全局性和宏观性的指导文件，由企业管理层在投标时编制。</td></tr>
<tr><td>项目管理实施规划是在开工之前由施工项目经理组织编制并报企业管理层审批的工程项目管理文件。</td></tr>
<tr><td rowspan="7">工程项目施工组织设计</td><td rowspan="4">施工组织总设计</td><td>施工组织总设计是指以若干单位工程组成的群体工程或特大型工程项目为主要对象编制的施工组织设计，对整个工程项目的施工过程起统筹规划、重点控制的作用。</td></tr>
<tr><td>施工组织总设计的主要内容：工程概况、总体施工部署、施工总进度计划、总体施工准备与主要资源配置计划、主要施工方法、施工总平面布置。</td></tr>
<tr><td>施工组织总设计应由施工项目负责人主持编制，应由总承包单位技术负责人负责审批。</td></tr>
<tr><td>工程项目施工过程中，发生下列情形之一时，应及时修改、补充施工组织总设计：工程设计有重大修改；有关法律法规、标准的实施、修订或废止；主要施工方法有重大调整；主要施工资源配置有重大调整；施工环境有重大改变。</td></tr>
<tr><td rowspan="3">单位工程施工组织设计</td><td>单位工程施工组织设计是指以单位（子单位）工程为主要对象编制的施工组织设计，对单位（子单位）工程的施工过程起指导和制约作用。</td></tr>
<tr><td>单位工程施工组织设计的主要内容：工程概况、施工部署、施工进度计划、施工准备与资源配置计划、主要施工方案、施工现场平面布置。</td></tr>
<tr><td>单位工程施工组织设计应由施工项目负责人主持编制，应由施工单位技术负责人或其授权的技术人员负责审批。</td></tr>
</table>

<table>
<tr><td rowspan="3">工程项目施工组织设计</td><td rowspan="3">施工方案</td><td>施工方案是指以分部（分项）或专项工程为主要对象编制的施工技术与组织方案，用以具体指导分部（分项）或专项工程的施工过程。施工方案不同，施工成本也不相同，应在技术经济分析论证的基础上，编制施工方案。在工程施工过程中，施工方案发生变化，也会引起施工成本的变化。</td></tr>
<tr><td>施工方案应由项目技术负责人审批，重点、难点分部（分项）或专项工程的施工方案应由施工单位技术部门组织相关专家评审，施工单位技术负责人批准。由专业承包单位施工的分部（分项）或专项工程的施工方案，应由专业承包单位技术负责人或其授权的技术人员审批；有总承包单位时，应由总承包单位项目技术负责人核准备案。规模较大的分部（分项）或专项工程的施工方案应按单位工程施工组织设计进行编制和审批。</td></tr>
<tr><td>施工方案包括：工程概况、施工安排、施工进度计划、施工准备与资源配置计划、施工方法及工艺要求。</td></tr>
<tr><td>目标控制的类型</td><td>主动控制</td><td>1. 主动控制是一种前馈控制。当控制者根据已掌握的可靠信息预测出系统将要输出偏离计划的目标时，就制定纠正措施并向系统输入，以便使系统的运行不发生偏离。主动控制又是一种事前控制，它必须在事情发生之前采取控制措施。
2. 实施主动控制，可以采取以下措施：
（1）详细调查并分析研究外部环境条件，以确定影响目标实现和计划实施的各种有利和不利因素，并将这些因素考虑到计划和其他管理职能之中。
（2）识别风险，努力将各种影响目标实现和计划实施的潜在因素揭示出来，为风险分析和管理提供依据，并在计划实施过程中做好风险管理工作。
（3）用科学的方法制定计划。做好计划可行性分析，消除那些造成资源不可行、技术不可行、经济不可行和财务不可行的各种错误和缺陷，保障工程的实施能够有足够的时间、空间、人力、物力和财力，并在此基础上力求使计划得到优化。事实上，计划制定得越明确、完善，就越能设计出有效的控制系统，也就越能使控制产生更好的效果。
（4）高质量地做好组织工作，使组织与目标和计划高度一致，把目标控制的任务与管理职能落实到适当的机构和人员，做到职权与职责明确，使全体成员能够通力协作，为共同实现目标而努力。
（5）制定必要的备用方案，以对付可能出现的影响目标或计划实现的情况。一旦发生这些情况，因有应急措施作保障，从而可以减少偏离量，或避免发生偏离。
（6）计划应有适当的松弛度，即“计划应留有余地”。这样，可以避免那些经常发生但又不可避免的干扰因素对计划产生影响，减少“例外”情况产生的数量，从而使管理人员处于主动地位。
（7）沟通信息流通渠道，加强信息收集、整理和研究工作，为预测工程未来发展状况提供全面、及时、可靠的信息。</td></tr>
</table>

目标控制的类型	被动控制	1. 被动控制是一种反馈控制。对项目管理人员而言，被动控制仍然是一种积极的控制，也是一种十分重要的控制方式，而且是经常采用的控制方式。 2. 被动控制可以采取以下措施： （1）应用现代化管理方法和手段跟踪、测试、检查工程实施过程，发现异常情况，及时采取纠偏措施。 （2）明确项目管理组织中过程控制人员的职责，发现情况及时采取措施进行处理。 （3）建立有效的信息反馈系统，及时反馈偏离计划目标值的情况，以便及时采取措施予以纠正。
工程项目目标控制的内容	工程项目进度控制	工程项目进度控制是指在实现工程项目总目标的过程中，为使工程建设的实际进度符合项目进度计划的要求，使项目按计划要求的时间动用而开展的有关监督管理活动。工程项目进度控制的总目标就是项目最终动用的计划时间，也就是工业项目负荷联动试车成功、民用项目交付使用的计划时间。
	工程项目质量控制	工程项目质量控制是指在力求实现工程项目总目标的过程中，为满足项目总体质量要求所开展的有关监督管理活动。工程项目的质量目标是指对工程项目实体、功能和使用价值，以及参与工程建设的有关各方工作质量的要求或需求的标准和水平，也就是对项目符合有关法律、法规、规范、标准程度和满足建设单位要求程度做出的明确规定。影响工程项目质量的因素有很多，通常可以概括为人、机械、材料、方法和环境五个方面。
	工程项目造价控制	工程项目造价控制是指在整个项目的实施阶段开展管理活动，力求使项目在满足质量和进度要求的前提下，实现项目实际投资不超过计划投资。工程项目造价控制不是单一目标的控制，而应当与工程项目质量控制和进度控制同时进行。项目管理人员在控制工程项目造价时，应立足于建设工程全寿命期经济效益，不能只局限于项目的一次性投资。
工程项目目标控制的措施	组织措施	控制是由人来执行的，监督按计划要求投入劳动力、机具、设备、材料，巡视、检查工程运行情况，对工程信息的收集、加工、整理、反馈，发现和预测目标偏差，采取纠正行动等都需要事先委任执行人员，授予相应职权，确定职责，制定工作考核标准，并力求使之一体化运行。
	技术措施	控制在很大程度上要通过技术来解决问题。实施有效控制，如果不对多个可能的主要技术方案进行技术可行性分析，不对各种技术数据进行审核、比较，不事先确定设计方案的评选原则，不通过科学试验确定新材料、新工艺、新设备、新结构的适用性，不对各投标文件中的主要技术方案做必要的论证，不对施工组织设计进行审查，不想方设法在整个项目实施阶段寻求节约投资、保障工期和质量的技术措施，目标控制就会毫无效果可言。使计划能够输出期望的目标需要依靠掌握特定技术的人，需要采取一系列有效的技术措施实现项目目标的有效控制。

工程项目目标控制的措施	经济措施	为了理想地实现工程项目，项目管理人员要收集、加工、整理工程经济信息和数据，要对各种实现目标的计划进行资源、经济、财务诸方面的可行性分析，要对经常出现的各种设计变更和其他工程变更方案进行技术经济分析，以力求减少对计划目标实现的影响，要对工程概、预算进行审核，要编制资金使用计划，要对工程付款进行审查等。
	合同措施	确定对目标控制有利的承发包模式和合同结构，拟订合同条款，参加合同谈判，处理合同执行过程中的问题，以及做好防止和处理索赔的工作等，是项目管理人员进行目标控制的重要手段。
工程项目目标控制的主要方法	网络计划法	应用网络计划技术时，可按下列程序对工程进度目标实施控制： 1. 根据工程项目具体要求编制网络计划图，并按有关目标要求进行网络计划的优化； 2. 定期进行网络计划执行情况的检查，主要分析实际进度与计划进度的差异； 3. 分析产生进度差异的原因以及工作进度偏差对总工期及后续工作的影响程度； 4. 根据工程项目总工期及后续工作的限制条件，采取进度调整措施，调整原进度计划； 5. 执行调整后的网络计划，并在执行过程中定期进行实际进度的检查与分析。
	S 曲线法	S 曲线可用于控制工程造价和工程进度。其控制程序如下： 1. 根据工程项目进度计划安排，在以横坐标表示时间，纵坐标表示累计完成的工程数量或造价的坐标体系中，绘制工程数量或造价的计划累计 S 曲线； 2. 根据工程进展情况，在同一坐标体系中绘制工程数量或造价的实际累计 S 曲线； 3. 将实际 S 曲线与计划 S 曲线进行比较，以此判断工程进度偏差或造价偏差； 4. 如果出现较大偏差，则应分析原因，并采取措施进行调整； 5. 如果投资计划或进度计划做出调整后，需要重新绘制调整后的 S 曲线，以便在下一步控制过程中进行对比分析。
	香蕉曲线法	与 S 曲线法相同，香蕉曲线同样可用来控制工程造价和工程进度。其控制程序如下： 1. 根据工程项目具体要求，编制工程网络计划，并计算工作时间参数； 2. 根据工程网络计划，在以横坐标表示时间，纵坐标表示累计完成的工程数量或造价的坐标体系中，绘制工程数量或造价的 ES 曲线和 LS 曲线； 3. 根据工程进展情况，在同一坐标体系中绘制工程数量或造价的实际累计 S 曲线； 4. 将实际 S 曲线与计划香蕉曲线进行比较，以此判断工程进度偏差或造价偏差。如果实际 S 曲线落在香蕉曲线范围之内，说明实际造价或进度处于控制范围之内。否则，说明工程造价或进度出现偏差，需要分析原因，并采取措施进行调整； 5. 如果投资计划或进度计划做出调整后，需要重新绘制调整后的香蕉曲线，以便在下一步控制过程中进行对比分析。

工程项目目标控制的主要方法	排列图法	采用排列图分析影响工程（产品）质量主要因素，可按以下程序进行： 1. 列出影响工程（产品）质量的因素，并统计各影响因素出现的频数和频率； 2. 按质量影响因素出现频数由大到小的顺序，从左至右绘制排列图； 3. 分析排列图，找出影响工程（产品）质量的主要因素。在一般情况下，将影响质量的因素分为三类，累计频率在 0～80%范围内的因素，称为 A 类因素，是主要因素；在 80%～90%范围内的为 B 类因素，是次要因素；在 90%～100%范围内的为 C 类因素，是一般因素。
	因果分析图法	因果分析图又叫树枝图或鱼刺图，是用来寻找某种质量问题产生原因的有效工具。
	直方图法	应用直方图法控制工程（产品）质量的程序如下： 1. 收集质量特征数据，绘制直方图； 2. 对直方图分布状态进行分析，以此判断生产过程是否属于正常状态。当生产条件正常时，直方图应该是中间高，两侧低，左右接近对称的正常型图形。当出现非正常型图形时，就要进一步分析原因，并采取措施加以纠正。常见的非正常型图形有四种类型：折齿型分布，绝壁型分布，孤岛型分布，双峰型分布； 3. 当出现质量问题时，可进一步利用排列图、因果分析图、相关图等寻找产生质量问题的原因，并采取有效措施，使工程质量达到预定要求。
	控制图法	应用控制图法控制生产过程质量的程序如下： 1. 根据抽样检测数据，绘制质量控制图，画出质量控制图的上限（UCL）、中心线（CL）、下限（LCL）； 2. 分析控制图。当控制图中的点子满足以下两个条件时：一是点子没有跳出控制界限；二是点子随机排列且没有缺陷，即可认为生产过程基本上处于控制状态，即生产正常。否则，就认为生产过程发生了异常变化。这里所说的点子在控制界限内排列有缺陷，包括以下几种情况：点子连续在中心线一侧出现 7 个以上；连续 7 个以上的点子上升或下降；点子在中心线一侧多次出现，如连续 11 个点中至少有 10 个点在同一侧；或连续 14 点中至少有 12 点、连续 17 点中至少有 14 点、连续 20 点中至少有 16 点出现在同一侧；点子接近控制界限，如连续 3 个点中至少有 2 个点落在二倍标准偏差与三倍标准偏差控制界限之间；或连续 7 点中至少有 3 点、连续 10 点中至少有 4 点落在二倍标准偏差与三倍标准偏差控制界限之间；点子出现周期性波动。 3. 如果控制图出现异常，说明生产过程存在质量问题。这时，可进一步利用排列图、因果分析图、相关图等寻找产生质量问题的原因，并采取有效措施，使工程质量达到预定要求。

第四节 流水施工组织方法

本节要点		本节内容
流水施工的特点		1. 施工工期较短，可以尽早发挥投资效益； 2. 实现专业化生产，可以提高施工技术水平和劳动生产率； 3. 连续施工，可以充分发挥施工机械和劳动力的生产效率； 4. 提高工程质量，可以增加建设工程的使用寿命和节约使用过程中的维修费用； 5. 降低工程成本，可以提高承包单位的经济效益。
流水施工的表达方式	横道图表示法	优点是：绘图简单，施工过程及其先后顺序表达清楚，时间和空间状况形象直观，使用方便，因而被广泛用来表达施工进度计划。
	垂直图表示法	优点是：施工过程及其先后顺序表达清楚，时间和空间状况形象直观，斜向进度线的斜率可以直观地表示出各施工过程的进展速度。但编制实际工程进度计划不如横道图方便。
流水施工参数	工艺参数	工艺参数主要是指在组织流水施工时，用以表达流水施工在施工工艺方面进展状态的参数，通常包括施工过程和流水强度两个参数。 1. 施工过程。组织建设工程流水施工时，根据施工组织及计划安排需要而将计划任务划分成的子项称为施工过程。施工过程的数目一般用 n 表示，它是流水施工的主要参数之一。根据其性质和特点不同，施工过程一般分为三类，即建造类施工过程、运输类施工过程和制备类施工过程。 2. 流水强度。流水强度是指流水施工的某施工过程（队）在单位时间内所完成的工程量，也称为流水能力或生产能力。例如，浇筑混凝土施工过程的流水强度是指每工作班浇筑的混凝土立方数。 流水强度计算公式： $V=\sum_{i=1}^{x} R_i \cdot S_i$ 式中：V——某施工过程（队）的流水强度； R_i——投入该施工过程中的第 i 种资源量（施工机械台数或工人数）； S_i——投入该施工过程中第 i 种资源的产量定额； X——投入该施工过程中的资源种类数。
	空间参数	空间参数是指在组织流水施工时，用以表达流水施工在空间布置上开展状态的参数。通常包括工作面和施工段。 1. 工作面。工作面是指供某专业工种的工人或某种施工机械进行施工的活动空间。 2. 施工段。将施工对象在平面或空间上划分成若干个劳动量大致相等的施工段落，称为施工段或流水段。施工段的数目一般用 m 表示，它是流水施工的主要参数之一。 （1）划分施工段的目的。划分施工段的目的就是组织流水施工。组织流

<table>
<tr>
<td rowspan="2">流水施工参数</td>
<td>空间参数</td>
<td>水施工时，可以划分足够数量的施工段，充分利用工作面，避免窝工，尽可能缩短工期。

（2）划分施工段的原则。由于施工段内的施工任务由专业工作队依次完成，因而在两个施工段之间容易形成一个施工缝。同时，由于施工段数量的多少，将直接影响流水施工的效果。为使施工段划分得合理，一般应遵循下列原则：

①同一专业工作队在各个施工段上的劳动量应大致相等，相差幅度不宜超过10%～15%；

②每个施工段内要有足够的工作面，以保证相应数量的工人、主导施工机械的生产效率，满足合理劳动组织的要求；

③施工段的界限应尽可能与结构界限（如沉降缝、伸缩缝等）相吻合，或设在对建筑结构整体性影响小的部位，以保证建筑结构的整体性；

④施工段的数目要满足合理组织流水施工的要求。施工段数目过多，会降低施工速度，延长工期；施工段过少，不利于充分利用工作面，可能造成窝工；

⑤对于多层建筑物、构筑物或需要分层施工的工程，应既分施工段，又分施工层，各专业工作队依次完成第一施工层中各施工段任务后，再转入第二施工层的施工段上作业，依此类推。以确保相应专业队在施工段与施工层之间，组织连续、均衡、有节奏地流水施工。</td>
</tr>
<tr>
<td>时间参数</td>
<td>流水节拍。流水节拍是指在组织流水施工时，某个专业工作队在一个施工段上的施工时间。第 j 个专业工作队在第 i 个施工段的流水节拍一般用 $t_{j\cdot i}$ 来表示（j=1，2,……，n；i=1，2,……，m）。

流水节拍可分别按下列方法确定：

1. 定额计算法。如果已有定额标准时，可按下列确定流水节拍。

$$t_{j\cdot i}=\frac{Q_{j\cdot i}}{S_j\cdot R_j\cdot N_j}=\frac{P_{j\cdot i}}{R_j\cdot N_j}$$
或

$$t_{j\cdot i}=\frac{Q_{j\cdot i}\cdot H_j}{R_j\cdot N_j}=\frac{P_{j\cdot i}}{R_j\cdot N_j}$$
式中：$t_{j\cdot i}$——第 j 个专业工作队在第 i 个施工段的流水节拍；
$Q_{j\cdot i}$——第 j 个专业工作队在第 i 个施工段要完成的工程量或工作量；
S_j——第 j 个专业工作队的计划产量定额；
R_j——第 j 个专业工作队所投入的人工数或机械台数；
N_j——第 j 个专业工作队的工作班次；
$P_{j\cdot i}$——第 j 个专业工作队在第 i 个施工段需要的劳动量或机械台班数量；
H_j——第 j 个专业工作队的计划时间定额。

2. 经验估算法。对于采用新结构、新工艺、新方法和新材料等没有定额可循的工程项目，可以根据以往的施工经验估算流水节拍。</td>
</tr>
</table>

流水施工参数	时间参数	流水步距。流水步距是指组织流水施工时，相邻两个施工过程（或专业工作队）相继开始施工的最小间隔时间。流水步距一般用 $K_{i,i+1}$ 来表示，其中 j（j=1，2，……，n−1）为专业工作队或施工过程的编号。它是流水施工的主要参数之一。流水步距的数目取决于参加流水的施工过程数。如果施工过程数为 n 个，则流水步距的总数为 n－1 个。流水步距的大小取决于相邻两个施工过程（或专业工作队）在各个施工段上的流水节拍及流水施工的组织方式。确定流水步距时，一般应满足以下基本要求： 1. 各施工过程按各自流水速度施工，始终保持工艺先后顺序； 2. 各施工过程的专业工作队投入施工后尽可能保持连续作业； 3. 相邻两个施工过程（或专业工作队）在满足连续施工的条件下，能最大限度地实现合理搭接。
		流水施工工期。流水施工工期是指从第一个专业工作队投入流水施工开始，到最后一个专业工作队完成流水施工为止的整个持续时间。由于一项建设工程往往包含有许多流水组，故流水施工工期一般均不是整个工程的总工期。
有节奏流水施工	等节奏流水施工	固定节拍流水施工的特点。 1. 所有施工过程在各个施工段上的流水节拍均相等； 2. 相邻施工过程的流水步距相等，且等于流水节拍； 3. 专业工作队数等于施工过程数，即每一个施工过程成立一个专业工作队，由该队完成相应施工过程所有施工段上的任务； 4. 各个专业工作队在各施工段上能够连续作业，施工段之间没有空闲时间。
		有间歇时间的固定节拍流水施工。所谓间歇时间，是指相邻两个施工过程之间由于工艺或组织安排需要而增加的额外等待时间。包括工艺间歇时间（$G_{j,j+1}$）和组织间歇时间（$Z_{j,j+1}$）。对于有间歇时间的固定节拍流水施工，其流水施工工期 T 可按下列公式计算： $T=(n-1)t+\sum G+\sum Z+m\cdot t$ $=(m+n-1)t+\sum G+\sum Z$
		有提前插入时间的固定节拍流水施工。所谓提前插入时间，是指相邻两个专业工作队在同一施工段上共同作业的时间。在工作面允许和资源有保证的前提下，专业工作队提前插入施工，可以缩短流水施工工期。对于有提前插入时间（$C_{j,j+1}$）的固定节拍流水施工，其流水施工工期 T 可按下列公式计算： $T=(n-1)t+\sum G+\sum Z-\sum C+m\cdot t$ $=(m+n-1)t+\sum G+\sum Z-\sum C$
	异节奏流水施工	异步距异节奏流水施工。异步距异节奏流水施工是指在组织异节奏流水施工时，每个施工过程成立一个专业工作队，由其完成各施工段任务的流水施工。异步距异节奏流水施工的特点如下： 1. 同一施工过程在各个施工段上的流水节拍均相等；不同施工过程之间的流水节拍不尽相等；

<table>
<tr>
<td rowspan="3">有节奏流水施工</td>
<td></td>
<td>2. 相邻施工过程之间的流水步距不尽相等；
3. 专业工作队数等于施工过程数；
4. 各个专业工作队在施工段上能够连续作业，施工段之间没有空闲时间。</td>
</tr>
<tr>
<td rowspan="2">异节奏流水施工</td>
<td>等步距异节奏流水施工。等步距异节奏流水施工是指在组织异节奏流水施工时，按每个施工过程流水节拍之间的比例关系，成立相应数量的专业工作队而进行的流水施工，也称为成倍节拍流水施工。成倍节拍流水施工的特点如下：
1. 同一施工过程在其各个施工段上的流水节拍均相等；不同施工过程的流水节拍不等，但其值为倍数关系；
2. 相邻施工过程的流水步距相等，且等于流水节拍的最大公约数（K）；
3. 专业工作队数大于施工过程数，即有的施工过程只成立一个专业工作队，而对于流水节拍大的施工过程，可按其倍数增加相应专业工作队数目；
4. 各个专业工作队在施工段上能够连续作业，施工段之间没有空闲时间。
加快的成倍节拍流水施工工期 T 可按下列公式计算：
$T=(n'-1)K+\sum G+\sum Z-\sum C+m\cdot K$
$=(m+n'-1)K+\sum G+\sum Z-\sum C$　　n′ 表示专业工作队数目</td>
</tr>
<tr>
<td>绘制成倍节拍流水施工进度计划图。在加快的成倍节拍流水施工进度计划图中，除表明施工过程的编号或名称外，还应表明专业工作队的编号。</td>
</tr>
<tr>
<td rowspan="3">非节奏流水施工</td>
<td>非节奏流水施工的特点</td>
<td>1. 各施工过程在各施工段的流水节拍不全相等；
2. 相邻施工过程的流水步距不尽相等；
3. 专业工作队数等于施工过程数；
4. 各专业工作队能够在施工段上连续作业，但有的施工段之间可能有空闲时间。</td>
</tr>
<tr>
<td>流水步距的确定</td>
<td>在非节奏流水施工中，通常采用累加数列错位相减取大差法计算流水步距。
累加数列错位相减取大差法的基本步骤如下：对每一个施工过程在各施工段上的流水节拍依次累加，求得各施工过程流水节拍的累加数列；将相邻施工过程流水节拍累加数列中的后者错后一位，相减后求得一个差数列；在差数列中取最大值，即为这两个相邻施工过程的流水步距。</td>
</tr>
<tr>
<td>流水施工工期的确定</td>
<td>流水施工工期可按下列公式计算：
$$T=\sum K+\sum t_n+\sum Z+\sum G-\sum C$$
式中：T——流水施工工期；
$\sum K$——各施工过程（或专业工作队）之间流水步距之和；
$\sum t_n$——最后一个施工过程（或专业工作队）在各施工段流水节拍之和；
$\sum Z$——组织间歇时间之和；
$\sum G$——工艺间歇时间之和；
$\sum C$——提前插入时间之和。</td>
</tr>
</table>

第五节　工程网络计划技术

本节要点	本节内容
网络图和工作	网络图是由箭线和节点组成，用来表示工作流程的有向、有序网状图形。一个网络图表示一项计划任务。网络图有双代号网络图和单代号网络图两种。双代号网络图又称箭线式网络图，它是以箭线及其两端节点的编号表示工作，同时，节点表示工作的开始或结束以及工作之间的连接状态。单代号网络图又称节点式网络图，它是以节点及其编号表示工作，箭线表示工作之间的逻辑关系。网络图中的节点都必须有编号，其编号严禁重复，并应使每一条箭线上箭尾节点编号小于箭头节点编号。在双代号网络图中，有时存在虚箭线，虚箭线不代表实际工作，我们称之为虚工作。虚工作既不消耗时间，也不消耗资源。虚工作主要用来表示相邻两项工作之间的逻辑关系。但有时为了避免两项同时开始、同时进行的工作具有相同的开始节点和完成节点，也需要用虚工作加以区分。在单代号网络图中，虚拟工作只能出现在网络图的起点节点或终点节点处。
工艺关系和组织关系	1. 工艺关系。生产性工作之间由工艺过程决定的、非生产性工作之间由工作程序决定的先后顺序关系称为工艺关系。 2. 组织关系。工作之间由于组织安排需要或资源（劳动力、原材料、施工机具等）调配需要而规定的先后顺序关系称为组织关系。
紧前工作、紧后工作和平行工作	1. 紧前工作。在网络图中，相对于某工作而言，紧排在该工作之前的工作称为该工作的紧前工作。在双代号网络图中，工作与其紧前工作之间可能有虚工作存在。 2. 紧后工作。在网络图中，相对于某工作而言，紧排在该工作之后的工作称为该工作的紧后工作。在双代号网络图中，工作与其紧后工作之间也可能有虚工作存在。 3. 平行工作。在网络图中，相对于某工作而言，可以与该工作同时进行的工作即为该工作的平行工作。
先行工作和后续工作	1. 先行工作。相对于某工作而言，从网络图的第一个节点（起点节点）开始，顺箭头方向经过一系列箭线与节点到达该工作为止的各条通路上的所有工作，都称为该工作的先行工作。 2. 后续工作。相对于某工作而言，从该工作之后开始，顺箭头方向经过一系列箭线与节点到网络图最后一个节点（终点节点）的各条通路上的所有工作，都称为该工作的后续工作。
线路、关键线路和关键工作	1. 线路。网络图中从起点节点开始，沿箭头方向顺序通过一系列箭线与节点，最后到达终点节点的通路称为线路。线路既可依次用该线路上的节点编号来表示，也可依次用该线路上的工作名称来表示。 2. 关键线路和关键工作。在关键线路法（CPM）中，线路上所有工作的持续时间总和称为该线路的总持续时间。总持续时间最长的线路称为关键线路，关键线路的长度就是网络计划的总工期。

<table>
<tr><td rowspan="2">双代号网络图的绘制</td><td>规则</td><td>1. 网络图必须按照已定的逻辑关系绘制。
2. 网络图中严禁出现从一个节点出发，顺箭头方向又回到原出发点的循环回路。
3. 网络图中的箭线（包括虚箭线，以下同）应保持自左向右的方向，不应出现箭头指向左方的水平箭线和箭头偏向左方的斜向箭线。若遵循该规则绘制网络图，就不会出现循环回路。
4. 网络图中严禁出现双向箭头和无箭头的连线。
5. 网络图中严禁出现没有箭尾节点的箭线和没有箭头节点的箭线。
6. 严禁在箭线上引入或引出箭线。但当网络图的起点节点有多条箭线引出（外向箭线）或终点节点有多条箭线引入（内向箭线）时，为使图形简洁，可用母线法绘图。
7. 应尽量避免网络图中工作箭线的交叉。当交叉不可避免时，可以采用过桥法或指向法处理。
8. 网络图中应只有一个起点节点和一个终点节点（任务中部分工作需要分期完成的网络计划除外）。除网络图的起点节点和终点节点外，不允许出现没有外向箭线的节点和没有内向箭线的节点。</td></tr>
<tr><td>方法</td><td>1. 绘制没有紧前工作的工作箭线，使它们具有相同的开始节点，以保证网络图只有一个起点节点。
2. 依次绘制其他工作箭线。这些工作箭线的绘制条件是其所有紧前工作箭线都已经绘制出来。
3. 当各项工作箭线都绘制出来之后，应合并那些没有紧后工作之工作箭线的箭头节点，以保证网络图只有一个终点节点（多目标网络计划除外）。
4. 当确认所绘制的网络图正确后，即可进行节点编号。</td></tr>
<tr><td colspan="2">单代号网络图的绘制规则</td><td>与双代号网络图的绘图规则基本相同，主要区别是当网络图中有多项开始工作时，应增设一项虚拟的工作（S），作为该网络图的起点节点；当网络图中有多项结束工作时，应增设一项虚拟的工作（F），作为该网络图的终点节点。</td></tr>
<tr><td rowspan="2">时间参数的基本概念</td><td>工作持续时间</td><td>工作持续时间是指一项工作从开始到完成的时间。在双代号网络计划中，工作 i—j 的持续时间用 D_{i-j} 表示；在单代号网络计划中，工作 i 的持续时间用 D_i 表示。</td></tr>
<tr><td>工期</td><td>1. 计算工期。计算工期是根据网络计划时间参数计算而得到的工期，用 T_c 表示。
2. 要求工期。要求工期是任务委托人所提出的指令性工期，用 T_r 表示。
3. 计划工期。计划工期是指根据要求工期和计算工期所确定的作为实施目标的工期，用 T_p 表示。
当已规定要求工期时，计划工期不应超过要求工期，即：$T_p \leq T_r$
当未规定要求工期时，可令计划工期等于计算工期，即：$T_p = T_c$</td></tr>
</table>

<table>
<tr>
<td rowspan="3">时间参数的基本概念</td>
<td>工作的六个时间参数</td>
<td>1．最早开始时间和最早完成时间。在双代号网络计划中，工作 i—j 的最早开始时间和最早完成时间分别用 ES_{i-j} 和 EF_{i-j} 表示；在单代号网络计划中，工作 i 的最早开始时间和最早完成时间分别用 ES_i 和 EF_i 表示。
2．最迟完成时间和最迟开始时间。在双代号网络计划中，工作 i—j 的最迟完成时间和最迟开始时间分别用 LF_{i-j} 和 LS_{i-j} 表示；在单代号网络计划中，工作 i 的最迟完成时间和最迟开始时间分别用 LF_i 和 LS_i 表示。
3．总时差和自由时差。在双代号网络计划中，工作 i—j 的总时差用 TF_{i-j} 表示；在单代号网络计划中，工作 i 的总时差用 TF_i 表示。在双代号网络计划中，工作 i—j 的自由时差用 FF_{i-j} 表示；在单代号网络计划中，工作 i 的自由时差用 FF_i 表示。</td>
</tr>
<tr>
<td>节　点时间</td>
<td>1．节点最早时间。节点最早时间是指在双代号网络计划中，以该节点为开始节点的各项工作的最早开始时间。节点 i 的最早时间用 ET_i 表示。
2．节点最迟时间。节点最迟时间是指在双代号网络计划中，以该节点为完成节点的各项工作的最迟完成时间。节点 j 的最迟时间用 LT_j 表示。</td>
</tr>
<tr>
<td colspan="2">相邻两项工作之间的时间间隔是指本工作的最早完成时间与其紧后工作最早开始时间之间可能存在的差值。工作 i 与工作 j 之间的时间间隔用 $LAG_{i,j}$ 表示。</td>
</tr>
<tr>
<td rowspan="2">双代号网络计划时间参数按工作计算法</td>
<td>计算工作的最早开始时间和最早完成时间</td>
<td>1．以网络计划起点节点为开始节点的工作，当未规定其最早开始时间时，其最早开始时间为零。
2．工作的最早完成时间可利用下列公式进行计算：
$EF_{i-j}=ES_{i-j}+D_{i-j}$
式中：EF_{i-j}——工作 i—j 的最早完成时间；
ES_{i-j}——工作 i—j 的最早开始时间；
D_{i-j}——工作 i—j 的持续时间。
3．其他工作的最早开始时间应等于其紧前工作最早完成时间的最大值，即：
$ES_{i-j}=Max\{EF_{h-i}\}=Max\{ES_{h-i}+D_{h-i}\}$
式中：ES_{i-j}——工作 i—j 的最早开始时间；
EF_{h-i}——工作 i—j 的紧前工作 h—i（非虚工作）的最早完成时间；
ES_{h-i}——工作 i—j 的紧前工作 h—i（非虚工作）的最早开始时间；
D_{h-i}——工作 i—j 的紧前工作 h—i（非虚工作）的持续时间。
4．网络计划的计算工期应等于以网络计划终点节点为完成节点的工作的最早完成时间的最大值，即
$T_c=Max\{EF_{i-n}\}=Max\{ES_{i-n}+D_{i-n}\}$
式中：T_c——网络计划的计算工期；
EF_{i-n}——以网络计划终点节点 n 为完成节点的工作的最早完成时间；
ES_{i-n}——以网络计划终点节点 n 为完成节点的工作的最早开始时间；
D_{i-n}——以网络计划终点节点 n 为完成节点的工作的持续时间。</td>
</tr>
<tr>
<td colspan="2">确定网络计划的计划工期。网络计划的计划工期应按公式 $T_p \leq T_r$ 或公式 $T_p=T_c$ 确定。</td>
</tr>
</table>

<table>
<tr>
<td rowspan="4">双代号网络计划时间参数按工作计算法</td>
<td>计算工作的最迟完成时间和最迟开始时间</td>
<td>1. 以网络计划终点节点为完成节点的工作，其最迟完成时间等于网络计划的计划工期，即
$LF_{i-n}=T_p$
式中：LF_{i-n}——以网络计划终点节点 n 为完成节点的工作的最迟完成时间；
T_p——网络计划的计划工期。
2. 工作的最迟开始时间可利用下列公式进行计算：
$LS_{i-j}=LF_{i-j}-D_{i-j}$
式中：LS_{i-j}——工作 i—j 的最迟开始时间；
LF_{i-j}——工作 i—j 的最迟完成时间；
D_{i-j}——工作 i—j 的持续时间。
3. 其他工作的最迟完成时间应等于其紧后工作最迟开始时间的最小值，即
$LF_{i-j}=Min\{LS_{j-k}\}=Min\{LF_{j-k}-D_{j-k}\}$
式中：LF_{i-j}——工作 i—j 的最迟完成时间；
LS_{j-k}——工作 i—j 的紧后工作 j—k（非虚工作）的最迟开始时间；
LF_{j-k}——工作 i—j 的紧后工作 j—k（非虚工作）的最迟完成时间；
D_{j-k}——工作 i—j 的紧后工作 j—k（非虚工作）的持续时间。</td>
</tr>
<tr>
<td>计算工作的总时差</td>
<td>工作的总时差等于该工作最迟完成时间与最早完成时间之差，或该工作最迟开始时间与最早开始时间之差，即：
$TF_{i-j}=LF_{i-j}-EF_{i-j}=LS_{i-j}-ES_{i-j}$
式中：TF_{i-j}——工作 i—j 的总时差；其余符号同前。</td>
</tr>
<tr>
<td>计算工作的自由时差</td>
<td>1. 对于有紧后工作的工作，其自由时差等于本工作之紧后工作最早开始时间减本工作最早完成时间所得之差的最小值，即
$FF_{i-j}=Min\{ES_{j-k}-EF_{i-j}\}=Min\{ES_{j-k}-ES_{i-j}-D_{i-j}\}$
式中：FF_{i-j}——工作 i—j 的自由时差；
ES_{j-k}——工作 i—j 的紧后工作 j—k（非虚工作）的最早开始时间；
EF_{i-j}——工作 i—j 的最早完成时间；
ES_{i-j}——工作 i—j 的最早开始时间；
D_{i-j}——工作 i—j 的持续时间。
2. 对于无紧后工作的工作，也就是以网络计划终点节点为完成节点的工作，其自由时差等于计划工期与本工作最早完成时间之差，即
$FF_{i-n}=T_p-EF_{i-n}=T_p-ES_{i-n}-D_{i-n}$
式中：FF_{i-n}——以网络计划终点节点 n 为完成节点的工作 i—n 的自由时差；
T_p——网络计划的计划工期；
EF_{i-n}——以网络计划终点节点 n 为完成节点的工作 i—n 的最早完成时间；
ES_{i-n}——以网络计划终点节点 n 为完成节点的工作 i—n 的最早开始时间；
D_{i-n}——以网络计划终点节点 n 为完成节点的工作 i—n 的持续时间。</td>
</tr>
<tr>
<td colspan="2">确定关键工作和关键线路。在网络计划中，总时差最小的工作为关键工作。特别地，当网络计划的计划工期等于计算工期时，总时差为零的工作就是关键工作。</td>
</tr>
</table>

双代号网络计划时间参数按节点计算法	计算节点的最早时间和最迟时间	1. 计算节点的最早时间。节点最早时间的计算应从网络计划的起点节点开始，顺着箭线方向依次进行。其计算步骤如下： （1）网络计划起点节点，如未规定最早时间，其值等于零。 （2）其他节点的最早时间应按下列公式进行计算： $ET_j = Max\{ET_i + D_{i-j}\}$ 式中：ET_j——工作 i—j 的完成节点 j 的最早时间； ET_i——工作 i—j 的开始节点 i 的最早时间； D_{i-j}——工作 i—j 的持续时间。 （3）网络计划的计算工期等于网络计划终点节点的最早时间，即 $T_c = ET_n$ 式中：T_c——网络计划的计算工期； ET_n——网络计划终点节点 n 的最早时间。 2.确定网络计划的计划工期。网络计划的计划工期应按公式 $T_p \leqslant T_r$ 或公式 $T_p = T_c$ 确定。 3. 计算节点的最迟时间。节点最迟时间的计算应从网络计划的终点节点开始，逆着箭线方向依次进行。其计算步骤如下： （1）网络计划终点节点的最迟时间等于网络计划的计划工期，即： $LT_n = T_p$ 式中：LT_n——网络计划终点节点 n 的最迟时间； T_p——网络计划的计划工期。 （2）其他节点的最迟时间应按下式进行计算： $LT_i = Min\{LT_j - D_{i-j}\}$ 式中：LT_i——工作 i—j 的开始节点 i 的最迟时间； LT_j——工作 i—j 的完成节点 j 的最迟时间； D_{i-j}——工作 i—j 的持续时间。
	根据节点的最早时间和最迟时间判定工作的六个时间参数	1. 工作的最早开始时间等于该工作开始节点的最早时间，即 $ES_{i-j} = ET_i$ 2. 工作的最早完成时间等于该工作开始节点的最早时间与其持续时间之和，即 $EF_{i-j} = ET_i + D_{i-j}$ 3. 工作的最迟完成时间等于该工作完成节点的最迟时间，即 $LF_{i-j} = LT_j$ 4. 工作的最迟开始时间等于该工作完成节点的最迟时间与其持续时间之差，即 $LS_{i-j} = LT_j - D_{i-j}$ 5. 工作的总时差： $TF_{i-j} = LF_{i-j} - EF_{i-j} = LT_j - (ET_i + D_{i-j}) = LT_j - ET_i - D_{i-j}$ 工作的总时差等于该工作完成节点的最迟时间减去该工作开始节点的最早时间所得差值再减其持续时间。

<table>
<tr><td rowspan="2">双代号网络计划时间参数节点计算法</td><td></td><td>6. 工作的自由时差：
$FF_{i-j}=\mathrm{Min}\{ES_{j-k}-ES_{i-j}-D_{i-j}\}=\mathrm{Min}\{ES_{j-k}\}-ES_{i-j}-D_{i-j}=\mathrm{Min}\{ET_j\}-ET_i-D_{i-j}$
工作的自由时差等于该工作完成节点的最早时间减去该工作开始节点的最早时间所得差值再减其持续时间。</td></tr>
<tr><td>确定关键线路和关键工作</td><td>在双代号网络计划中，关键线路上的节点称为关键节点。关键工作两端的节点必为关键节点，但两端为关键节点的工作不一定是关键工作。关键节点的最迟时间与最早时间的差值最小。特别地，当网络计划的计划工期等于计算工期时，关键节点的最早时间与最迟时间必然相等。关键节点必然处在关键线路上，但由关键节点组成的线路不一定是关键线路。</td></tr>
<tr><td colspan="2">双代号网络计划时间参数按标号法计算</td><td>1. 网络计划起点节点的标号值为零。
2. 其他节点的标号值应根据下列公式按节点编号从小到大的顺序逐个进行计算：
$b_j=\mathrm{Max}\{b_i+D_{i-j}\}$
式中：b_j——工作 i—j 的完成节点 j 的标号值；
b_i——工作 i—j 的开始节点 i 的标号值；
D_{i-j}——工作 i—j 的持续时间。
3. 网络计划的计算工期就是网络计划终点节点的标号值。
4. 关键线路应从网络计划的终点节点开始，逆着箭线方向按源节点确定。</td></tr>
<tr><td rowspan="2">单代号网络计划时间参数的计算方法</td><td>计算工作的最早开始时间和最早完成时间</td><td>1. 网络计划起点节点所代表的工作，其最早开始时间未规定时取值为零。
2. 工作的最早完成时间应等于本工作的最早开始时间与其持续时间之和，即
$EF_i=ES_i+D_i$
式中：EF_i——工作 i 的最早完成时间；
ES_i——工作 i 的最早开始时间；
D_i——工作 i 的持续时间。
3. 其他工作的最早开始时间应等于其紧前工作最早完成时间的最大值，即
$ES_j=\mathrm{Max}\{EF_i\}$
式中：ES_j——工作 j 的最早开始时间；
EF_i——工作 j 的紧前工作 i 的最早完成时间。
4. 网络计划的计算工期等于其终点节点所代表的工作的最早完成时间。</td></tr>
<tr><td>计算相邻两项工作之间的时间间隔</td><td>相邻两项工作之间的时间间隔是指其紧后工作的最早开始时间与本工作最早完成时间的差值，即
$LAG_{i,j}=ES_j-EF_i$
式中：$LAG_{i,j}$——工作 i 与其紧后工作 j 之间的时间间隔；
ES_j——工作 i 的紧后工作 j 的最早开始时间；
EF_i——工作 i 的最早完成时间。</td></tr>
</table>

单代号网络计划时间参数的计算方法	确定网络计划的计划工期	1. 当已规定了要求工期时，计划工期不应超过要求工期，即 $T_p \leq T_r$ 2. 当未规定要求工期时，可令计划工期等于计算工期，即 $T_p = T_c$
	计算工作的总时差	1. 网络计划终点节点 n 所代表的工作的总时差应等于计划工期与计算工期之差，即 $TF_n = T_p - T_c$ 当计划工期等于计算工期时，该工作的总时差为零。 2. 其他工作的总时差应等于本工作与其各紧后工作之间的时间间隔加该紧后工作的总时差所得之和的最小值，即 $TF_i = Min\{LAG_{i,j} + TF_j\}$ 式中：TF_i——工作 i 的总时差； $LAG_{i,j}$——工作 i 与其紧后工作 j 之间的时间间隔； TF_j——工作 i 的紧后工作 j 的总时差。
	计算工作的自由时差	1. 网络计划终点节点 n 所代表的工作的自由时差等于计划工期与本工作的最早完成时间之差，即 $FF_n = T_p - EF_n$ 式中：FF_n——终点节点 n 所代表的工作的自由时差； T_p——网络计划的计划工期； EF_n——终点节点 n 所代表的工作的最早完成时间（即计算工期）。 2. 其他工作的自由时差等于本工作与其紧后工作之间时间间隔的最小值，即： $FF_i = Min\{LAG_{i,j}\}$
	计算工作的最迟完成时间和最迟开始时间	1. 根据总时差计算。 （1）工作的最迟完成时间等于本工作的最早完成时间与其总时差之和，即 $LF_i = EF_i + TF_i$ （2）工作的最迟开始时间等于本工作的最早开始时间与其总时差之和，即 $LS_i = ES_i + TF_i$ 2. 根据计划工期计算。 工作最迟完成时间和最迟开始时间的计算应从网络计划的终点节点开始，逆着箭线方向按节点编号从大到小的顺序依次进行。 （1）网络计划终点节点 n 所代表的工作的最迟完成时间等于该网络计划的计划工期，即 $LF_n = T_p$ （2）工作的最迟开始时间等于本工作的最迟完成时间与其持续时间之差，即 $LS_i = LF_i - D_i$

<table>
<tr><td rowspan="2">单代号网络计划时间参数的计算方法</td><td></td><td>（3）其他工作的最迟完成时间等于该工作各紧后工作最迟开始时间的最小值，即
$LF_i = Min\{LS_j\}$
式中：LF_i——工作 i 的最迟完成时间；
LS_j——工作 i 的紧后工作 j 的最迟开始时间。</td></tr>
<tr><td>确定网络计划的关键线路</td><td>1. 利用关键工作确定关键线路。如前所述，总时差最小的工作为关键工作。将这些关键工作相连，并保证相邻两项关键工作之间的时间间隔为零而构成的线路就是关键线路。
2. 利用相邻两项工作之间的时间间隔确定关键线路。从网络计划的终点节点开始，逆着箭线方向依次找出相邻两项工作之间时间间隔为零的线路就是关键线路。</td></tr>
<tr><td rowspan="4">双代号时标网络计划</td><td>时标网络计划的绘制方法</td><td>1. 将网络计划的起点节点定位在时标网络计划表的起始刻度线上。
2. 按工作的持续时间绘制以网络计划起点节点为开始节点的工作箭线。
3. 除网络计划的起点节点外，其他它节点必须在所有以该节点为完成节点的工作箭线均绘出后，定位在这些工作箭线中最迟的箭线末端。当某些工作箭线的长度不足以到达该节点时，须用波形线补足，箭头画在与该节点的连接处。
4. 当某个节点的位置确定之后，即可绘制以该节点为开始节点的工作箭线。
5. 利用上述方法从左至右依次确定其他各个节点的位置，直至绘出网络计划的终点节点。</td></tr>
<tr><td>关键线路和计算工期的判定</td><td>1. 关键线路的判定。①时标网络计划中的关键线路可从网络计划的终点节点开始，逆着箭线方向进行判定。②凡自始至终不出现波形线的线路即为关键线路。因为不出现波形线，就说明在这条线路上相邻两项工作之间的时间间隔全部为零，也就是在计算工期等于计划工期的前提下，这些工作的总时差和自由时差全部为零。
2. 计算工期的判定。网络计划的计算工期应等于终点节点所对应的时标值与起点节点所对应的时标值之差。</td></tr>
<tr><td colspan="2">相邻两项工作之间时间间隔的判定。除以终点节点为完成节点的工作外，工作箭线中波形线的水平投影长度表示工作与其紧后工作之间的时间间隔。</td></tr>
<tr><td>工作六个时间参数的判定</td><td>1. 工作最早开始时间和最早完成时间的判定。
（1）工作箭线左端节点中心所对应的时标值为该工作的最早开始时间。
（2）当工作箭线中不存在波形线时，其右端节点中心所对应的时标值为该工作的最早完成时间；
（3）当工作箭线中存在波形线时，工作箭线实线部分右端点所对应的时标值为该工作的最早完成时间。
2. 工作总时差的判定。工作总时差的判定应从网络计划的终点节点开始，逆着箭线方向依次进行。
（1）以终点节点为完成节点的工作，其总时差应等于计划工期与本工作</td></tr>
</table>

<table>
<tr><td>双代号时标网络计划</td><td>工作六个时间参数的判定</td><td>最早完成时间之差。
（2）其他工作的总时差等于其紧后工作的总时差加本工作与该紧后工作之间的时间间隔所得之和的最小值，即： $TF_{i—j} = Min\{TF_{j—k} + LAG_{i—j,\ j—k}\}$
式中：$TF_{i—j}$——工作 i—j 的总时差；
$TF_{j—k}$——工作 i—j 的紧后工作 j—k（非虚工作）的总时差；
$LAG_{i—j,\ j—k}$——工作 i—j 与其紧后工作 j—k（非虚工作）之间的时间间隔。
3. 工作自由时差的判定。
（1）以终点节点为完成节点的工作，其自由时差应等于计划工期与本工作最早完成时间之差。事实上，以终点节点为完成节点的工作，其自由时差与总时差必然相等。
（2）其他工作的自由时差就是该工作箭线中波形线的水平投影长度。但当工作之后只紧接虚工作时，则该工作箭线上一定不存在波形线，而其紧接的虚箭线中波形线水平投影长度的最短者为该工作的自由时差。
4. 工作最迟开始时间和最迟完成时间的判定。
（1）工作的最迟开始时间等于本工作的最早开始时间与其总时差之和。
（2）工作的最迟完成时间等于本工作的最早完成时间与其总时差之和。</td></tr>
<tr><td rowspan="2">网络计划的优化</td><td>工期优化</td><td>所谓工期优化，是指网络计划的计算工期不满足要求工期时，通过压缩关键工作的持续时间以满足要求工期目标的过程。
网络计划的工期优化可按下列步骤进行：
1. 确定初始网络计划的计算工期和关键线路。
2. 按要求工期计算应缩短的时间 $\triangle T$：
$\triangle T = T_c - T_r$
式中：T_c——网络计划的计算工期；
T_r——要求工期。
3. 选择应缩短持续时间的关键工作。选择压缩对象时宜在关键工作中考虑下列因素：
（1）缩短持续时间对质量和安全影响不大的工作；
（2）有充足备用资源的工作；
（3）缩短持续时间所需增加的费用最少的工作。
4. 将所选定的关键工作的持续时间压缩至最短，并重新确定计算工期和关键线路。若被压缩的工作变成非关键工作，则应延长其持续时间，使之仍为关键工作。
5. 当计算工期仍超过要求工期时，则重复上述 2 ~ 4，直至计算工期满足要求工期或计算工期已不能再缩短为止。
6. 当所有关键工作的持续时间都已达到其能缩短的极限而寻求不到继续缩短工期的方案，但网络计划的计算工期仍不能满足要求工期时，应对网络计划的原技术方案、组织方案进行调整，或对要求工期重新审定。</td></tr>
<tr><td>费用优化</td><td>费用优化又称工期成本优化，是指寻求工程总成本最低时的工期安排，或按要求工期寻求最低成本的计划安排的过程。</td></tr>
</table>

网络计划的优化	费用优化	1. 按工作的正常持续时间确定计算工期和关键线路。 2. 计算各项工作的直接费用率。 3. 当只有一条关键线路时，应找出直接费用率最小的一项关键工作，作为缩短持续时间的对象；当有多条关键线路时，应找出组合直接费用率最小的一组关键工作，作为缩短持续时间的对象。 4.对于选定的压缩对象（一项关键工作或一组关键工作），首先比较其直接费用率或组合直接费用率与工程间接费用率的大小： （1）如果被压缩对象的直接费用率或组合直接费用率大于工程间接费用率，说明压缩关键工作的持续时间会使工程总费用增加，此时应停止缩短关键工作的持续时间，在此之前的方案即为优化方案； （2）如果被压缩对象的直接费用率或组合直接费用率等于工程间接费用率，说明压缩关键工作的持续时间不会使工程总费用增加，故应缩短关键工作的持续时间； （3）如果被压缩对象的直接费用率或组合直接费用率小于工程间接费用率，说明压缩关键工作的持续时间会使工程总费用减少，故应缩短关键工作的持续时间。 5. 当需要缩短关键工作的持续时间时，其缩短值的确定必须符合下列两条原则： （1）缩短后工作的持续时间不能小于其最短持续时间； （2）缩短持续时间的工作不能变成非关键工作。 6. 计算关键工作持续时间缩短后相应增加的总费用。 7. 重复上述 3 ~ 6，直至计算工期满足要求工期或被压缩对象的直接费用率或组合直接费用率大于工程间接费用率为止。 8. 计算优化后的工程总费用。
	资源优化	资源优化的目的是通过改变工作的开始时间和完成时间，使资源按照时间的分布符合优化目标 “资源有限，工期最短”的优化步骤： 1. 按照各项工作的最早开始时间安排进度计划，并计算网络计划每个时间单位的资源需用量。 2. 从计划开始日期起，逐个检查每个时段（每个时间单位资源需用量相同的时间段）的资源需用量是否超过所能供应的资源限量。如果在整个工期范围内每个时段的资源需用量均能满足资源限量的要求，则可行优化方案就编制完成。否则，必须转入下一步进行计划的调整。 3. 分析超过资源限量的时段。如果在该时段内有几项工作平行作业，则采取将一项工作安排在与之平行的另一项工作之后进行的方法，以降低该时段的资源需用量。 4. 对调整后的网络计划安排重新计算每个时间单位的资源需用量。 5. 重复上述 2 ~ 4，直至网络计划整个工期范围内每个时间单位的资源需用量均满足资源限量为止。

实际进度与计划进度的比较方法	前锋线法	采用前锋线比较法进行实际进度与计划进度的比较，其步骤如下： 1. 绘制时标网络计划图。 2. 绘制实际进度前锋线。 3. 进行实际进度与计划进度的比较。 4. 预测进度偏差对后续工作及总工期的影响。
	列表比较法	1. 对于实际进度检查日期应该进行的工作，根据已经作业的时间，确定其尚需作业时间； 2. 根据原进度计划计算检查日期应该进行的工作从检查日期到原计划最迟完成时尚余时间； 3. 计算工作尚有总时差，其值等于工作从检查日期到原计划最迟完成时间尚余时间与该工作尚需作业时间之差； 4. 比较实际进度与计划进度，可能有以下几种情况： （1）如果工作尚有总时差与原有总时差相等，说明该工作实际进度与计划进度一致； （2）如果工作尚有总时差大于原有总时差，说明该工作实际进度超前，超前的时间为二者之差； （3）如果工作尚有总时差小于原有总时差，且仍为非负值，说明该工作实际进度拖后，拖后的时间为二者之差，但不影响总工期； （4）如果工作尚有总时差小于原有总时差，且为负值，说明该工作实际进度拖后，拖后的时间为二者之差，此时工作实际进度偏差将影响总工期。
网络计划的调整		1. 改变某些工作间的逻辑关系。当工程项目实施中产生的进度偏差影响到总工期，且有关工作的逻辑关系允许改变时，可以改变关键线路和超过计划工期的非关键线路上的有关工作之间的逻辑关系，以达到缩短工期的目的。 2. 缩短某些工作的持续时间。这种方法是不改变工程项目中各项工作之间的逻辑关系，而通过采取增加资源投入、提高劳动效率等措施来缩短某些工作的持续时间，使工程进度加快，以保证按计划工期完成该工程项目。

第六节　工程项目风险管理

本节要点		本节内容
工程项目风险分类	按风险来源	自然风险、社会风险、经济风险、法律风险、政治风险。
	按风险可否管理	可管理风险、不可管理风险。
	按风险影响范围	局部风险、总体风险

工程项目风险分类	按风险涉及的当事人划分	1. 业主风险（人为风险、经济风险、自然风险）； 2. 承包商风险（决策错误风险、缔约和履约风险、责任风险）。
工程项目风险管理程序		风险识别、风险分析与评价、风险应对策略的决策、风险对策的实施、风险对策实施的监控。
风险识别	专家调查法	专家调查法主要包括头脑风暴法、德尔菲法和访谈法
	财务报表法	有助于确定一个特定企业或特定的项目可能遭受那些损失以及在何种情况下遭受这些损失。将各类报表与财务预测、预算结合起来，可以发现企业或项目未来的风险。
	初始风险清单法	建立项目的初始风险清单有两种途径：一是参照保险公司或风险管理机构公布的潜在损失一览表，再结合某项目所面临的潜在损失，对一览表中的损失予以具体化，从而建立特定工程的风险一览表；二是通过适当的风险分解方式来识别风险。对于大型、复杂的项目，首先将其按单项工程、单位工程分解，再对各单项工程、单位工程分别从时间维、目标维和因素维进行分解，可以较容易地识别出项目主要的、常见的风险。
	流程图法	运用流程图分析，项目管理人员可以明确地发现项目所面临的风险。但流程图分析仅着重于流程本身，而无法显示发生问题的损失值或损失发生的概率。
	风险调查法	应当从分析具体项目的特点入手，一方面对通过其他方法已识别出的风险进行鉴别和确认；另一方面，通过风险调查有可能发现此前尚未识别出的重要的项目风险。
	成果	风险识别的成果是进行风险分析与评估的重要基础。风险识别的最主要成果是风险清单。
风险分析与评价的任务		确定单一风险因素发生的概率；分析单一风险因素的影响范围大小；分析各个风险因素的发生时间；分析各个风险因素的风险结果，探讨这些风险因素对项目目标的影响程度；在单一风险因素量化分析的基础上，考虑多种风险因素对项目目标的综合影响、评估风险的程度并提出可能的措施作为管理决策的依据。
风险度量		风险事件发生的概率及概率分布是风险分析的基础。一般应用概率分布函数来描述风险事件发生的概率与概率分布。在实践中，均匀分布、三角分布及正态分布最为常用。
风险评定		将风险事件发生概率的指数与风险后果的等级相乘，根据相乘所得数值即可对风险的重要性进行评定。项目风险重要性评分值在 8 分以上的风险因素表示风险重要性较高，是不可以接受的风险，需要给予重点的关注。

风险分析与评价的方法	目前，常用的项目风险分析与评价的方法主要有调查打分法、蒙特卡洛模拟法、计划评审技术法和敏感性分析法等。调查打分法又称综合评估法或主观评分法。调查打分法的基本步骤。 1. 针对风险识别的结果，确定每个风险因素的权重，以表示其对项目的影响程度。 2. 确定每个风险因素的等级值，等级值按经常、很可能、偶然、极小、不可能分为五个等级。 3. 将每个风险因素的权重与相应的等级值相乘，求出该项风险因素的得分。 4. 将各个风险因素的得分逐项相加得出项目风险因素的总分，总分越高，风险越大。 调查打分法的优点在于简单易懂、能节约时间，而且可以比较容易地识别主要的风险因素。
风险应对策略	风险回避（风险回避是指在完成项目风险分析与评价后，如果发现项目风险发生的概率很高，而且可能的损失也很大，又没有其他有效的对策来降低风险时，应采取放弃项目、放弃原有计划或改变目标等方法，使其不发生或不再发展，从而避免可能产生的潜在损失）、风险转移、风险自留（风险自留是指项目风险保留在风险管理主体内部，通过采取内部控制措施等来化解风险或者对这些保留下来的项目风险不采取任何措施）。
风险监控的主要内容	1. 评估风险控制措施产生的效果； 2. 及时发现和度量新的风险因素； 3. 跟踪、评估风险的变化程度； 4. 监控潜在风险的发展、监测项目风险发生的征兆； 5. 提供启动风险应急计划的时机和依据。

第四章 工程经济

章	节
第四章 工程经济	第一节 资金的时间价值及其计算
	第二节 投资方案的经济效果评价
	第三节 价值工程
	第四节 工程寿命周期成本分析

第一节 资金的时间价值及其计算

本节要点		本节内容
现金流量	含义	在工程经济分析中，通常将所考察的对象视为一个独立的经济系统。在某一时点 t 流入系统的资金称为现金流入，记为 CI_t；流出系统的资金称为现金流出，记为 CO_t；同一时点上的现金流入与现金流出的代数和称为净现金流量，记为 NCF 或 $(CI-CO)_t$。现金流入量、现金流出量、净现金流量统称为现金流量。
	现金流量图的绘制规则	1. 横轴为时间轴，零表示时间序列的起点，n 表示时间序列的终点。轴上每一间隔代表一个时间单位（计息周期），可取年、半年、季或月等。整个横轴表示的是所考察的经济系统的寿命期。 2. 与横轴相连的垂直箭线代表不同时点的现金流入或现金流出。在横轴上方的箭线表示现金流入（收益）；在横轴下方的箭线表示现金流出（费用）。 3. 垂直箭线的长短要能适当体现各时点现金流量的大小，并在各箭线上方（或下方）注明其现金流量的数值。 4. 垂直箭线与时间轴的交点即为现金流量发生的时点。
资金的时间价值	概念	如果将一笔资金存入银行会获得利息，投资到工程项目中可获得利润。而如果向银行借贷，也需要支付利息。这反映出资金在运动中，会随着时间的推移而变动。变动的这部分资金就是原有资金的时间价值。
	利息	在借贷过程中，债务人支付给债权人超过原借贷款金额（常称作本金）的部分，就是利息。即： 利息 I = 目前应付（应收）总金额 F − 本金 P 在工程经济分析中，利息常常被看作是资金的一种机会成本。这是因为，如果债权人放弃资金的使用权利，也就放弃了现期消费的权利。而牺牲现期消费又是为了能在将来得到更多的消费。从投资者角度看，利息体现为对放弃现期消费的损失所作的必要补偿。为此，债务人就要为占用债权人的资金付出一定的代价。在工程经济分析中，利息是指占用资金所付的代价或者是放弃使用资金所得的补偿。

资金的时间价值	利率	利率是指在单位时间内（如年、半年、季、月、周、日等）所得利息额与借贷款金额（本金）之比，通常用百分数表示。即 $利率i=\frac{单位时间内所得的利息额I_t}{本金P}\times100\%$ 式中用于表示计算利息的时间单位称为计息周期，计息周期通常为年、半年、季、月、周或日。
	影响利率的主要因素	1. 社会平均利润率。利率随社会平均利润率的变化而变化。在通常情况下，平均利润率是利率的最高界限。因为如果利率高于利润率，无利可图就不会有人去借款。 2. 借贷资本的供求情况。在平均利润率不变的情况下，借贷资本供过于求，利率便下降；反之，供不应求，利率便上升。 3. 借贷风险。借出资本要承担一定的风险，风险越大，利率也就越高。 4. 通货膨胀。通货膨胀对利息的波动有直接影响，资金贬值往往会使利息无形中成为负值。 5. 借出资本的期限长短。贷款期限长，不可预见因素多，风险大，利率就高；反之，贷款期限短，不可预见因素少，风险小，利率就低。
利息计算方法	单利计算	单利是指在计算利息时，仅用最初本金来加以计算，而不计入在先前利息周期中所累积增加的利息，即通常所说的“利不生利”的计息方法。其计算式如下： $I_t=P\times i_s$ 式中：I_t——第 t 计息期的利息额； P——本金； i_s——计息周期单利利率。 设 I_n 代表 n 个计息周期所付或所收的单利总利息，则有下式： $I_n=\sum_{t=1}^{n}I_t=\sum_{t=1}^{n}P\times i_s=Pi_s n$ 由上述公式可知，在以单利计息的情况下，总利息与本金、利率以及计息周期数成正比。而 n 期末单利本利和 F 等于本金加上利息，即： $F=P+I_n=P(1+ni_s)$ 式中（$1+ni_s$）称为单利终值系数。 在利用上述公式计算本利和 F 时，要注意式中 n 和 i_s 反映的时期要一致。如 i_s 为年利率，则 n 应为计息的年数；若 i_s 为月利率，则 n 应为计息的月数。单利的年利息额仅由本金所产生，其新生利息，不再加入本金产生利息。由于没有反映资金随时都在“增值”的规律，即没有完全反映资金的时间价值，因此单利在工程经济分析中使用较少。
	复利计算	复利是指将其上期利息结转为本金来一并计算的本期利息，即通常所说的“利生利”、“利滚利”的计息方法。其计算式如下： $I_t=i\times F_{t-1}$ 式中：i ——计息周期复利利率； F_{t-1} ——第（t－1）年末复利本利和。

<table>
<tr><td>利息计算方法</td><td>复利计算</td><td>而第 t 年末复利本利和 F_t 的表达式如下：
$$F_t=F_{t-1}\times(1+i)=F_{t-2}\times(1+i)^2=\cdots=P\times(1+i)^n$$
复利反映利息的本质特征，复利计息比较符合资金在社会生产过程中运动的实际状况。因此，在工程经济分析中，一般采用复利计算。复利计算有间断复利和连续复利之分。按期（年、半年、季、月、周、日）计算复利的方法称为间断复利（即普通复利）；按瞬时计算复利的方法称为连续复利。在实际应用中，一般均采用间断复利。</td></tr>
<tr><td colspan="2">影响资金等值的因素</td><td>影响资金等值的因素有三个：资金的多少、资金发生的时间及利率（或折现率）的大小。其中，利率是一个关键因素，在等值计算中，一般是以同一利率为依据的。</td></tr>
<tr><td colspan="2">一次支付的情形</td><td>1. 终值计算（已知 P 求 F）。现有一笔资金 P，年利率为 i，按复利计算，则 n 年末的本利和 F 为多少？即已知 P、i、n，求 F。一次支付 n 年末本利和 F 的计算公式为：
$$F=P(1+i)^n$$
式中：i— 计息周期复利率；
n— 计息周期数；
P— 现值（即现在的资金价值或本金，Present Value），指资金发生在（或折算为）某一特定时间序列起点时的价值；
F—终值（n 期末的资金价值或本利和，Future Value），指资金发生在（或折算为）某一特定时间序列终点的价值。
上述公式中的 $(1+i)^n$ 称为一次支付终值系数，用（F／P，i，n）表示，则上述公式又可写成：
$$F=P(F/P,i,n)$$
在（F／P，i，n）这类符号中，括号内斜线左侧的符号表示所求的未知数，斜线右侧的符号表示已知数。（F／P，i，n）就表示在已知 P、i 和 n 的情况下求解 F 的值。为了计算方便，通常按照不同的利率 i 和计息周期数 n 计算出 $(1+i)^n$ 的值，并列表。在计算 F 时，只要从复利表中查出相应的复利系数再乘以本金即可。
2. 现值计算（已知 F 求 P）。可求出现值 P。
$$P=F(1+i)^{-n}$$
式中 $(1+i)^{-n}$ 称为一次支付现值系数，用符号（F／P，i，n）表示，并按不同的利率 i 和计息期 n 列表于附录。在工程经济分析中，一般是将未来时刻的资金价值折算为现在时刻的价值，该过程称为“折现”或“贴现”，其所使用的利率常称为折现率或贴现率。故 $(1+i)^{-n}$ 或（F／P，i，n）也可称为折现系数或贴现系数。上述公式常写成：
$$P=F(F/P,i,n)$$</td></tr>
</table>

<table>
<tr><td></td><td>
在工程实践中，多次支付是最常见的支付形式。多次支付是指现金流量在多个时点发生，而不是集中在某一个时点上。如果用 A_t 表示第 t 期末发生的现金流量（可正可负），用逐个折现的方法，可将多次现金流量换算成现值，即：

$$P = A_1(1+i)^{-1} + A_2(1+i)^{-2} + \cdots\cdots + A_n(1+i)^{-n} = \sum_{t=1}^{n} A_t(1+i)^{-t}$$

或 $$P = \sum_{t=1}^{n} A_t(P/A_t,\ i,\ t)$$

同理，也可将多次现金流量换算成终值：

$$F = \sum_{t=1}^{n} A_t(1+i)^{n-t}$$

或 $$F = \sum_{t=1}^{n} A_t(F/A_t,\ i,\ n-t)$$

在上述公式中，虽然所用系数都可以通过计算或查复利表得到，但如果 n 较大，A_t 较多时，计算也是比较繁琐的。如果多次现金流量 A_t 是连续序列流量，且数额相等，则可大大简化上述计算公式。这种具有 $A_t = A =$ 常数（t = 1，2，3，……，n）特征的系列现金流量称为等额系列现金流量。
</td></tr>
<tr><td>等额支付系列情形</td><td>
对于等额系列现金流量，其复利计算方法如下：

1. 终值计算（即已知 A 求 F）：

$$F = \sum_{t=1}^{n} A_t(1+i)^{n-t} = A\left[(1+i)^{n-1} + (1+i)^{n-2} + \cdots\cdots + (1+i) + 1\right]$$

$$F = A\frac{(1+i)^n - 1}{i}$$

式中 $\frac{(1+i)^n - 1}{i}$ 称为等额系列终值系数或年金终值系数，用符号（F／A，i，n）表示，上述公式又可写成：

F = A（F／A，i，n）

等额系列终值系数（F／A，i，n）可从附录中查得。

2. 现值计算（即已知 A 求 P）：

$$P = F(1+i)^{-n} = A\frac{(1+i)^n - 1}{i(1+i)^n}$$

式中 $\frac{(1+i)^n - 1}{i(1+i)^n}$ 称为等额系列现值系数或年金现值系数，用符号（P／A，i，n）表示；则上式又可写成：

P = A（P／A，i，n）
</td></tr>
</table>

等额支付系列情形	等额系列现值系数（P／A，i，n）可从附录中查得。 3. 资金回收计算（已知 P 求 A）。等额系列资金回收计算是等额系列现值计算的逆运算，公式： $$A=P\frac{i(1+i)^n}{(1+i)^n-1}$$ 式中 $\frac{i(1+i)^n}{(1+i)^n-1}$ 称为等额系列资金回收系数，用符号（A／P，i，n）表示，则又可写成： A＝P（A／P，i，n） 等额系列资金回收系数（A／P，i，n）可从附录中查得。 4. 偿债基金计算（已知 F 求 A）。偿债基金计算是等额系列终值计算的逆运算，公式： $$A=F\frac{i}{(1+i)^n-1}$$ 式中 $\frac{i}{(1+i)^n-1}$ 称为等额系列偿债基金系数，用符号（A／F，i，n）表示，则又可写成： A＝F（A／F，i，n） 等额系列偿债基金系数（A／F，i，n）可从附录中查得。
利率	在复利计算中，利率周期通常以年为单位，它可以与计息周期相同，也可以不同。当利率周期与计息周期不一致时，就出现了名义利率和实际利率的概念。
名义利率	名义利率 r 是指计息周期利率 i 乘以一个利率周期内的计息周期数 m 所得的利率周期利率。即：r＝i×m 若月利率为 1%，则年名义利率为 12%。显然，计算名义利率时忽略了前面各期利息再生利息的因素，这与单利的计算相同。通常所说的利率周期利率都是名义利率。
有效利率	有效利率是指资金在计息中所发生的实际利率，包括计息周期有效利率和利率周期有效利率两种情况。 1. 计息周期有效利率。即计息周期利率 i：$i=\frac{r}{m}$ 2. 利率周期有效利率。若用计息周期利率来计算利率周期有效利率，并将利率周期内的利息再生利息因素考虑进去，这时所得的利率周期利率称为利率周期有效利率（又称利率周期实际利率）。根据利率的概念即可推导出利率周期有效利率的计算式。已知利率周期名义利率 r，一个利率周期内计息 m 次，则计息周期利率为 i＝r／m，利率周期的有效利率 i_{eff} 为： $$i_{eff}=\frac{I}{P}=\left(1+\frac{r}{m}\right)^m-1$$

第二节　投资方案的经济效果评价

本节要点		本节内容
经济效果评价的内容		盈利能力分析、清偿能力分析、财务生存能力分析、抗风险能力分析。
投资收益率	公式	投资收益率 $R=\dfrac{年净收益或年平均净收益}{投资总额}\times 100\%$
	评价准则	1. 若 R≥Rc，则方案可以考虑接受； 2. 若 R＜Rc，则方案是不可行的。
	应用指标	1. 总投资收益率（ROI）$ROI=\dfrac{EBIT}{TI}\times 100\%$ 2. 资本金净利润率（ROE）$ROE=\dfrac{NP}{EC}\times 100\%$
	优点与不足	投资收益率指标的经济意义明确、直观，计算简便，在一定程度上反映了投资效果的优劣，可适用于各种投资规模。但不足的是，没有考虑投资收益的时间因素，忽视了资金具有时间价值的重要性；指标计算的主观随意性太强。
静态投资回收期	公式	$\sum_{t=0}^{P_t}(CI-CO)_t=0$ Pt=（累计净现金流量出现正值的年份－1）+（上一年累计净现金流量的绝对值/当年净现金流量）
	评价准则	若 Pt≤Pc，则方案可以考虑接受；若 Pt＞Pc，则方案是不可行的。
	优点与不足	指标容易理解，计算比较简便；不足的是没有全面地考虑投资方案整个计算期内现金流量，只考虑了投资回收之前的效果。
动态投资回收期	公式	$\sum_{t=0}^{P_t'}(CI-CO)_t(1+i_c)^{-t}=0$
	评价准则	P_t' ≤N（项目寿命期）时，说明项目（或方案）是可行的；P_t' ＞N 时，则项目（或方案）不可行，应予拒绝。
	优点与不足	投资回收期指标容易理解，计算简便；项目投资回收期在一定程度上显示了资本的周转速度。资本周转速度愈快，回收期愈短，风险愈小，盈利愈多。不足是投资回收期没有全面考虑投资方案整个计算期内的现金流量，无法准确衡量方案在整个计算期内的经济效果。
偿债能力指标	利息备付率	公式 $ICR=\dfrac{EBIT}{PI}$ 注意公式中各个符号的含义。 评价准则：利息备付率越高，表明利息偿付的保障程度越高。利息备付率应大于 1，并结合债权人的要求确定。 优点与不足：利息备付率从付息资金来源的充裕性角度反映投资方案偿付债务利息的保障程度。

<table>
<tr><td rowspan="2">偿债能力指标</td><td>偿债备付率</td><td>公式 $DSCR=\frac{EBITDA-T_{AX}}{PD}$ 按公式计算。注意公式中各个符号的含义。
评价准则：偿债备付率应分年计算。偿债备付率越高，表明可用于还本付息的资金保障程度越高。偿债备付率应大于 1，并结合债权人的要求确定。
优点与不足：偿债备付率表示可用于还本付息的资金偿还借款本息的保障程度。</td></tr>
<tr><td>资产负债率</td><td>公式 $LOAR=\frac{TL}{TA}\times 100\%$
评价准则：适度的资产负债率，表明企业经营安全、稳健，具有较强的筹资能力，也表明企业和债权人的风险较小。</td></tr>
<tr><td rowspan="4">净现值</td><td>公式</td><td>$NPV=\sum_{t=0}^{n}(CI-CO)_t(1+i_c)^{-t}$</td></tr>
<tr><td>评价准则</td><td>1. 当方案的 NPV≥0 时，说明该方案能满足基准收益率要求的盈利水平，故在经济上是可行的；
2. 当方案的 NPV＜0 时，说明该方案不能满足基准收益率要求的盈利水平，故在经济上是不可行的。</td></tr>
<tr><td>优点与不足</td><td>净现值指标考虑了资金的时间价值，并全面考虑了项目在整个计算期内的经济状况；经济意义明确直观，能够直接以金额表示项目的盈利水平；判断直观。但不足之处是，必须首先确定一个符合经济现实的基准收益率，而基准收益率的确定往往是比较困难的；而且在互斥方案评价时，净现值必须慎重考虑互斥方案的寿命，如果互斥方案寿命不等，必须构造一个相同的分析期限，才能进行方案比选。此外，净现值不能反映项目投资中单位投资的使用效率，不能直接说明在项目运营期各年的经营成果。</td></tr>
<tr><td>基准收益率</td><td>基准收益率也称基准折现率，是企业或行业或投资者以动态的观点所确定的、可接受的投资项目最低标准的收益水平。它表明投资决策者对项目资金时间价值的估价，是投资资金应当获得的最低盈利率水平，是评价和判断投资方案在经济上是否可行的依据，是一个重要的经济参数。基准收益率的确定一般以行业的平均收益率为基础，同时综合考虑资金成本、投资风险、通货膨胀以及资金限制等影响因素。</td></tr>
<tr><td rowspan="3">净年值</td><td>公式</td><td>$NAV=NPV(A/P,i_c,n)$</td></tr>
<tr><td>评价准则</td><td>若 NAV≥0，则项目在经济上可以接受；若 NAV＜0，则项目在经济上应予拒绝。</td></tr>
<tr><td>优点与不足</td><td>由于净年值表示的是一年（单位时间）的获利水平，在计算期不同的多项目评价时应用该指标比较简单。</td></tr>
<tr><td>内部收益率</td><td>公式</td><td>$NPV(IRR)=\sum_{t=0}^{n}(CI-CO)_t(1+IRR)^{-t}=0$
计算：线性差值试算法：$IRR=i_1+（NPV_1/（NPV_1-NPV_2）×（i_2-i_1）$</td></tr>
</table>

<table>
<tr><td rowspan="2">内部收益率</td><td>评价准则</td><td>若 IRR > i_c，则项目/方案在经济上可以接受；若 IRR = i_c，项目/方案在经济上勉强可行；若 IRR < i_c，则项目/方案在经济上应予拒绝。</td></tr>
<tr><td>优点与不足</td><td>能够直接衡量项目未回收投资的收益率；不需要事先确定一个基准收益率。但不足的是计算比较麻烦；对于具有非常规现金流量的项目来讲，其内部收益率往往不是唯一的，在某些情况下甚至不存在。</td></tr>
<tr><td rowspan="3">净现值率</td><td>公式</td><td>$NPVR = \dfrac{NPV}{I_p}$　　$I_P = \sum_{t=0}^{m} I_t(P/F,i_c,t)$</td></tr>
<tr><td>评价准则</td><td>对于独立方案评价，若 NPVR≥0，方案才能接受。对于多方案比选，凡 NPVR < 0 的方案先行淘汰，在余下方案中，应与投资额、净现值结合起来选择方案。</td></tr>
<tr><td>优点与不足</td><td>单纯以净现值最大作为方案选优的标准，往往导致评价人趋向于选择投资大、盈利多的方案，而忽视盈利额较多，但投资更少，经济效果更好的方案。为此，可采用净现值的相对指标（单位投资的净现值），即净现值率来进行评价。</td></tr>
<tr><td rowspan="5">评价方案类型</td><td>独立型方案</td><td>指方案间互不干扰、在经济上互不相关的的方案，即这些方案是彼此独立无关的，选择或放弃其中一个方案，并不影响其它方案的选择。</td></tr>
<tr><td>互斥型方案</td><td>1. 按服务寿命长短不同，投资方案可分为：
（1）相同服务寿命的方案。即参与对比或评价方案的服务寿命均相同。
（2）不同服务寿命的方案。即参与对比或评价方案的服务寿命均不相同。
（3）无限长寿命的方案。在工程建设中永久性工程即可视为无限长寿命的工程，如大型水坝、运河工程等。
2. 按规模不同，投资方案可分为：
（1）相同规模的方案。即参与对比或评价的方案具有相同的产出量或容量，在满足相同功能要求的数量方面具有一致性和可比性。
（2）不同规模的方案。即参与评价的方案具有不同的产出量或容量，在满足相同功能要求的数量方面不具有一致性和可比性。</td></tr>
<tr><td>现金流量相关型方案</td><td>即使方案间不完全互斥，也不完全互补，如果若干方案中任一方案的取舍会导致其他方案现金流量的变化，这些方案之间也具有相关性。任一方案的实施或放弃都会影响另一方案的现金流量。</td></tr>
<tr><td>组合—互斥型方案</td><td>在若干可采用的独立方案中，如果有资源约束条件（如受资金、劳动力、材料、设备及其他资源拥有量限制），只能从中选择一部分方案实施时，可以将它们组合为互斥型方案。</td></tr>
<tr><td>混合相关型方案</td><td>在方案众多的情况下，方案间的相关关系可能包括上述类型中的多种，这些方案称为混合相关型方案。在方案评价中，以独立型方案和互斥型方案最为常见。</td></tr>
<tr><td>静态评价方法</td><td>增量投资收益率法</td><td>若 $I_2 > I_1$、$C_2 < C_1$、、$A_2 > A_1$；则：$R(2-1) = \dfrac{C_1 - C_2}{K_2 - K_1} = \dfrac{A_2 - A_1}{K_2 - K_1}$</td></tr>
</table>

静态评价方法		若 R（2－1）≧ic 此时，投资大的方案就是可行的，它表明投资的增量（I_2–I_1）完全可以由经营费的节约（C_1–C_2）或增量净收益（A_2–A_1）来得到补偿。反之，投资小的方案为优方案。
	增量投资回收期法	若 $I_2>I_1$、$C_2<C_1$、$A_2>A_1$；则：$P_t(2-1)=\dfrac{K_2-K_1}{C_1-C_2}=\dfrac{K_2-K_1}{A_2-A_1}$ 增量投资回收期小于基准投资回收期时，投资大的方案为优选方案，反之，投资小的方案为优选方案。
	年折算费用法	$Z_j=\dfrac{K_j}{P_c}+C_j$ 或 $Z_j=K_j\times i_c+C_j$ 根据年折算费用，即可按 min{ Z_j }选出最优方案。
	综合总费用法	$S_j=K_j+P_c\times C_j$ （$S_j=P_c\times Z_j$） 在方案评选时，综合总费用为最小的方案即 min{ S_j }为最优方案。
计算期相同的互斥方案经济效果的评价	净现值法（NPV）	各方案收益不同，净现值最大的方案为最佳方案；各方案收益相同，费用现值（PW）最小的为最佳方案。
	净年值法（NAV）	各方案收益不同，净年值最大的方案为最佳方案；各方案收益相同，费用年值（AC）最小的为最佳方案。
	增量内部收益率法（ΔIRR）	$\Delta NPV(\Delta IRR)=\sum_{t=0}^{n}(A_1-A_2)_t(1+\Delta IRR)^{-t}=0$ 1. 计算各备选方案的 IRR_j，分别与基准收益率 ic 比较，IRR_j 小于 ic 的方案，即予淘汰。 2. 将 IRR_j≥ic 的方案按初始投资额由小到大依次排列。 3. 按初始投资额由小到大依次计算相邻两个方案的增量内部收益率 ΔIRR，若 ΔIRR＞ic，则说明初始投资大的方案优于初始投资小的方案，保留投资大的方案；反之，若 ΔIRR＜ic，则保留投资小的案。直至全部方案比较完毕，保留的方案就是最优方案。
计算期不同的互斥方案经济效果的评价	净现值法（NPV）	1. 最小公倍数法：各备选方案计算期的最小公倍数作为进行方案比选的共同的计算期，以净现值较大的方案为最佳方案。 2. 研究期法：研究期的确定一般以互斥方案中年限最短的方案的计算期作为互斥方案评价的共同研究期。 3. 无限期计算法：如果评价方案的最小公倍数计算期很大，上述计算非常麻烦，则可取无穷大计算期法计算 NPV，NPV 最大者为最优方案。
	净年值法（NAV）	通过分别计算各备选方案净现金流量的等额年值（NAV）并进行比较，以 NAV≥ 0，且 NAV 最大者为最优方案。

	增量内部收益率法（△IRR）	评价步骤与"寿命期相同"增量内部收益率法一样。求解△IRR的方程可用令两方案净年值相等的方式建立，其中隐含了方案可重复实施的假定。
盈亏平衡分析	定义	盈亏平衡分析是在一定市场、生产能力及经营管理条件下，通过对产品产量、成本、利润相互关系的分析，判断企业对市场需求变化适应能力的一种不确定性分析方法。包括线性盈亏平衡分析和非线性盈亏平衡分析。
	线性盈亏平衡分析前提条件	生产量等于销售量；产量变化，销售单价不变；产量变化，单位可变成本不变；只生产单一产品，或者生产多种产品，但可换算为单一产品计算。
	基本损益方程式	利润=销售收入－总成本－税金 或 $B=pQ-C_vQ-C_F-tQ$
	盈亏平衡点BEP	数学关系式。 用产量表示的盈亏平衡点：$BEP(Q)=C_F/(p-C_v-t)$ 用生产能力利用率表示的盈亏平衡点：$BEP(\%)=BEP(Q)/Qd$ 用销售收入表示的盈亏平衡点：$BEP(S)=BEP(Q)\times p$ 用销售单价表示的盈亏平衡点：$BEP(p)=C_F/Qd+C_v+t$
		经济含义。盈亏平衡点越低,项目适应市场变化的能力就越强,项目抗风险能力也越强。盈亏平衡分析的缺点是无法揭示风险产生的根源及有效控制风险的途径。
敏感性分析	定义	敏感性分析是在确定性分析的基础上,通过进一步分析、预测项目主要不确定性因素的变化对评价指标的影响，从中找出敏感因素，确定该因素对评价指标的影响程度及项目对其变化的承受能力。
	种类	单因素敏感性分析。假设各不确定性因素之间相互独立，每次只考察一个因素，其他因素保持不变以分析这个可变因素对经济评价指标的影响程度和敏感程度。
		多因素敏感性分析。假设两个或两个以上互相独立的不确定性因素同时变化时，分析这些可变因素对经济评价指标的影响程度和敏感程度。
	方法	敏感度系数（S_{AF}）。系指项目评价指标变化率与不确定性因素变化率之比，可按下式计算： $S_{AF}=\dfrac{\Delta A/A}{\Delta F/F}$ 式中：$\Delta F/F$——不确定性因素 F 的变化率； $\Delta A/A$——不确定性因素 F 发生 ΔF 变化时，评价指标 A 的相应变化率。

<table>
<tr><td rowspan="5">风险
分析</td><td></td><td>临界点（转换值）。指不确定性因素的变化使项目由可行变为不可行的临界数值，一般采用不确定性因素相对基本方案的变化率或其对应的具体数值表示。</td></tr>
<tr><td>风险识别</td><td>通过风险识别，找出潜在的各种风险因素，并对各种风险进行比较、分类。影响项目实现预期经济目标的风险因素来源于法律法规及政策、市场供需、资源开发与利用、技术可靠性、工程方案、融资方案、组织管理、环境与社会、外部配套条件等多个方面。影响项目效益的风险因素可归纳为以下几个方面：
1. 项目收益风险：产出品的数量（服务量）与预测（财务与经济）价格。
2. 建设风险：建筑安装工程量、设备选型与数量、土地征用和拆迁安置费、人工、材料价格、机械使用费及取费标准等。
3. 融资风险：资金来源、供应量与供应时间等。
4. 建设工期风险：工期延长。
5. 运营成本费用风险：投入的各种原料、材料、燃料、动力的需求量与预测价格、劳动力工资、各种管理费取费标准等。
6. 政策风险：税率、利率、汇率及通货膨胀率等。</td></tr>
<tr><td>风险评估</td><td>风险估计应采用主观概率和客观概率的统计方法，确定风险因素的概率分布，运用数理统计分析方法，计算项目评价指标相应的概率分布或累计概率、期望值、标准差。</td></tr>
<tr><td rowspan="2">风险评价</td><td>风险评价应根据风险识别和风险估计的结果，依据项目风险判别标准，找出影响项目成败的关键风险因素。
1. 以评价指标作判别标准：
（1）财务（经济）内部收益率大于等于基准收益率的累计概率值越大，风险越小；标准差越小，风险越小；
（2）财务（经济）净现值大于等于零的累计概率值越大，风险越小；标准差越小，风险越小。
2. 以综合风险等级作判别标准。</td></tr>
<tr><td>
<table>
<tr><td colspan="2" rowspan="2">综合风险等级</td><td colspan="4">风险影响的程度</td></tr>
<tr><td>严重</td><td>较大</td><td>适度</td><td>轻微</td></tr>
<tr><td rowspan="4">风险的
可能性</td><td>高</td><td>K</td><td>M</td><td>R</td><td>R</td></tr>
<tr><td>较高</td><td>M</td><td>M</td><td>R</td><td>R</td></tr>
<tr><td>适度</td><td>T</td><td>T</td><td>R</td><td>I</td></tr>
<tr><td>低</td><td>T</td><td>T</td><td>R</td><td>I</td></tr>
</table>
</td></tr>
</table>

风险分析	风险应对	风险应对根据风险评价的结果，研究规避、控制与防范风险的措施，为项目全过程风险管理提供依据。具体应关注下列方面： 1. 风险应对的原则：应具有针对性、可行性、经济性，并贯穿于项目评价的全过程。 2. 决策阶段风险应对的主要措施：强调多方案比选；对潜在风险因素提出必要研究与试验课题；对投资估算与财务（经济）分析，应留有充分的余地；对建设或生产经营期的潜在风险可建议采取回避、转移、分担和自担措施。 3. 结合综合风险因素等级的分析结果，应提出下列应对方案； K 级：风险很强，出现这类风险就要放弃项目； M 级：风险强，修正拟议中的方案，通过改变设计或采取补偿措施等； T 级：风险较强，设定某些指标的临界值，指标一旦达到临界值，就要变更设计或对负面影响采取补偿措施； R 级：风险适度（较小），适当采取措施后不影响项目； I 级：风险弱，可忽略。
	风险分析方法	常用的风险分析方法包括专家调查法、层次分析法、概率树、CIM 模型及蒙特卡罗模拟等分析方法，应根据项目具体情况，选用一种方法或几种方法组合使用。根据项目特点及评价要求，风险分析可区别下列情况进行： 1. 财务风险和经济风险分析可直接在敏感性分析的基础上，采用概率树分析和蒙特卡罗模拟分析法，确定各变量（如收益、投资、工期、产量等）的变化区间及概率分布，计算项目内部收益率、净现值等评价指标的概率分布、期望值及标准差，并根据计算结果进行风险评估。 2. 建设项目需要进行专题风险分析时，风险分析的步骤为：风险识别、风险估计、风险评价和风险应对。 3. 在定量分析有困难时，可对风险采用定性的分析。

第三节　价值工程

本节要点	本节内容
价值工程概念	价值工程（Value Engineering，VE）是以提高产品或作业价值为目的，通过有组织的创造性工作，寻求用最低的寿命周期成本，可靠地实现使用者所需功能的一种管理技术。价值工程中所述的“价值”，是指作为某种产品（或作业）所具有的功能与获得该功能的全部费用的比值。其数学公式表示为 $V=\frac{F}{C}$ 式中：V——研究对象的价值； F——研究对象的功能； C——研究对象的成本，即寿命周期成本。

价值工程特点	1. 价值工程的目标是以最低的寿命周期成本，使产品具备它所必须具备的功能。 2. 价值工程的核心是对产品进行功能分析。 3. 价值工程将产品价值、功能和成本作为一个整体同时来考虑。 4. 价值工程强调不断改革和创新，开拓新构思和新途径，获得新方案，创造新功能载体，从而简化产品结构，节约原材料，节约能源，绿色环保，提高产品的技术经济效益。 5. 价值工程要求将功能定量化，即将功能转化为能够与成本直接相比的量化值。 6. 价值工程是以集体的智慧开展的有计划、有组织的管理活动。
提高产品价值的途径	1. 在提高产品功能的同时，又降低产品成本，这是提高价值最为理想的途径。但对生产者要求较高，往往要借助科学技术的突破才能实现。 2. 在产品成本不变的条件下，通过提高产品的功能，提高利用资源的效果或效用，以达到提高产品价值的目的。 3. 保持产品功能不变的前提下，通过降低产品的寿命周期成本，达到提高产品价值的目的。 4. 产品功能有较大幅度提高，产品成本有较少提高。 5. 在产品功能略有下降、产品成本大幅度降低的情况下，也可以达到提高产品价值的目的。

价值工程的工作程序

工作阶段	工作步骤	对应问题
准备阶段	对象选择 组成价值工程工作小组 制定工作计划	1. 价值工程的研究对象是什么？ 2. 围绕价值工程对象需要做哪些准备工作？
分析阶段	收集整理资料 功能定义 功能整理 功能评价	1. 价值工程对象的功能是什么？ 2. 价值工程对象的成本是多少？ 3. 价值工程对象的价值是多少？
创新阶段	方案创造 方案评价 提案编写	1. 有无其他方法可以实现同样功能？ 2. 新方案的成本是多少？ 3. 新方案能满足要求吗？
方案实施与评价阶段	方案审批 方案实施 成果评价	1. 如何保证新方案的实施？ 2. 价值工程活动的效果如何？

对象选择的方法	因素分析法	又称经验分析法，是指根据价值工程对象选择应考虑的各种因素，凭借分析人员的经验集体研究确定选择对象的一种方法。因素分析法是一种定性分析方法，依据分析人员经验做出选择，简便易行。特别是在被研究对象彼此相差比较大以及时间紧迫的情况下比较适用。在对象选择中还可以将这种方法与其他方法相结合，往往能取得更好效果。因素分析法的缺点是缺乏定量依据、准确性较差，对象选择的正确与否，主要取决于价值工程活动人员的经验及工作态度，有时难以保证分析质量。为了提高分析的准确程度，可以选择技术水平高、经验丰富、熟悉业务的人员参加，并且要发挥集体智慧，共同确定对象。
	ABC 分析法	又称重点选择法或不均匀分布定律法，是指应用数理统计分析的方法来选择对象。在价值工程中，这种方法的基本思路是：首先将一个产品的各种部件（或企业各种产品）按成本的大小由高到低排列起来，然后绘成费用累积分配图。然后将占总成本 70%~80%而占零部件总数 10%~20%的零部件划分为 A 类部件；将占总成本 5%~10%而占零部件总数 60%~80%的零部件划分为 C 类；其余为 B 类。其中 A 类零部件是价值工程的主要研究对象。
	强制确定法	是以功能重要程度作为选择价值工程对象的一种分析方法。具体做法是：先求出分析对象的成本系数、功能系数，然后得出价值系数，以揭示出分析对象的功能与成本之间是否相符。如果不相符，价值低的则被选为价值工程的研究对象。这种方法在功能评价和方案评价中也有应用。
	百分比分析法	这是一种通过分析某种费用或资源对企业的某个技术经济指标的影响程度的大小（百分比），来选择价值工程对象的方法。
	价值指数法	这是通过比较各个对象（或零部件）之间的功能水平位次和成本位次，寻找价值较低对象（零部件），并将其作为价值工程研究对象的一种方法。
功能的系统分析	功能分类	1. 按功能的重要程度分类。产品的功能一般可分为基本功能和辅助功能两类。 2. 按功能的性质分类。产品的功能可分为使用功能和美学功能。 3. 按用户的需求分类。功能可分为必要功能和不必要功能。 4. 按功能的量化标准分类。产品的功能可分为过剩功能与不足功能。
	功能定义	任何产品都具有使用价值，即功能。功能定义就是以简洁的语言对产品的功能加以描述。这里要求描述的是“功能”，而不是对象的结构、外形或材质。
	功能整理	1. 功能整理的目的。功能整理是用系统的观点将已经定义了的功能加以系统化，找出各局部功能相互之间的逻辑关系，并用图表形式表达，以明确产品的功能系统，从而为功能评价和方案构思提供依据。 2. 功能整理的一般程序。功能整理的主要任务就是建立功能系统图。因此，功能整理的过程也就是绘制功能系统图的过程。
	功能计量	1. 整体功能的量化。整体功能的计量应以使用者的合理要求为出发点，以一定的手段、方法确定其必要功能的数量标准，它应能在质和量两个方面充分满足使用者的功能要求而无过剩或不足。整体功能的计量是对各级子功

功能的系统分析	功能计量	能进行计量的主要依据。 2. 各级子功能的量化。产品整体功能的数量标准确定之后，就可依据“手段功能必须满足目的功能要求”的原则，运用目的——手段的逻辑判断，由上而下逐级推算、测定各级手段功能的数量标准。各级子功能的量化方法有很多，如理论计算法、技术测定法、统计分析法、类比类推法、德尔菲法等，可根据具体情况灵活选用。
功能评价	功能现实成本 C 的计算	1. 功能现实成本的计算。当一个零部件只具有一个功能时，该零部件的成本就是它本身的功能成本；当一项功能要由多个零部件共同实现时，该功能的成本就等于这些零部件的功能成本之和。当一个零部件具有多项功能或同时与多项功能有关时，就需要将零部件成本根据具体情况分摊给各项有关功能。 2. 成本指数的计算。成本指数是指评价对象的现实成本在全部成本中所占的比率。其计算式如下： $$第i个评价对象的成本指数C_I = \frac{第i个评价对象的现实成本C_i}{全部成本}$$
	功能评价值 F 的计算	1. 确定功能重要性系数。功能重要性系数又称功能评价系数或功能指数，是指评价对象（如零部件等）的功能在整体功能中所占的比率。确定功能重要性系数的关键是对功能进行打分，常用的打分方法有强制打分法（0—1 评分法或 0—4 评分法）、多比例评分法、逻辑评分法、环比评分法等。这里主要介绍环比评分法和强制打分法。 （1）环比评分法。又称 DARE 法。适用于各个评价对象之间有明显的可比关系，能直接对比，并能准确地评定功能重要程度比值的情况。 （2）强制评分法。又称 FD 法，包括 0 – 1 评分法和 0 – 4 评分法两种方法。它是采用一定的评分规则，采用强制对比打分来评定评价对象的功能重要性。 2. 确定功能评价值 F。 （1）新产品设计。一般在产品设计之前，根据市场供需情况、价格、企业利润与成本水平，已初步设计了目标成本。 （2）既有产品的改进设计。功能区新分配的成本等于现实成本；新分配成本小于现实成本；新分配的成本大于现实成本。
	功能价值 V 的计算及分析	1. 功能成本法。又称绝对值法。是通过一定的测算方法，测定实现应有功能所必须消耗的最低成本，同时计算为实现应有功能所耗费的现实成本，经过分析、对比，求得对象的价值系数和成本降低期望值，确定价值工程的改进对象。其表达式如下： $$第i个评价对象的价值系数V = \frac{第i个评价对象的功能评价值F}{第i个评价对象的现实成本C}$$ 根据上述计算公式，功能的价值系数计算结果有以下三种情况： （1）V = 1。即功能评价值等于功能现实成本。这表明评价对象的功能现

功能评价	功能价值V的计算及分析	实成本与实现功能所必需的最低成本大致相当。此时，说明评价对象的价值为最佳，一般无需改进。 （2）V＜1。即功能现实成本大于功能评价值。表明评价对象的现实成本偏高，而功能要求不高。这时，一种可能是由于存在着过剩的功能，另一种可能是功能虽无过剩，但实现功能的条件或方法不佳，以致使实现功能的成本大于功能的实际需要。这两种情况都应列入功能改进的范围，并且以剔除过剩功能及降低现实成本为改进方向，使成本与功能比例趋于合理。 （3）V＞1。即功能现实成本低于功能评价值，表明该部件功能比较重要，但分配的成本较少。此时，应进行具体分析，功能与成本的分配可能已较理想，或者有不必要的功能，或者应该提高成本。 应注意一个情况，即V＝0时，要进一步分析。 2. 功能指数法。又称相对值法。 $第i个评价对象的价值指数V_I=\frac{第i个评价对象的功能指数F_I}{第i个评价对象的成本指数C_I}$ 价值指数的计算结果有以下三种情况： （1）$V_I=1$。此时评价对象的功能比重与成本比重大致平衡，合理匹配，可以认为功能的现实成本是比较合理的。 （2）$V_I<1$。此时评价对象的成本比重大于其功能比重，表明相对于系统内的其他对象而言，目前所占的成本偏高，从而会导致该对象的功能过剩。应将评价对象列为改进对象，改善方向主要是降低成本。 （3）$V_I>1$。此时评价对象的成本比重小于其功能比重。出现这种结果的原因可能有三种：第一，由于现实成本偏低，不能满足评价对象实现其应具有的功能要求，致使对象功能偏低，这种情况应列为改进对象，改善方向是增加成本；第二，对象目前具有的功能已经超过其应该具有的水平，也即存在过剩功能，这种情况也应列为改进对象，改善方向是降低功能水平；第三，对象在技术、经济等方面具有某些特征，在客观上存在着功能很重要而需要消耗的成本却很少的情况，这种情况一般不列为改进对象。
	确定VE对象的改进范围	1. F／C值低的功能区域。计算出来的V＜1的功能区域，基本上都应进行改进，特别是V值比1小得较多的功能区域，应力求使V＝1。 2. C－F值大的功能区域。通过核算和确定对象的实际成本和功能评价值，分析、测算成本改善期望值，从而排列出改进对象的重点及优先次序。成本改善期望值的表达式为： $\triangle C=C-F$ 式中△C——为成本改善期望值，即成本降低幅度。 当n个功能区域的价值系数同样低时，就要优先选择△C数值大的功能区域作为重点对象。一般情况下，当△C大于零时，△C大者为优先改进对象。 3. 复杂的功能区域。复杂的功能区域，说明其功能是通过采用很多零件来实现的。一般地，复杂的功能区域其价值系数（或价值指数）也较低。

方案创造	头脑风暴法	头脑风暴法是指自由奔放地思考问题。具体地说，就是由对改进对象有较深了解的人员组成的小集体在非常融洽和不受任何限制的气氛中进行讨论、座谈，打破常规、积极思考、互相启发、集思广益，提出创新方案。这种方法可使获得的方案新颖、全面、富于创造性，并可以防止片面和遗漏。
	歌顿法	这个方法也是在会议上提方案，但究竟研究什么问题，目的是什么，只有会议的主持人知道，以免其他人受约束。例如，想要研究试制一种新型剪板机，主持会议者请大家就如何把东西切断和分离提出方案。当会议进行到一定时机，再宣布会议的具体要求，在此联想的基础上研究和提出各种新的具体方案。
	专家意见法	这种方法又称德尔菲（Delphi）法，是由组织者将研究对象的问题和要求，函寄给若干有关专家，使他们在互不商量的情况下提出各种建议和设想，专家返回设想意见，经整理分析后，归纳出若干较合理的方案和建议，再函寄给有关专家征求意见，再回收整理，如此经过几次反复后专家意见趋向一致，从而最后确定出新的功能实现方案。这种方法的特点是专家们彼此不见面，研究问题时间充裕，可以无顾虑、不受约束地从各种角度提出意见和方案。缺点是花费时间较长，缺乏面对面的交谈和商议。
	专家检查法	这个方法不是靠大家想办法，而由主管设计的工程师作出设计，提出完成所需功能的办法和生产工艺，然后顺序请各方面的专家（如材料方面的、生产工艺的、工艺装备的、成本管理的，采购方面的）审查。这种方法先由熟悉的人进行审查，以提高效率。
方案评价	概略评价	概略评价是对方案创新阶段提出的各个方案设想进行初步评价，目的是淘汰那些明显不可行的方案，筛选出少数几个价值较高的方案，以供详细评价作进一步的分析。
	详细评价	详细评价是在掌握大量数据资料的基础上，对通过概略评价的少数方案，从技术、经济、社会三个方面进行详尽的评价分析，为提案的编写和审批提供依据。
	方案综合评价方法	用于方案综合评价的方法有很多，常用的定性方法有德尔菲（Delphi）法、优缺点列举法等；常用的定量方法有直接评分法、加权评分法、比较价值评分法、环比评分法、强制评分法、几何平均值评分法等。

第四节 工程寿命周期成本分析

本节要点		本节内容
工程寿命周期成本	经济成本	工程寿命周期经济成本是指工程项目从项目构思到项目建成投入使用直至工程寿命终结全过程所发生的一切可直接体现为资金耗费的投入的总和，包括建设成本和使用成本。
	环境成本	工程寿命周期环境成本是指工程产品系列在其全寿命周期内对于环境的潜在和显在的不利影响。工程建设对于环境的影响可能是正面的，也可能是负面的，前者体现为某种形式的收益，后者则体现为某种形式的成本。在分

	环境成本	析及计算环境成本时，应对环境影响进行分析甄别，剔除不属于成本的系列。在计量环境成本时，由于这种成本并不直接体现为某种货币化数值，必须借助于其他技术手段将环境影响货币化。这是计量环境成本的一个难点。
工程寿命周期成本	社会成本	工程寿命周期社会成本是指工程产品在从项目构思、产品建成投入使用直至报废不堪再用全过程中对社会的不利影响。与环境成本一样，工程建设及工程产品对于社会的影响可以是正面的，也可以是负面的。因此，也必须进行甄别，剔除不属于成本的系列。另一方面，如果一个工程项目的建设会增加社会的运行成本，这种影响就应计算为社会成本。在工程寿命周期成本中，环境成本和社会成本都是隐性成本，它们不直接表现为量化成本，而必须借助于其他方法转化为可直接计量的成本，这就使得它们比经济成本更难以计量。
	构成	工程寿命周期成本是工程设计、开发、建造、使用、维修和报废等过程中发生的费用，也即该项工程在其确定的寿命周期内或在预定的有效期内所需支付的研究开发费、制造安装费、运行维修费、报废回收费等费用的总和。
工程寿命周期成本分析方法	费用效率（CE）法	费用效率（CE）是指工程系统效率（SE）与工程寿命周期成本（LCC）的比值。其计算公式如下： $CE=\frac{SE}{LCC}=\frac{SE}{IC+SC}$ 式中：CE——费用效率； SE——工程系统效率； LCC——工程寿命周期成本； IC——设置费； SC——维持费。
		费用估算的方法有费用模型估算法、参数估算法、类比估算法、费用项目分别估算法。
	固定效率法和固定费用法	所谓固定费用法，是将费用值固定下来，然后选出能得到最佳效率的方案。反之，固定效率法是将效率值固定下来，然后选取能达到这个效率而费用最低的方案。
	权衡分析法	权衡分析是对性质完全相反的两个要素作适当的处理，其目的是为了提高总体的经济性。寿命周期成本评价法的重要特点是进行有效的权衡分析。通过有效的权衡分析，可使系统的任务能较好地完成，既保证了系统的性能，又可使有限的资源（人、财、物）得到有效地利用。 在寿命周期成本评价法中，权衡分析的对象包括以下五种情况：设置费与维持费的权衡分析；设置费中各项费用之间的权衡分析；维持费中各项费用之间的权衡分析；系统效率和寿命周期成本的权衡分析；从开发到系统设置完成这段时间与设置费的权衡分析。 寿命周期成本评价法≈权衡分析

工程寿命周期成本分析法	特点	1. 当选择系统时，不仅考虑设置费，还要研究所有的费用； 2. 在系统开发的初期就考虑寿命周期成本； 3. 进行“费用设计”，像系统的性能、精度、重量、容积、可靠性、维修性等技术规定一样，将寿命周期成本作为系统开发的主要因素； 4. 透彻地进行设置费和维持费之间的权衡，系统效率和寿命周期成本之间的权衡，以及开发、设置所需的时间和寿命周期成本之间的权衡。
	局限性	1. 假定项目方案有确定的寿命周期； 2. 由于在项目寿命周期早期进行评价，可能会影响评价结果的准确性； 3. 进行工程寿命周期成本分析的高成本使得其未必适用于所有的项目； 4. 高敏感性使其分析结果的可靠性、有效性受到影响。

第五章　工程项目投融资

章	节
第五章　工程项目投融资	第一节　工程项目资金来源
	第二节　工程项目融资
	第三节　与工程项目有关的税收及保险规定

第一节　工程项目资金来源

本节要点		本节内容
项目资本金制度	项目资本金的来源	项目资本金可以用货币出资，也可以用实物、工业产权、非专利技术、土地使用权作价出资。投资者以货币方式认缴的资本金，其资金来源有： 1. 各级人民政府的财政预算内资金、国家批准的各种专项建设基金、经营性基本建设基金回收的本息、土地批租收入、国有企业产权转让收入、地方人民政府按国家有关规定收取的各种规费及其他预算外资金。 2. 国家授权的投资机构及企业法人的所有者权益（包括资本金、资本公积金、盈余公积金和未分配利润、股票上市收益资金等）、企业折旧资金以及投资者按照国家规定从资金市场上筹措的资金。 3. 社会个人合法所有的资金。 4. 国家规定的其他可以用作投资项目资本金的资金。
	项目资本金的比例	根据《国务院关于决定调整固定资产投资项目资本金比例的通知》（国发〔2009〕27号），各行业固定资产投资项目的最低资本金比例按规定执行。作为计算资本金基数的总投资，是指投资项目的固定资产投资与铺底流动资金之和，具体核定时以经批准的动态概算为依据。投资项目资本金的具体比例，由项目审批单位根据投资项目的经济效益以及银行贷款意愿和评估意见等情况，在审批可行性研究报告时核定。经国务院批准，对个别情况特殊的国家重点建设项目，可以适当降低资本金比例。
	项目资本金的管理	投资项目的资本金一次认缴，并根据批准的建设进度按比例逐年到位。投资项目在可行性研究报告中要就资本金筹措情况作出详细说明，包括出资方、出资方式、资本金来源及数额、资本金认缴进度等有关内容。上报可行性研究报告时须附有各出资方承诺出资的文件，以实物、工业产权、非专利技术、土地使用权作价出资的，还须附有资产评估证明等有关材料。对资本金来源不符合有关规定、弄虚作假，以及抽逃资本金的，要根据情节轻重，对有关责任者处以行政处分或经济处罚，必要时停缓建有关项目。凡资本金不落实的投资项目，一律不得开工建设。

项目资金筹措应遵循的基本原则	规模适宜原则	筹措资金的目的在于确保项目所必需的资金，筹资的数量不能盲目确定，必须做到以需定筹。若筹资不足，必然会影响其生产经营活动的正常开展；反之，又会造成资金浪费，降低资金的使用效率，因此在筹资时必须掌握一个合理的规模，使资金的筹集量与需求量达到平衡。
	时机适宜原则	筹资的时机应依据资金的使用时间来合理安排。筹资过早，会造成资金闲置；筹资太迟，又会影响投资机会。
	经济效益原则	筹资渠道和方式多种多样，不同筹资渠道和方式的资金成本、筹资的难易程度、资金供给者的约束条件等可能各不相同，因此应综合考虑，力求以最低的综合资金成本实现最大的投资效益。
	结构合理原则	合理的资金来源结构包括两个方面：一是合理安排权益资本和债务资金的比例；二是合理安排长期资金和短期资金的比例。因此，在筹资过程中，应合理安排筹资结构，寻求筹资方式的最优组合。
既有法人项目资本金筹措	内部资金来源	1. 企业的现金。企业库存现金和银行存款可由企业的资产负债表得以反映，其中可能有一部分可以投入项目。即扣除保持必要的日常经营所需的货币资金额，多余的资金可用于项目投资。 2. 未来生产经营中获得的可用于项目的资金。在未来的项目建设期间，企业可从生产经营中获得新的现金，扣除生产经营开支及其他必要开支之后，剩余部分可以用于项目投资。未来企业经营获得的净现金流量，需要通过对企业未来现金流量的预测来估算。实践中常采用经营收益间接估算企业未来的经营净现金流量。其计算公式如下： 经营净现金流量＝经营净收益－流动资金占用的增加 经营净收益＝净利润＋折旧＋无形及其他资产摊销＋财务费用 经营净现金流量＝净利润＋折旧＋无形及其他资产摊销＋财务费用－流动资金占用的增加 企业未来经营净现金流量中，财务费用及流动资金占用的增加部分将不能用于固定资产投资，折旧、无形及其他资产摊销通常认为可用于再投资或偿还债务，净利润中有一部分可能需要用于分红或用作盈余公积金和公益金留存，其余部分可用于再投资或偿还债务。因此，可用于再投资及偿还债务的企业经营净现金可按下式估算： 可以用于再投资及偿还债务的企业经营净现金＝净利润＋折旧＋无形及其他资产摊销－流动资金占用的增加－利润分红－利润中需要留作企业盈余公积金和公益金的部分 3. 企业资产变现。既有法人可将流动资产、长期投资或固定资产变现，取得现金用于新项目投资。企业资产变现通常包括：短期投资、长期投资、固定资产、无形资产的变现。 4. 企业产权转让。企业可将原拥有的产权部分或全部转让给他人，换取资金用作新项目的资本金。

既有法人项目资本金筹措	外部资金来源	1. 企业增资扩股。企业可以通过原有股东增资扩股以及吸收新股东增资扩股，包括国家股、企业法人股、个人股和外资股的增资扩股。 2. 优先股。优先股是指与普通股股东相比具有一定的优先权，主要指优先分得股利和剩余财产。优先股股息固定，与债券特征相似，但优先股没有还本期限，这又与普通股相同。相对于其他借款融资，优先股通常处于较后的受偿顺序，对于项目公司的其他债权人来说，可以视为项目的资本金。而对于普通股股东来说，优先股通常要优先受偿，是一种负债。因此，优先股是一种介于股本资金与负债之间的融资方式。优先股股东不参与公司的经营管理，没有公司的控制权，不会分散普通股东的控股权。发行优先股通常不需要还本，只需支付固定股息，可减少公司的偿债风险和压力。由于优先股股息固定，当公司发行优先股而获得丰厚的利润时，普通股股东会享受到更多的利益，产生财务杠杆的效应。但优先股融资成本较高，且股利不能像债权利息一样在税前扣除。 3. 国家预算内投资。国家预算内投资是指以国家预算资金为来源并列入国家计划的固定资产投资。目前包括国家预算、地方财政、主管部门和国家专项投资拨给或委托银行贷给建设单位的基本建设拨款及中央基本建设基金，拨给企业单位的更新改造拨款，以及中央财政安排的专项拨款中用于基本建设的资金。国家预算内投资是能源、交通、原材料以及国防科研、文教卫生、行政事业建设项目投资的主要来源，对于整个投资结构的调整起主导作用。
新设法人项目资本金筹措	在资本市场募集股本资金	在资本市场募集股本资金可以采取两种基本方式：私募与公开募集。 1. 私募。是指将股票直接出售给少数特定的投资者，不通过公开市场销售。私募程序可相对简化，但在信息披露方面仍必须满足投资者的要求。 2. 公开募集。是在证券市场上公开向社会发行销售。在证券市场上公开发行股票，需要取得证券监管机关的批准，需要通过证券公司或投资银行向社会推销，需要提供详细的文件，保证公司的信息披露，保证公司的经营及财务透明度，筹资费用较高，筹资时间较长。
	合资合作	通过在资本投资市场上寻求新的投资者，由初期设立的项目法人与新的投资者以合资合作等多种形式，重新组建新的法人，或者由设立初期项目法人的发起人和投资人与新的投资者进行资本整合，重新设立新的法人，使重新设立的新法人拥有的资本达到或满足项目资本金投资的额度要求。采用这一方式，新法人往往需要重新进行公司注册或变更登记。
债务资金筹措方案研究	债务资金筹措应考虑的主要因素	1. 债务期限。 2. 债务偿还。 3. 债务序列。 4. 债权保证。 5. 违约风险。 6. 利率结构。 7. 货币结构与国家风险。

	应明确的债务资金基本要素	1. 时间和数量。 2. 融资成本。 3. 建设期利息的支付。 4. 附加条件。 5. 债权保证。 6. 利用外债的责任。
信贷方式融资	商业银行贷款	按照所有制形式不同，我国的商业银行分为国有商业银行和股份制银行。按照经营区域不同，我国的商业银行分为全国性银行和地区性银行。按照贷款期限，商业银行的贷款分为短期贷款、中期贷款和长期贷款。贷款期限在1年以内的为短期贷款，1年至3年的为中期贷款，3年以上期限的为长期贷款。按照资金使用用途分，商业银行贷款在银行内部管理中分为固定资产贷款、流动资金贷款、房地产开发贷款等。国外商业银行贷款利率有浮动利率与固定利率两种形式。国内商业银行贷款的利率目前以人民银行的基准利率为中心。对于城乡信用社，贷款利率仍实行上限管理，贷款利率上限为基准利率的2.3倍。如遇人民银行调整利率，利率的调整在下一年度开始执行。
	政策性银行贷款	为了支持一些特殊的生产、贸易、基础设施建设项目，国家政策性银行可以提供政策性银行贷款。政策性银行贷款利率通常比商业银行贷款利率低。我国的政策性银行有：中国进出口银行、中国农业发展银行。国家开发银行原来也属于政策性银行，但在2008年底改制后，成为开发性金融机构，为实现国家中长期发展战略提供投融资服务和开发性金融服务。
	出口信贷	1. 买方信贷。是出口商所在地银行为促进本国商品的出口，而对国外进口商（或其银行）所发放的一种贷款。 2. 卖方信贷。是出口商所在地有关银行，为便于该国出口商以延期付款形式出口商品而给予本国出口商的一种贷款。 3. 福费廷。是专门的代理融资技术。一些大型资本货物，如在大型水轮机组和发电机组等设备的采购中，由于从设备的制造、安装到投产需要多年时间，进口商往往要求延期付款，按项目的建设周期分期偿还。为了鼓励设备出口，几家出口商所在地银行专门开设了针对大型设备出口的特殊融资：出口商把经进口商承兑的、期限在半年以上到5～6年以上的远期汇票，无追索权地出售给出口商所在地的银行，出口商提前取得现款。
	银团贷款	随着工程项目的规模扩大，所需的建设资金也越来越多，出于风险控制或银行资金实力方面的考虑，一家商业银行的贷款往往无法满足项目债务资金的需求，于是出现了银团贷款，也称辛迪加贷款，是指由一家银行牵头。贷款银团中还需要有一家或数家代理银行，负责监管借款人的账户，监控借款人的资金，划收及划转贷款本息。使用银团贷款，除了贷款利率外，借款人还要支付一些附加费用，包括管理费、安排费、代理费、承诺费、杂费等。
	国际金融机构贷款	国际金融组织贷款时国际金融组织按照章程向其成员国提供的各种贷款。提供项目贷款的主要国际金融机构有：世界银行、国际金融公司、欧洲复兴与开发银行、亚洲开发银行、美洲开发银行等全球性或地区性金融机构

信贷方式融资	国际金融机构贷款	等。国际金融机构的贷款通常带有一定的优惠性，贷款利率低于商业银行贷款利率，贷款期限可以安排得很长，但也有可能需要支付某些附加费用，例如承诺费。 1. 国际货币基金组织（International Monetary Fund，IMF）。IMF的贷款只限于成员国的财政和金融当局，IMF不与任何企业发生业务，贷款用途先于弥补国际收支逆差或用于经常项目的国际支付，期限为1~5年。 2. 世界银行（The World Bank）。世界银行主要提供用于确定工程项目的贷款，以鼓励较不发达国家生产与资源的开发。世行贷款仅限于会员国，凡参加世界银行的国家必须首先是国际货币基金组织的成员国，若贷款对象为非会员国的政府，则该贷款须由会员国政府、中央银行和世界银行认可的机构进行担保。贷款的发放和管理按照项目周期进行，必须专款专用，并接受世界银行的监督。贷款期限一般较长，最长可达30年。 3. 亚洲开发银行贷款（Asian Development Bank，ADB）。ADB是类似于世界银行但只面向亚太地区的区域性政府间金融开发机构。ADB根据1990年人均国民生产总值的不同，将发展中国家成员分为A、B、C三类，对不同种类的国家或地区采用不同的贷款或捐赠条件。
债券方式融资	债券融资	企业债券融资是一种直接融资。发行债券融资可以从资金市场直接获得资金，资金成本（利率）一般应低于银行借款。由于有较为严格的证券监管，只有实力很强并且有很好资信的企业才有能力发行企业债券。发行债券融资，大多需要有第三方担保，获得债券信用增级，以使债券成功发行，并可降低债券发行成本。
	债券筹资的优点	1. 筹资成本较低。 2. 保障股东控制权。 3. 发挥财务杠杆作用。 4. 便于调整资本结构。
	债券筹资的缺点	1. 可能产生财务杠杆负效应。 2. 可能使企业总资金成本增大。 3. 经营灵活性降低。
租赁方式融资	经营租赁	经营租赁是出租方以自己经营的设备租给承租方使用，出租方收取租金。承租方则通过租入设备的方式，节省了项目设备购置投资，或等同于筹集到了一笔设备购置资金，承租方只需为此支付一定的租金。
	融资租赁	优点： 1. 融资租赁是一种融资与融物相结合的融资方式，能够迅速获得所需资产的长期使用权。 2. 融资租赁可以避免长期借款筹资所附加的各种限制性条款，具有较强的灵活性。 3. 融资租赁的融资与进口设备都由有经验和对市场熟悉的租赁公司承担，可以减少设备进口费，从而降低设备取得成本。

租赁方式融资	融资租赁	租金： 1. 租赁资产的成本：租赁资产的成本大体由资产的购买价、运杂费、运输途中的保险费等项目构成。 2. 租赁资产的利息：承租人所实际承担的购买租赁设备的贷款利息。 3. 租赁手续费：包括出租人承办租赁业务的费用以及出租人向承租人提供租赁服务所赚取的利润。
资金成本	构成	1. 资金筹集成本。资金筹集成本是指在资金筹集过程中所支付的各项费用，如发行股票或债券支付的印刷费、发行手续费、律师费、资信评估费、公证费、担保费、广告费等。资金筹集成本一般属于一次性费用，筹资次数越多，资金筹集成本也就越大。 2. 资金使用成本。资金使用成本又称为资金占用费，是指占用资金而支付的费用，它主要包括支付给股东的各种股息和红利、向债权人支付的贷款利息以及支付给其他债权人的各种利息费用等。资金使用成本一般与所筹集的资金多少以及使用时间的长短有关，具有经常性、定期性的特征，是资金成本的主要内容。
	性质	1. 资金成本是资金使用者向资金所有者和中介机构支付的占用费和筹资费。 2. 资金成本与资金的时间价值既有联系，又有区别。资金的时间价值表现为资金所有者的利息收入，而资金成本是资金使用人的筹资费用和利息费用；资金的时间价值一般表现为时间的函数，而资金成本则表现为资金占用额的函数。 3. 资金成本具有一般产品成本的基本属性。资金成本是企业的耗费，企业要为占用资金而付出代价、支付费用，而且这些代价或费用最终也要作为收益的扣除额来得到补偿。但是资金成本只有一部分具有产品成本的性质，即这一部分耗费计入产品成本，而另一部分则作为利润的分配，不能列入产品成本。
	作用	1. 个别资金成本主要用于比较各种筹资方式资金成本的高低，是确定筹资方式的重要依据。工程项目筹集长期资金一般有多种方式可供选择。运用不同的筹资方式，个别资金成本是不同的。这时，个别资金成本的高低可作为比较各种融资方式优劣的一个依据。 2. 综合资金成本是项目公司资本结构决策的依据。通常，项目所需的全部长期资金是采用多种筹资方式组合构成的，这种筹资组合往往有多个筹资方案可供选择。所以，综合资金成本的高低就是比较各个筹资方案，做出最佳资本结构决策的基本依据。 3. 边际资金成本是追加筹资决策的重要依据。项目公司为了扩大项目规模，增加所需资产或投资，往往需要追加筹集资金。在这种情况下，边际资金成本就成为比较选择各个追加筹资方案的重要依据。

<table>
<tr>
<td rowspan="3">资金成本的计算</td>
<td>资金成本计算的一般形式</td>
<td>资金成本的表示方法有两种，即绝对数表示方法和相对数表示方法。由于在不同条件下筹集资金的数额不相同，成本便不相同，因此资金成本通常以相对数表示。其计算公式如下：
$K=\dfrac{D}{P-F}$ 或 $K=\dfrac{D}{P(1-f)}$
式中：K——资金成本率（一般也可称为资金成本）；
P——筹资资金总额；
D——使用费；
F——筹资费；
f——筹资费费率（即筹资费占筹资资金总额的比率）。</td>
</tr>
<tr>
<td rowspan="2">权益资金成本</td>
<td>优先股成本。优先股最大的一个特点是每年的股利不是固定不变的，当项目运营过程中出现资金紧张时可暂不支付。但因其股息是在税后支付，无法抵消所得税，因此，筹资成本大于债券，这对企业来说是必须支付的固定成本。优先股的资金成本率计算公式为：
$K_p=\dfrac{D_p}{P_O(1-f)}$ 或
$K_p=\dfrac{P_0\cdot i}{P_0(1-f)}=\dfrac{i}{1-f}$
式中：K_p——优先股成本率；
P_0——优先股票面值；
D_p——优先股每年股息；
i——股息率；
f——筹资费费率（即筹资费占筹资资金总额的比率）。</td>
</tr>
<tr>
<td>普通股成本。
1. 股利增长模型法。普通股的股利往往不是固定的，因此，其资金成本率的计算通常用股利增长模型法计算。一般假定收益以固定的年增长率递增，则普通股成本的计算公式为：
$K_s=\dfrac{D_c}{P_c(1-f)}+g=\dfrac{i_c}{1-f}+g$
式中：K_s——普通股成本率；
P_c——普通股票面值；
D_c——普通股预计年股利额；
i_c——普通股预计年股利率；
g——普通股利年增长率；
f——筹资费费率（即筹资费占筹资资金总额的比率）。</td>
</tr>
</table>

资金成本的计算	权益资金成本	2. 税前债务成本加风险溢价法。根据投资“风险越大，要求的报酬率越高”的原理，投资者的投资风险大于提供债务融资的债权人，因而会在债权人要求的收益率上再要求一定的风险溢价。在这种前提下，普通股资金成本的计算公式为： $K_s = K_b + RP_c$ 式中：K_s——普通股成本率； K_b——所得税前的债务资金成本； RP_c——投资者比债权人承担更大风险所要求的风险溢价。 3. 资本资产定价模型法。这种方法是根据投资者对股票的期望收益来确定资金成本，在这种前提下，普通股成本的计算公式为： $K_s = R_f + \beta(R_m - R_f)$ 式中：Ks——普通股成本率； R_f——社会无风险投资收益率； β——股票的投资风险系数； R_m——市场投资组合预期收益率。
		保留盈余成本。保留盈余又称为留存收益，是企业缴纳所得税后形成的，其所有权属于股东。股东将这一部分未分派的税后利润留在于企业，实质上是对此追加投资。对此，股东同样要求这部分投资有一定的报酬，所以，保留盈余也有资金成本。它的资金成本是股东失去向外投资的机会成本，故与普通股成本的计算基本相同，只是不考虑筹资费用。其计算公式为： $K_R = \frac{D_c}{P_c} + g = i + g$ 式中：K_R——保留盈余成本率。
	债务资金成本	长期贷款成本。长期借款成本一般由借款利息和借款手续费两部分组成。按照国际惯例和各国税法的规定，借款利息可以计入税前成本费用，起到抵税的作用，因而使企业的实际支出相应减少。对每年年末支付利息、贷款期末一次全部还本的借款，其借款成本率为： $K_g = \frac{I_t(1-T)}{G-F} = i_g \cdot \frac{1-T}{1-f}$ 式中：K_g——借款成本率； G——贷款总额； I_t——贷款年利息； i_g——贷款年利率； F——贷款费用； f——筹资费费率（即筹资费占筹资资金总额的比率）。

资金成本的计算	债务资金成本	债券成本。债券的成本主要是指债券利息和筹资费用。债券利息的处理和长期借款利息的处理相同，应以税后的债务成本为计算依据。债券的筹资费用一般比较高，不可以在计算资金成本时省略。因此，债券成本率可以按下列公式计算： $K_B=\dfrac{I_t(1-T)}{B(1-f)}$ 或 $K_B=i_b\cdot\dfrac{1-T}{1-f}$ 式中：K_B——债券成本率； B——债券筹资额； I_t——债券年利息； i_b——债券年利息利率； T——公司所得税税率； f——筹资费费率（即筹资费占筹资资金总额的比率）。 由于债券的发行价格受发行市场利率的影响，致使债券发行价格出现等价、溢价、折价等情况，因此在计算债券成本时，债券的利息按票面利率确定，但债券的筹资金额按照发行价格计算。
		租赁成本。企业租入某项资产，获得其使用权，要定期支付租金，并且租金列入企业成本，可以减少应付所得税。因此，其租金成本率为： $K_L=\dfrac{E}{P_L}\times(1-T)$ 式中：K_L——租赁成本率； P_L——租赁资产价值； E——年租金额； T——公司所得税税率。
		考虑时间价值的负债融资成本计算。上述负债融资成本计算公式假设各期所支付的利息是相同的，并且没有考虑不同时期所支付利息的时间价值，同时也没有考虑还本付息的方式。如综合考虑这些因素，负债融资成本的表达式为： $P_0(1-f)=\sum_{t=1}^{n}\dfrac{P_t+I_t(1-T)}{(1+K_d)^t}$ 式中：P_0——债券发行额或长期借款金额，即债务现值； f——债务资金筹资费用率； I_t——约定的第 t 期末支付的债务利息； P_t——约定的第 t 期末偿还的债务本金； K_d——所得税后债务资金成本； n——债务期限，通常以年表示； T——公司所得税税率。

<table>
<tr><td colspan="2">加权平均资金成本</td><td>加权平均资金成本一般是以各种资本占全部资本的比重为权重，对各类资金成本进行加权平均确定的。其计算公式为：
$$K_w = \sum_{i=1}^{n} w_i \cdot K_i$$
式中：K_w——加权平均资金成本；
W_i——各种资本占全部资本的比重；
K_i——第 i 类资金成本。</td></tr>
<tr><td rowspan="4">资本结构</td><td>定义</td><td>资本结构是指项目融资方案中各种资金来源的构成及其比例关系，又称资金结构。在项目融资活动中，资本结构有广义和狭义之分。广义的资本结构是指项目公司全部资本的构成，不但包括长期资本，还包括短期资本，主要是短期债务资本。狭义的资本结构是指项目公司所拥有的各种长期资本的构成及其比例关系，尤其是指长期的股权资本与债务资本的构成及其比例关系。</td></tr>
<tr><td>项目资本金与债务资金比例</td><td>项目建设资金的权益资金和债务资金结构是融资方案制定中必须考虑的一个重要方面。在项目总投资和投资风险一定的条件下，项目资本金比例越高，权益投资人投入项目的资金越多，承担的风险越高，而提供债务资金的债权人承担的风险越低。从权益投资人的角度考虑，项目融资的资金结构应追求以较低的资本金投资争取较多的债务资金，同时要争取尽可能低的对股东的追索，另外由于债务资本的利息在所得税前列支，在考虑公司所得税的基础上，债务资本要比项目资本金的资金成本低很多，由于财务杠杆作用，适当的债务资本比例能够提高项目资本金财务内部收益率。在符合国家资本金的制度规定、金融机构信贷法规及债权人有关资产负债比例要求的前提下，既能满足权益投资者获得期望投资回报的要求，又能较好地防范财务风险的比例是较理想的资本金与债务资金比例。</td></tr>
<tr><td>项目资本金结构</td><td>项目资本金内部结构比例是指项目投资各方的出资比例。投资方对项目不同的出资比例决定了投资各方对项目的建设和经营所享有的决策权、应承担的责任以及项目收益的分配。按照我国现行的相关制度规定，有些项目不允许国外资本控股，有些项目要求必须由国有资本控股。因此，对于国内投资项目，应分析控股股东的合法性和合理性；对于外商投资项目，要注意对外商投资建设项目的规定，分析外方出资比例的合法性和合理性。</td></tr>
<tr><td>项目债务资金结构</td><td>在一般情况下，项目融资中债务融资占有较大的比例，因此项目债务资金的筹集是解决项目融资的资金结构问题的核心。项目债务资本结构比例反映债权各方为项目提供债务资本的数额比例、债务期限比例、内债和外债的比例，以及外债中各币种债务的比例等。选择债务融资的结构应该考虑以下几个方面：债务期限配比；债务偿还顺序；境内外借款占比；利率结构；货币结构。</td></tr>
</table>

<table>
<tr><td rowspan="1">资本结构</td><td>资本结构的比选方法</td><td>资本结构是否合理，一般是通过分析每股收益的变化来进行衡量的。凡是能够提高每股收益的资本结构就是合理的，反之则是不合理的。每股收益分析是利用每股收益的无差别点进行的。所谓每股收益的无差别点，是指每股收益不受融资方式影响的销售水平。根据每股收益无差别点，可以分析判断不同销售水平下适用的资本结构。每股收益 EPS 的计算式如下：
$$EPS=\frac{(S-VC-F-I)(1-T)-D_p}{N}=\frac{(EBIT-I)(1-T)-D_p}{N}$$
式中：S ——销售额；
VC ——变动成本；
F ——固定成本；
I ——债务利息；
N——流通在外的普通股股数；
$EBIT$——息税前盈余；
D_p——优先股年股利。
在每股收益无差别点上，无论是采用负债融资，还是采用权益融资，每股收益都是相等的。若以 EPS_1表示负债融资，以 EPS_2表示权益融资，有：
$$EPS_1=EPS_2$$
$$\frac{(S_1-VC_1-F_1-I_1)(1-T)-D_{p1}}{N_1}=\frac{(S_2-VC_2-F_2-I_2)(1-T)-D_{p2}}{N_2}$$
在每股收益无差别点上，$S_1=S_2$，则：
$$\frac{(S-VC_1-F_1-I_1)(1-T)-D_{p1}}{N_1}=\frac{(S-VC_2-F_2-I_2)(1-T)-D_{p2}}{N_2}$$
能使得上述公式成立的销售额 S 即为每股收益无差别点销售额。</td></tr>
</table>

第二节　工程项目融资

本节要点	本节内容
融资概念	项目融资有广义和狭义两种理解。广义上讲，项目融资就是指“为项目而融资”，包括新建项目、收购现有项目或对现有项目进行债务重组等。狭义的项目融资则是指一种有限追索（极端情况下为无追索）的融资活动，是以项目的资产、预期收益、预期现金流量等作为偿还贷款的资金来源。
项目融资的特点	项目导向、有限追索、风险分担、非公司负债型融资、信用结构多样化、融资成本高、可利用税务优势（所谓充分利用税务优势，是指在项目所在国法律允许的范围内，通过精心设计的投资结构、融资模式，将所在国政府对投资的税务鼓励政策在项目参与各方中最大限度地加以分配和利用，以此降低筹资成本、提高项目的偿债能力。这些税务政策随国家不同、地区的不同而变化，通常包括加速折旧、利息成本、投资优惠以及其他费用的抵税法规等）的特点。

项目融资程序	投资决策分析	在进行项目投资决策之前，投资者需要对一个项目进行相当周密的投资决策分析，投资决策分析的结论是投资决策的主要依据。这些分析包括宏观经济形势的趋势判断，项目的行业、技术和市场分析，以及项目的可行性研究等标准内容。投资者做出投资决策，随后首要工作就是确定项目的投资结构，项目的投资结构与将要选择的融资结构和资金来源有着紧密的关系。项目投资决策也是与项目能否融资以及如何融资密切联系的。投资者在决定项目投资结构时需要考虑的因素很多，主要包括项目的产权形式、产品分配形式、债务责任、决策程序、现金流量控制、会计处理和税务结构等方面的内容。投资结构的选择将影响到项目融资的结构和资金来源的选择；反过来，项目融资结构的设计也会对投资结构的安排做出调整。
	融资决策分析	这一阶段的主要内容是项目投资者将决定采用何种融资方式为项目开发筹集资金。项目建设是否采用项目融资方式主要取决于项目的贷款数量、时间、融资费用、债务责任分担以及债务会计处理等方面的要求。如果决定选择项目融资作为筹资手段，投资者就需要聘请融资顾问，如投资银行、财务公司或者商业银行中的项目融资部门。融资顾问在明确融资的具体任务和目标要求后，开始研究和设计项目的融资结构。
	融资结构设计	这一阶段的一个重要步骤是对与项目有关的风险因素进行全面的分析、判断和评估，确定项目的债务承受能力和风险，设计出切实可行的融资方案和抵押保证结构。项目融资的信用结构的基础是由项目本身的经济强度以及与之有关的各个利益主体与项目的契约关系和信用保证构成的。项目融资结构以及相应的资金结构的设计和选择，必须全面地反映投资者的融资战略要求和考虑。
	融资谈判	在项目融资方案初步确定以后，项目融资进入谈判阶段。首先，融资顾问将选择性地向商业银行或其他一些金融机构发出参加项目融资的建议书，组织银团贷款，并起草项目融资的有关文件。随后，便可以与银行谈判。在谈判中，法律顾问、融资顾问和税务顾问将发挥很重要的作用。他们一方面可以使投资者在谈判中处于有利地位，保护投资者利益；另一方面又可以在谈判陷入僵局时，及时、灵活地采取有效措施，使谈判沿着有利于投资者利益的方向进行。
	融资执行	当正式签署了项目融资的法律文件以后，项目融资就进入执行阶段。在项目建设阶段，贷款银团通常将委派融资顾问为经理人，经常性地监督项目的进展情况，根据资金预算和项目建设进度表安排贷款。在项目的试生产阶段，贷款银团的经理人将监督项目的试生产（运行）情况，将项目的实际生产成本数据及有关技术指标与融资文件上规定的相应数据与指标对比，确认项目是否已达到了融资文件规定的有关标准。在项目的正常运行阶段，贷款银团的经理人将根据融资文件的规定，参与部分项目的决策程序，管理和控制项目的贷款投放和部分现金流量。银行经理人也会帮助项目投资者加强对项目风险的控制和管理。

项目融资的主要方式	BOT 方式	1. 基本思路是，由项目所在国政府或其所属机构为项目的建设和经营提供一种特许权协议（Concession Agreement）作为项目融资的基础，由本国公司或者外国公司作为项目的投资者和经营者安排融资，承担风险，开发建设项目并在特许权协议期间经营项目获取商业利润。特许期满后，根据协议将该项目转让给相应的政府机构。 2. 典型 BOT 方式。投资财团愿意自己融资，建设某项基础设施，并在项目所在国政府授予的特许期内经营该公共设施，以经营收入抵偿建设投资，并获得一定收益，经营期满后将此设施转让给项目所在国政府。这是最经典的 BOT 形式，项目公司没有项目的所有权，只有建设和经营权。 3. BOOT 方式。与典型 BOT 方式的主要不同之处是，项目公司既有经营权又有所有权，政府允许项目公司在一定范围和一定时期内，将项目资产以融资目的抵押给银行，以获得更优惠的贷款条件，从而使项目的产品/服务价格降低，但特许期一般比典型 BOT 方式稍长。 4. BOO 方式与前两种形式的主要不同之处在于，项目公司不必将项目移交给政府（即为永久私有化），目的主要是鼓励项目公司从项目全寿命期的角度合理建设和经营设施，提高项目产品/服务的质量，追求全寿命期的总成本降低和效率的提高，使项目的产品/服务价格更低。
	PPP 方式	1. 从广义上来讲，PPP 可以分为三大类，分别包括传统承包项目、开发经营项目和合作开发项目。传统承包项目中，民营机构只负责部分分包工作，其他大部分工作由政府负责；开发经营项目中，民营机构在合同期内负责项目的建设及运营，合同期满后将项目移交给政府；合作开发项目中，私营部门参与项目的融资，与政府共同分享项目的经营收入。 2. PPP 与 BOT 在本质上区别不大，都是通过项目的期望收益进行融资，对民营机构的补偿都是通过授权民营机构在规定的特许期内向项目的使用者收取费用，由此回收项目的投资、经营和维护等成本，并获得合理的回报（即建成项目投入使用后所产生的现金流量成为支付经营成本、偿还贷款和提供投资回报等的唯一来源），特许期满后项目将移交回政府（也有不移交的，如 BOO）。PPP 方式与 BOT 方式在各方责任方面有着较为明显的不同，总的来说，BOT 项目中政府与民营企业缺乏恰当的协调机制，导致双方自身目标不同，出现利益冲突，而 PPP 融资方式中政府与民营部门的关系更加紧密。
	TOT 方式	1. TOT 的运作程序 （1）制定 TOT 方案并报批。 （2）项目发起人设立 SPC 或 SPV，发起人把完工项目的所有权和新建项目的所有权均转让给 SPC 或 SPV，以确保有专门机构对两个项目的管理、转让、建造负有全权，并对出现的问题加以协调。SPC 或 SPV 通常是政府设立或政府参与设立的具有特许权的机构。 （3）TOT 项目招标。按照国家规定，需要进行招标的项目，须采用招标方式选择 TOT 项目的受让方，其程序与 BOT 方式大体相同，包括招标准备、资格预审、准备招标文件、评标等步骤。

项目融资的主要方式	TOT方式	（4）SPV与投资者洽谈以达成转让投产运行项目在未来一定期限内全部或部分经营权的协议，并取得资金。 （5）转让方利用获得的资金建设新项目。 （6）新项目投入使用。 （7）转让项目经营期满后，收回转让的项目。转让期满，资产应在无债务、未设定担保、设施状况完好的情况下移交给原转让方。 2. TOT方式的特点 有利于引进先进的管理方式；项目引资成功的可能性增加；使建设项目的建设和营运时间提前；融资对象更广泛；具有很强的可操作性。
	ABS方式	1. ABS融资方式的运作过程。组建特殊目的机构SPV。SPV与项目结合。进行信用增级。SPV发行债券。SPV偿债。 2. BOT方式与ABS方式的比较。 （1）运作繁简程度与融资成本的差异。BOT方式操作复杂，难度大。ABS方式简单，而且降低融资成本。 （2）项目所有权、运营权的差异。通过外资BOT进行基础项目融资可以带来国外先进的技术和管理，但会受控于外方。利用ABS进行基础设施国际项目融资，可以使东道国保持对项目运营的控制，但却不能得到国外的先进技术和管理经验。 （3）投资风险差异。BOT投资者承担风险。ABS承担风险小。 （4）适用范围差异关系国计民生的要害部门不能采用BOT方式，ABS不用担心重要项目呗外商控制。相比较而言，基础设施领域，ABS比BOT广泛。
	PFI方式	1. PFI的典型模式 （1）在经济上自立的项目。以这种方式实施的PFI项目，私营企业提供服务时，政府不向其提供财政的支持，但是在政府的政策支持下，私营企业通过项目的服务向最终使用者收费，来回收成本和实现利润。其中，公共部门不承担项目建设和运营的费用，但是私营企业可以在政府的特许下，通过适当调整对使用者的收费来补偿成本的增加。在这种模式下，公共部门对项目的作用是有限的，也许仅仅是承担项目最初的计划或按照法定程序帮助项目公司开展前期工作和按照法律进行管理。 （2）向公共部门出售服务的项目。这种项目与方式（1）的不同点在于，私营企业提供项目服务所产生的成本，完全或主要通过私营企业服务提供者向公共部门收费来补偿，这样的项目主要包括私人融资兴建的监狱、医院和交通线路等。 （3）合资经营项目。这种形式的项目中，公共部门与私营企业共同出资、分担成本和共享收益。但是，为了使项目成为一个真正的PFI项目，项目的控制权必须是由私营企业来掌握，公共部门只是一个合伙人的角色。 2. PFI的优点 （1）PFI有非常广泛的适用范围，不仅包括基础设施项目，在学校、医

项目融资的主要方式	PFI方式	院、监狱等公共项目上也有广泛的应用。 （2）推行PFI方式，能够广泛吸引经济领域的私营企业或非官方投资者，参与公共物品的产出，这不仅大大地缓解了政府公共项目建设的资金压力，同时也提高了政府公共物品的产出水平。 （3）吸引私营企业的知识、技术和管理方法，提高公共项目的效率和降低产出成本，使社会资源配置更加合理化，同时也使政府摆脱了长期困扰的政府项目低效率的压力，使政府有更多的精力和财力用于社会发展更加急需的项目建设。 （4）PFI方式是政府公共项目投融资和建设管理方式的重要的制度创新，这也是PFI方式的最大的优势。 3. PFI方式与BOT方式的比较 （1）适用领域。BOT方式主要用于基础设施或市政设施，PFI方式的应用面更广，除上述项目外，一些非营利性的、公共服务设施项目（如学校、医院、监狱等）同样可以采用PFI融资方式。 （2）合同类型。两种融资方式中，政府与私营部门签署的合同类型不尽相同，BOT项目的合同类型是特许经营合同，而PFI项目中签署的是服务合同，PFI项目的合同中一般会对设施的管理、维护提出特殊要求。 （3）承担风险。BOT项目中，私营企业不参与项目设计，因此设计风险由政府承担，而PFI项目由于私营企业参与项目设计，需要承担设计风险。 （4）合同期满处理方式。BOT项目在合同中一般会规定特许经营期满后，项目必须无偿交给政府管理及运营；而PFI项目的服务合同中往往规定，如果私营企业通过正常经营未达到合同规定的收益，可以继续保持运营权。

第三节　与工程项目有关的税收及保险规定

本节要点		本节内容
营业税	纳税人	营业税的纳税人是指在中华人民共和国境内提供应税劳务、转让无形资产或者销售不动产的单位和个人。作为营业税纳税义务人的单位是指发生应税行为并向对方收取货币、货物和其他经济利益的单位，无论其是否独立核算，均为营业税的纳税义务人。作为营业税纳税义务人的个人，是指个体工商户及其他有经营行为的个人。
	纳税对象	1. 提供应税劳务。主要包括交通运输业、建筑业、金融保险业、邮电通信业、文化体育业、娱乐业和服务业等7项。 2. 转让无形资产。是指转让无形资产的所有权或使用权。具体包括转让土地使用权、商标权、专利权、非专利技术、著作权和商誉等。 3. 销售不动产。是指有偿转让不动产所有权。具体包括销售建筑物或构筑物、销售其他土地附着物；单位将不动产无偿赠与他人，视同销售不动产；以不动产投资入股，在转让该项股权时，也视同销售不动产。

营业税	计税依据	1. 总承包企业将工程分包时，以全部承包额减去付给分包单位价款后的余额为营业额； 2. 从事建筑、修缮、装饰工程作业的，无论是“包工包料”还是“包工不包料”，营业额均包括工程所用原材料及其他物资和动力的价格；从事安装工程作业的，凡安装的设备价值作为安装工程产值的，营业额包括设备价款营业额； 3. 自建自用的房屋不纳营业税；自建房屋对外销售（不包括个人自建自用住房销售）的，其自建行为应按建筑业缴纳营业税，再按销售不动产缴纳营业税； 4. 单位和个人销售或转让其购置的不动产或受让的土地使用权，以全部收入减去不动产或土地使用权的购置或受让原价后的余额为营业额。单位和个人销售或转让抵债所得的不动产、土地使用权的，以全部收入减去抵债时该项不动产或土地使用权作价后的余额为营业额。
	税率	营业税实行差别比例税率，对同一行业实行同一税率，对不同行业实行不同税率。
	应纳税额计算	应纳税额 = 计税营业额 × 适用税率 纳税人兼有不同税目应税行为的，应当分别核算不同税目的营业额，未分别核算营业额的从高使用税率。纳税人兼营应税劳务与货物或非应税劳务的，应分别核算应税劳务的营业额与货物或非应税劳务的销售额，不分别核算或不能准确核算的，其应税劳务与货物或非应税劳务一并征收增值税，不征收营业税。基本建设单位和从事建筑安装业务的企业附设的工厂、车间生产的水泥预制构件、其他构件或建筑材料，用于本单位或本企业的建筑工程的，应在移送使用时征收增值税。但对其在建筑现场制造的预制构件，凡直接用于本单位或本企业建筑工程的，征收营业税，不征收增值税。
	纳税地点	1. 纳税人提供应税劳务应当向其机构所在地或者居住地的主管税务机关申报纳税。但是，纳税人提供的建筑业劳务以及国务院财政、税务主管部门规定的其他应税劳务，应当向应税劳务发生地的主管税务机关申报纳税。 2. 纳税人转让无形资产应当向其机构所在地或者居住地的主管税务机关申报纳税。但是，纳税人转让、出租土地使用权，应当向土地所在地的主管税务机关申报纳税。 3. 纳税人销售、出租不动产应当向不动产所在地的主管税务机关申报纳税。
	营业税改征增值税试点方案	1. 试点地区先在交通运输业、部分现代服务业等生产性服务业开展试点，逐步推广至其他行业。条件成熟时，可选择部分行业在全国范围内进行全行业试点。 2. 税率： （1）提供有形动产租赁服务，税率为 17%； （2）提供交通运输业服务，税率为 11%； （3）提供现代服务业服务（有形动产租赁服务除外），税率为 6%；

营业税	营业税改征增值税试点方案	（4）财政部和国家税务总局规定的应税服务，税率为零。 3. 改革试点期间过渡性政策安排。 （1）税收收入归属。试点期间保持现行财政体制基本稳定，原归属试点地区的营业税收入，改征增值税后收入仍归属试点地区，税款分别入库。因试点产生的财政减收，按现行财政体制由中央和地方分别负担。 （2）税收优惠政策过渡。国家给予试点行业的原营业税优惠政策可以延续，但对于通过改革能够解决重复征税问题的，予以取消。试点期间针对具体情况采取适当的过渡政策。 （3）跨地区税种协调。试点纳税人以机构所在地作为增值税纳税地点，其在异地缴纳的营业税，允许在计算缴纳增值税时抵减。非试点纳税人在试点地区从事经营活动的，继续按照现行营业税有关规定申报缴纳营业税。 （4）增值税抵扣政策的衔接。现有增值税纳税人向试点纳税人购买服务取得的增值税专用发票，可按现行规定抵扣进项税额。
所得税	纳税人	企业所得税的纳税人是指企业或其他取得收入的组织（以下统称企业）。可分为居民企业和非居民企业。
	计税依据	企业所得税的计税依据为应纳税所得额。即：企业每一纳税年度的收入总额，减除不征税收入、免税收入、各项扣除以及允许弥补的以前年度亏损后的余额。计算公式为： 应纳税所得额＝收入总额－不征税收入－免税收入－各项扣除－弥补以前年度亏损 1. 收入总额。是指企业以货币形式和非货币形式从各种来源取得的收入，包括：销售货物收入；提供劳务收入；转让财产收入；股息、红利等权益性投资收益；利息收入；租金收入；特许权使用费收入；接受捐赠收入；其他收入。 2. 不征税收入。收入总额中的下列收入为不征税收入：①财政拨款；②依法收取并纳入财政管理的行政事业性收费、政府性基金；③国务院规定的其他不征税收入。 3. 免税收入。企业的下列收入为免税收入：①国债利息收入；②符合条件的居民企业之间的股息、红利等权益性投资收益；③在中国境内设立机构、场所的非居民企业从居民企业取得与该机构、场所有实际联系的股息、红利等权益性投资收益；④符合条件的非营利组织的收入。 4. 各项扣除。企业实际发生的与取得收入有关的、合理的支出，包括成本、费用、税金、损失和其他支出，准予在计算应纳税所得额时扣除。同时，企业发生的公益性捐赠支出，在年度利润总额12%以内的部分，准予在计算应纳税所得额时扣除。 5. 弥补以前年度亏损。根据利润的分配顺序，企业发生的年度亏损，在连续5年内可以用税前利润弥补进行弥补。 6. 在计算应纳税所得额时，不得扣除的支出：向投资者支付的股息、红利等权益性投资收益款项；企业所得税税款；税收滞纳金；罚金、罚款和被

所得税		没收财物的损失；允许扣除范围以外的捐赠支出；赞助支出；未经核定的准备金支出；与取得收入无关的其他支出。
	税率	企业所得税实行25%的比例税率。对于非居民企业取得的应税所得额，适用税率为20%。
	应纳税额计算	企业的应纳税所得额乘以适用税率，减除有关税收优惠的规定减免和抵免的税额后的余额，为应纳税额： 应纳税额＝应纳税所得额×所得税税率－减免和抵免的税额
城市维护建设税	纳税人	城市维护建设税的纳税人，是指实际缴纳增值税、消费税、营业税（简称“三税”）的单位和个人，包括各类企业、行政单位、事业单位、军事单位、社会团体及其他单位，以及个体工商户和其他个人。自2010年12月1日起，对外商投资企业、外国企业及外籍个人征收城市维护建设税。
	征税范围	城市维护建设税的征税范围包括城市、县城、建制镇，以及税法规定征收“三税”的其他地区。
	计税依据和税率	城市维护建设税的计税依据，是纳税人实际缴纳的“三税”税额。纳税人因违反“三税”有关规定而回收的滞纳金和罚款，不作为城市维护建设税的计税依据，但纳税人在被查补“三税”和被处以罚款时，应同时对其城市维护建设税进行补税、征收滞纳金和罚款。城市维护建设税实行差别比例税率。按照纳税人所在地区的不同，设置了三档比例税率，即：纳税人所在地区为市区的，税率为7%；纳税人所在地区为县城、镇的，税率为5%；纳税人所在地区不在市区、县城或镇的，税率为1%。
	应纳税额计算	城市维护建设税应纳税额的计算基本上与“三税”一致，其计算公式为： 应纳税额＝实际缴纳的增值税、消费税、营业税税额之和×适用税率
教育费附加	纳税人	教育费附加的纳税人与城市维护建设税的纳税人相同，是指实际缴纳增值税、消费税、营业税（简称“三税”）的单位和个人。自2010年12月1日起，对外商投资企业、外国企业及外籍个人征收教育费附加。
	计税依据和税率	教育费附加以纳税人实际缴纳的增值税、消费税和营业税税额之和作为计税依据。现行教育费附加征收比率为3%。
	应纳税额计算	教育费附加应纳税额的计算基本上与“三税”一致，其计算公式为： 应纳税额＝实际缴纳的增值税、消费税、营业税税额之和×征收税率
	地方教育附加	根据《关于统一地方教育附加政策有关问题的通知 》（财综〔2010〕98号）文件要求，各地统一征收地方教育附加，地方教育附加征收标准为单位和个人实际缴纳的增值税、营业税和消费税税额的2%。
房产税	纳税人	房产税的纳税义务人是征税范围内的房屋的产权所有人，包括国家所有和集体、个人所有房屋的产权所有人、承典人、代管人或使用人三类。 1. 产权属国家所有的，由经营管理单位纳税；产权属集体和个人所有的，由集体单位和个人纳税。 2. 产权出典的，由承典人纳税。所谓产权出典，是指产权所有人将房屋、

<table>
<tr><td rowspan="3">房产税</td><td>纳税人</td><td colspan="4">生产资料等的产权，在一定期限内典当给他人使用，而取得资金的一种融资业务。
3. 产权所有人、承典人不在房屋所在地的，产权未确定及租典纠纷未解决的，由房产代管人或者使用人纳税。
4. 无租使用其他单位房产的房产，应由使用人代为缴纳房产税。
5. 外商投资企业、外国企业和外国人经营的房产不适用房产税。</td></tr>
<tr><td>纳税对象</td><td colspan="4">房产税的纳税对象为房产。与房屋不可分割的各种附属设施或不单独计价的配套设施，也属于房屋，应一并征收房产税；但独立于房屋之外的建筑物（如水塔、围墙等）不属于房屋，不征房产税。房地产开发企业建造的商品房，在出售前，不征收房产税；但对出售前房地产开发企业已使用或出租、出借的商品房应按规定征收房产税。</td></tr>
<tr><td>计税依据和税率</td><td colspan="4">1. 从价计征。计税依据是房产原值一次减除 10%～30%的扣除比例后的余值，税率为 1.2%。房产原值是指纳税人按照会计制度规定，在账簿“固定资产”科目中记载的房屋原价。房产原值应包括与房屋不可分割的各种附属设备或一般不单独计算价值的配套设施。纳税人对原有房屋进行改建、扩建的，要相应增加房屋的原值。需要注意的特殊问题：
（1）以房产联营投资的，房产税计税依据应区别对待：
①以房产联营投资，共担经营风险的，按房产余值为计税依据计征房产税；
②以房产联营投资，不承担经营风险，只收取固定收入的，实际是以联营名义取得房产租金，因此应由出租方按租金收入计征房产税。
（2）融资租赁房屋的，以房产余值为计税依据计征房产税，租赁期内该税的纳税人，由当地税务机关根据实际情况确定。
（3）新建房屋空调设备价值计入房产原值的，应并入房产税计税依据计征房产税。
2. 从租计征。计税依据为房产租金收入，税率为 12%，对个人按市场价格出租的居民住房，暂按 4%税率征收房产税。</td></tr>
<tr><td colspan="2" rowspan="3">房产税应纳税额计算</td><td>计税方法</td><td>计税依据</td><td>税率</td><td>税额计算公式</td></tr>
<tr><td>从价计征</td><td>房产计税余值</td><td>1.2%</td><td>全年应纳税额＝应税房产原值×（1－扣除比例）×1.2%</td></tr>
<tr><td>从租计征</td><td>房屋租金</td><td>12%（个人为4%）</td><td>全年应纳税额＝租金收入×12%（个人为 4%）</td></tr>
<tr><td rowspan="2">城镇土地使用税</td><td>纳税人</td><td colspan="4">城镇土地使用税的纳税义务人，是指在城市、县城、建制镇、工矿区范围内使用土地的单位和个人。单位包括国有企业、集体企业、私营企业、股份制企业、外商投资企业、外国企业以及其他企业和事业单位、社会团体、国家机关、军队以及其他单位；个人包括个体工商户以及其他个人。</td></tr>
<tr><td>纳税对象</td><td colspan="4">城镇土地使用税的纳税对象包括在城市、县城、建制镇和工矿区内的国有和集体所有土地。但不包括农村土地。</td></tr>
</table>

城镇土地使用税	计税依据和税率	1. 城镇土地使用税以纳税人实际占用的土地面积（㎡）为计税依据。 2. 城镇土地使用税采用定额税率。按大、中、小城市和县城、建制镇和工矿区分别规定每平方米土地使用税年应纳税额。具体标准为：大城市 1.5 元至 30 元；中等城市 1.2 元至 24 元；小城市 0.9 元至 18 元；县城、建制镇和工矿区 0.6 元至 12 元。
	应纳税额	城镇土地使用税应纳税额可通过纳税人实际占用的土地面积乘以该土地所在地段的适用税额求得。计算公式为： 全年应纳税额 = 实际占用应税土地面积（㎡）× 适用税额
土地增值税	纳税人	土地增值税的纳税人是转让国有土地使用权、地上建筑物及其附着物并取得收入的单位和个人。包括内外资企业、行政事业单位、中外籍个人等。
	纳税对象	土地增值税的纳税对象为：转让国有土地使用权、地上建筑物及其附属物连同国有土地使用权一并转让所取得的增值额。土地增值税的征税范围常以三个标准来判定： 1. 转让的土地使用权是否国家所有。 2. 土地使用权、地上建筑物及其附着物是否发生产权转让。 3. 转让房地产是否取得收入。
	计税依据	土地增值税以纳税人转让房地产所取得的收入减除税法规定的扣除项目金额后的余额为计税依据。
	税法准予纳税人从转让收入中扣除的项目	1. 取得土地使用权支付的金额：纳税人为取得土地使用权所支付的地价款。以转让方式取得土地使用权的，是实际支付的地价款；其他方式取得的，为支付的土地出让金；按国家统一规定交纳的有关登记、过户手续费。 2. 房地产开发成本。包括土地的征用及拆迁补偿费、前期工程费、建筑安装费、基础设施费、公共配套设施费、开发间接费用。 3. 房地产开发费用。包括与房地产开发项目有关的管理费用、销售费用、财务费用。 4. 与转让房地产有关的税金。非房地产开发企业扣除：营业税、城市维护建设税、教育费附加和印花税；房地产开发企业因印花税已列入管理费用中，故不允许在此扣除。 5. 其他扣除项目。对于从事房地产开发的纳税人可加计 20%的扣除： 加计扣除费用 =（取得土地使用权支付的金额 + 房地产开发成本）× 20% 6. 旧房及建筑物的评估价格。指转让已使用的房屋及建筑物时，由政府批准设立的房地产评估机构评定的重置成本价乘以成新度后的价格。 转让旧房的扣除额 = 评估价 + 取得土地使用权所支付的地价款 + 按国家规定交纳的费用 + 转让环节缴纳的税金。
	应纳税额	土地增值税应纳税额的计算公式为： 应纳税额 = ∑（每级距的土地增值额 × 适用税率） 或：应纳税额 = 增值额 × 适用税率 − 扣除项目金额 × 速算扣除系数 土地增值额 = 转让收入 − 扣除项目金额

<table>
<tr><td rowspan="6">土地增值税</td><td>税收优惠</td><td colspan="3">1. 纳税人建造普通住宅出售时，增值额未超过扣除项目金额20%的，免征土地增值税；增值额超过扣除项目金额20%的，就其全部增值额计税。
2. 对个人转让房地产的，凡居住满5年或以上的，免征土地增值税；满3年未满5年的，减半征收；未满3年的，不实行优惠。
3. 因国家建设需要依法征用、收回的房地产，免征土地增值税。
4. 1994年1月1日前签订的房地产转让合同，无论房地产在何时转让，均免征土地增值税。</td></tr>
<tr><td rowspan="5">税率</td><td>增值额占扣除项目金额比例</td><td>税率</td><td>速算扣除系数</td></tr>
<tr><td>50%以下（含50%）</td><td>30%</td><td>0</td></tr>
<tr><td>超过50%～100%（含100%）</td><td>40%</td><td>5%</td></tr>
<tr><td>超过100%～200%（含200%）</td><td>50%</td><td>15%</td></tr>
<tr><td>200%以上</td><td>60%</td><td>35%</td></tr>
<tr><td rowspan="3">契税</td><td>纳税人</td><td colspan="3">契税的纳税义务人是境内转移土地、房屋权属承受的单位和个人。单位包括内外资企业，事业单位，国家机关，军事单位和社会团体。个人包括中国公民和外籍人员</td></tr>
<tr><td>纳税对象</td><td colspan="3">1. 国有土地使用权出让（转让方不交土地增值税）。
2. 国有土地使用权转让（转让方还应交土地增值税）。
3. 房屋买卖（转让方符合条件的还需交土地增值税）。以下几种特殊情况也视同买卖房屋：以房产抵债或实物交换房屋；以房产做投资或做股权转让；买房拆料或翻建新房。
4. 房屋赠予，包括以获奖方式承受土地房屋权属。
5. 房屋交换（单位之间进行房地产交换还应交土地增值税）。</td></tr>
<tr><td>计税依据</td><td colspan="3">1. 国有土地使用权出让、土地使用权出售、房屋买卖，以成交价格为计税依据；
2. 土地使用权赠与、房屋赠与，由征收机关参照土地使用权出售、房屋买卖的市场价格核定；
3. 土地使用权交换、房屋交换，以所交换的土地使用权、房屋的价格差额为计税依据；
4. 以划拨方式取得土地使用权，经批准转让房地产时，由房地产转让者补交契税，计税依据为补交的土地使用权出让费用或者土地收益；
5. 房屋附属设施征收契税的依据：
（1）采取分期付款方式购买房屋附属设施土地使用权、房屋所有权的，应按合同规定的总价款计征契税；
（2）承受的房屋附属设施权属如为单独计价的，按照当地确定的适用税率征收契税；如与房屋统一计价的，适用与房屋相同的契税税率。
契税实行3%～5%的幅度税率。</td></tr>
</table>

	应纳税额	契税应纳税额的计算公式为：契税应纳税额 = 计税依据 × 税率
进口关税	纳税人	进出口关税的纳税人是进口货物的收货人、出口货物的发货人及进境物品的所有人。
	计税依据和税率	进出口关税的计税依据以进出口货物的完税价格为计税依据。进（出）口货物的完税价格由海关以该货物的成交价格以及该货物运抵中华人民共和国境内输入（输出）地点起卸前的运输及其相关费用、保险费为基础审查确定。进口关税设置最惠国税率、协定税率、特惠税率、普通税率、关税配额税率等税率。对进出口货物在一定期限内可以实行暂定税率。 1. 原产于共同适用最惠国待遇条款的世界贸易组织成员的进口货物，原产于与中华人民共和国签订含有相互给予最惠国待遇条款的双边贸易协定的国家或者地区的进口货物，以及原产于中华人民共和国境内的进口货物，适用最惠国税率。 2. 原产于与中华人民共和国签订含有关税优惠条款的区域性贸易协定的国家或者地区的进口货物，适用协定税率。 3. 原产于与中华人民共和国签订含有特殊关税优惠条款的贸易协定的国家或者地区的进口货物，适用特惠税率。 4. 原产于本条第一款、第二款和第三款所列以外国家或者地区的进口货物，以及原产地不明的进口货物，适用普通税率。
	应纳税额	进出口关税应纳税额的计算公式为：关税应纳税额 = 货物完税价格 × 适用税率
	免税范围	国家鼓励发展的国内投资项目和外商投资项目进口设备，在规定的范围内，免征关税和进口环节增值税。
建筑工程一切险	被保险人与投保人	1. 建筑工程一切险的被保险人一般可包括以下各方： （1）业主：建设单位或工程所有人； （2）承包商：总承包商及分包商； （3）技术顾问：业主聘请的建筑师、设计师、工程师和其他专业顾问； （4）其他关系方，如贷款银行或其他债权人。 2. 投保人。 （1）全部承包方式，由承包方负责投保； （2）部分承包方式，在合同中规定由某一方投保； （3）分段承包方式，一般由业主投保； （4）施工单位只提供劳务的承包方式，一般也由业主投保。
	保险项目	建筑工程一切险的保险项目包括物质损失部分、第三者责任及附加险三部分。
	责任范围	1. 在保险期限内，若保险单列明的被保险财产在列明的工地范围内，因发生除外责任之外的任何自然灾害或意外事故造成的物质损失，保险人应负责赔偿。自然灾害包括：地震、海啸、雷电、飓风、台风、龙卷风、风暴、

建筑工程一切险	责任范围	暴雨、洪水、水灾、冻灾、冰雹、地崩、雪崩、火山爆发、地面下陷下沉及其他人力不可抗拒的破坏力强大的自然现象。意外事故是指不可预料的以及被保险人无法控制并造成物质损失或人身伤亡的突发性事件，包括火灾和爆炸等。 2. 上述有关费用包括必要的场地清理费用和专业费用等，也包括被保险人采取施救措施而支出的合理费用。但这些费用并非自动承保，保险人在承保时须在明细表中列明有关费用，并加上相应的附加条款。如果被保险人没有向保险公司投保清理费用，保险公司将不负责该项费用的赔偿。
	除外责任	1. 设计错误引起的损失和费用； 2. 自然磨损、内在或潜在缺陷、物质本身变化、自燃、自热、氧化、锈蚀、渗漏、鼠咬、虫蛀、大气（气候或气温）变化、正常水位变化或其他渐变原因造成的被保险财产自身的损失和费用； 3. 因原材料缺陷或工艺不善引起的被保险财产本身的损失以及为换置、修理或矫正这些缺点错误所支付的费用； 4. 非外力引起的机械或电气装置的本身损失，或施工用机具、设备、机械装置失灵造成的本身损失； 5. 维修保养或正常检修的费用； 6. 档案、文件、账簿、票据、现金、各种有价证券、图表资料及包装物料的损失； 7. 盘点时发现的短缺； 8. 领有公共运输行驶执照的，或已由其他保险予以保障的车辆、船舶和飞机的损失； 9. 除已将工地内现成的建筑物或其他财产列入保险范围，在被保险工程开始以前已经存在或形成的位于工地范围内或其周围的属于被保险人的财产的损失。 10. 除非另有约定，在保险期限终止以前，被保险财产中已由工程所有人签发完工验收证书或验收合格或实际占有或使用或接收的部分。
	保险期限	保险期限是在保险单列明的建筑期限内，自投保工程动工日或自被保险项目被卸至建筑工地时起生效，直至建筑工程完毕经验收合格时终止。 1. 建筑期。 （1）保险责任的开始有两种情况：①工程破土动工之日；②保险工程材料、设备运抵至工地时。以先发生者为准，但不得超过保单规定的生效日期。 （2）保险责任的终止也有两种情况：①工程所有人对部分或全部工程签发验收证书或验收合格时；②工程所有人实际占有或使用或接受该部分或全部工程时。以先发生者为准且最迟不得超过保单规定的终止日期。 2. 试车期。①若被保险设备本身是在本次安装前已被使用过的设备或转手设备，则自其试车之日起，保险责任即告终止。②如安装的是新机器，保险人按保单列明的试车期，对试车和考核期限内引起的损失、费用和责任负责赔偿。

建筑工程一切险	保险期限	3. 保证期。保证期的保险期限一般与工程合同中规定的质量保修期一致。从工程所有人对部分或全部工程签发完工验收证书或验收合格、或工程所有人实际占有或使用或接收该部分或全部工程时起算，以先发生者为准。保证期投保与否，由投保人自己决定，需要投保时，必须加批单，增收相应的保费。 4. 保险期限的延长。如工程不能在保险单规定的保险期内完工，经投保人申请并加缴规定的保费后，可签发批单延长保险期限。
	赔偿处理	1. 保险财产发生损失，保险人以将被保险财产修复至或基本恢复至其受损前状态的费用扣除残值后的金额为准进行赔偿；但若修复费用等于或超过被保险财产损失前的价值时，则以被保险财产损失前的实际价值扣除残值后的金额为准。被保险人为减少损失而采取必要措施所产生的合理费用，保险人可予赔偿，但本项费用与物质损失赔偿金额之和以受损的被保险财产的保险金额为限。 2. 保险人可有三种赔偿方式，即：以现金支付赔款；修复或重置；赔付修理费用。具体采用哪种方式，应视具体情况与被保险人商定。但保险人的赔偿责任就每一项或每一件保险财产而言，不得超过其单独列明的保额，就总体而言，不得超过保单列明的总保险金额。 3. 损失赔付后，保险金额应相应减少，并且不退还保险金额减少部分的保险费。如被保险人要求恢复至原保险金额，应按约定的保险费率加缴恢复部分从损失发生之日起至保险期限终止之日止按日比例计算的保险费。 4. 在发生第三者责任项下的索赔时：保险人有权以被保险人的名义接办或自行处理任何诉讼或解决任何索赔案件。被保险人有义务向保险人提供一切所需的资料和协助。 5. 在发生物质损失时，若受损保险财产的分项或总保险金额低于对应的应保险金额，其差额部分视为被保险人所自保，保险人按保险列明的保险金额与应保险金额的比例负责赔偿，即： 赔款金额 = 损失金额 × 某项目现行保额 / 某项目按规定应投保金额 6. 如同一保险财产损失存在着一种以上的保险保障，不论该保险赔偿与否，保险公司按该种保险的保险单保额与所有保单保额之和的比例承担保险责任。 7. 被保险人的索赔期限，从损失发生之日起，不得超过两年。
安装工程一切险	特点	1. 建筑工程保险的标的从开工以后逐步增加，保险额也逐步提高，而安装工程一切险的保险标的一开始就存放于工地，保险公司一开始就承担着全部货价的风险。在机器安装好之后，试车、考核和保证阶段风险最大。由于风险集中，试车期的安装工程一切险的保险费通常占整个工期的保费的三分之一左右。 2. 在一般情况下，建筑工程一切险承担的风险主要为自然灾害，而安装工程一切险承担的风险主要为人为事故损失。 3. 安装工程一切险的风险较大，保险费率也要高于建筑工程一切险。

安装工程一切险	被保险人与投保人	安装工程一切险的被保险人包括：业主；承包商（含分包商）；供货商，即负责提供被安装机器设备的一方；制造商，即被安装机器设备的制造商，但因制造商的过失引起的直接损失，即本身部分，不包括在安装工程险责任范围内；技术顾问；其他关系方。一般来说，在全部承包方式下，由承包商作为投保人投保整个工程的安装工程保险。同时把有关利益方列为共同被保险人。如非全部承包方式，最好由业主投保。
	保险项目	1. 安装项目。这是安装工程险承保的主要保险项目，包括被安装的机器设备、装置、物料、基础工程以及工程所需的各种临时设施，如水、电、照明、通信等设施。 2. 土木建筑工程项目。指新建、扩建厂矿必须有的工程项目。保险金额应为该工程项目建成的价格。 3. 安装施工用机器设备。保险金额按重置价值计算。 4. 业主或承包商在工地上的其他财产。保险金额可由保险人与被保险人商定，但最高不能超过其实际价值。 5. 清理费用。此项费用的保险金额由被保险人自定并单独投保，不包括在工程合同价内。保险金额对大工程一般不超过其工程总价值的 5%；对小工程一般不超过工程总价值的 10%。
	保险责任与除外责任	安装工程一切险与建筑工程一切险的除外责任除以下两条外基本相同： 1. 因设计错误、铸造或原材料缺陷或工艺不善引起的保险财产本身的损失以及为换置、修理或矫正这些缺点错误所支付的费用，都属于除外责任范围。值得注意的是，安装工程一切险只对设计错误等原因引起保险财产的直接损失及其有关费用不予赔偿，而对由于设计错误等原因造成其他保险财产的损失仍予以负责。因为设计错误等原因造成保险财产的直接损失，被保险人可根据购货合同向设计者或供货方或制造商要求赔偿。 建筑工程一切险不承保设计错误引起的保险财产本身的损失及费用，同时也不负责因此造成其他保险财产的损失和费用。 2. 由于超负荷、超电压、碰线等电气原因造成电气设备或电气用具本身的损失，安装工程一些险不予负责。安装工程一切险只对由于电气原因造成的其他保险财产的损失予以赔偿。而建筑工程一切险对于此种原因造成的任何损失都不予赔偿。
	保险费率	1. 工程本身的危险程度，工程的性质及安装技术难度。 2. 工地及邻近地区的自然地理条件，有无特别危险存在。 3. 最大可能损失程度及工地现场管理和施工及安全条件。 4. 被安装机器设备的质量、型号。 5. 工期长短及安装季节，试车期和保证期的长短。 6. 承包商及其他工程关系方的资信，施工人员的技术水平和管理人员的素质。 7. 同类工程以往的损失记录。 8. 免赔额的高低及特种危险的赔偿限额。同时，还应注意，安装工程险的费率与建筑工程一切险基本相同，只是对试车期设定单独费率，是一次性费率。

工伤保险	被保险人与投保人	工伤保险的投保人是中华人民共和国境内的用人单位，而被保险人则是其用人单位的全部职工或者雇工。在这里应特别注意的是，无论劳动者与用人单位是否订立书面劳动合同还是未签订劳动合同，劳动者的用工形式无论是长期工、季节工、临时工，只要形成了劳动关系或事实上形成了劳动关系的职工均享有工伤保险待遇的权利。
	责任范围	1. 在工作时间和工作场所内，因工作原因受到事故伤害的； 2. 工作时间前后在工作场所内，从事与工作有关的预备性或者收尾性工作受到事故伤害的； 3. 在工作时间和工作场所内，因履行工作职责受到暴力等意外伤害的； 4. 患职业病的； 5. 因工外出期间，由于工作原因受到伤害或者发生事故下落不明的； 6. 在上下班途中，受到非本人主要责任的交通事故或者城市轨道交通、客运轮渡、火车事故伤害的； 7. 法律、行政法规规定应当认定为工伤的其他情形。
	视同工伤范围	1. 在工作时间和工作岗位，突发疾病死亡或者在48小时之内经抢救无效死亡的； 2. 在抢险救灾等维护国家利益、公共利益活动中受到伤害的； 3. 职工原在军队服役，因战、因公负伤致残，已取得革命伤残军人证，到用人单位后旧伤复发的。
	工伤除外责任	1. 故意犯罪的； 2. 醉酒或者吸毒的； 3. 自残或者自杀的。
建筑意外伤害保险	定义	施工人员意外伤害保险是指建筑企业为施工现场从事施工作业和管理的人员，向保险公司办理建筑意外伤害保险、支付保险费，保险公司对于在施工活动过程中发生的人身意外伤亡事故、对遭受意外伤害的施工人员实施赔付的保险。在我国，施工人员意外伤害保险属于法定的强制性保险，是保护建筑业从业人员合法权益，转移企业事故风险，增强企业预防和控制事故能力，促进企业安全生产的重要手段。
	投保人	施工人员意外伤害保险以工程项目或单项工程为单位进行投保。投保人为工程施工单位，工程项目中有分包单位的，由总承包单位统一办理，分包单位合理承担投保费用。施工单位应在工程项目开工前办理完投保手续。鉴于工程建设项目施工工艺流程中各工种调动频繁、用工流动性大，投保应实行不记名和不计人数的方式。
	保险范围	施工人员意外伤害保险的范围应当覆盖工程项目。是指施工单位为施工现场从事施工作业和管理的人员受到的意外伤害，以及由于施工现场施工直接给其他人员造成的意外伤害。已在企业所在地参加工伤保险的人员，从事现场施工时仍可参加施工人员意外伤害保险。
	保险金额	各地建设主管部门结合本地区实际情况确定合理的最低保险金额。施工人员意外伤害保险投保的保险金额不得低于最低保险金额。最低保险金额要能够保障施工伤亡人员得到有效的经济补偿。

建筑意外伤害保险	保险期限	施工人员意外伤害保险期限应涵盖工程项目开工之日起至竣工验收合格之日止。提前竣工的，保险责任自行终止。因延长工期的，应当办理保险顺延手续。
	保险费率	施工单位和保险公司双方根据各类风险因素商定施工人员意外伤害保险费率，实行差别费率和浮动费率。差别费率可与工程规模、类型、工程项目风险程度和施工现场环境等因素挂钩。浮动费率可与施工单位安全生产业绩、安全生产管理状况等因素挂钩。

第六章 工程建设全过程造价管理

章	节
第六章 工程建设全过程造价管理	第一节 决策阶段造价管理
	第二节 设计阶段造价管理
	第三节 发承包阶段造价管理
	第四节 施工阶段造价管理

第一节 决策阶段造价管理

本节要点		本节内容
工程项目策划	主要作用	1. 构思工程项目系统框架。工程项目策划的首要任务是根据建设意图进行工程项目的定义和定位，全面构想一个待建项目系统。 2. 奠定工程项目决策基础。在通常情况下，工程项目的投资决策是建立在可行性研究基础之上的。 3. 指导工程项目管理工作。
	主要内容	1. 工程项目构思策划。工程项目的定义；工程项目的定位；工程项目的系统构成。 2. 工程项目实施策划。工程项目组织策划；工程项目融资策划；工程项目目标策划；工程项目实施过程策划。
	多方案比选	1. 技术方案比选方法分为两大类，即传统方法和现代方法。 （1）传统方法包括：经验判断法、方案评分法和经济计算法。 （2）现代方法。主要包括：目标规划法、层次分析法、模糊数学综合评价法、灰色理论分析法和人工神经网络法等。 2. 经济效益比选 （1）方案比选要点。筛选备选方案；保证备选方案之间的可比性；针对备选方案的结构类型选用适宜的比选方法。 （2）方案比选方法。互斥型方案的比选方法包括：静态差额投资收益率法、静态差额投资回收期法、差额投资内部收益率法、净现值法、净现值率法、年值法、总费用现值比较法、年费用比较法等。

	联系	1. 财务分析是经济分析的基础。大多数的经济分析是在项目财务分析的基础上进行的，任何一个项目财务分析的数据资料都是项目经济分析的基础。 2. 大型工程项目中，经济分析是财务分析的前提。项目国民经济效益的可行性与否决定了大型工程项目的最终可行性，它是决定大型项目决策的先决条件和主要依据之一。因此，在进行项目投资决策时，既要考虑项目的财务分析结果，更要遵循使国家与社会获益的项目经济分析原则。
财务分析与经济分析	区别	1. 两种分析的出发点和目的不同。项目财务分析是站在企业或投资人立场上，从其利益角度分析评价项目的财务收益和成本，而项目经济分析则是从国家或地区的角度分析评价项目对整个国民经济乃至整个社会所产生的收益和成本。 2. 两种分析中费用和效益的组成不同。在项目财务分析中，凡是流入或流出项的项目货币收支均视为企业或投资者的费用和效益，而在项目经济分析中，只有当项目的投入或产出能够给国民经济带来贡献时才被当作项目的费用或效益进行评价。 3. 两种分析的分析对象不同。项目财务分析分析的对象是企业或投资人的财务收益和成本，而项目国民评价分析的对象是由项目带来的国民收入增值情况。 4. 两种分析中衡量费用和效益的价格尺度不同。项目财务分析关注的是项目的实际货币效果，它根据预测的市场交易价格去计量项目投入和产出物的价值，而项目国民评价关注的是对国民经济的贡献，采用体现资源合理有效配置的影子价格去计量项目投入和产出物的价值。 5. 两种分析的内容和方法不同。项目财务分析主要采用企业成本和效益的分析方法，项目国民评价需要采用费用和效益分析、成本和效益分析和多目标综合分析等方法。 6. 两种分析采用的评价标准和参数不同。项目财务分析的主要标准和参数是净利润、财务净现值、市场利率等，而项目国民评价的主要标准和参数是净收益、经济净现值、社会折现率等。 7. 两种分析的时效性不同。项目财务分析必须随着国家财务制度的变更而做出相应的变化，而项目国民评价多数是按照经济原则进行评价。
工程项目经济评价应遵循的基本原则		“有无对比”原则；效益与费用计算口径对应一致的原则；收益与风险权衡的原则；定量分析与定性分析相结合，以定量分析为主的原则；动态分析与静态分析相结合，以动态分析为主的原则。

财务效益和费用的构成		市场化运作的经营性项目，项目目标是通过销售产品或提供服务实现盈利的，其财务效益主要是指所获取的营业收入。对于某些国家鼓励发展的经营性项目，可以获得增值税的优惠。按照有关会计及税收制度，先征后返的增值税应记作补贴收入，作为财务效益进行核算。对于以提供公共产品服务于社会或以保护环境等为目标的非经营性项目，往往没有直接的营业收入，也就没有直接的财务效益。这类项目需要政府提供补贴才能维持正常运转，应将补贴作为项目的财务收益，通过预算平衡计算所需要补贴的数额；对于为社会提供准公共产品或服务，且运营维护采用经营方式的项目，如市政公用设施、交通、电力等项目，其产出价格往往受到政府管制，营业收入可能基本满足或不能满足补偿成本的要求，有些需要在政府提供补贴的情况下才具有财务生存能力。因此，这类项目的财务效益包括营业收入和补贴收入。项目所支出的费用主要包括投资、成本费用和税金等。
财务评价参数	基准收益率	财务基准收益率是指工程项目财务分析中对可货币化的项目费用和效益采用折现方法计算财务净现值的基准折现率，是衡量项目财务内部收益率的基准值，是项目财务可行性和方案比选的主要判据。财务基准收益率反映投资者对相应项目占用资金的时间价值的判断，应是投资者在相应项目上最低可接受的财务收益率。
	计算期	工程项目经济评价的计算期包括建设期和运营期。建设期应参照项目建设的合理工期或项目的建设进度计划合理确定；运营期应根据项目特点参照项目的合理经济寿命确定。计算现金流的时间单位，一般采用年，也可采用其他常用的时间单位。
	财务分析判断参数	判断项目盈利能力的参数主要包括财务内部收益率（FIRR）、总投资收益率、项目资本金净利润率等指标的基准值或参考值。判断项目偿债能力的参数主要包括利息备付率、偿债备付率、资产负债率、流动比率、速动比率等指标的基准值或参考值。
经营性项目财务分析	融资前分析	融资前动态分析应以营业收入、建设投资、经营成本和流动资金的估算为基础，考察整个计算期内现金流入和现金流出，编制项目投资现金流量表，利用资金时间价值的原理进行折现，计算项目投资内部收益率和净现值等指标。融资前分析排除了融资方案变化的影响，从项目投资总获利能力的角度，考察项目方案设计的合理性。融资前分析计算的相关指标，应作为初步投资决策与融资方案研究的依据和基础。根据分析角度的不同，融资前分析可选择计算所得税前指标和（或）所得税后指标。融资前分析也可计算静态投资回收期（P_0）指标，用以反映收回项目投资所需要的时间。

经营性项目财务分析	融资后分析	融资后分析应以融资前分析和初步的融资方案为基础，考察项目在拟定融资条件下的盈利能力、偿债能力和财务生存能力，判断项目方案在融资条件下的可行性。融资后分析用于比选融资方案，帮助投资者做出融资决策。融资后的盈利能力分析应包括动态分析和静态分析。财务生存能力分析，应在财务分析辅助表和利润与利润分配表的基础上编制财务计划现金流量表，通过考察项目计算期内的投资、融资和经营活动所产生的各项现金流入和流出，计算净现金流量和累计盈余资金，分析项目是否有足够的净现金流量维持正常运营，以实现财务可持续性。财务可持续性应首先体现在有足够大的经营活动净现金流量，其次，各年累计盈余资金不应出现负值。
非经营性项目财务分析	没有营业收入的项目	此类项目通常需要政府长期补贴才能维持运营，应合理估算项目运营期各年所需的政府补贴数额，并分析政府补贴的可能性与支付能力。对有债务资金的项目，还应结合借款偿还要求进行财务生存能力分析。
	有营业收入的项目	财务分析应根据收入抵补支出的程度，区别对待。收入补偿费用的顺序应为：补偿人工、材料等生产经营耗费、缴纳流转税、偿还借款利息、计提折旧和偿还借款本金。有营业收入的非经营性项目可分为下列两类： 1. 营业收入在补偿生产经营耗费、缴纳流转税、偿还借款利息、计提折旧和偿还借款本金后尚有盈余，表明项目在财务上有盈利能力和生存能力，其财务分析方法与一般项目基本相同。 2. 对一定时期内收入不足以补偿全部成本费用，但通过在运行期内逐步提高价格（收费）水平，可实现其设定的补偿生产经营耗费、缴纳流转税、偿还借款利息、计提折旧、偿还借款本金的目标，并预期在中、长期产生盈余的项目，可只进行偿债能力分析和财务生存能力分析。由于项目运营前期需要政府在一定时期内给予补贴，以维持运营，因此应估算各年所需的政府补贴数额，并分析政府在一定时期内可能提供财政补贴的能力。
工程项目经济分析	范围	对于财务价格扭曲，不能真实反映项目产出的经济价值，财务成本不能包含项目对资源的全部消耗，财务效益不能包含项目产出的全部经济效果的项目，需要进行经济费用效益分析。下列类型项目应做经济费用效益分析：具有垄断特征的项目；产出具有公共产品特征的项目；外部效果显著的项目；资源开发项目；涉及国家经济安全的项目；受过度行政干预的项目。
	经济效益和费用的识别和计算	项目经济效益和费用的识别应符合下列要求：遵循有无对比的原则；对项目所涉及的所有成员及群体的费用和效益进行全面分析；正确识别正面和负面外部效果，防止误算、漏算或重复计算；合理确定效益和费用的空间范围和时间跨度；正确识别和调整转移支付，根据不同情况区别对待。经济效益的计算应遵循支付意愿（WTP）原则和（或）接受补偿意愿（WTA）原则；经济费用的计算应遵循机会成本原则。经济效益和经济费用可直接识别，也可通过调整财务效益和财务费用得到。经济效益和经济费用应采用影子价格计算，具体包括货物影子价格、影子工资、影子汇率等。

工程项目经济分析	经济费用效益分析	经济费用效益分析应采用以影子价格体系为基础的预测价格，不考虑价格总水平变动因素。项目经济费用效益分析采用社会折现率对未来经济效益和经济费用流量进行折现。项目的所有效益和费用（包括不能货币化的效果）一般均应在共同的时点基础上予以折现。
	费用效果分析	费用效果分析系通过比较项目预期的效果与所支付的费用，判断项目的费用有效性或经济合理性。效果难于或不能货币化，或货币化的效果不是项目目标的主体时，在经济评价中应采用费用效果分析法，其结论作为项目投资决策的依据之一。
	区域经济与宏观经济影响分析适用项目	1. 项目投资巨大、工期超长（跨五年计划或十年规划）； 2. 项目实施前后对所在区域或国家的经济结构、社会结构以及群体利益格局等有较大改变； 3. 项目导致技术进步和技术转变，引发关联产业或新产业群体的发展变化； 4. 项目对生态与环境影响大，范围广； 5. 项目对国家经济安全影响较大； 6. 项目对区域或国家长期财政收支影响较大； 7. 项目的投入或产出对进出口影响大； 8. 其他对区域经济或宏观经济有重大影响的项目。
	区域经济与宏观经济影响分析内容	1. 直接贡献。项目对区域经济或宏观经济的直接贡献通常表现在：促进经济增长，优化经济结构，提高居民收入，增加就业，减少贫困，扩大进出口，改善生态环境，增加地方或国家财政收入，保障国家经济安全等方面。 2. 间接贡献。项目对区域经济或宏观经济影响的间接贡献表现在：促进人口合理分布和流动，促进城市化，带动相关产业，克服经济瓶颈，促进经济社会均衡发展，提高居民生活质量，合理开发、有效利用资源，促进技术进步，提高产业国际竞争力等方面。 3. 不利影响。项目可能产生的不利影响包括：非有效占用土地资源、污染环境、损害生态平衡、危害历史文化遗产；出现供求关系与生产格局的失衡，引发通货膨胀；冲击地方传统经济；产生新的相对贫困阶层及隐性失业；对国家经济安全可能带来的不利影响等。
	区域经济与宏观经济影响分析指标	1. 经济总量指标。反映项目对国民经济总量的贡献，包括增加值、净产值、纯收入、财政收入等经济指标；总量指标可使用当年值、净现值总额和折现年值。 2. 经济结构指标。反映项目对经济结构的影响，主要包括三次产业结构、就业结构、影响力系数等指标。 3. 社会与环境指标。主要包括就业效果指标、收益分配效果指标、资源合理利用指标和环境影响效果指标等。为了分析项目对贫困地区经济的贡献，可设置贫困地区收益分配比重指标。

工程项目经济评价报表的编制	投资方案现金流量表	投资现金流量表是以投资方案为一独立系统进行设置的。它以投资方案建设所需的总投资作为计算基础，反映投资方案在整个计算期（包括建设期和生产运营期）内现金的流入和流出。通过投资现金流量表可计算投资方案的财务内部收益率、财务净现值和静态投资回收期等经济效果评价指标，并可考察投资方案融资前的盈利能力，为各个方案进行比较建立共同的基础。
	资本金现金流量表	资本金现金流量表是从投资方案权益投资者整体（即项目法人）角度出发，以投资方案资本金作为计算的基础，把借款本金偿还和利息支付作为现金流出，用以计算资本金财务内部收益率，反映在一定融资方案下投资者权益投资的获利能力，用以比选融资方案，为投资者投资决策、融资决策提供依据。
	投资各方现金流量表	投资各方现金流量表是分别从投资方案各个投资者的角度出发，以投资者的出资额作为计算的基础，用以计算投资方案投资各方财务内部收益率。
	财务计划现金流量表	财务计划现金流量表反映投资方案计算期各年的投资、融资及经营活动的现金流入和流出，用于计算累计盈余资金，分析投资方案的财务生存能力。
	投资方案现金流量表的构成要素	营业收入。营业收入是指投资方案实施后各年销售产品或提供服务所获得的收入。即 营业收入=产品销售量（或服务量）×产品单价（或服务） 主副产品（或不同等级产品）的销售收入应全部计入营业收入；所提供的不同类型服务收入也应同时计入营业收入。营业收入是现金流量表中现金流入的主体，也是利润表的主要科目。营业收入是经济效果分析的重要数据，其估算的准确性极大地影响着投资方案经济效果的评价。因此，营业收入的计算既需要在正确估计各年生产能力利用率（或称生产负荷或开工率）基础之上的年产品销售量（或服务量），也需要合理确定产品（或服务）的价格。
		补贴收入。某些经营性的公益事业、基础设施投资方案，如城市轨道交通项目、垃圾处理项目、污水处理项目等，政府在项目运营期给予一定数额的财政补助，以维持正常运营，使投资者能获得合理的投资收益。对这类投资方案应按有关规定估算企业可能得到与收益相关的政府补助（与资产相关的政府补助不在此处核算，与资产相关的政府补助是指企业取得的、用于购建或以其他方式形成长期资产的政府补助），包括先征后返的增值税、按销量或工作量等依据国家规定的补助定额计算并按期给予的定额补贴，以及属于财政扶持而给予的其他形式的补贴等，应按相关规定合理估算，记作补贴收入。

<table>
<tr><td rowspan="6">工程项目经济评价报表的编制</td><td rowspan="6">投资方案现金流量表的构成要素</td><td>投资。投资是投资主体为了特定的目的，以达到预期收益的价值垫付行为。投资方案经济效果评价中的总投资是建设投资、建设期利息和流动资金之和。</td></tr>
<tr><td>投资方案资本金。投资方案资本金（即投资方案权益资金）是指在投资方案总投资中，由投资者认缴的出资额，对投资方案来说是非债务性资金，投资方案权益投资者整体（即项目法人）不承担这部分资金的任何利息和债务；投资者可按其出资的比例依法享有所有者权益，也可转让其出资，但一般不得以任何方式抽回。</td></tr>
<tr><td>维持运营投资。某些投资方案在运营期需要进行一定的固定资产投资才能得以维持正常运营。不同类型和不同行业的投资方案投资的内容可能不同，但发生维持运营投资时应估算其投资费用，并在现金流量表中将其作为现金流出，参与财务内部收益率等指标的计算。同时，也应反映在财务计划现金流量表中，参与财务生存能力分析。投资方案经济效果评价中，如果该投资投入延长了固定资产的使用寿命，或使产品质量实质性提高，或成本实质性降低等，使可能流入企业的经济利益增加，那么，该维持运营投资应予以资本化，即应计入固定资产原值，并计提折旧。否则该投资只能费用化，不形成新的固定资产原值。</td></tr>
<tr><td>总成本。在投资方案运营期内，各年的总成本费用按生产要素消耗计算如下：
总成本费用=外购原材料、燃料及动力费+工资及福利费+修理费+折旧费+摊销费+财务费用（利息支出）+其他费用</td></tr>
<tr><td>经营成本。经营成本是工程经济分析中的专用术语，用于投资方案经济效果评价的现金流量分析。
经营成本＝总成本费用－折旧费－摊销费－利息支出
或：经营成本=外购原材料、燃料及动力费+工资及福利费+修理费+其他费用</td></tr>
<tr><td>税金。税金是国家凭借政治权利参与国民收入分配和再分配的一种货币形式。在投资方案经济效果评价中合理计算各种税费，是正确计算投资方案效益与费用的重要基础。投资方案经济效果评价涉及的税费主要包括关税、增值税、营业税、消费税、所得税、资源税、城市维护建设税和教育费附加等，有些行业还包括土地增值税。税金一般属于财务现金流出。在进行税金计算时应说明税种、税基、税率、计税额等，这些内容应根据相关税法和投资方案的具体情况确定。</td></tr>
<tr><td colspan="2">经济分析主要报表</td><td>经济分析主要报表包括项目投资经济费用效益流量表、经济费用效益分析投资费用估算调整表和经济费用效益分析经营费用估算调整表。</td></tr>
</table>

第二节 设计阶段造价管理

<table>
<tr><th colspan="2">本节要点</th><th>本节内容</th></tr>
<tr><td rowspan="6">限额设计</td><td>定义</td><td>限额设计是指按照批准的可行性研究报告中的投资限额进行初步设计、按照批准的初步设计概算进行施工图设计、按照施工图预算造价对施工图设计中各个专业设计文件做出决策的一系列设计工作程序。限额设计中，工程使用功能不能减少，技术标准不能降低，工程规模也不能削减。因此，限额设计需要在投资额度不变的情况下，实现使用功能和建设规模的最大化。限额设计是工程造价控制系统中的一个重要环节，是设计阶段进行技术经济分析，实施工程造价控制的一项重要措施。</td></tr>
<tr><td rowspan="3">主要内容</td><td>投资决策阶段
投资决策阶段是限额设计的关键。对政府工程而言，投资决策阶段的可行性研究报告是政府部门核准投资总额的主要依据，而批准的投资总额则是进行限额设计的重要依据。为此，应在多方案技术经济分析和评价后确定最终方案，提高投资估算的准确度，合理确定设计限额目标。</td></tr>
<tr><td>初步设计阶段
初步设计阶段需要依据最终确定的可行性研究方案和投资估算，对影响投资的因素按照专业进行分解，并将规定的投资限额下达到各专业设计人员。设计人员应用价值工程的基本原理，通过多方案技术经济比选，创造出价值较高、技术经济性较为合理的初步设计方案，并将设计概算控制在批准的投资估算内。</td></tr>
<tr><td>施工图设计阶段
施工图是设计单位的最终成果文件，应按照批准的初步设计方案进行限额设计，施工图预算需控制在批准的设计概算范围内。</td></tr>
<tr><td rowspan="2">实施程序</td><td>1. 目标制定。限额设计的目标包括：造价目标、质量目标、进度目标、安全目标及环境目标。
2. 目标分解。分解工程造价目标是实行限额设计的一个有效途径和主要方法。
3. 目标推进。目标推进通常包括限额初步设计和限额施工图设计两个阶段。
4. 成果评价。成果评价是目标管理的总结阶段。通过对设计成果的评价，总结经验和教训，作为指导和开展后续工作的重要依据。</td></tr>
</table>

设计方案的评价与优化	基本程序	1. 按照使用功能、技术标准、投资限额的要求，结合工程所在地实际情况，探讨和建立可能的设计方案； 2. 从所有可能的设计方案中初步筛选出各方面都较为满意的方案作为比选方案； 3. 根据设计方案的评价目的，明确评价的任务和范围； 4. 确定能反映方案特征并能满足评价目的的指标体系； 5. 根据设计方案计算各项指标及对比参数； 6. 根据方案评价的目的，将方案的分析评价指标分为基本指标和主要指标，通过评价指标的分析计算，排出方案的优劣次序，并提出推荐方案； 7. 综合分析，进行方案选择或提出技术优化建议； 8. 对技术优化建议进行组合搭配，确定优化方案； 9. 实施优化方案并总结备案。
	评价指标体系	1. 使用价值指标，即工程项目满足需要程度（功能）的指标； 2. 反映创造使用价值所消耗的社会劳动消耗量的指标； 3. 其他指标。
	评价方法	设计方案的评价方法主要有多指标法、单指标法以及多因素评分法。 1. 多指标法。多指标法就是采用多个指标，将各个对比方案的相应指标值逐一进行分析比较，按照各种指标数值的高低对其做出评价。其评价指标包括： （1）工程造价指标。 （2）主要材料消耗指标。 （3）劳动消耗指标。 （4）工期指标。 2. 单指标法。单指标法是以单一指标为基础对建设工程技术方案进行综合分析与评价的方法。单指标法有很多种类，各种方法的使用条件也不尽相同，较常用的有以下几种： （1）综合费用法。 （2）全寿命期费用法。 （3）价值工程法。 3. 多因素评分优选法。
设计概预算文件的审查	意义	1. 促进设计单位严格执行国家、地方、行业有关概算的编制规定和费用标准，提高概算的编制质量； 2. 促进设计的技术先进性与经济合理性； 3. 促进建设工程造价的确定准确、完整，避免出现任意扩大建设规模和漏项的情况，缩小概算与预算之间的差距。

设计概预算文件的审查	内容	1. 对设计概算编制依据的审查： （1）审查编制依据的合法性。设计概算采用的编制依据必须经过国家和授权机关的批准，符合概算编制的有关规定。同时，不得擅自提高概算定额、指标或费用标准。 （2）审查编制依据的时效性。设计概算文件所使用的各类依据，如定额、指标、价格、取费标准等，都应根据国家有关部门的规定进行。 （3）审查编制依据的适用范围。各主管部门规定的各类专业定额及其取费标准，仅适用于该部门的专业工程；各地区规定的各种定额及其取费标准，只适用于该地区范围内，特别是地区的材料预算价格应按工程所在地区的具体规定执行。 2. 对设计概算编制深度的审查： （1）审查编制说明。审查设计概算的编制方法、深度和编制依据等重大原则性问题。 （2）审查设计概算编制的完整性。对于一般大中型项目的设计概算，审查是否具有完整的编制说明和三级设计概算文件（总概算、综合概算、单位工程概算），是否达到规定的深度。 （3）审查设计概算的编制范围。包括：设计概算编制范围和内容是否与批准的工程项目范围相一致；各项费用应列的项目是否符合法律法规及工程建设标准；是否存在多列或遗漏的取费项目等。 3. 对设计概算主要内容的审查： （1）概算编制是否符合法律、法规及相关规定。 （2）概算所编制工程项目的建设规模和建设标准、配套工程等是否符合批准的可行性研究报告或立项批文。对总概算投资超过批准投资估算 10%以上的，应进行技术经济论证，需重新上报进行审批。 （3）概算所采用的编制方法、计价依据和程序是否符合相关规定。 （4）概算工程量是否准确。应将工程量较大、造价较高、对整体造价影响较大的项目作为审查重点。 （5）概算中主要材料用量的正确性和材料价格是否符合工程所在地的价格水平，材料价差调整是否符合相关规定等。 （6）概算中设备规格、数量、配置是否符合设计要求，设备原价和运杂费是否正确；非标准设备原价的计价方法是否符合规定；进口设备的各项费用的组成及其计算程序、方法是否符合规定。 （7）概算中各项费用的计取程序和取费标准是否符合国家或地方有关部门的规定。 （8）总概算文件的组成内容是否完整地包括了工程项目从筹建至竣工投产的全部费用组成。 （9）综合概算、总概算的编制内容、方法是否符合国家相关规定和设计文件的要求。 （10）概算中工程建设其他费用中的费率和计取标准是否按符合国家、行业有关规定。 （11）概算项目是否符合国家对于环境治理的要求和相关规定。 （12）概算中技术经济指标的计算方法和程序是否正确。

设计概预算文件的审查	方法	1. 对比分析法。通过对比分析建设规模、建设标准、概算编制内容和编制方法、人材机单价等，发现设计概算存在的主要问题和偏差。
		2. 主要问题复合法。对审查中发现的主要问题以及有较大偏差的设计进行复核，对重要、关键设备和生产装置或投资较大的项目进行复查。
		3. 查询核实法。对一些关键设备和设施、重要装置以及图纸不全、难以核算的较大投资进行多方查询核对，逐项落实。
		4. 分类整理法。对审查中发现的问题和偏差，对照单项工程、单位工程的顺序目录分类整理，汇总核增或核减的项目及金额，最后汇总审核后的总投资及增减投资额。
		5. 联合会审法。在设计单位自审、承包单位初审、咨询单位评审、邀请专家预审、审批部门复审等层层把关后，由有关单位和专家共同审核。
施工图预算的审查	内容	1. 工程量的审查。工程量计算是编制施工图预算的基础性工作之一，对施工图预算的审查，应首先从审查工程量开始。
		2. 定额使用的审查。应重点审查定额子目的套用是否正确。同时，对于补充的定额子目，要对其各项指标消耗量的合理性进行审查，并按程序进行报批，及时补充到定额当中。
		3. 设备材料及人工、机械价格的审查。设备材料及人工、机械价格受时间、资金和市场行情等因素的影响较大，且在工程总造价中所占比例较高，因此，应作为施工图预算审查的重点。
		4. 相关费用的审查。审查各项费用的选取是否符合国家和地方有关规定，审查费用的计算和计取基数是否正确、合理。
	方法	1. 全面审查法。又称逐项审查法，是指按预算定额顺序或施工的先后顺序，逐一进行全部审查。其优点是全面、细致，审查的质量高；缺点是工作量大，审查时间较长。
		2. 标准预算审查法。是指对于利用标准图纸或通用图纸施工的工程，先集中力量编制标准预算，然后以此为标准对施工图预算进行审查。其优点是审查时间较短，审查效果好；缺点是应用范围较小。
		3. 分组计算审查法。是指将相邻且有一定内在联系的项目编为一组，审查某个分量，并利用不同量之间的相互关系判断其他几个分项工程量的准确性。其优点是可加快工程量审查的速度；缺点是审查的精度较差。
		4. 对比审查法。是指用已完工程的预结算或虽未建成但已审查修正的工程预结算对比审查拟建类似工程施工图预算。其优点是审查速度快，但同时需要具有较为丰富的相关工程数据库作为开展工作的基础。
		5. 筛选审查法。也属于一种对比方法。即对数据加以汇集、优选、归纳，建立基本值，并以基本值为准进行筛选，对于未被筛下去的，即不在基本值范围内的数据进行较为详尽的审查。其优点是便于掌握，审查速度较快；缺点是有局限性，较适用于住宅工程或不具备全面审查条件的工程项目。
		6. 重点抽查法。是指抓住工程预算中的重点环节和部分进行审查。其优点是重点突出，审查时间较短，审查效果较好；不足之处是对审查人员的专业素质要求较高，在审查人员经验不足或了解情况不够的情况下，极易造成判断失误，严重影响审查结论的准确性。
		7. 利用手册审查法。是指将工程常用的构配件事先整理成预算手册，按手册对照审查。
		8. 分解对比审查法。是将一个单位工程按直接费和间接费进行分解，然后再将直接费按工种和分部工程进行分解，分别与审定的标准预结算进行对比分析。

第三节　发承包阶段造价管理

<table>
<tr><th colspan="2">本节要点</th><th>本节内容</th></tr>
<tr><td rowspan="2">施工招标方式</td><td>公开招标</td><td>公开招标又称无限竞争性招标，是指招标人按程序，通过报刊、广播、电视、网络等媒体发布招标公告，邀请具备条件的施工承包商投标竞争，然后从中确定中标者并与之签订施工合同的过程。
优点是，招标人可以在较广的范围内选择承包商，投标竞争激烈，择优率更高，有利于招标人将工程项目交予可靠的承包商实施，并获得有竞争性的商业报价，同时，也可在较大程度上避免招标过程中的贿标行为。因此，国际上政府采购通常采用这种方式。
缺点是，准备招标、对投标申请者进行资格预审和评标的工作量大，招标时间长、费用高。同时，参加竞争的投标者越多，中标的机会就越小；投标风险越大，损失的费用也就越多，而这种费用的损失必然会反映在标价中，最终会由招标人承担，故这种方式在一些国家较少采用。</td></tr>
<tr><td>邀请招标</td><td>邀请招标也称有限竞争性招标，是指招标人以投标邀请书的形式邀请预先确定的若干家施工承包商投标竞争，然后从中确定中标者并与之签订施工合同的过程。优点是不发布招标公告，不进行资格预审，简化了招标程序，因而节约了招标费用、缩短了招标时间。而且由于招标人比较了解投标人以往的业绩和履约能力，从而减少了合同履行过程中承包商违约的风险。对于采购标的较小的工程项目，采用邀请招标方式比较有利。此外，有些工程项目的专业性强，有资格承接的潜在投标人较少或者需要在短时间内完成投标任务等，不宜采用公开招标方式的，也应采用邀请招标方式。
缺点是，由于投标竞争的激烈程度较差，有可能会提高中标合同价；也有可能排除某些在技术上或报价上有竞争力的承包商参与投标。</td></tr>
<tr><td colspan="2" rowspan="2">施工招标程序</td><td>公开招标与邀请招标在程序上的主要差异：一是使施工承包商获得招标信息的方式不同；二是对投标人资格审查的方式不同。但是，公开招标与邀请招标均要经过招标准备、正式招标、决标成交三个阶段。</td></tr>
<tr><td>
<table>
<tr><th rowspan="2">阶段</th><th rowspan="2">主要工作步骤</th><th colspan="2">主要工作内容</th></tr>
<tr><th>招标人</th><th>投标人</th></tr>
<tr><td>招标准备</td><td>申请审批、核准招标</td><td>将施工招标范围、招标方式、招标组织形式报项目审批、核准部门审批、核准</td><td>组成投标小组
进行市场调查
准备投标资料
研究投标策略</td></tr>
</table>
</td></tr>
</table>

施工招标程序	招标准备	组建招标组织	自行建立招标组织或招标代理机构	
		策划招标方案	划分施工标段、确定合同类型	
		招标公告或投标邀请	发布招标公告或发出投标邀请函	
		编制标底或确定招标控制价	编制标底或确定招标控制价	
		准备招标文件	编制资格预审文件和招标文件	
	资格审查与投标	发售资格预审文件	发售资格预审文件	购买资格预审文件 填报资格预审材料
		进行资格预审	分析评价资格预审材料 确定资格预审合格者 通知资格预审结果	回函收到资格预审结果
		发售招标文件	发售招标文件	购买招标文件
		现场踏勘、标前会议	组织现场踏勘和标前会议 进行招标文件的澄清和补遗	参加现场踏勘和标前会议对招标文件提出质疑
		投标文件的编制、递交和接收	接收投标文件（包括投标保函）	编制投标文件 递交投标文件（包括投标保函）
	决标成交	开标	组织开标会议	参加开标会议
		评标	投标文件初评要求投标人提交澄清资料（必要时） 编写评标报告	提交澄清资料
		授标	确定中标人发出中标通知书（退回未中标者的投标保函）进行合同谈判 签订施工合同	进行合同谈判 提交履约保函 签订施工合同

施工招标策划	划分施工标段时，应考虑的因素包括：工程特点、对工程造价的影响、承包单位专长的发挥、工地管理等。 施工合同中，计价方式可分为三种，即：总价方式、单价方式和成本加酬金方式。相应的施工合同也称为总价合同、单价合同和成本加酬金合同。其中成本加酬金的计价方式又可根据酬金的计取方式不同，分为百分比酬金、固定酬金和目标成本加奖罚四种计价方式。
合同类型的选择	施工合同有多种类型。合同类型不同，合同双方的义务和责任不同，各自承担的风险也不尽相同。建设单位应综合考虑以下因素来选择适合的合同类型： 1. 工程项目的复杂程度。建设规模大且技术复杂的工程项目，承包风险较大，各项费用不易准确估算，因而不宜采用固定总价合同。最好是对有把握的部分采用固定总价合同，估算不准的部分采用单价合同或成本加酬金合同。 2. 工程项目的设计深度。工程项目的设计深度是选择合同类型的重要因素。如果已完成工程项目的施工图设计，施工图纸和工程量清单详细而明确，则可选择总价合同；如果实际工程量与预计工程量可能有较大出入，应优先选择单价合同；如果只完成工程项目的初步设计，工程量清单不够明确，则可选择单价合同或成本加酬金合同。 3. 施工技术的先进程度。如果在工程施工中有较大部分采用新技术、新工艺，建设单位和施工承包单位对此缺乏经验，又无国家标准，为了避免投标单位盲目地提高承包价款，或由于对施工难度估计不足而导致承包亏损，不宜采用固定总价合同，而应选用成本加酬金合同。 4. 施工工期的紧迫程度。对于一些紧急工程（如灾后恢复工程等），要求尽快开工且工期较紧时，可能仅有实施方案，还没有施工图纸，施工承包单位不可能报出合理的价格，选择成本加酬金合同较为合适。
合同文件的优先顺序	1. 合同协议书； 2. 中标通知书； 3. 投标函及投标函附录； 4. 专用合同条款； 5. 通用合同条款； 6. 技术标准和要求； 7. 图纸； 8. 已标价工程量清单； 9. 其他合同文件。

发包人义务	1. 在履行合同过程中应遵守法律，并保证承包人免于承担因发包人违反法律而引起的任何责任。 2. 应委托监理人按合同约定的时间向承包人发出开工通知。 3. 应按专用合同条款的约定向承包人提供施工场地，以及施工场地内地下管线和地下设施等有关资料，并保证资料的真实、准确、完整。 4. 应协助承包人办理法律规定的有关施工证件和批件。 5. 应根据合同进度计划，组织设计单位向承包人进行设计交底。 6. 应按合同约定向承包人及时支付合同价款。 7. 应按合同约定及时组织竣工验收。 8. 应履行合同约定的其他义务。
承包人义务	1. 在履行合同过程中应遵守法律，并保证发包人免于承担因承包人违反法律而引起的任何责任。 2. 应按有关法律规定纳税，应缴纳的税金包括在合同价格内。 3. 应按合同约定以及监理人的指示，实施、完成全部工程，并修补工程中的任何缺陷，除专用合同条款另有约定外，承包人应提供为完成合同工作所需的劳务、材料、施工设备、工程设备和其他物品，并按合同约定负责临时设施的设计、建造、运行、维护、管理和拆除。 4. 应按合同约定的工作内容和施工进度要求，编制施工组织设计和施工措施计划，并对所有施工作业和施工方法的完备性和安全可靠性负责。 5. 应按合同约定采取施工安全措施，确保工程及其人员、材料、设备和设施的安全，防止因工程施工造成的人身伤害和财产损失。 6. 应按合同约定负责施工场地及其周边环境与生态的保护工作。 7. 在进行合同约定的各项工作时，不得侵害发包人与他人使用公用道路、水源、市政管网等公共设施的权利，避免对邻近的公共设施产生干扰。承包人占用或使用他人的施工场地，影响他人作业或生活的，应承担相应责任。 8. 应按监理人的指示为他人在施工场地或附近实施与工程有关的其他各项工作提供可能的条件。除合同另有约定外，提供有关条件的内容和可能发生的费用，由监理人按合同约定商定或确定。 9. 工程接收证书颁发前，承包人应负责照管和维护工程。工程接收证书颁发时尚有部分未竣工工程的，承包人还应负责该未竣工工程的照管和维护工作，直至竣工后移交给发包人为止。 10. 应履行合同约定的其他义务。

承包人项目经理		承包人应按合同约定指派项目经理，并在约定的期限内到职。承包人更换项目经理应事先征得发包人同意,并应在更换14天前通知发包人和监理人。承包人项目经理短期离开施工场地，应事先征得监理人同意，并委派代表代行其职责。监理人要求撤换不能胜任本职工作、行为不端或玩忽职守的承包人项目经理和其他人员的，承包人应予以撤换。 承包人项目经理应按合同约定以及监理人的指示，负责组织合同工程的实施。在情况紧急且无法与监理人取得联系时，可采取保证工程和人员生命财产安全的紧急措施，并在采取措施后 24 小时内向监理人提交书面报告。 承包人为履行合同发出的一切函件均应盖有承包人授权的施工场地管理机构章，并由承包人项目经理或其授权代表签字。承包人项目经理可以授权其下属人员履行其某项职责，但事先应将这些人员的姓名和授权范围通知监理人。
合同价格		是指承包人按合同约定完成包括缺陷责任期内的全部承包工作后，发包人应付给承包人的金额，包括在履行合同过程中按合同约定进行的变更、价款调整、通过索赔应予补偿的金额。合同价格也是承包人完成全部承包工作后的工程结算价格。
费用		是指为履行合同所发生的或将要发生的所有合理开支，包括管理费和应分摊的其他费用，但不包括利润。
涉及费用的主要条款	化石、文物	在施工场地发掘的所有文物、古迹以及具有地质研究或考古价值的其他遗迹、化石、钱币或物品属于国家所有。一旦发现上述文物，承包人应采取有效合理的保护措施，防止任何人员移动或损坏上述物品，并立即报告当地文物行政部门，同时通知监理人。发包人、监理人和承包人应按文物行政部门要求采取妥善保护措施，由此导致费用增加和（或）工期延误由发包人承担。
	专利技术	承包人在投标文件中采用专利技术的，专利技术的使用费包含在投标报价内。
	不利物质条件	承包人遇到不利物质条件时，应采取适应不利物质条件的合理措施继续施工，并及时通知监理人。监理人应当及时发出指示，指示构成变更的，按合同约定的变更办理。监理人没有发出指示的，承包人因采取合理措施而增加的费用和（或）工期延误，由发包人承担。

涉及费用的主要条款	材料和工程设备	1. 承包人提供的材料和工程设备。对承包人提供的材料和工程设备，承包人应会同监理人进行检验和交货验收，查验材料合格证明和产品合格证书，并按合同约定和监理人指示，进行材料的抽样检验和工程设备的检验测试，检验和测试结果应提交监理人，所需费用由承包人承担。 2. 发包人提供的材料和工程设备。发包人要求向承包人提前交货的，承包人不得拒绝，但发包人应承担承包人由此增加的费用。承包人要求更改交货日期或地点的，应事先报请监理人批准。由于承包人要求更改交货时间或地点所增加的费用和（或）工期延误由承包人承担。发包人提供的材料和工程设备的规格、数量或质量不符合合同要求，或由于发包人原因发生交货日期延误及交货地点变更等情况的，发包人应承担由此增加的费用和（或）工程延误，并向承包人支付合理利润。 3、禁止使用不合格的材料和工程设备。监理人有权拒绝承包人提供的不合格材料或工程设备，并要求承包人立即进行更换。监理人应在更换后再次进行检查和检验，由此增加的费用和（或）工期延误由承包人承担。发包人提供的材料或工程设备不符合合同要求的，承包人有权拒绝，并可要求发包人更换，由此增加的费用和（或）工期延误由发包人承担。
	施工设备和临时设施	1. 承包人提供的施工设备和临时设施。除专用合同条款另有约定外，承包人应自行承担修建临时设施的费用，需要临时占地的，应由发包人办理申请手续并承担相应费用。 2. 要求承包人增加或更换施工设备。承包人使用的施工设备不能满足合同进度计划和（或）质量要求时，监理人有权要求承包人增加或更换施工设备，承包人应及时增加或更换，由此增加的费用和（或）工期延误由承包人承担。
	交通运输	1. 场内施工道路。除专用合同条款另有约定外，承包人应负责修建、维修、养护和管理施工所需的临时道路和交通设施，包括维修、养护和管理发包人提供的道路和交通设施，并承担相应费用。 2. 场外交通。承包人车辆外出行驶所需的场外公共道路的通行费、养路费和税款等由承包人承担。 3. 超大件和超重件的运输。由承包人负责运输的超大件或超重件，应由承包人负责向交通管理部门办理申请手续，发包人给予协助。运输超大件或超重件所需的道路和桥梁临时加固改造费用和其他有关费用，由承包人承担，但专用合同条款另有约定除外。 4. 道路和桥梁的损坏责任。因承包人运输造成施工场地内外公共道路和桥梁损坏的，由承包人承担修复损坏的全部费用和可能引起的赔偿。

涉及费用的主要条款	测量放线	1. 施工测量。监理人可以指示承包人进行抽样复测，当复测中发现错误或出现超过合同约定的误差时，承包人应按监理人指示进行修正或补测，并承担相应的复测费用。 2. 基准资料错误的责任。发包人应对其提供的测量基准点、基准线和水准点及其书面资料的真实性、准确性和完整性负责。发包人提供上述基准资料错误导致承包人测量放线工作的返工或造成工程损失的，发包人应当承担由此增加的费用和（或）工期延误，并向承包人支付合理利润。 3. 监理人使用施工控制网。监理人需要使用施工控制网的，承包人应提供必要的协助，发包人不再为此支付费用。
	施工安全责任	1. 发包人的施工安全责任。发包人应负责赔偿以下各种情况造成的第三者人身伤亡和财产损失： （1）工程或工程的任何部分对土地的占用所造成的第三者财产损失； （2）由于发包人原因在施工场地及其毗邻地带造成的第三者人身伤亡和财产损失。 2. 承包人的施工安全责任。由于承包人原因在施工场地及其毗邻地带造成的第三者人身伤亡和财产损失，由承包人负责赔偿。
	工期延误	1. 发包人的工期延误。在履行合同过程中，由于发包人的下列原因造成工期延误的，承包人有权要求发包人延长工期和（或）增加费用，并支付合理利润： （1）增加合同工作内容； （2）改变合同中任何一项工作的质量要求或其他特性； （3）发包人迟延提供材料、工程设备或变更交货地点的； （4）因发包人原因导致的暂停施工； （5）提供图纸延误； （6）未按合同约定及时支付预付款、进度款； （7）发包人造成工期延误的其他原因。 2. 承包人的工期延误。由于承包人原因，未能按合同进度计划完成工作，或监理人认为承包人施工进度不能满足合同工期要求的，承包人应采取措施加快进度，并承担加快进度所增加的费用。由于承包人原因造成工期延误，承包人应支付逾期竣工违约金。承包人支付逾期竣工违约金，不免除承包人完成工程及修补缺陷的义务。

涉及费用的主要条款	暂停施工	除发生不可抗力事件或其他客观原因必须暂停施工外，工程施工过程中，当一方违约使另一方受到严重损失的，受损方有权要求暂停施工。但暂停施工将会影响合同的正常履行，为此，合同双方应尽量避免采取暂停施工的手段。 1. 承包人暂停施工的责任。因下列暂停施工增加的费用和（或）工期延误由承包人承担： （1）承包人违约引起的暂停施工； （2）由于承包人原因为工程合理施工和安全保障所必需的暂停施工； （3）承包人擅自暂停施工； （4）承包人其他原因引起的暂停施工； （5）专用合同条款约定由承包人承担的其他暂停施工。 2. 发包人暂停施工的责任。由于发包人原因引起的暂停施工造成工期延误的，承包人有权要求发包人延长工期和（或）增加费用，并支付合理利润。 3. 暂停施工后的复工。暂停施工后，监理人应与发包人和承包人协商，采取有效措施积极消除暂停施工的影响。当工程具备复工条件时，监理人应立即向承包人发出复工通知。承包人收到复工通知后，应在监理人指定的期限内复工。承包人无故拖延和拒绝复工的，由此增加的费用和工期延误由承包人承担；因发包人原因无法按时复工的，承包人有权要求发包人延长工期和（或）增加费用，并支付合理利润。 4. 暂停施工持续 56 天以上。监理人发出暂停施工指示后 56 天内未向承包人发出复工通知，除了该项停工属于承包人的责任外，承包人可向监理人提交书面通知，要求监理人在收到书面通知后 28 天内准许已暂停施工的工程或其中一部分工程继续施工。如监理人逾期不予批准，则承包人可以通知监理人，将工程受影响的部分按有关变更条款的约定视为可取消工作。如暂停施工影响到整个工程，可视为发包人违约，由发包人承担违约责任。由于承包人责任引起的暂停施工，如承包人在收到监理人暂停施工指示后 56 天内不认真采取有效的复工措施，造成工期延误，可视为承包人违约，由承包人承担违约责任。
	工程质量	1. 工程质量要求。因承包人原因造成工程质量达不到合同约定验收标准的，监理人有权要求承包人返工直至符合合同要求为止，由此造成的费用增加和（或）工期延误由承包人承担。因发包人原因造成工程质量达不到合同约定验收标准的，发包人应承担由于承包人返工造成的费用增加和（或）工期延误，并支付承包人合理利润。 2. 工程隐蔽部位覆盖前的检查。 （1）监理人重新检查。经监理人检查质量合格或监理人未按约定的时间进行检查的，承包人覆盖工程隐蔽部位后，监理人对质量有疑问的，可要求承包人对已覆盖的部位进行钻孔探测或揭开重新检验，承包人应遵照执行，并在检验后重新覆盖恢复原状。经检验证明工程质量符合合同要求的，由发包人承担由此增加的费用和（或）工期延误，并支付承包人合理利润；经检

<table>
<tr><td rowspan="2">涉及费用的主要条款</td><td>工程质量</td><td>验证明工程质量不符合合同要求的，由此增加的费用和（或）工期延误由承包人承担。
（2）承包人私自覆盖。承包人未通知监理人到场检查，私自将工程隐蔽部位覆盖的，监理人有权指示承包人钻孔探测或揭开检查，由此增加的费用和（或）工期延误由承包人承担。
3. 清除不合格工程。承包人使用不合格材料、工程设备，或采用不适当的施工工艺，或施工不当，造成工程不合格的，监理人可以随时发出指示，要求承包人立即采取措施进行补救，直至达到合同要求的质量标准，由此增加的费用和（或）工期延误由承包人承担。由于发包人提供的材料或工程设备不合格造成的工程不合格，需要承包人采取措施补救的，发包人应承担由此增加的费用和（或）工期延误，并支付承包人合理利润。</td></tr>
<tr><td>材料、工程设备和工程的试验和检验</td><td>承包人应按合同约定进行材料、工程设备和工程的试验和检验，并为监理人对上述材料、工程设备和工程的质量检查提供必要的试验资料和原始记录。按合同约定应由监理人与承包人共同进行试验和检验的，由承包人负责提供必要的试验资料和原始记录。监理人对承包人的试验和检验结果有疑问的，或为查清承包人试验和检验成果的可靠性要求承包人重新试验和检验的，可按合同约定由监理人与承包人共同进行。重新试验和检验的结果证明该项材料、工程设备或工程的质量不符合合同要求的，由此增加的费用和（或）工期延误由承包人承担；重新试验和检验结果证明该项材料、工程设备和工程符合合同要求，由发包人承担由此增加的费用和（或）工期延误，并支付承包人合理利润。</td></tr>
<tr><td rowspan="2">竣工验收</td><td>竣工验收申请报告</td><td>1. 除监理人同意列入缺陷责任期内完成的尾工（甩项）工程和缺陷修补工作外，合同范围内的全部单位工程以及有关工作，包括合同要求的试验、试运行以及检验和验收均已完成，并符合合同要求；
2. 已按合同约定的内容和份数备齐了符合要求的竣工资料；
3. 已按监理人的要求编制了在缺陷责任期内完成的尾工（甩项）工程和缺陷修补工作清单以及相应施工计划；
4. 监理人要求在竣工验收前应完成的其他工作；
5. 监理人要求提交的竣工验收资料清单。</td></tr>
<tr><td>竣工验收过程</td><td>1. 监理人审查后认为尚不具备竣工验收条件的，应在收到竣工验收申请报告后的28天内通知承包人，指出在颁发接收证书前承包人还需进行的工作内容。人完成监理人通知的全部工作内容后，应再次提交竣工验收申请报告，直至监理人同意为止。
2. 监理人审查后认为已具备竣工验收条件的，应在收到竣工验收申请报告后的28天内提请发包人进行工程验收。
3. 发包人经过验收后同意接收工程的，应在监理人收到竣工验收申请报告后的56天内，由监理人向承包人出具经发包人签认的工程接收证书。发包人验收后同意接收工程但提出整修和完善要求的，限期修好，并缓发工程接收证书。整修和完善工作完成后，监理人复查达到要求的，经发包人同意后，再向承包人出具工程接收证书。</td></tr>
</table>

竣工验收	竣工验收过程	4. 发包人验收后不同意接收工程的，监理人应按发包人的验收意见发出指示，要求承包人对不合格工程认真返工重作或进行补救处理，并承担由此产生的费用。承包人在完成不合格工程的返工重作或补救工作后，应重新提交竣工验收申请报告。 除专用合同条款另有约定外，经验收合格工程的实际竣工日期，以提交竣工验收申请报告的日期为准，并在工程接收证书中写明。发包人在收到承包人竣工验收申请报告56天后未进行验收的，视为验收合格，实际竣工日期以提交竣工验收申请报告的日期为准，但发包人由于不可抗力不能进行验收的除外。
缺陷责任与保修责任	缺陷责任	承包人应在缺陷责任期内对已交付使用的工程承担缺陷责任。缺陷责任期内，发包人对已接收使用的工程负责日常维护工作。发包人在使用过程中，发现已接收的工程存在新的缺陷或已修复的缺陷部位或部件又遭损坏的，承包人应负责修复，直至检验合格为止。监理人和承包人应共同查清缺陷和（或）损坏的原因。经查明属承包人原因造成的，应由承包人承担修复和查验的费用。经查验属发包人原因造成的，发包人应承担修复和查验的费用，并支付承包人合理利润。承包人不能在合理时间内修复缺陷的，发包人可自行修复或委托其他人修复，所需费用和利润由缺陷责任方承担。
缺陷责任与保修责任	缺陷责任期的延长	由于承包人原因造成某项缺陷或损坏使某项工程或工程设备不能按原定目标使用而需要再次检查、检验和修复的，发包人有权要求承包人相应延长缺陷责任期，但缺陷责任期最长不超过2年。在缺陷责任期（或延长的期限）终止后14天内，由监理人向承包人出具经发包人签认的缺陷责任期终止证书，并退还剩余的质量保证金。
缺陷责任与保修责任	保修责任	合同当事人根据有关法律规定，在专用合同条款中约定工程质量保修范围、期限和责任。保修期自实际竣工日期起计算。在全部工程竣工验收前，已经发包人提前验收的单位工程，其保修期的起算日期相应提前。
不可抗力	不可抗力的通知	合同一方当事人遇到不可抗力事件，使其履行合同义务受到阻碍时，应立即通知合同另一方当事人和监理人，书面说明不可抗力和受阻碍的详细情况，并提供必要的证明。如不可抗力持续发生，合同一方当事人应及时向合同另一方当事人和监理人提交中间报告，说明不可抗力和履行合同受阻的情况，并于不可抗力事件结束后28天内提交最终报告及有关资料。
不可抗力	不可抗力后果及其处理	除专用合同条款另有约定外，不可抗力导致的人员伤亡、财产损失、费用增加和（或）工期延误等后果，由合同双方按以下原则承担： 1. 永久工程，包括已运至施工场地的材料和工程设备的损害，以及因工程损害造成的第三者人员伤亡和财产损失由发包人承担； 2. 承包人设备的损坏由承包人承担； 3. 发包人和承包人各自承担其人员伤亡和其他财产损失及其相关费用； 4. 承包人的停工损失由承包人承担，但停工期间应监理人要求照管工程和清理、修复工程的金额由发包人承担； 5. 不能按期竣工的，应合理延长工期，承包人不需支付逾期竣工违约金。发包人要求赶工的，承包人应采取赶工措施，赶工费用由发包人承担。

争议的解决	争议的解决方式	发包人和承包人在履行合同中发生争议的，可以友好协商解决或者提请争议评审组评审。合同当事人友好协商解决不成、不愿提请争议评审或者不接受争议评审组意见的，可在专用合同条款中约定下列一种方式解决。 1. 向约定的仲裁委员会申请仲裁； 2. 向有管辖权的人民法院提起诉讼。
	争议评审	采用争议评审的，发包人和承包人应在开工日后的 28 天内或在争议发生后，协商成立争议评审组。争议评审组由有合同管理和工程实践经验的专家组成。 合同双方的争议，应首先由申请人向争议评审组提交一份详细的评审申请报告，并附必要的文件、图纸和证明材料，申请人还应将上述报告的副本同时提交给被申请人和监理人。被申请人在收到申请人评审申请报告副本后的 28 天内，向争议评审组提交一份答辩报告，并附证明材料。被申请人将答辩报告的副本同时提交给申请人和监理人。除专用合同条款另有约定外，争议评审组在收到合同双方报告后的 14 天内，邀请双方代表和有关人员举行调查会，向双方调查争议细节；必要时争议评审组可要求双方进一步提供补充材料。在调查会结束后的 14 天内，争议评审组应在不受任何干扰的情况下进行独立、公正的评审，作出书面评审意见，并说明理由。在争议评审期间，争议双方暂按总监理工程师的决定执行。 发包人和承包人接受评审意见的，由监理人根据评审意见拟定执行协议，经争议双方签字后作为合同的补充文件，并遵照执行。发包人或承包人不接受评审意见，并要求提交仲裁或提起诉讼的，应在收到评审意见后的 14 天内将仲裁或起诉意向书面通知另一方，并抄送监理人，但在仲裁或诉讼结束前应暂按总监理工程师的决定执行。
《建设项目工程总承包合同示范文本（试行）》通用条款中有关工程价款的规定	合同价格调整	1. 合同签订后，因法律、国家政策和需遵守的行业规定发生变化，影响到合同价格增减的； 2. 合同执行过程中，工程造价管理部门公布的价格调整，涉及承包人投入成本增减的； 3. 一周内非承包人原因的停水、停电，停气、道路中断等，造成工程现场停工累计超过 8 小时的（承包人须提交报告并提供可证实的证明和估算）； 4. 发包人根据变更程序中批准的变更估算的增减； 5. 本合同约定的其他增减的款项调整。
	合同总价和付款	本合同为总价合同，除根据变更和合同价格的调整，以及合同中其他相关增减金额的约定进行调整外，合同价格不作调整。合同价款的货币币种为人民币，由发包人在中国境内支付给承包人。发包人应依据合同约定的应付款类别和付款时间安排，向承包人支付合同价格。承包人指定的银行账户，在专用条款中约定。

《建设项目工程总承包合同示范文本（试行）》通用条款中有关工程价款的规定	保函	1. 履约保函。合同约定由承包人向发包人提交履约保时，履约保函的格式、金额和提交时间，在专用条款中约定。 2. 支付保函。合同约定由承包人向发包人提交履约保函时，发包人应向承包人提交支付保函。支付保函的格式、内容和提交时间在专用条款中约定。 3. 预付款保函。合同约定由承包人向发包人提交预付款保函时，预付款保函的格式、金额和提交时间在专用条款中约定。
	预付款	1. 预付款支付。合同约定了预付款保函时，发包人应在合同生效及收到承包人提交的预付款保函后 10 日内，根据约定的预付款金额，一次支付给承包人；未约定预付款保函时，发包人应在合同生效后 10 日内，根很据约定的预付款金额，一次支付给承包人。 2. 预付款抵扣。预付款抵扣方式、抵扣比例和抵扣时间安排，在专用条款中约定。在发包人签发工程接收证书或合同解除时，预付款尚未抵扣完的，发包人有权要求承包人支付尚未抵扣完的预付款。承包人未能支付的，发包人有权按如下程序扣回预付款的余额： （1）从应付给承包人的款项中或属于承包人的款项中一次或多次扣除； （2）应付给承包人的款项或属于承包人的款项不足以抵扣时，发包人有权从预付款保函（如约定提交）中扣除尚未抵扣完的预付款； （3）应付给承包人或属于承包人的款项不足以抵扣且合同未约定承包人提交预付款保函时，承包人应与发包人签订支付尚未抵扣完的预付款支付时间安排协议书； （4）承包人未能按上述协议书执行，发包人有权从履约保函（如有）中抵扣尚未扣完的预付款。
	工程进度款	1. 按月工程进度申请付款的，承包人应以合同协议书约定的合同价格为基础，按每月实际完成的工程量（含设计、采购、施工、竣工试验和竣工后试验等）的合同金额，向发包人或监理人提交付款申请，承包人提交付款申请报告的格式、内容、份数和时间在专用条款中约定。 2. 按付款计划表申请付款的，承包人应以合同协议书约定的合同价格为基础，按照专用条款约定的付款期数、计划每期达到的主要形象进度和（或）完成的主要计划工程量（含设计、采购、施工、竣工试验和竣工后试验等）等目标任务，以及每期付款金额，并依据专用条款约定的格式、内容、份数和提交时间，向发包人或监理人提交当期付款申请报告。 3. 付款申请报告中的款项，除了按月工程进度申请付款的按工程进度款约定的款项类别，按付款计划表申请付款的按专用条款中约定的当期计划申请付款的金额外，两种支付方式均还包括：按合同价格调整约定的增减款项；按预付款约定的支付及扣减的款项；按缺陷责任保修金约定暂扣及支付的款项；根据索赔结果增减的款项；根据另行签订的本合同补充协议增减的款项。 4. 发包人按付款计划表付款时，承包人的实际工作和（或）实际进度比付款计划表约定的关键路径的目标任务落后 30 日及以上时，发包人有权与承

《建设项目工程总承包合同示范文本（试行）》通用条款中有关工程价款的规定	工程进度款	包人商定减少当期付款金额，并有权与承包人共同调整付款计划表。承包人以后各期的付款申请及发包人的付款，以调整后的付款计划表为依据。 5. 工程进度款的支付不论采用哪种方式，发包人应在收到承包人提交的每月付款申请招告或提交的每期付款申请报告之日起的 25 日内审查并支付。
	缺陷责任保修金的暂扣与支付	1. 缺陷责任保修金的暂时扣减。发包人可很据约定的缺陷责任保修金金额和缺陷责任保修金暂扣的约定，暂时扣减缺陷责任保修金。 2. 缺陷责任保修金的支付。发包人应在办理工程竣工验收和竣工结算时，将暂时扣减的全部缺陷责任保修金金额的一半支付给承包人，专用条款另有约定时除外。此后，承包人未能按发包人通知修复缺陷责任期内出责的缺陷或委托发包人修复该缺陷的，修复缺陷的费用，从余下的缺陷责任保修金金额中扣除。发包人应在缺陷责任期届满后 15 日内，将暂扣的缺陷责任保修金余额支付给承包人。 3. 专用条款约定承包人可提交缺陷责任保修金保函的，在办理工程竣工验收和竣工结算时，如承包人请求提供用于替代剩余的缺陷责任保修金的保函，发包人应在接到承包人按合同约定提交的缺陷责任保修金保函后,向承包人支付保修金的剩余金款。此后，如承包人未能自费修复缺陷责任期内出现的缺陷或委托发包户修复该缺陷的，修复缺陷的费用从该保函中扣除。发包人应在缺陷责任期届满后 15 日内，退还该保函。保函的格式、金额和提交时间，在专用条款中约定。
	付款时间延误	因发包人的原因未能按约定的时间向承包人支付工程进度款的，应从发包人收到付款申请报告后的第 26 日开始，以中国人民银行颁布的同期同类货款利率向承包人支付延期付款的利息，作为延期付款的违约金额。发包人延误付款 15 日以上,承包人有权向发包人发出要求付款的通知,发包人收到通知后仍不能付款的，承包人可暂停部分工作，视为发包人导致的暂停，并遵照通用条款发包人暂停的约定执行。双方协商签订延期付款协议书的，发包人应按延期付款协议书中约定的期数、时间、金额和利息付款，当双方未能达成延期付款协议，导致工程无法实施，承包人可停止部分或全部工程，发包人应承担违约责任，导致工程关键路径延误时，竣工日期顺延。发包人的延误付款达 60 日以上，并影响到整个工程实施的，承包人有权根据合同的约定向发包人发出解除合同的通知，并有权就因此增加的相关费用向发包人提出索赔。
	税务与关税	发包人与承包人按国家有关纳税规定，各自展行各自的纳税义务，含与进口工程物资相关的各项纳税义务，合同一方享有本合同进口工程设备、材料、设备配件等进口增值税和关税减免时，另一方有义务就办理减免税手续给予协助和配合。

《建设项目工程总承包合同示范文本（试行）》通用条款中有关工程价款的规定	索赔款项的支付	经协商或调解确定的、或经仲裁裁决的、或法院判决的发包人应得的索赔款项，发包人可从应支付给承包人的当月工程进度款或当期付款计划表的付款中扣减该索赔款项。当支付给承包人的各期工程进度款中不足以抵扣发包人的索赔款项时，承包人应当另行支付。承包人未能支付，可协商支付协议，仍未支付时，发包人可从履约保函（如有）中抵扣。如履约保函不足以抵扣时，承包人须另行支付该索赔款项，或以双方协商一致的支付协议的期限支付。
		经协商或调解确定的、或经仲裁裁决的、或法院判决的承包人应得的索赔款项，承包人可在当月工程进度款或当期付款计划表的付款申请中单列该索赔款项，发包人应在当期付款中支付该索赔款项。发包人未能支付该索赔款项时，承包人有权从发包人提交的支付保函（如有）中抵扣。如未约定支付保函时，发包人须另行支付该索赔款项。
	竣工结算	提交竣工结算资料。承包人应在根据约定提交的竣工验收报告和完整的竣工资料被发包人确认后的30日内，向发包人递交竣工结算报告和完整的竣工结算资料。竣工结算资料的格式、内容和份数，在专用条款中约定。
		最终竣工结算资料。发包人应在收到承包人提交的竣工结算报告和完整的竣工结算资料后的30日内，进行审查并提出修改意见，双方就竣工结算报告和完整的竣工结算资料的修改达成一致意见后，由承包人自费进行修正，并提交最终的竣工结算报告和最终的结算资料。
		结清竣工结算的款项。发包人应在收到承包人按约定提交的最终竣工结算资料的30日内，结清竣工结算的款项。竣工款结清后5日内，发包人应将承包人按约定提交的履约保函返还给承包人：承包人应将发包人按约定提交的支付保函返还给发包人。
		未能答复竣工结算报告。发包人在接到承包人根据约定提交的竣工结算报告和完整的竣工结算资料的30日内，未能提出修改意见，也未予答复的，视为发包人认可了该竣工结算资料作为最终竣工结算资料。发包人应根据约定，结清竣工结算的款项。
		发包人未能结清竣工结算的款项 （1）发包人未能按约定结清应付给承包人的竣工结算的款项余额的，承包人有权从发包人根据约定提交的支付保函中扣减该款项的余额。 （2）根据约定发包人未能在约定的30日内对竣工结算资料提出修改意见和答复，也未能向承包人支付竣工结算款项的余额的，应从承包人提交该报告后的第31日起，支付拖欠的竣工结算款项的余额并按中国人民银行同期同类贷款利率支付相应利息。

<table>
<tr><td rowspan="3">《建设项目工程总承包合同示范文本（试行）》通用条款中有关工程价款的规定</td><td rowspan="3">竣工结算</td><td>未能按时提交竣工结算报告及完整的结算资料。工程竣工验收报告经发包人认可后的30日内，承包人未能向发包人提交竣工结算报告及完整的结算资料，造成工程竣工结算不能正常进行、或工程竣工结算不能按时结清，发包人要求承包人交付工程时，承包人应进行交付；发包人未要求交付工程时，承包人须承担保管、维护和保养的费用和责任，不包括根据工程接收的约定已被发包人使用、接收的单项工程和工程的任何部分。</td></tr>
<tr><td>承包人未能支付竣工结算的款项：
1. 承包人未能按约定结清应付给发包人的竣工结算中的款项余额时，发包人有权从承包人根据约定提交的履约保函中扣减该款项的余顺。
履约保函的金额不足以抵偿时，承包人应从最终竣工结算资料提交之后的31日起，支付拖欠的竣工结算款项的余额，并按中国人民银行同期同类货款利率支付相应利息。承包人在最终竣工结算资料提交后的90日内仍未支付时，发包人有权根据争议和裁决的约定解决。
2. 合同未约定履约保函时，承包人应从最终竣工结算资料提交后的第31日起，支付拖欠的竣工结算款项的余额，并按中国人民银行同期同类贷款利率支付相应利息。如承包人在最终竣工结算资料提交后的90日内仍未支付时，发包人有权根据争议和裁决的约定解决。</td></tr>
<tr><td>竣工结算的争议。如在发包人收到承包人递交的竣工结算报告及完整的结算资料后的30日内，双方对工程竣工结算的价款发生争议时，应共同委托一家具有相应资质等级的工程造价咨询单位进行竣工结算审核，按审核结果结清竣工结算的款项。审核周期由合同双方与工程造价审核单位约定。对审核结果仍有争议时，依据争议和裁决的约定解决。</td></tr>
<tr><td colspan="2">专业分包合同文件的组成</td><td>专业分包合同的当事人是承包人和分包人。对承包人和分包人具有约束力的合同文件及优先解释顺序如下：①合同协议书；②中标通知书（如有）；③分包人的投标函或报价书；④除总包合同价款外的总包合同文件；⑤合同专用条款；⑥合同通用条款；⑦合同工程建设标准、图纸；⑧合同履行过程中承包人、分包人协商一致的其他书面文件。</td></tr>
<tr><td colspan="2">专业分包合同中涉及工程费用的条款</td><td>1. 分包人应按合同协议书约定的开工日期开工。因承包人原因不能按合同协议书约定的开工日期开工，项目经理应以书面形式通知分包人，推迟开工日期。
2. 发包人或监理工程师认为确有必要暂停施工时，应以书面形式通过承包人向分包人发出暂停施工指令，并在提出要求后48小时内提出书面处理意见。
3. 分包工程质量应达到合同协议书和合同专用条款约定的工程质量标准，质量评定标准按照总包合同相应条款履行。
4. 分包人应遵守建设工程安全生产管理有关规定，严格按照安全标准组织施工，承担由于自身安全措施不力造成事故的责任和因此发生的费用。
5. 招标工程的合同价款由承包人与分包人依据中标通知书中的中标价格在合同协议书内约定；非招标工程的合同价款由承包人与分包人依据工程报价书在合同协议书内约定。</td></tr>
</table>

<table>
<tr><td colspan="2">专业分包合同中涉及工程费用的条款</td><td>分包合同价款的主要形式有以下三种：固定价格。可调价格。成本加酬金。
6. 采用可调价格计价方式时，合同价款的调整因素包括：
（1）法律、行政法规和国家有关政策变化影响合同价款；
（2）工程造价管理部门公布的价格调整；
（3）一周内非分包人原因停水、停电、停气造成停工累计超过 8 小时；
（4）双方约定的其他因素。
7. 分包人应按合同专用条款约定的时间向承包人提交已完工程量报告，承包人接到报告后 7 天内自行按设计图纸计量或报经监理工程师计量。承包人在自行计量或由监理工程师计量前 24 小时应通知分包人，分包人为计量提供便利条件并派人参加。分包人收到通知后不参加计量，计量结果有效，作为工程价款支付的依据；承包人不按约定时间通知分包人，致使分包人未能参加计量，计量结果无效。承包人在收到分包人报告后 7 天内未进行计量或因监理工程师的原因未计量的，从第 8 天起，分包人报告中开列的工程量即视为被确认，作为工程价款支付的依据。分包人未按合同专用条款约定的时间向承包人提交已完工程量报告，或其所提交的报告不符合承包人要求且未做整改的，承包人不予计量。对分包人自行超出设计图纸范围和因分包人原因造成返工的工程量，承包人不予计量。
8. 实行工程预付款的，双方应在合同专用条款内约定承包人向分包人预付工程款的时间和数额，开工后按约定的时间和比例逐次扣回。在确认计量结果后 10 天内，承包人应按专用条款约定的时间和方式，向分包人支付工程款（进度款）。</td></tr>
<tr><td rowspan="3">FIDIC《土木工程施工合同条件》</td><td>组成</td><td>由通用条件和专用条件两部分组成，并附有合同协议书、投标函和争端仲裁协议书。</td></tr>
<tr><td>解释的优先顺序</td><td>合同协议书；中标函；投标书；专用条件；通用条件；规范；图纸；资料表和构成合同组成部分的其他文件。</td></tr>
<tr><td>业主</td><td>1. 应在投标书附录中规定的时间内给予承包商进入现场、占有现场各部分的权利。此项进入和占有权不可为承包商独享。
2. 应根据承包商的请求，提供以下合理协助：取得与合同有关但不易得到的工程所在国的法律文本；协助承包商申请工程所在国要求的许可、执照或批准。
3. 应负责保证在现场的业主人员和其他承包商做到与承包商的各项努力进行合作。
4. 应在收到承包商的任何要求 28 天内，提出其已做并将维持的资金安排的合理证明，说明业主能够按规定支付合同价格。
5. 如果根据合同条款或合同有关的另外事项，业主认为有权得到任何支付，和（或）对缺陷通知期限的延长，业主或者咨询工程师应当向承包商发出通知，说明细节。通知应当在业主了解引起索赔的事项或者情况后尽快发出。关于缺陷通知期限任何延长的通知，应在该期限到期前发出。</td></tr>
</table>

FIDIC《土木工程施工合同条件》	（咨询）工程师	FIDIC《土木工程施工合同条件》基于以（咨询）工程师为核心的管理模式，因此在合同条款中明示的（咨询）工程师的权限较大。（咨询）工程师的权力可概括为以下几个方面： 1. 工程质量控制。主要表现在：对运抵施工现场材料、设备质量进行检查和检验；对承包商施工过程中的工艺操作进行监督；对已完工程部位的质量进行确认或拒收；发布指令要求对不合格工程部位采取补救措施等。 2. 工程进度控制。主要表现在：审查批准承包商的施工进度计划；指示承包商修改施工进度计划；发布开工令、暂停施工令、复工令和赶工令。 3. 工程付款控制。主要表现在：确定变更工程的估价；批准使用暂定金额和计日工；签发各种付款证书等。 4. 施工合同管理。主要表现在：解释合同文件中的矛盾和歧义；批准分包工程（除劳务分包、采购分包及合同中指定的分包商对工程的分包）；发布工程变更指令；签发工程接收证书和缺陷责任证书；审核承包商的索赔；行使合同内必然引申的权力等。
	承包商	承包商的一般义务包括： 1. 应按照合同约定及（咨询）工程师的指示，设计（在合同规定的范围内）、实施和完成工程，并修补工程中的任何缺陷。 2. 应提供合同规定的生产设备和承包商文件，以及此项设计、施工、竣工和修补缺陷所需的所有临时性或永久性的承包商人员、货物、消耗品及其他物品和服务。 3. 应对所有现场作业、所有施工方法和全部工程的完备性、稳定性和安全性承担责任。除非合同另有规定，承包商对所有承包文件、临时工程及按照合同要求的每项生产设备和材料的设计承担责任，不应对其他永久工程的设计或规范负责。 4. 当（咨询）工程师提出要求时，承包商应提交其建议采用的工程施工安排和方法的细节。
		承包商提供履约担保。承包商应在收到中标函后 28 天内向业主提交履约担保，并向（咨询）工程师送副本一份。履约担保可分为企业法人提供的保证书和金融机构提供的保函两类。
	指定分包商	指定分包商是由业主指定，完成某项特定工作内容并与承包商签订分包合同的特殊分包商。业主有权将部分工程的施工任务或涉及提供材料、设备、服务等工作内容发包给指定分包商实施。由于指定分包商是与承包商签订分包合同，因而在合同关系方面与一般分包商处于同等地位，对其施工过程的监督、协调工作应纳入承包商的管理之中。

FIDIC《土木工程施工合同条件》	争端解决	裁决。 1. DAB 的委任。DAB 是根据投标书附录中的规定由合同双方共同设立的。DAB 由 1 人或 3 人组成，如果投标书附录中没有注明成员的数目，且合同双方没有其他协议，则 DAB 应包含 3 名成员。若 DAB 成员为 3 人，则由合同双方各提名一位成员供对方认可，双方共同确定第三位成员作为主席。如果合同中有 DAB 成员的意向性名单，则必须从该名单中进行选择，除非被选择的成员不能或不愿接受 DAB 的委任。合同双方应当共同商定对 DAB 成员的支付条件，并由双方各支付酬金的一半。 任何成员的委任只有在合同双方同意的情况下才能终止，业主或承包商各自的行动将不能终止此类委任。 2. DAB 对争端的裁决。如果在合同双方之间产生起因于合同或实施过程或与之相关的任何争端（任何种类），包括对（咨询）工程师的任何证书的签发、决定、指示、意见或估价的任何争端，任何一方可以将此类争端事宜以书面形式提交 DAB，供其裁定，并将副本送交另一方和（咨询）工程师。 DAB 在收到书面报告后 84 天内对争端做出裁决，并说明理由。如果合同一方对 DAB 的裁决不满，则应在收到裁决后的 28 天内向合同对方发出表示不满的通知，并说明理由，表明准备提请仲裁。如果 DAB 未在 84 天内对争端做出裁决，则双方中的任何一方均有权在 84 天期满后的 28 天内向对方发出要求仲裁的通知。如果双方接受 DAB 的裁决，或者没有按规定发出表示不满的通知，则该裁决将成为最终的决定并对合同双方均具有约束力。 DAB 的裁决做出后，在未通过友好解决或仲裁改变该裁决之前，双方应当执行该裁决。
		友好解决。在合同发生争端时，如果双方能通过协商达成一致，要比通过仲裁、诉讼程序解决争端好得多。这样，既能节省时间和费用，也不会伤害双方的感情，使双方的良好合作关系能够得以保持。事实上，在国际工程承包合同中产生的争端大都可通过友好协商得到解决。 合同当事人一方或双方发出表示对裁决不满的通知后，合同双方在仲裁开始前应尽力以友好的方式解决争端。除非合同双方另有协议，否则，仲裁将在表示不满的通知发出后第 56 天或此后开始，即使双方未曾作过友好解决的努力。
		仲裁。 除非通过友好解决，否则，如果 DAB 有关争端的决定未能成为最终决定并具有约束力时，此类争端应由国际仲裁机构最终裁决。 仲裁人应有全权公开、审查和修改（咨询）工程师的任何证书的签发、决定、指示、意见或估价，以及任何 DAB 有关争端事宜的裁决。（咨询）工程师有权作为证人向仲裁人提供任何与争端有关的证据。 合同双方的任一方在上述仲裁人的仲裁过程中均不受以前为取得争端裁决委员会的决定而提供的证据或论据或其不满意通知中提出的不满理由的限制。在仲裁过程中，可将 DAB 的决定作为一项证据。

		工程竣工之前或之后均可开始仲裁。但在工程进行过程中，合同双方、(咨询）工程师以及 DAB 的各自义务不得因任何仲裁正在进行而改变。 仲裁裁决具有法律效力。但仲裁机构无权强制执行，如一方当事人不履行裁决，另一方当事人可向法院申请强制执行。
施工投标报价基本策略	可选择报高价的情形	投标单位遇下列情形时，其报价可高一些：施工条件差的工程（如条件艰苦、场地狭小或地处交通要道等）；专业要求高的技术密集型工程且投标单位在这方面有专长，声望也较高；总价低的小工程，以及投标单位不愿做而被邀请投标，又不便不投标的工程；特殊工程，如港口码头、地下开挖工程等；投标对手少的工程；工期要求紧的工程；支付条件不理想的工程。
	可选择报低价的情形	投标单位遇下列情形时，其报价可低一些：施工条件好的工程，工作简单、工程量大而其他投标人都可以做的工程（如大量土方工程、一般房屋建筑工程等）；投标单位急于打入某一市场、某一地区，或虽已在某一地区经营多年，但即将面临没有工程的情况，机械设备无工地转移时；附近有工程而本项目可利用该工程的设备、劳务或有条件短期内突击完成的工程；投标对手多，竞争激烈的工程；非急需工程；支付条件好的工程。
施工投标报价方法	不平衡报价法	1. 能够早日结算的项目（如前期措施费、基础工程、土石方工程等）可以适当提高报价，以利资金周转，提高资金时间价值。后期工程项目（如设备安装、装饰工程等）的报价可适当降低。 2. 经过工程量核算，预计今后工程量会增加的项目，适当提高单价，这样在最终结算时可多盈利；而对于将来工程量有可能减少的项目，适当降低单价，这样在工程结算时不会有太大损失。 3. 设计图纸不明确、估计修改后工程量要增加的，可以提高单价；而工程内容说明不清楚的，则可降低一些单价，在工程实施阶段通过索赔再寻求提高单价的机会。 4. 对暂定项目要作具体分析。因这一类项目要在开工后由建设单位研究决定是否实施，以及由哪一家承包单位实施。如果工程不分标，不会另由一家承包单位施工，则其中肯定要施工的单价可报高些，不一定要施工的则应报低些。如果工程分标，该暂定项目也可能由其他承包单位施工时，则不宜报高价，以免抬高总报价。 5. 单价与包干混合制合同中，招标人要求有些项目采用包干报价时，宜报高价。一则这类项目多半有风险，二则这类项目在完成后可全部按报价结算。对于其余单价项目，则可适当降低报价。 6. 有时招标文件要求投标人对工程量大的项目报“综合单价分析表”，投标时可将单价分析表中的人工费及机械设备费报得高一些，而材料费报得低一些。这主要是为了在今后补充项目报价时，可以参考选用“综合单价分析表”中较高的人工费和机械费，而材料则往往采用市场价，因而可获得较高的收益。

施工投标报价方法	多方案报价法	多方案报价法是指在投标文件中报两个价：一个是按招标文件的条件报一个价；另一个是加注解的报价，即：如果某条款作某些改动，报价可降低多少。这样，可降低总报价，吸引招标人。 多方案报价法适用于招标文件中的工程范围不很明确，条款不很清楚或很不公正，或技术规范要求过于苛刻的工程。采用多方案报价法，可降低投标风险，但投标工作量较大。
	无利润报价法	1. 有可能在中标后，将大部分工程分包给索价较低的一些分包商； 2. 对于分期建设的工程项目，先以低价获得首期工程，而后赢得机会创造第二期工程中的竞争优势，并在以后的工程实施中获得盈利； 3. 较长时期内，投标单位没有在建工程项目，如果再不中标，就难以维持生存。因此，虽然本工程无利可图，但只要能有一定的管理费维持公司的日常运转，就可设法渡过暂时困难，以图将来东山再起。
	突然降价法	突然降价法是指先按一般情况报价或表现出自己对该工程兴趣不大，等快到投标截止时，再突然降价。采用突然降价法，可以迷惑对手，提高中标概率。但对投标单位的分析判断和决策能力要求很高，要求投标单位能全面掌握和分析信息，做出正确判断。
	其他报价技巧	1. 计日工单价的报价。 2. 暂定金额的报价。 3. 可供选择项目的报价。 4. 增加建议方案。 5. 采用分包商的报价。 6. 许诺优惠条件。
施工评标委员会	组成	评标委员会由招标单位或其委托的招标代理机构熟悉相关业务的代表，以及有关技术、经济等方面的专家组成，成员人数为五人以上单数，其中，技术、经济等方面的专家不得少于成员总数的 2/3。评标委员会设负责人的，评标委员会负责人由评标委员会成员推举产生或者由招标单位确定。评标委员会负责人与评标委员会的其他成员有同等的表决权。
	专家成员的确定及要求	1. 评标专家的确定。评标委员会的专家成员应当从省级以上人民政府有关部门提供的专家名册或者招标代理机构专家库中的相关专家名单中确定。评标专家的确定，可采取随机抽取或直接确定的方式。一般项目，可采取随机抽取的方式；技术特别复杂、专业性强或国家有特殊要求的招标项目，采取随机抽取方式确定的专家难以胜任的，可由招标单位直接确定。 2. 评标专家的基本条件。评标专家应符合下列条件： （1）从事相关专业领域工作满八年并具有高级职称或者同等专业水平； （2）熟悉有关招标投标的法律法规，并具有与招标项目相关的实践经验； （3）能够认真、公正、诚实、廉洁地履行职责。 3. 不得担任评标委员会成员的情形。有下列情形之一的，不得担任评标委员会成员，应当回避： （1）招标单位或投标单位主要负责人的近亲属；

施工评标委员会	专家成员的确定及要求	（2）项目主管部门或者行政监督部门的人员； （3）与投标单位有经济利益关系，可能影响对投标公正评审的； （4）曾因在招标、评标以及其他与招标投标有关活动中从事违法行为而受过行政处罚或刑事处罚的。 4. 评标委员会成员应当客观、公正地履行职责，遵守职业道德，对所提出的评审意见承担个人责任。 （1）评标委员会成员不得与任何投标单位或与招标结果有利害关系的人进行私下接触，不得收受投标单位、中介机构、其他利害关系人的财物或者其他好处。 （2）评标委员会成员不得透露对投标文件的评审和比较、中标候选人的推荐情况以及与评标有关的其他情况。
施工评价	准备	1. 招标的目标； 2. 招标项目的范围和性质； 3. 招标文件中规定的主要技术要求、标准和商务条款； 4. 招标文件规定的评标标准、评标方法和在评标过程中考虑的相关因素。
	初步评审	投标文件的形式审查。包括： 1. 提交的营业执照、资质证书、安全生产许可证是否与投标单位的名称一致； 2. 投标函是否经法定代表人或其委托代理人签字并加盖单位章； 3. 投标文件的格式是否符合招标文件的要求； 4. 联合体投标人是否提交了联合体协议书；联合体的成员组成与资格预审的成员组成有无变化；联合体协议书的内容是否与招标文件要求一致； 5. 报价的唯一性。不允许投标单位以优惠的方式，提出如果中标可将合同价降低多少的承诺。这种优惠属于一个投标两个报价。
		投标人的资格审查。对于未进行资格预审的，需要进行资格后审，资格审查的内容和方法与资格预审相同，包括：营业执照、资质证书、安全生产许可证等资格证明文件的有效性；企业财务状况；类似项目业绩；信誉；项目经理；正在施工和承接的项目情况；近年发生的诉讼及仲裁情况；联合体投标的申请人提交联合体协议书的情况等。
		投标文件对招标文件的响应性审查。包括： 1. 投标内容是否与投标人须知中的工程或标段一致，不允许只投招标范围内的部分专业工程或单位工程的施工。 2. 投标工期应满足投标人须知中的要求，承诺的工期可以比招标工期短，但不得超过要求的时间。 3. 工程质量的承诺和质量管理体系应满足要求。 4. 提交的投标保证金形式和金额是否符合投标须知的规定。 5. 投标人是否完全接受招标文件中的合同条款，如果有修改建议的话，不得对双方的权利、义务有实质性背离且是否为招标单位所接受。 6. 核查已标价的工程量清单。 7. 投标文件是否对招标文件中的技术标准和要求提出不同意见。

施工评价	初步评审	施工组织设计和项目管理机构设置的合理性审查。包括： 1. 施工组织的合理性。 2. 施工进度计划的合理性。 3. 项目组织机构的合理性。 4. 拟投入施工的机械和设备。
投标文件的澄清和说明		评标委员会可以书面方式要求投标单位对投标文件中含意不明确的内容作必要的澄清、说明或补正，但是澄清、说明或补正不得超出投标文件的范围或者改变投标文件的实质性内容。
投标偏差及其处理	重大偏差	1. 没有按照招标文件要求提供投标担保或者所提供的投标担保有瑕疵； 2. 投标文件没有投标单位授权代表签字和加盖公章； 3. 投标文件载明的招标项目完成期限超过招标文件规定的期限； 4. 明显不符合技术规格、技术标准的要求； 5. 投标文件载明的货物包装方式、检验标准和方法等不符合招标文件的要求； 6. 投标文件附有招标单位不能接受的条件； 7. 不符合招标文件中规定的其他实质性要求。
	细微偏差	细微偏差是指投标文件在实质上响应招标文件要求，但在个别地方存在漏项或者提供了不完整的技术信息和数据等情况，并且补正这些遗漏或者不完整不会对其他投标单位造成不公平的结果。细微偏差不影响投标文件的有效性。 评标委员会应当书面要求存在细微偏差的投标单位在评标结束前予以补正。拒不补正的，在详细评审时可以对细微偏差作不利于该投标单位的量化，量化标准应在招标文件中规定。
评标的方法		1. 经评审的最低投标价法一般适用于采用通用技术施工，项目的性能标准为规范中的一般水平，或者招标单位对施工没有特殊要求的招标项目。 2. 综合评估法 不宜采用经评审的最低投标价法的招标项目，一般应当采取综合评估法进行评审。综合评估法适用于较复杂工程项目的评标，由于工程投资额大、工期长、技术复杂、涉及专业面广，施工过程中存在较多的不确定因素，因此，对投标文件评审比较的主导思想是选择价格功能比最好的投标单位，而不过分偏重于投标价格的高低。
评标报告		1. 基本情况和数据表。 2. 评标委员会成员名单。 3. 开标记录。 4. 符合要求的投标一览表。 5. 废标情况说明。 6. 评标标准、评标方法或者评标因素一览表。 7. 经评审的价格或者评分比较一览表。 8. 经评审的投标单位排序。 9. 推荐的中标候选人名单与签订合同前要处理的事宜。 10. 澄清、说明、补正事项纪要。

授标	中标单位的确定	对使用国有资金投资或者国家融资的项目，招标单位应确定排名第一的中标候选人为中标单位。排名第一的中标候选人放弃中标、因不可抗力提出不能履行合同，或者招标文件规定应当提交履约保证金而在规定的期限内未能提交的，招标单位可确定排名第二的中标候选人为中标单位。排名第二的中标候选人因上述同样原因不能签订合同的，招标单位可以确定排名第三的中标候选人为中标单位。 招标单位也可授权评标委员会直接确定中标单位。
	中标通知	中标单位确定后，招标单位应向中标单位发出中标通知书，并同时将中标结果通知所有未中标的投标单位。中标通知书对招标单位和中标单位具有法律效力。中标通知书发出后，招标单位改变中标结果，或者中标单位放弃中标项目的，应当依法承担法律责任。
签订施工合同	履约担保	在签订合同前，中标单位以及联合体中标人应按招标文件规定的金额、担保形式和履约担保格式，向招标单位提交履约担保。履约担保一般采用银行保函和履约担保书的形式，履约担保金额一般为中标价的 10%。中标单位不能按要求提交履约担保的，视为放弃中标，其投标保证金不予退还，给招标单位造成的损失超过投标保证金数额的，中标单位还应对超过部分予以赔偿。中标后的承包商应保证其履约担保在建设单位颁发工程接收证书前一直有效。建设单位应在工程接收证书颁发后 28 天内将履约担保退还给承包商。
	签订合同	招标单位与中标单位应自中标通知书发出之日起 30 天内，根据招标文件和中标单位的投标文件订立书面合同。一般情况下，中标价就是合同价。招标单位与中标单位不得再行订立背离合同实质性内容的其他协议。中标单位无正当理由拒签合同的，招标单位取消其中标资格，其投标保证金不予退还；给招标单位造成的损失超过投标保证金数额的，中标单位还应对超过部分予以赔偿。发出中标通知书后，招标单位无正当理由拒签合同的，招标单位向中标单位退还投标保证金；给中标单位造成损失的，还应当赔偿损失。招标单位与中标单位签订合同后 5 个工作日内，应当向中标单位和未中标的投标单位退还投标保证金。

第四节　施工阶段造价管理

本节要点		本节内容
资金使用计划的编制	按工程造价构成编制	工程造价主要分为建筑安装工程费、设备工器具费和工程建设其他费三部分，按工程造价构成编制的资金使用计划也分为建筑安装工程费使用计划、设备工器具费使用计划和工程建设其他费使用计划。每部分费用比例根据以往经验或已建立的数据库确定，也可根据具体情况做出适当调整，每一部分还可以做进一步的划分。这种编制方法比较适合于有大量经验数据的工程项目。
	按工程项目组	1. 按工程项目构成恰当分解资金使用计划总额 按这种方式分解时，不仅要分解建筑安装工程费，而且要分解设备工器

资金使用计划的编制	成编制	具购置费以及工程建设其他费、预备费、建设期贷款利息等。 2. 编制各工程分项的资金支出计划 工程分项的资金支出预算一般可按下式计算： 分项支出预算＝核实的工程量×单价 3. 编制详细的资金使用计划表 各工程分项的详细资金使用计划表应包括：工程分项编号、工程内容、计量单位、工程数量、单价、工程分项总价等内容。
	按工程进度编制	1. 编制工程施工进度计划 应用工程网络计划技术，编制工程网络进度计划，计算相应的时间参数，并确定关键线路。 2. 计算单位时间的资金支出目标 根据单位时间（月、旬或周）拟完成的实物工程量、投入的资源数量，计算相应的资金支出额，并将其绘制在时标网络计划图中。 3. 计算规定时间内的累计资金支出额 若 q_n 为单位时间内的资金支出计划数额，t 为规定的计算时间，相应的累计资金支出数额 Q_t 可按下列公式计算： $$Q_t=\sum_{n=1}^{t}q_n$$ 4. 绘制资金使用时间进度计划的 S 曲线
施工成本管理	成本预测	施工成本预测是指施工承包单位及其项目经理部有关人员凭借历史数据和工程经验，运用一定方法对工程项目未来的成本水平及其可能的发展趋势做出科学估计。 施工成本预测的方法可分为定性预测和定量预测两大类。 1. 定性预测。是指造价管理人员根据专业知识和实践经验，通过调查研究，利用已有资料，对成本费用的发展趋势及可能达到的水平所进行的分析和推断。 2. 定量预测。是利用历史成本费用统计资料以及成本费用与影响因素之间的数量关系，通过建立数学模型来推测、计算未来成本费用的可能结果。在成本费用预测中，常用的定量预测方法有加权平均法、回归分析法等。
	成本计划	成本计划是在成本预测的基础上，施工承包单位及其项目经理部对计划期内工程项目成本水平所作的筹划。成本计划是目标成本的一种表达形式，是建立项目成本管理责任制、开展成本控制和核算的基础，是进行成本费用控制的主要依据。 1. 成本计划的内容。施工成本计划一般由直接成本计划和间接成本计划组成。此外，施工成本计划还应包括项目经理对可控责任目标成本进行分解后形成的各个实施性计划成本，即各责任中心的责任成本计划。责任成本计划又包括年度、季度和月度责任成本计划。 2. 成本计划的编制方法。

施工成本管理	成本计划	（1）目标利润法。 （2）技术进步法。 （3）按实计算法。 （4）定率估算法（历史资料法）。
	成本控制	1. 成本控制的内容和过程。施工成本控制包括计划预控、过程控制和纠偏控制三个重要环节。 2. 成本控制的方法。 （1）成本分析表法。是指利用各种表格进行成本分析和控制的方法。应用成本分析表法可以清晰地进行成本比较研究。常见的成本分析表有月成本分析表、成本日报或周报表、月成本计算及最终预测报告表。 （2）工期－成本同步分析法。施工成本的实际开支与计划不相符，往往是由两个因素引起的：一是在某道工序上的成本开支超出计划；二是某道工序的施工进度与计划不符。因此，要想找出成本变化的真正原因，实施良好有效的成本控制措施，必须与进度计划的适时更新相结合。 （3）挣值分析法。挣值分析法是对工程项目成本／进度进行综合控制的一种分析方法。 （4）价值工程方法。价值工程方法是对工程项目进行事前成本控制的重要方法，在工程项目设计阶段，研究工程设计的技术合理性，探索有无改进的可能性，在提高功能的条件下，降低成本。在工程项目施工阶段，也可以通过价值工程活动，进行施工方案的技术经济分析，确定最佳施工方案，降低施工成本。
	成本核算	1. 成本核算的对象和范围。 施工成本核算应以项目经理责任成本目标为基本核算范围；以项目经理授权范围相对应的可控责任成本为核算对象，进行全过程分月跟踪核算。根据工程当月形象进度，对已完工程实际成本按照分部分项工程进行归集，并与相应范围的计划成本进行比较，分析各分部分项工程成本偏差的原因，并在后续工程中采取有效控制措施并进一步寻找降本挖潜的途径。 2. 成本核算的方法。 （1）表格核算法。是建立在内部各项成本核算基础上，由各要素部门和核算单位定期采集信息，按有关规定填制一系列的表格，完成数据比较、考核和简单的核算，形成工程项目施工成本核算体系，作为支撑工程项目施工成本核算的平台。 （2）会计核算法。是指建立在会计核算基础上，利用会计核算所独有的借贷记账法和收支全面核算的综合特点，按工程项目施工成本内容和收支范围，组织工程项目施工成本的核算。 3. 成本费用的归集与分配 （1）人工费。 一般采用实用工时比例或定额工时比例进行分配。计算公式为：

施工成本管理	成本核算	$$工资分配率=\frac{建筑安装工人工资总额}{各项目实用工时（或定额工时）总和}$$ 某项工程应分配的人工费 = 该项工程实用工时 × 工资分配率 （2）材料费。工程项目耗用的材料，应根据限额领料单、退料单、报损报耗单，大堆材料耗用计算单等计入工程项目成本。 （3）施工机械使用费。按自有机械和租赁机械分别加以核算。从外单位或本企业内部独立核算的机械站租入施工机械支付的租赁费，直接计入成本核算对象的机械使用费。如租入的机械是为两个或两个以上的工程服务，应以租入机械所服务的各个工程受益对象提供的作业台班数量为基数进行分配，计算公式如下： 平均台班租赁费 = 支付的租赁费总额 / 租入机械作业总台班数 自有机械费用应按各个成本核算对象实际使用的机械台班数计算所分摊的机械使用费，分别计入不同的成本核算对象成本中。 （4）措施费。凡能分清受益对象的，应直接计入受益成本核算对象中。如与若干个成本核算对象有关的，可先归集到措施费总账中，月末再按适当的方法分配计入有关成本核算对象的措施费中。 （5）间接成本。 土建工程是以实际成本中直接成本为分配依据，安装工程则以人工费为分配依据。计算公式如下： 土建（安装）工程间接成本分配率 = 土建（安装）工程分配的间接成本总额 / 全部土建工程直接成本（安装工程人工费）总额 某土建（安装）分配的间接成本 = 该土建工程直接成本（安装工程人工费）× 土建（安装）工程间接成本分配率
		施工机械折旧方法： 1. 平均年限法。 $$年折旧率=\frac{1-预计净残值率}{折旧年限}\times100\%$$ 年折旧额=固定资产原值 × 年折旧率 2. 工作量法。是指按照固定资产生产经营过程中所完成的工作量计提折旧的一种方法，是由平均年限法派生出来的一种方法。适用于各种时期使用程度不同的专业机械、设备。 工作量法的计算公式为： （1）按照行驶里程计算折旧额时： $$单位里程折旧额=\frac{原值\times(1-预计净残值率)}{规定的总行驶里程}$$ 年折旧额 = 年实际行驶里程 × 单位里程折旧额 （2）按照台班计算折旧额时：

施工成本管理	成本核算	$$每台班折旧额=\frac{原值\times(1-预计净残值率)}{规定的总工作台班}$$ $$年折旧额=年实际工作台班\times每台班折旧额$$ 3. 双倍余额递减法。 是指按照固定资产账面净值和固定的折旧率计算折旧的方法，它属于一种加速折旧的方法。其年折旧率是平均年限法的两倍，并且在计算年折旧率时不考虑预计净残值率。 双倍余额递减法的计算公式为： $$年折旧率=\frac{2}{折旧年限}\times100\%$$ $$年折旧额=固定资产账面净值\times年折旧率$$ 4. 年数总和法。也称年数总额法，是指以固定资产原值减去预计净残值后的余额为基数，按照逐年递减的折旧率计提折旧的一种方法。年数总和法也属于一种加速折旧的方法。 年数总和法的计算公式为： $$年折旧率=\frac{折旧年限-已使用年数}{折旧年限\times(折旧年限+1)\div2}\times100\%$$ $$年折旧额=(固定资产原值-预计净残值)\times年折旧率$$
	成本分析	1. 成本的分析方法。成本分析的基本方法包括：比较法（其特点是通俗易懂、简单易行、便于掌握，因而得到广泛应用。在采用比较法时，可采取绝对数对比、增减差额对比或相对数对比等多种形式）、因素分析法（这种方法可用来分析各种因素对成本的影响程度）、差额计算法（差额计算法是因素分析法的一种简化形式，它利用各个因素的目标值与实际值的差额来计算其对成本的影响程度）、比率法（相关比率法、构成比率法、动态比率法）等。 2. 综合成本的分析方法。所谓综合成本，是指涉及多种生产要素，并受多种因素影响的成本费用，如分部分项工程成本，月（季）度成本、年度成本等。 （1）分部分项工程成本分析。 分析的方法是：进行预算成本、目标成本和实际成本的“三算”对比，分别计算实际成本与预算成本、实际成本与目标成本的偏差，分析偏差产生的原因，为今后的分部分项工程成本寻求节约途径。 （2）月（季）度成本分析。 通过月（季）度成本分析，可以及时发现问题，以便按照成本目标指定的方向进行监督和控制，保证工程项目成本目标的实现。 （3）年度成本分析。 年度成本分析的依据是年度成本报表。年度成本分析的内容，除月（季）度成本分析的 6 个方面外，重点是针对下一年度的施工进展情况规划切实可行的成本管理措施，以保证工程项目施工成本目标的实现。

<table>
<tr><td rowspan="2">施工成本管理</td><td></td><td>（4）竣工成本的综合分析。凡是有几个单位工程而且是单独进行成本核算的项目，其竣工成本分析应以各单位工程竣工成本分析资料为基础，再加上项目经理部的经营效益（如资金调度、对外分包等所产生的效益）进行综合分析。</td></tr>
<tr><td>成本考核</td><td>1. 成本考核的内容。
（1）项目成本目标和阶段成本目标完成情况；
（2）建立以项目经理为核心的成本管理责任制的落实情况；
（3）成本计划的编制和落实情况；
（4）对各部门、各施工队和班组责任成本的检查和考核情况；
（5）在成本管理中贯彻责权利相结合原则的执行情况。
2. 成本考核指标：
（1）企业的项目成本考核指标：
项目施工成本降低额 = 项目施工合同成本 − 项目实际施工成本
项目施工成本降低率 = 项目施工成本降低额 / 项目施工合同成本 × 100%
（2）项目经理部可控责任成本考核指标：
①项目经理责任目标总成本降低额和降低率：
目标总成本降低额 = 项目经理责任目标总成本 − 项目竣工结算总成本
目标总成本降低率 = 目标总成本降低额 / 项目经理责任目标总成本 × 100%
②施工责任目标成本实际降低额和降低率：
施工责任目标成本实际降低额 = 施工责任目标总成本 − 工程竣工结算总成本
施工责任目标成本实际降低率 = 施工责任目标成本实际降低额 / 施工责任目标总成本 × 100%
③施工计划成本实际降低额和降低率：
施工计划成本实际降低额 = 施工计划总成本 − 工程竣工结算总成本
施工计划成本实际降低率 = 施工计划成本实际降低额 / 施工计划总成本 × 100%</td></tr>
<tr><td colspan="2">工程变更的范围和内容</td><td>工程变更包括工程量变更、工程项目变更（如建设单位提出增加或者删减工程项目内容）、进度计划变更、施工条件变更等。根据九部委发布的《标准施工招标文件》中的通用合同条款，工程变更包括以下五个方面：
1. 取消合同中任何一项工作，但被取消的工作不能转由建设单位或其他单位实施。
2. 改变合同中任何一项工作的质量或其他特性。
3. 改变合同工程的基线、标高、位置或尺寸。
4. 改变合同中任何一项工作的施工时间或改变已批准的施工工艺或顺序。
5. 为完成工程需要追加的额外工作。</td></tr>
</table>

<table>
<tr>
<td rowspan="2">工程变更程序</td>
<td>监理人指示的工程变更</td>
<td>1. 监理人直接指示的工程变更。监理人直接指示的工程变更属于必须的变更，如按照建设单位的要求提高质量标准、设计错误需要进行的设计修改、协调施工中的交叉干扰等情况。此时不需征求施工承包单位意见，监理人经过建设单位同意后发出变更指示，要求施工承包单位完成工程变更工作。
2. 与施工承包单位协商后确定的工程变更。此类情况属于可能发生的变更，与施工承包单位协商后再确定是否实施变更，如增加承包范围外的某项新工作等。此时，工程变更程序如下：
（1）监理人首先向施工承包单位发出变更意向书，说明变更的具体内容和建设单位对变更的时间要求等，并附必要的图纸和相关资料。
（2）施工承包单位收到监理人的变更意向书后，如果同意实施变更，则向监理人提出书面变更建议。建议书的内容包括提交包括拟实施变更工作的计划、措施、竣工时间等内容的实施方案以及费用要求。若施工承包单位收到监理人的变更意向书后认为难以实施此项变更，也应立即通知监理人，说明原因并附详细依据。如不具备实施变更项目的施工资质、无相应的施工机具等原因或其他理由。
（3）监理人审查施工承包单位的建议书，施工承包单位根据变更意向书要求提交的变更实施方案可行并经建设单位同意后，发出变更指示。如果施工承包单位不同意变更，监理人与施工承包单位和建设单位协商后确定撤销、改变或不改变原变更意向书。
（4）变更建议应阐明要求变更的依据，并附必要的图纸和说明。监理人收到施工承包单位书面建议后，应与建设单位共同研究，确认存在变更的，应在收到施工承包单位书面建议后的 14 天内作出变更指示。经研究后不同意作为变更的，应由监理人书面答复施工承包单位。</td>
</tr>
<tr>
<td>施工承包单位提出的工程变更</td>
<td>1. 施工承包单位建议的变更。施工承包单位对建设单位提供的图纸、技术要求等，提出了可能降低合同价格、缩短工期或提高工程经济效益的合理化建议，均应以书面形式提交监理人。合理化建议书的内容应包括建议工作的详细说明、进度计划和效益以及与其他工作的协调等，并附必要的设计文件。
监理人与建设单位协商是否采纳施工承包单位提出的建议。建议被采纳并构成变更的，监理人向施工承包单位发出工程变更指示。
施工承包单位提出的合理化建议使建设单位获得工程造价降低、工期缩短、工程运行效益提高等实际利益，应按专用合同条款中的约定给予奖励。
2. 施工承包单位要求的变更。施工承包单位收到监理人按合同约定发出的图纸和文件，经检查认为其中存在属于变更范围的情形，如提高工程质量标准、增加工作内容、改变工程的位置或尺寸等，可向监理人提出书面变更建议。变更建议应阐明要求变更的依据，并附必要的图纸和说明。
监理人收到施工承包单位的书面建议后，应与建设单位共同研究，确认存在变更的，应在收到施工承包单位书面建议后的 14 天内作出变更指示。经研究后不同意作为变更的，应由监理人书面答复施工承包单位。</td>
</tr>
</table>

工程索赔产生的原因	1. 业主方（包括建设单位和监理人）违约。 2. 合同缺陷。 3. 合同变更。 4. 工程环境的变化。 5. 不可抗力或不利的物质条件。
工程索赔的分类	1. 按索赔的合同依据分类。工程索赔可分为合同中明示的索赔和合同中默示的索赔。 2. 按索赔的目的分类。工程索赔可分为工期索赔和费用索赔。 3. 按索赔事件的性质分类。工程索赔可分为工程延期索赔、工程变更索赔、合同被迫终止索赔、工程加速索赔、意外风险和不可预见因素索赔和其他索赔。
工程索赔处理程序	1. 施工承包单位的索赔程序。根据九部委发布的《标准施工招标文件》，施工承包单位认为有权得到追加付款和（或）延长工期的，应按以下程序向建设单位提出索赔： （1）施工承包单位应在知道或应当知道索赔事件发生后 28 天内，向监理人递交索赔意向通知书，并说明发生索赔事件的事由。施工承包单位未在前述 28 天内发出索赔意向通知书的，丧失要求追加付款和（或）延长工期的权利。 （2）施工承包单位应在发出索赔意向通知书后 28 天内，向监理人正式递交索赔通知书。索赔通知书应详细说明索赔理由以及要求追加的付款金额和（或）延长的工期，并附必要的记录和证明材料。 （3）索赔事件具有连续影响的，施工承包单位应按合理时间间隔继续递交延续索赔通知，说明连续影响的实际情况和记录，列出累计的追加付款金额和（或）工期延长天数。在索赔事件影响结束后的 28 天内，施工承包单位应向监理人递交最终索赔通知书，说明最终要求索赔的追加付款金额和延长的工期，并附必要的记录和证明材料。 2. 监理人处理索赔的程序。监理人收到施工承包单位提交的索赔通知书后，应按以下程序进行处理： （1）监理人收到施工承包单位提交的索赔通知书后，应及时审查索赔通知书的内容、查验施工承包单位的记录和证明材料，必要时监理人可要求施工承包单位提交全部原始记录副本。 （2）监理人应商定或确定追加的付款和（或）延长的工期，并在收到上述索赔通知书或有关索赔的进一步证明材料后的 42 天内，将索赔处理结果答复施工承包单位。 （3）施工承包单位接受索赔处理结果的，建设单位应在作出索赔处理结果答复后 28 天内完成赔付。施工承包单位不接受索赔处理结果的，按合同中争议解决条款的约定处理。 3. 施工承包单位提出索赔的期限。施工承包单位接受竣工付款证书后，应被认为已无权再提出在合同工程接收证书颁发前所发生的任何索赔。施工承包单位提交的最终结清申请单中，只限于提出工程接收证书颁发后发生的索赔。提出索赔的期限自接受最终结清证书时终止。

偏差表示方法	费用偏差	费用偏差（CV）=已完工程计划费用（BCWP）－已完工程实际费用（ACWP） 其中： 已完工程计划费用（BCWP）=∑已完工程量（实际工程量）×计划单价 已完工程实际费用（ACWP）=∑已完工程量（实际工程量）×实际单价 当CV＞0时，说明工程费用节约；当CV＜0时，说明工程费用超支。
	进度偏差	进度偏差（SV）=已完工程计划费用（BCWP）－拟完工程计划费用（BCWS） 其中： 拟完工程计划费用（BCWS）=∑拟完工程量（计划工程量）×计划单价 当SV＞0时，说明工程进度超前；当SV＜0时，说明工程进度拖后。
偏差参数	局部偏差与累计偏差	局部偏差有两层含义：一是对于整个工程项目而言，指各单项工程、单位工程和分部分项工程的偏差；二是相对于工程项目实施的时间而言，指每一控制周期所发生的偏差。累计偏差是指在工程项目已经实施的时间内累计发生的偏差。
	绝对偏差与相对偏差	绝对偏差是指实际值与计划值比较所得到的差额。相对偏差则是指偏差的相对数或比例数，通常是用绝对偏差与费用计划值的比值来表示。如： $费用相对偏差=\frac{绝对偏差}{费用计划值}=\frac{费用计划值-费用实际值}{费用计划值}$ 与绝对偏差一样，相对偏差可正可负，且两者符号相同。正值表示费用节约，负值表示费用超支。两者都只涉及费用的计划值和实际值，既不受工程项目层次的限制，也不受工程项目实施时间的限制，因而在各种费用比较中均可采用。
	偏差绩效指数	1）费用绩效指数（Cost Performance Index，CPI）。 $费用绩效指数（CPI）=\frac{已完工程计划费用（BCWP）}{已完工程实际费用（ACWP）}$ 2）进度绩效指数（Schedule Performance Index，SPI）。 $进度绩效指数（SPI）=\frac{已完工程计划费用（BCWP）}{拟完工程计划费用（BCWS）}$
偏差	分析方法	常用的偏差分析方法有横道图法、时标网络图法、表格法和曲线法。
	产生原因	客观原因、建设单位原因、设计原因、施工原因。
	控制措施	组织措施、经济措施、技术措施、合同措施。
工程价款的结算方式		1. 按月结算。实行按月支付进度款，竣工后清算的办法。合同工期在两个年度以上的工程，在年终进行工程盘点，办理年度结算。 2. 分段结算。对于当年开工、当年不能竣工的工程，按照工程形象进度，划分不同阶段支付工程进度款。具体划分应在施工合同中明确。 除上述两种主要方式外，发承包双方还可约定其他结算方式。

<table>
<tr><td colspan="2">工程价款结算的主要内容</td><td>1. 竣工结算。工程项目完工并经验收合格后，对所完成的工程项目进行的全面结算。
2. 分阶段结算。按施工合同约定，工程项目按工程特征划分为不同阶段实施和结算。每一阶段合同工作内容完成后，经建设单位或监理人中间验收合格后，由施工承包单位在原合同分阶段价格的基础上编制调整价格并提交监理人审核签认。分阶段结算是一种工程价款的中间结算。
3. 专业分包结算。按分包合同约定，分包合同工作内容完成后，经总承包单位、监理人对专业分包工作内容验收合格后，由分包单位在原分包合同价格基础上编制调整价格并提交总承包单位、监理人审核签认。专业分包结算也是一种工程价款的中间结算。
4. 合同中止结算。工程实施过程中合同中止时，需要对已完成且经验收合格的合同工程内容进行结算。</td></tr>
<tr><td rowspan="2">工程竣工结算的审查</td><td>施工承包单位内部审查</td><td>1. 审查结算的项目范围、内容与合同约定的项目范围、内容的一致性；
2. 审查工程量计算的准确性、工程量计算规则与计价规范或定额的一致性；
3. 审查执行合同约定或现行的计价原则、方法的严格性。对于工程量清单或定额缺项以及采用新材料、新工艺的，应根据施工过程中的合理消耗和市场价格审核结算单价；
4. 审查变更签证凭据的真实性、合法性、有效性，核准变更工程费用；
5. 审查索赔是否依据合同约定的索赔处理原则、程序和计算方法以及索赔费用的真实性、合法性、准确性；
6. 审查取费标准执行的严格性，并审查取费依据的时效性、相符性。</td></tr>
<tr><td>建设单位的审查</td><td>1. 审查工程竣工结算的递交程序和资料的完备性：
（1）审查结果资料递交手续、程序的合法性，以及结算资料具有的法律效力；
（2）审查结果资料的完整性、真实性和相符性。
2. 审查与工程竣工结算有关的各项内容：
（1）工程施工合同的合法性和有效性；
（2）工程施工合同范围以外调整的工程价款；
（3）分部分项工程、措施项目、其他项目的工程量及单价；
（4）建设单位单独分包工程项目的界面划分和总承包单位的配合费用；
（5）工程变更、索赔、奖励及违约费用；
（6）取费、税金、政策性调整以及材料价差计算；
（7）实际施工工期与合同工期产生差异的原因和责任，以及对工程造价的影响程度；
（8）其他涉及工程造价的内容。</td></tr>
</table>

<table>
<tr><td></td><td>工程竣工结算报告金额</td><td>审查时限
（从接到竣工结算报告和完整的竣工结算资料之日起）</td></tr>
<tr><td rowspan="4">工程竣工结算审查时限</td><td>500万元以下</td><td>20天</td></tr>
<tr><td>500万元~2000万元</td><td>30天</td></tr>
<tr><td>2000万元~5000万元</td><td>45天</td></tr>
<tr><td>5000万元以上</td><td>60天</td></tr>
</table>

建设工程计价

第一章　建设工程造价构成

章	节
第一章　建设工程造价构成	第一节　概述
	第二节　设备及工器具购置费用的构成和计算
	第三节　建筑安装工程费用构成和计算
	第四节　工程建设其他费用的构成和计算
	第五节　预备费和建设期利息的计算

第一节　概述

本节要点	本节内容

我国现行建设项目总投资构成

- 建设项目总投资
  - 固定资产投资——工程造价
    - 建设投资
      - 工程费用
        - 设备及工器具购置费
        - 建筑安装工程费
          - 直接费
          - 间接费
          - 利润
          - 税金
      - 工程建设其他费用
        - 建设用地费
        - 与项目建设有关的其他费用
        - 与未来生产经营有关的其他费用
      - 预备费
        - 基本预备费
        - 价差预备费
    - 建设期利息
    - 固定资产投资方向调节税（目前已暂停征收）
  - 流动资产投资——流动资金

国外建设工程造价构成	项目直接建设成本	土地征购费、场外设施费用、场地费用、工艺设备费、设备安装费、管道系统费用、电气设备费、电气安装费、仪器仪表费、机械的绝缘和油漆费工艺建筑费、服务性建筑费用、工厂普通公共设施费、车辆费、其他当地费用。
	项目间接建设成本	项目管理费、开工试车费、业主的行政性费用、生产前费用、运费和保险费、地方税。
	应急费	未明确项目的准备金、不可预见准备金。
	建设成本上升费	估算中使用的构成工资率、材料和设备价格寄出的截止日期就是“估算日期”。必须对该日期或已知成本基础进行调整，以补偿直至工程结束时的位置价格增长。

第二节　设备及工器具购置费用的构成和计算

本节要点		本节内容
设备购置费的构成及计算		由设备原价和设备运杂费构成。 设备购置费 = 设备原价 + 设备运杂费式中：设备原价——国产设备或进口设备的原价；设备运杂费——除设备原价之外的关于设备采购、运输、途中包装及仓库保管等方面支出费用的总和。
国产设备原价的构成及计算	国产标准设备	定义：国产标准设备指按着主管部门颁布的标准图纸和技术要求，由我国设备生产厂批量生产的、符合国家质量监测标准的设备。 分类：国产标准设备原价有两种，即带有备件的原价和不带备件的原价。在计算时，一般采用带有备件的原价。
	国产非标准设备	定义：国产非标准设备指国家尚无定型标准，各设备生产厂不可能在工艺过程中采用批量生产，只能按订货要求并根据具体的设计图纸制造的设备。 公式：单台非标准设备原价={[（材料费 + 加工费 + 辅助材料费）×（1 + 专用工具费率）×（1 + 废品损失费率）+ 外购配套件费]×（1 + 包装费率）– 外购配套件费}×（1 + 利润率）+ 销项税额 + 非标准设备设计费 + 外购配套件费
国际贸易交易价格术语		（1）FOB 即 free on board，意为装运港船上交货，亦称为离岸价格。FOB 术语是指当货物在指定的装运港越过船舷，卖方即完成交货义务。风险转移，以在指定的装运港货物越过船舷时为分界点。费用划分与风险转移的分界点相一致。 （2）CFR 即 cost and freight，意为成本加运费，或称之为运费在内价。CFR 是指在装运港货物越过船舷卖方即完成交货，卖方必须支付将货物运至指定的目的港所需的运费和费用，但交货后货物灭失或损坏的风险，以及由于各种事件造成的任何额外费用，即由卖方转移到买方。与 FOB 价格相比，CFR 的费用划分与风险转移的分界点是不一致的。 （3）CIF 即 cost insurance and freight，意为成本加保险费、运费，习

国际贸易交易价格术语		惯称到岸价格。在CIF术语中，卖方除负有与CFR相同的义务外，还应办理货物在运输途中最低险别的海运保险，并应支付保险费。如买方需要更高的保险险别，则需要与卖方明确地达成协议，或者自行做出额外的保险安排。除保险这项义务之外，买方的义务也与CFR相同。
进口设备到岸价的构成及计算	构成	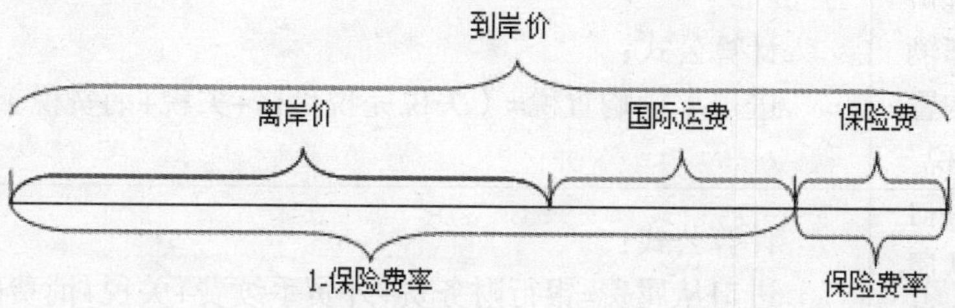
	货价	一般指装运港船上交货价(FOB)。设备货价分为原币货价和人民币货价，原币货价一律折算为美元表示，人民币货价按原币货价乘以外汇市场美元兑换人民币汇率中间价确定。进口设备货价按有关生产厂商询价、报价、订货合同价计算。
	国际运费	进口设备国际运费公式： 国际运费（海、陆、空）=原价货币（FOB）×运费费率 =单位运价×运量
	运输保险费	$运输保险费=\dfrac{原币货价（FOB）+国外运费}{1-保险费率}\times 保险费率$ 式中，保险费率按保险公司规定的进口货物保险费率计算。
	进口设备到岸价计算	进口设备到岸价计算公式： 进口设备到岸价（CIF）=离岸价格（FOB）+国际运费+运输保险费 =运费在内价（CFR）+运输保险费
进口从属费的构成及计算	银行财务费	指在国际贸易结算中，中国银行为进出口商提供金融结算服务所收取的费用。计算公式： 银行财务费=离岸价格（FOB）×人民币外汇汇率×银行财务费率
	外贸手续费	指按规定的外贸手续费费率计取的费用，外贸手续费率取1.5%。 计算公式： 外贸手续费=到岸价格（CIF）×人民币外汇汇率×外贸手续费率
	关税	计算公式： 关税=到岸价格（CIF）×人民币外汇汇率×进口关税税率
	消费税	计算公式： $应纳消费税税额=\dfrac{到岸价格（CIF）\times 人民币外汇汇率+关税}{1-消费税税率}\times 消费税税率$

进口从属费的构成及计算	进口环节增值税	进口应税产品均按组成计税价格和增值税税率直接计算应纳税额。 计算公式： 进口环节增值税=组成计税价格×增值税税率 组成计税价格=关税完税价格+关税+消费税
	进口车辆购置税	计算公式： 进口车辆购置税=（关税完税价格+关税+消费税）×车辆购置税税率
	进口从属费计算	计算公式： 进口从属费=银行财务费+外贸手续费+关税+消费税+进口环节增值税+车辆购置税
设备运杂费的构成及计算		设备运杂费主要由运费和装卸费、包装费、设备供销部门手续费、采购与仓库保管费组成。 计算公式： 设备运杂费=设备原价×设备运杂费率
工具、器具及生产家具购置费的构成及计算		工具、器具及生产家具购置费，是指新建或扩建项目初步设计规定的，保证初期正常生产必须购置的没有达到固定资产标准的设备、仪器、工卡模具、器具、生产家具和备品备件等的购置费用。一般以设备购置费为计算基数，乘以相应的费率计算。 计算公式： 工具、器具及生产家具购置费=设备购置费×定额费费率

第三节　建筑安装工程费用构成和计算

本节要点	本节内容
定额计价模式建筑安装工程费的构成	建筑安装工程费： 直接费（直接工程费、措施费） 间接费（规费、企业管理费） 利润 税金 1. 建筑工程费用内容包括各类房屋建筑工程和列入房屋建筑工程预算的供水、供暖、卫生、通风、煤气等设备费用及其装设、油饰工程的费用，列入建筑工程预算的各种管道、电力、电信和电缆导线敷设工程的费用。 2. 安装工程费用内容包括生产、动力、起重、运输、传动和医疗、实验等各种需要安装的机械设备的装配费用，同时还包括为测定安装工程质量，对单台设备进行单机试运转、对系统设备进行系统联动无负荷试运转工作的调试费。

直接工程费的构成和计算	人工费	1. 构成：建筑安装工程费中的人工费是指支付给直接从事建筑安装工程施工作业的生产工人开支的各项费用。构成人工费的两个基本要素是人工工日消耗量和人工工日工资单价。 2. 人工费计算公式： 人工费=∑（工日消耗量×日工资单价）
	材料费	1. 建筑安装工程费中的材料费是指工程施工过程中耗费的各种原材料、半成品、构配件、工程设备等的费用以及周转材料等的摊销、租赁费用。 构成材料费的基本要素是材料消耗量、材料基价和检验试验费。 （1）材料消耗量是指在合理使用材料的条件下，建筑安装产品(分部分项工程或结构构件必须消耗的一定品种规格的原材料、辅助材料、构配件、零件、半成品等的数量标准。 （2）材料单价是指建筑材料从其来源地运到施工工地仓库直至出库形成的综合平均单价，其内容包括材料原价(或供应价格)、材料运杂费、运输损耗费、采购及保管费等。 （3）检验试验费是指对建筑材料、构件和建筑安装物进行一般鉴定、检查所发生的费用，包括自设试验室进行试验所耗用的材料和化学药品等费用。不包括新结构、新材料的试验费和建设单位对具有出厂合格证明的材料进行检验、对构件做破坏性试验及其他特殊要求检验试验的费用。 2. 材料费计算公式： 材料费=∑（材料消耗量×材料基价）+检验试验费
	施工机械使用费	1. 建筑安装工程费中的施工机械使用费是指施工机械作业所发生的机械使用费或租赁费。 构成施工机械使用费的基本要素是施工机械台班消耗量和机械台班单价。 （1）施工机械台班消耗量是指在正常施工条件下，建筑安装产品(分部分项工程或结构构件)必须消耗的某类某种型号施工机械的台班数量。 （2）机械台班单价包括台班折旧费、台班大修理费、台班经常修理费、台班安拆费及场外运输费、台班人工费、台班燃料动力费、台班养路费及车船使用税。 2. 施工机械使用费计算公式： 施工机械使用费=∑（施工机械台班消耗量×机械台班单价）
措施费构成		指实际施工中必须发生的施工准备和施工过程中技术、生活、安全环境保护等方面的费用。措施项目费包括安全文明施工费，夜间施工增加费，非夜间施工照明费，二次搬运费，冬雨季施工增加费，大型机械进出场及安拆费，施工排水、降水费，地上、地下设施、建筑物的临时保护设施费，已完工程设备及设备保护费，混凝土、钢筋混凝土模板及支架费，脚手架费和超高施工增加费等。
	环境保护费	计算公式：环境保护费=直接工程费×环境保护费费率（%） 环境保护费费率（%）=本项费用年度平均支出÷（全年建安产值×直接工程费占总造价比例（%））
	文明施工费	计算公式：文明施工费=直接工程费×文明施工费费率（%） 文明施工费费率（%）=本项费用年度平均支出÷（全年建安产值×直接工程费占总造价比例（%））

<table>
<tr><td rowspan="2">安装文明施工费</td><td>安全施工费</td><td>计算公式：安全施工费=直接工程费×安全施工费费率（%）
安全施工费费率（%）=本项费用年度平均支出÷（全年建安产值×直接工程费占总造价比例（%））</td></tr>
<tr><td>临时设施费</td><td>临时设施费的构成包括周转使用临建费、一次性使用临建费和其他临时设施费。其计算公式为：
临时设施费=（周转使用临建费+一次性使用临建费）×（1+其他临时设施所占比例（%））
1. 周转使用临建费的计算：
$周转使用临建费=\sum[\frac{临建面积\times每平方米造价}{使用年限\times365\times利用率(\%)}\times工期(天)]+一次性拆除费$
2. 一次性使用临建费的计算：
一次性使用临建费=Σ[临建面积×每平方米造价×（1－残值率（%））]+一次性拆除费
3. 其他临时设施在临时设施费中所占比例，可由各地区造价管理部门依据典型施工企业的成本资料经分析后综合测定。</td></tr>
<tr><td colspan="2">夜间施工增加费</td><td>计算公式：
$夜间施工增加费=(1-\frac{合同工期}{定额工期})\times\frac{直接工程费中的人工费合计}{平均日工资单价}\times每工日夜间施工费开支$</td></tr>
<tr><td colspan="2">二次搬运费</td><td>计算公式：
二次搬运费=直接工程费×二次搬运费费率（%）
二次搬运费费率（%）=年平均二次搬运费开支额÷（全年建安产值×直接工程费占总造价比例（%））</td></tr>
<tr><td colspan="2">冬雨季施工增加费</td><td>计算公式：
冬雨季施工增加费=直接工程费×冬雨季施工增加费费率（%）
冬雨季施工增加费费率（%）=年平均冬雨季施工增加费开支额÷（全年建安产值×直接工程费占总造价比例（%））</td></tr>
<tr><td colspan="2">施工排水、降水费</td><td>1. 成井费用通常按设计图纸尺寸以钻孔深度按米计算；
2. 排水、降水费用通常按排水、降水日历天数按昼夜计算。</td></tr>
<tr><td colspan="2">已完工程及设备保护费</td><td>计算公式：
已完工程及设备保护费=成品保护所需机械费+材料费+人工费</td></tr>
<tr><td colspan="2">模板及支架费</td><td>1. 自有模板及支架费的计算：
模板及支架费=模板摊销量×模板价格+支、拆、运输费
$摊销量=一次使用量\times(1+施工损耗)\times[\frac{1+(周转次数-1)\times补损率}{周转次数}-\frac{(1-补损率)\times50\%}{周转次数}]$
2. 租赁模板及支架费的计算：
租赁费=模板使用量×使用日期×租赁价格+支、拆、运输费</td></tr>
</table>

脚手架费		1. 自有脚手架费的计算： 脚手架搭拆费=脚手架摊销量×脚手架价格+搭、拆、运输费 $脚手架摊销量=\dfrac{单位一次使用量\times(1-残值率)}{耐用期\div一次使用期}$ 2. 租赁脚手架费的计算： 租赁费=脚手架每日租金×搭设周期+搭、拆、运输费
垂直运输费		1. 垂直运输费可以按照建筑面积以“m²”为单位计算。 2. 垂直运输费可以按照施工工期日历天数以“天”为单位计算。
超高施工增加费		通常按照建筑物超高部分的建筑面积以“m²”为单位计算。
间接费	规费	是指政府和有关权力部门规定必须缴纳的费用(简称规费)。包括：工程排污费、社会保障费(养老保险费、失业保险费、医疗保险费、工伤保险费、生育保险费)、住房公积金。
	企业管理费	是指施工单位为组织施工生产和经营管理所发生的费用，包括：管理人员工资、办公费、差旅交通费、固定资产使用费、工具用具使用费、劳动保险费、工会经费、职工教育经费、财产保险费、财务费、税金、技术转让费、技术开发费、业务招待费、绿化费、广告费、公证费、法律顾问费、审计费、咨询费等。
	计算公式	计算公式： 间接费=取费基数×间接费费率（%） 间接费费率（%）=规费费率（%）+企业管理费费率（%）
	计算方法	1. 以直接费为计算基础 （1）规费费率： 规费费率（%） $=\dfrac{\sum 规费缴纳标准\times每万元发承包价计算基数}{每万元发承发包价中人工费含量}\times人工费占直接费的比例\%$ (2）企业管理费率： $企业管理费率(\%)=\dfrac{生产工人年平均管理费}{年有效施工天数\times人工单价}\times人工费占直接费比例\%$ 2. 以人工费和机械费合计为计算基础 （1）规费费率： $规费费率（\%）=\dfrac{\sum 规费缴纳标准\times每万元发承包价计算基数}{每万元发承发包价中人工费和机械费含量}\times100\%$ (2）企业管理费率： 企业管理费率（%）= $\dfrac{生产工人年平均管理费}{年有效施工天数\times(人工单价+每一日机械使用费)}\times100\%$

<table>
<tr>
<td>间接费</td>
<td>计算方法</td>
<td>3. 以人工费为计算基础
（1）规费费率：
$$规费费率（\%）=\frac{\sum 规费缴纳标准\times每万元发承包价计算基数}{每万元承发包价中人工费含量}\times100\%$$
（2）企业管理费率：
$$企业管理费率（\%）=\frac{生产工人年平均管理费}{年有效施工天数\times人工单价}\times100\%$$</td>
</tr>
<tr>
<td colspan="2">利润</td>
<td>利润是指施工企业完成所承包工程获得的盈利。利润的计算同样因计算基础的不同而不同。
1. 以直接费为计算基础时利润的计算方法：
利润=（直接费+间接费）×相应利润率（%）
2. 以人工费和机械费为计算基础时利润的计算方法：
利润=直接费中的人工费和机械费合计×相应利润率（%）
3. 以人工费为计算基础时利润的计算方法：
利润=直接费中的人工费合计×相应利润率（%）</td>
</tr>
<tr>
<td rowspan="5">税金</td>
<td>营业税</td>
<td>按营业额乘以营业税税率确定，建筑安装企业营业税税率为3%。
计算公式：应纳税额=计税营业额×3%</td>
</tr>
<tr>
<td>城市维护建设税</td>
<td>按应纳营业税税额乘以适用税税率确定。
计算公式：应纳税额=应纳营业税税额×适用税税率</td>
</tr>
<tr>
<td>教育费附加</td>
<td>按应纳营业税税额乘以3%确定。
计算公式：应纳税额=应纳营业税税额×3%</td>
</tr>
<tr>
<td>地方教育附加</td>
<td>按应纳营业税税额的2%确定。
计算公式：应纳税额=应纳营业税税额×2%</td>
</tr>
<tr>
<td>税金的综合计算</td>
<td>税金的计算公式为：
应纳税额=（直接费+间接费+利润）×综合税率（%）
综合税率的计算因纳税地点所在地的不同而不同。
1. 纳税地点在市区的企业综合税率的计算：
$$税率（\%）=\left[\frac{1}{1-3\%-(3\%\times7\%)-(3\%\times3\%)-(3\%\times2\%)}-1\right]\times100\%=3.48\%$$
2. 纳税地点在县城、镇的企业综合税率的计算：
$$税率（\%）=\left[\frac{1}{1-3\%-(3\%\times5\%)-(3\%\times3\%)-(3\%\times2\%)}-1\right]\times100\%=3.41\%$$
3. 纳税地点不在市区、县城、镇的企业综合税率的计算：
$$税率（\%）=\left[\frac{1}{1-3\%-(3\%\times1\%)-(3\%\times3\%)-(3\%\times2\%)}-1\right]\times100\%=3.28\%$$</td>
</tr>
</table>

国外建筑安装工程费用构成	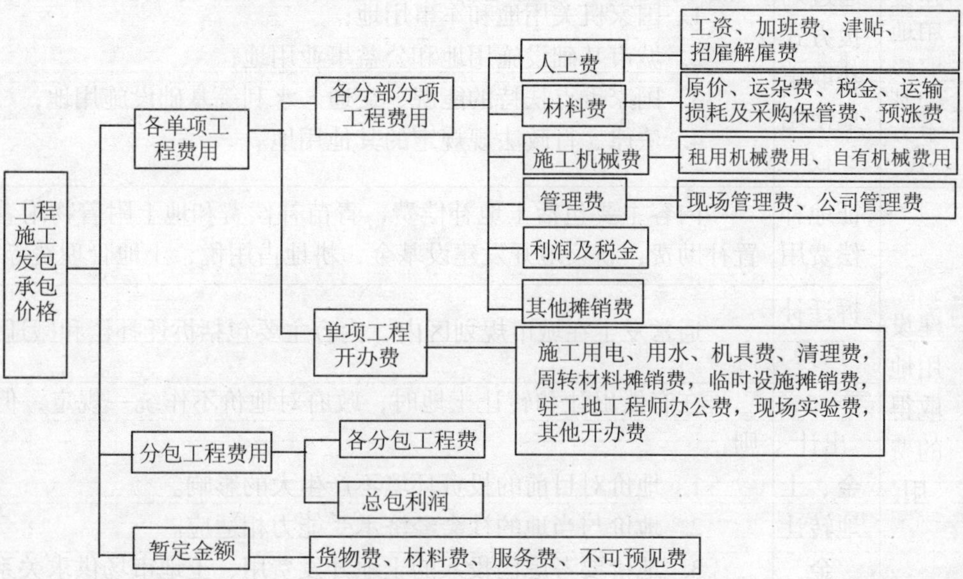
费用的组成形式	组成分部分项工程单价、单独列项、分摊进单价。
费用的分摊比例	1. 固定比例：税金和政府收取的各项管理费的比例是工程所在地政府规定的费率，承包商不能随意变动。 2. 浮动比例：总部管理费和利润的比例由承包商自行确定。承包商根据自身经营状况、工程具体情况等投标策略确定。 3. 测算比例：开办费的比例需要详细测算，首先计算出需要分摊的项目金额，然后计算分摊金额与分部分项价格的比例。 4. 公式：$A=a(1+K_1)(1+K_2)(1+K_3)$ 式中 A——分摊后的分部分项工程单价；a——分摊前的分部分项工程单价； K_1——开办费项目的分摊比例；K_2——总部管理费和利润的分摊比例； K_3——税率

第四节　工程建设其他费用的构成和计算

本节要点		本节内容
建设用地取得的基本方式	出让方式获取土地使用权	通过出让方式获取土地使用权有可以分成两种具体方式：一是通过招标、拍卖、挂牌等竞争出让方式获取国有土地使用权，二是通过协议出让方式获取国有土地使用权。经营性用地或同一宗地有两个以上意向用地者，应当采用招标、拍卖或者挂牌方式。

建设用地取得的基本方式	通过划拨方式获取土地使用权	1. 国家机关用地和军事用地； 2. 城市基础设施用地和公益事业用地； 3. 国家重点扶持的能源、交通、水利等基础设施用地； 4. 法律、行政法规规定的其他用地。
建设用地取得的费用	征地补偿费用	内容主要包括土地补偿费，青苗补偿费和地上附着物附着物补偿费，安置补助费，新菜地开发建设基金，耕地占用税，土地管理费等。
	拆迁补偿费	通常发生在城市规划区内，内容主要包括拆迁补偿和搬迁、安置补助费。
	出让金、土地转让金	在有偿出让和转让土地时，政府对地价不作统一规定，但应坚持以下原则： 1. 地价对目前的投资环境不产生大的影响。 2. 地价与当地的社会经济承受能力相适应。 3. 地价要考虑已投入的土地开发费用、土地市场供求关系、土地用途、使用区类、容积率和使用年限等。
建设管理费		由建设单位管理费和监理费组成。建设单位管理费费率按照建设项目的不同性质、不同规模确定。有的建设项目按照建设工期和规定的金额计算建设单位管理费。监理费应根据委托的监理工作范围和监理深度在监理合同中商定或按当地或所属行业部门有关规定计算；如建设单位采用工程总承包方式，其总包管理费由建设单位与总包单位根据总包工作范围在合同中商定，从建设管理费中支出。 计算公式： 建设单位管理费=工程费用×建设单位管理费费率
可行性研究		在工程项目投资决策阶段，依据调研报告对有关建设方案、技术方案或生产经营方案进行的技术经济论证，以及编制、评审可行性研究报告所需的费用。
研究试验费		是指为建设项目提供和验证设计参数、数据、资料等所进行的必要的试验费用，以及设计规定在施工中必须进行试验、验证所需费用。在计算时要注意不应包括以下项目： 1. 应由科技三项费用（即新产品试制费、中间试验费和重要科学研究补助费）开支的项目。 2. 应在建筑安装费用中列支的施工企业对建筑材料、构件和建筑物进行一般鉴定、检查所发生的费用及技术革新的研究试验费。 3. 应由勘察设计费或工程费用中开支的项目。
勘察设计费		对工程项目进行工程水文地质勘察、工程设计所发生的费用。包括：工程勘察费、初步设计费(基础设计费)、施工图设计费(详细设计费)、设计模型制作费。
环境影响评价费		按照《中华人民共和国环境保护法》《中华人民共和国环境影响评价法》等规定，在工程项目投资决策过程中，对其进行环境污染或影响评价所需的费用。

劳动安全卫生评价费	包括编制建设项目劳动安全卫生预评价大纲和劳动安全卫生预评价报告书以及为编制上述文件所进行的工程分析和环境现状调查等所需费用。 劳动安全卫生评价的项目： 1. 属于《国家计划委员会、国家基本建设委员会、财政部关于基本建设项目和大中型划分标准的规定》中规定的大中型建设项目。 2. 属于《建筑设计防火规范》中规定的火灾危险性生产类别为甲类的建设项目。 3. 属于劳动部颁布的《爆炸危险场所安全规定》中规定的爆炸危险场所等级为特别危险场所和高度危险场所的建设项目。 4. 大量生产或使用《职业性接触毒物危害程度分级》规定的Ⅰ级、Ⅱ级危害程度的职业性接触毒物的建设项目。 5. 大量生产或使用石棉粉料或含有10%以上的游离二氧化硅粉料的建设项目。 6. 其他由劳动行政部门确认的危险、危害因素大的建设项目。
场地准备及临时设施费	场地准备费是指建设项目为达到工程开工条件所发生的场地平整和对建设场地余留的有碍于施工建设的设施进行拆除清理的费用。建设单位临时设施费是指建设单位为满足工程项目建设、生活、办公的需要,用于临时设施建设、维修、租赁、使用所发生或摊销的费用。 1. 场地准备及临时设施应尽量与永久性工程统筹考虑。建设场地的大型土石方工程应进入工程费用中的总图运输费用中。 2. 新建项目的场地准备和临时设施费应根据实际工程量估算，或按工程费用的比例计算。改扩建项目一般只计拆除清理费。 场地准备和临时设施费=工程费用×费率+拆除清理费 3. 发生拆除清理费时可按新建同类工程造价或主材费、设备费的比例计算。凡可回收材料的拆除工程采用以料抵工方式冲抵拆除清理费。 4. 此项费用不包括已列入建筑安装工程费用中的施工单位临时设施费用。
引进技术和引进设备其他费	1. 引进项目图纸资料翻译复制费、备品备件测绘费。 2. 出国人员费用。 3. 来华人员费用。 4. 银行担保及承诺费。
工程保险费	为转移工程项目建设的意外风险，在建设期内对建筑工程、安装工程、机械设备和人身安全进行投保而发生的费用。包括建筑安装工程一切险、引进设备财产保险和人身意外伤害险等。
特殊设备安全监督检验费	1. 安全监察部门对在施工现场组装的锅炉及压力容器、压力管道、消防设备、燃气设备、电梯等特殊设备和设施实施安全检验收取的费用。 2. 此项费用按照建设项目所在省(市、自治区)安全监察部门的规定标准计算。无具体规定的，在编制投资估算和概算时可按受检设备现场安装费的比例估算。

市政公用设施费		使用市政公用设施的工程项目，按照项目所在地省级人民政府有关规定建设或缴纳的市政公用设施建设配套费用，以及绿化工程补偿费用。
与未来生产经营有关的其他费用	联合试运转费	联合试运转费是指新建项目或新增加生产能力的工程，在交付生产前按照批准的设计文件所规定的工程质量标准和技术要求，进行整个生产线或装置的负荷联合试运转或局部联动试车所发生的费用净支出（试运转支出大于收入的差额部分费用）。试运转支出包括试运转期间的产品销售收入和其他收入。联合试运转费不包括应由设备安装工程费用开支的调试及试车费用，以及在试运转中暴露出来的因施工原因或设备缺陷等发生的处理费用。
	专利及专有技术使用费	1. 国外设计及技术资料费、引进有效专利、专有技术使用费和技术保密费。 2. 国内有效专利、专有技术使用费。 3. 商标权、商誉和特许经营权费等。
	生产准备及开办费	1. 人员培训费及提前进场费。 2. 为保证初期正常生产所必须的生产办公、生活家具用具购置费。 3. 为保证初期正常生产必需的第一套不够固定资产标准的生产工具、器具、用具购置费，不包括备品备件费。

第五节　预备费和建设期利息的计算

本节要点	本节内容
基本预备费	基本预备费是指针对项目实施过程中可能发生难以预料的支出而事先预留的费用，主要指设计变更及施工过程中可能增加工程量的费用。一般由四部分构成： 1. 在批准的初步设计范围内，技术设计、施工图设计及施工过程中所增加的工程费用；设计变更、工程变更、材料代用、局部地基处理等增加的费用。 2. 一般自然灾害造成的损失和预防自然灾害所采取的措施费用。实行工程保险的工程项目，该费用应适当降低。 3. 竣工验收时为鉴定工程质量对隐蔽工程进行必要的挖掘和修复费用。 4. 超规超限设备运输增加的费用。 计算公式： 基本预备费=（工程费用+工程建设其他费用）×基本预备费费率
价差预备费	1. 价差预备费的内容包括：人工、设备、材料、施工机械的价差费，建筑安装工程费及工程建设其他费用调整，利率、汇率调整等增加的费用。价差预备费的计算公式为： $PF=\sum_{t=1}^{n} I_t\left[(1+f)^m(1+f)^{0.5}(1+f)^{t-1}-1\right]$ 2. 年涨价率，政府部门有规定的按规定执行，没有规定的由可行性研究人员预测。

建设期利息	1. 建设期利息主要是指在建设期内发生的为工程项目筹措资金的融资费用及债务资金利息。国外贷款利息的计算中，还应包括国外贷款银行根据贷款协议向贷款方以年利率的方式收取的手续费、管理费、承诺费，以及国内代理机构经国家主管部门批准的以年利率的方式向贷款单位收取的转贷费、担保费、管理费等。当总贷款是分年均衡发放时，建设期利息的计算可按当年借款在年中支用考虑，即当年贷款按半年计息，上年贷款按全年计息。 2. 计算公式为： $q_j=\left(P_{j-1}+\frac{1}{2}A_j\right)\cdot i$

第二章 建设工程计价方法及计价依据

章	节
第二章 建设工程计价方法及计价依据	第一节 工程计价方法
	第二节 工程量清单计价与计量规范
	第三节 建筑安装工程人工、材料及机械台班定额消耗量
	第四节 建筑安装工程人工、材料及机械台班单价
	第五节 工程计价定额
	第六节 工程造价信息

第一节 工程计价方法

本节要点		本节内容
工程计价基本原理	工程计量	1. 工程项目的划分：单位工程基本改造单元的确定，即划分工程项目。 2. 工程量计算规则：各类工程定额规定的计算规则，各专业工程计量规范附录中规定的计算规则。
	工程计价	1. 工程计价标准和依据。工程计价标准和依据主要包括计价活动的相关规章规程、工程量清单计价和计量规范、工程定额和相关造价信息。从目前我国现状来看，工程定额主要用于在项目建设前期各阶段对于建设投资的预测和估计，在工程建设交易阶段，工程定额通常只能作为建设产品价格形成的辅助依据。工程量清单计价依据主要适用于合同价格形成以及后续的合同价格管理阶段。 2. 工程单价是指完成单位工程基本构造单元的工程量所需要的基本费用。工程单价包括工料单价和综合单价。 （1）工料单价也称直接工程费单价，包括人工、材料、机械台班费用，是各种人工消耗量、各种材料消耗量、各类机械台班消耗量与其相应单价的乘积。 计算公式： 工料单价=Σ（人材机消耗量×人材机单价） (2)综合单价包括人工费、材料费、机械台班费，还包括企业管理费、利润和风险因素。

工程计价基本原理	工程计价	3. 工程总价是指经过规定的程序或办法逐级汇总形成的相应工程造价。 (1)采用工料单价时，在工料单价确定后，乘以相应定额项目工程量并汇总，得出相应工程直接工程费，再按照相应的取费程序计算其他各项费用，汇总后形成相应工程造价。 (2)采用综合单价时，在综合单价确定后，乘以相应项目工程量，经汇总即可得出分部分项工程费，再按相应的办法计取措施项目、其他项目、规费项目、税金项目费，各项目费汇总后得出相应工程造价。
工程概预算编制的基本程序		工程概预算的编制是国家通过颁布统一的计价定额或指标，对建筑产品价格进行计价的活动。国家以假定的建筑安装产品为对象，制定统一的预算定稿和概算定额。然后按概预算定额规定的分部分项子目，逐项计算工程量，套用概预算定额单价（或单位估价表）确定直接工程费，然后按规定的取费标准确定措施费、间接费、利润和税金，经汇总后即为工程概预算价值。 1. 直接工程费单价=人工费+材料费+施工机械使用费 人工费=∑(人工工日数量×人工单价) 材料费=∑（材料用量×材料单价）+检验实验费 机械使用费=∑(机械台班用量×机械台班单价) 2. 单位工程直接费=∑（假定建筑产品工程量×直接工程费单价）+措施费 3. 单位工程概预算造价=单位工程直接费+间接费+利润+税金 4. 单项工程概预算造价=∑单位工程概预算造价+设备、机器具购置费 5. 建设项目全部工程概预算造价=∑单项工程的概预算造价+预备费+有关的其他费用
工程量清单计价的基本程序		工程量清单计价的过程可以分为两个阶段，即工程量清单的编制和工程量清单应用两个阶段。 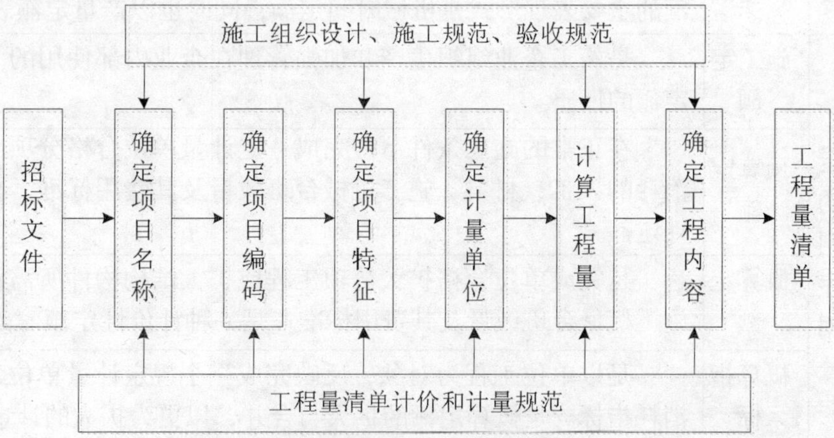 工程量清单编制程序图

工程量清单计价的基本程序		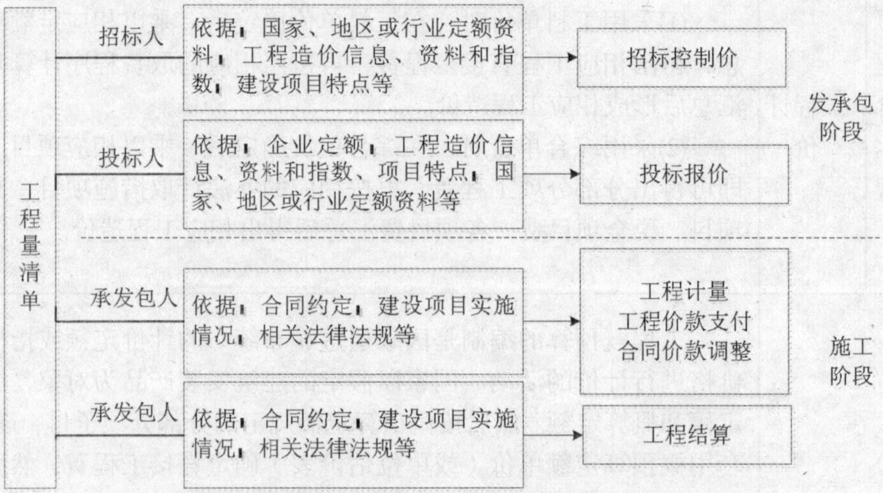 工程量清单应用程序图 1. 分部分项工程费=∑分部分项工程量×相应分部分项综合单价 2. 措施项目费=∑各措施项目费 3. 其他项目费=暂列金额+暂估价+计日工+总承包服务费 4. 单位工程报价=分部分项工程费+措施项目费+其他项目费+规费+税金 5. 单项工程报价=∑单位工程报价 6. 建设项目总报价=∑单项工程报价
按定额反映的生产要素消耗内容分类	劳动消耗定额	是指在正常的施工技术和组织条件下，完成规定计量单位合格的建筑安装产品所消耗的人工工日的数量标准。劳动定额的主要表现形式是时间定额，但同时也表现为产量定额。时间定额与产量定额互为倒数。
	材料消耗定额	简称材料定额，是指完成一定数量的合格产品所需消耗的原材料、成品、半成品、构配件、燃料以及水、电等动力资源的数量标准。
	机械消耗定额	是指在正常施工技术和组织条件下，完成规定计量单位合格的建筑安装产品所消耗的施工机械台班的数量标准，又称为机械台班定额。机械消耗定额的主要表现形式是机械时间定额，同时也以产量定额表现。
按定额的编制程序和用途分类	施工定额	是施工企业组织生产和加强管理在企业内部使用的一种定额，属于企业定额的性质。
	预算定额	在正常的施工条件下，完成一定计量单位合格分项工程和结构构件所需消耗的人工、材料、施工机械台班数量及其费用标准。预算定额是一种计价性定额。
	概算定额	是完成单位合格扩大分项工程或扩大结构构件所需消耗的人工、材料、施工机械台班数量及其费用标准，是一种计价性定额。
	概算指标	是以单位工程为对象，反映完成一个规定计量单位建筑安装产品的经济消耗指标。是概算定额的扩大与合并，以更为扩大的计量单位来编制。
	投资估算指标	是在项目建议书和可行性研究阶段编制投资估算、计算投资需要量时使用的一种定额。

定额按照专业划分	建筑工程定额	按专业对象分为建筑及装饰工程定额、房屋修缮工程定额、市政工程定额、铁路工程定额、公路工程定额、矿山井巷工程定额等。
	安装工程定额	按专业对象分为电气设备安装工程定额、机械设备安装工程定额、热力设备安装工程定额、通信设备安装工程定额、化学工业设备安装工程定额、工业管道安装工程定额、工艺金属结构安装工程定额等。
定额按主编单位和管理权限划分		1. 全国统一定额是由国家建设行政主管部门综合全国工程建设中技术和施工组织管理的情况编制，并在全国范围内适用的定额。 2. 行业统一定额是考虑到各行业部门专业工程技术特点，以及施工生产和管理水平编制的。一般是只在本行业和相同专业性质的范围内使用。 3. 地区统一定额包括省、自治区、直辖市定额。地区统一定额主要是考虑地区性特点和全国统一定额水平作适当调整和补充编制的。 4. 企业定额是施工单位根据本企业的施工技术、机械装备和管理水平编制的人工、施工机械台班和材料等的消耗标准。 5. 补充定额是指随着设计、施工技术的发展，现行定额不能满足需要的情况下，为了补充缺陷所编制的定额。补充定额只能在指定的范围内使用，可以作为以后修订定额的基础。

第二节 工程量清单计价与计量规范

本节要点		本节内容
工程量清单计价与计量规范概述		1. 工程量清单计价与计量规范由建设工程工程量清单计价规范、房屋建筑与装饰工程计量规范、仿古建筑工程计量规范、通用安装工程计量规范、市政工程计量规范、园林绿化工程计量规范、构筑物工程计量规范、矿山工程计量规范、城市轨道交通工程计量规范、爆破工程计量规范组成。 2. 国有资金投资的工程建设项目：使用各级财政预算资金的项目；使用纳入财政管理的各种政府性专项建设资金的项目；使用国有企事业单位自有资金，并且国有资产投资者实际拥有控制权的项目。 3. 国家融资资金投资的工程建设项目：使用国家发行债券所筹资金的项目；使用国家政策性贷款的项目；使用国家对外借款或者担保所筹资金的项目；国家特许的融资项目；国家授权投资主体融资的项目。 4. 国有资金（含国家融资资金）为主的工程建设项目：是指国有资金占投资总额50%以上，或虽不足50%但国有投资者实质上拥有控股权的工程建设项目。
分部分项工程项目清单	分部分项工程概念	分部分项工程是分部工程和分项工程的总称。分部工程是单位工程的组成部分，是按结构部位、路段长度及施工特点或施工任务将单位工程划分为若干分部的工程。分项工程是分部工程的组成部分，是按不同施工方法、材料、工序及路段长度等分部工程划分为若干个分项或项目的工程。例如现浇混凝土基础分为带形基础、独立基础、满堂基础、桩承台基础、设备基础等分项工程。

分部分项工程项目清单	项目编码	分部分项工程量清单项目编码以五级编码设置，第一级表示工程分类顺序码（分二位）：建筑工程为01、装饰装修工程为02、安装工程为03、市政工程为04、园林绿化工程为05；矿山工程06；第二级表示专业工程顺序码（分二位）；第三级表示分部工程顺序码（分二位）；第四级表示分项工程项目名称顺序码（分三位）；第五级表示工程量清单项目名称顺序码（分三位）。
	项目名称	分部分项工程量清单的项目名称应按《建设工程工程量清单计价规范》附录的项目名称结合拟建工程的实际确定。
	项目特征	项目特征是构成分部分项工程项目、措施项目自身价值的本质特征。项目特征是对项目的准确描述，是确定一个清单项目综合单价不可缺少的重要依据，是区分清单项目的依据，是履行合同义务的基础。分部分项工程量清单的项目特征应按“清单计价规范”附录中规定的项目特征，结合技术规范、标准图集 、施工图纸，按照工程结构、使用材质及规格或安装位置等，予以详细而准确的表述和说明。
	计量单位	计量单位应采用基本单位。
	工程数量的计算	工程数量主要通过工程量计算规则计算得到。工程量计算规则是指对清单项目工程量的计算规定。除另有说明外，所有清单项目的工程量应以实体工程量为准，并以完成后的净值计算；投标人投标报价时，应在单价中考虑施工中的各种损耗和需要增加的工程量。
措施项目清单	类别	措施项目费用的发生与使用时间、施工方法或者两个以上的工序相关，并大都与实际完成的实体工程量的大小关系不大，以《房屋建筑与装饰工程量计算规范》为例，包括安全文明施工费，夜间施工，非夜间施工照明，二次搬运，冬雨季施工，地上地下设施、建筑物的临时保护设施，已完工程及设备保护等。但是有些非实体项目则是可以计算工程量的项目，如脚手架工程、混凝土模板及支架（撑）、垂直运输、超高施工增加、大型机械设备进出场及安拆、施工排水、降水等，与完成的工程实体具有直接关系，并且是可以精确计量的项目，用分部分项工程量清单的方式采用综合单价，更有利于措施费的确定和调整。
	标准格式	措施项目中可以计算工程量的项目清单宜采用分部分项工程量清单的方式编制，列出项目编码、项目名称、项目特征、计量单位和工程量计算规则；不能计算工程量的项目清单，以“项”为计量单位进行编制。
	编制依据	1. 施工现场情况、地勘水文资料、工程特点； 2. 常规施工方案； 3. 与建设工程有关的标准、规范、技术资料； 4. 拟定的招标文件； 5. 建设工程设计文件及相关资料。

其它项目清单	暂列金额	暂列金额是指招标人暂定并包括在合同中的一笔款项。工程建设自身的特性决定了工程的设计需要根据工程进展不断地进行优化和调整，业主需求可能会随工程建设进展出现变化，工程建设过程可能会存在一些不能预见、不能确定的因素，消化这些因素必然会影响合同价格的调整，暂列金额正是因这类不可避免的价格调整而设立，以便达到合理确定和有效控制工程造价的目标。
	暂估价	暂估价是指招标人在工程量清单中提供的用于支付必然发生但暂时不能确定价格的材料、工程设备的单价以及专业工程的金额，包括材料暂估单价、工程设备暂估单价和专业工程暂估价。 1. 招标人提供的材料、工程设备暂估价应只是暂估单价，投标人应将材料暂估单价、工程设备暂估单价计入工程量清单综合单价报价中。 2. 专业工程的暂估价一般应是综合暂估价，应当包括除规费和税金以外的管理费、利润等取费。
	计日工	计日工对完成零星工作所消耗的人工工时、材料数量、施工机械台班进行计量，并按照计日工表中填报的适用项目的单价进行计价支付。计日工适用的所谓零星工作一般是指合同约定之外的或者因变更而产生的、工程量清单中没有相应项目的额外工作，尤其是那些时间不允许事先商定价格的额外工作。
	总承包服务费	总承包服务费是指总承包人为配合协调发包人进行的专业工程发包，对发包人自行采购的材料、工程设备等进行保管以及施工现场管理、竣工资料汇总整理等服务所需的费用。招标人应预计该项费用并按投标人的投标报价向投标人支付该项费用。
规费项目清单		工程排污费；社会保障费（主要有养老保险、失业保险、医疗保险、工伤保险、生育保险）；住房公积金。
税金项目清单		营业税、城市建设维护税、教育费附加、地方教育附加。

第三节　建筑安装工程人工、材料及机械台班定额消耗量

本节要点	本节内容
施工过程及其分类	根据施工过程组织上的复杂程度，可以分解为工序、工作过程和综合工作过程。 1. 工序是在组织上不可分割的，在操作过程中技术上属于同类的施工过程。工序的特征是：工作者不变，劳动对象、劳动工具和工作地点也不变。工序是工艺方面最简单的施工过程。在编制施工定额时，工序是基本的施工过程，是主要的研究对象。 2. 工作过程是由同一工人或同一小组所完成的在技术操作上相互有机联系的工序的总合体。 3. 综合工作过程是同时进行的，在组织上有机地联系在一起的，并且最终能获得一种产品的施工过程的总和。
工作时间分类	工作时间，指的是工作班延续时间。对工作时间消耗的研究，可以分为两个系统进行，即工人工作时间的消耗和工人所使用的机器工作时间消耗。

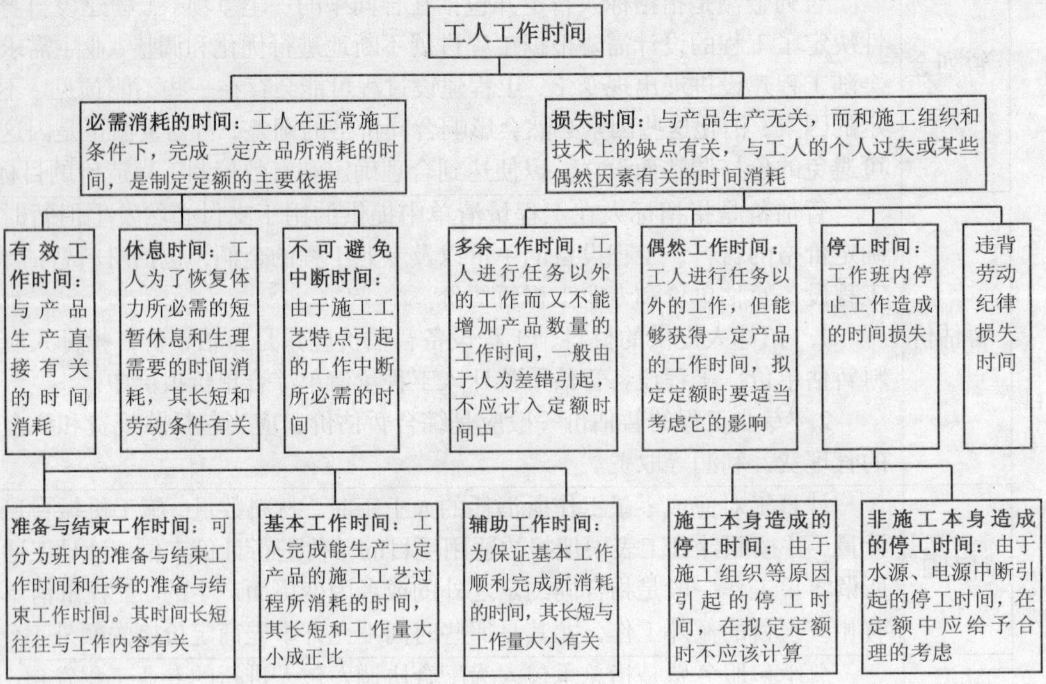

工人工作时间分类图

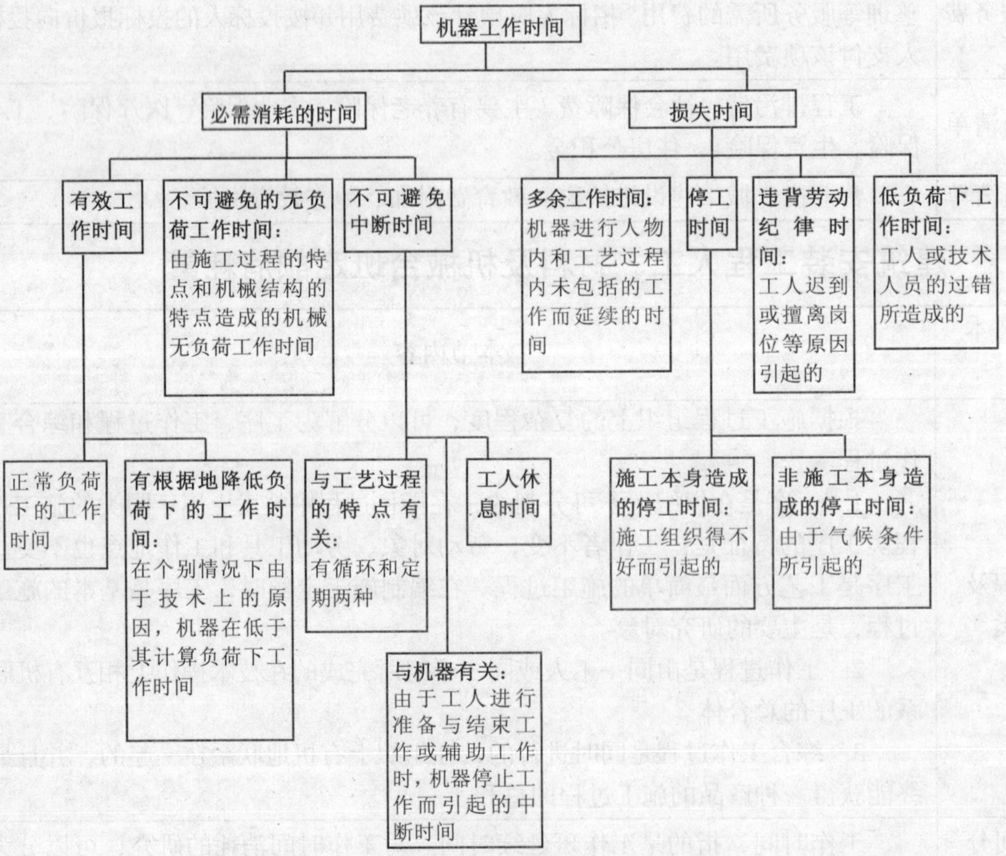

机器工作时间的分类

测定时间消耗的基本方法—计时观察法	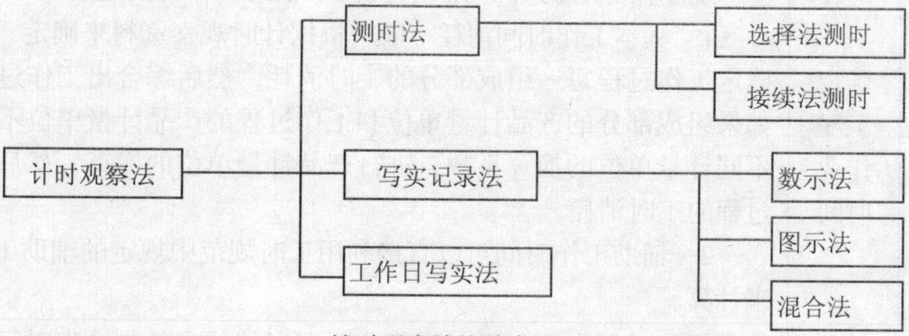 计时观察法的种类	
	测时法	1. 测时法主要适用于测定定时重复的循环工作的工时消耗，是精确度比较高的一种计时观察法，一般可达到 0.2～15s。测时法只用来测定施工过程中循环组成部分工作时间消耗，不研究工人休息、准备与结束及其他非循环的工作时间。 2. 测时法的分类。根据具体测时手段不同，可将测时法分为选择法和接续法两种。其中接续法测时比选择法测时准确、完善，但观察技术也较之复杂。 3. 测时法的观察次数。需要的观察次数与要求的算术平均值精确度及数列的稳定系数有关。
	写实记录法	1. 写实记录法是一种研究各种性质的工作时间消耗的方法。包括基本工作时间、辅助工作时间、不可避免中断时间、准备与结束时间以及各种损失时间。采用这种方法，可以获得分析工作时间消耗和制定定额所必需的全部资料。写实记录法的观察对象，可以是一个工人，也可以是一个工人小组。 2. 写实记录法的种类。写实记录法按记录时间的方法不同分为数示法、图示法和混合法三种。 （1）数示法写实记录。数示法是三种写实记录法中精确度较高的一种，可以同时对两个工人进行观察，用来对整个工作班或半个工作班进行长时间观察，因此能反映工人或机器工作日全部情况。 （2）图示法写实记录。图示法可同时对三个以内的工人进行观察。 （3）混合法写实记录。混合法吸取数字和图示两种方法的优点，适用于3个以上工人的小组工时消耗的测定与分析。 3. 写实记录法的延续时间。需考虑的因素包括：所测施工过程的广泛性和经济价值；已经达到的功效水平的稳定程度；同时测定不同类型施工过程的数目；被测定的工人人数以及测定完成产品的可能次数等。
工作日写实法		工作日写实法，是一种研究整个工作班内的各种工时消耗的方法。运用工作日写实法主要有两个目的，一是取得编制定额的基础资料。在这种情况下，通常需要测定 3～4 次；二是检查定额的执行情况，找出缺点，改进工作。在这种情况下，通常需要测定 1～3 次。

<table>
<tr><td rowspan="3">确定人工定额消耗量的基本方法</td><td>确定工序作业时间</td><td>工序作业时间由基本工作时间和辅助工作时间组成。
1. 基本工作时间消耗一般应根据计时观察资料来确定。其做法是，首先确定工作过程每一组成部分的工时消耗，然后综合出工作过程的工时消耗。如果组成部分的产品计量单位和工作过程的产品计量单位不符，就需先求出不同计量单位的换算系数，进行产品计量单位的换算，然后相加，求得工作过程的工时消耗。
2. 辅助工作时间可以直接利用工时规范中规定的辅助工作时间的百分比来计算。</td></tr>
<tr><td>确定规范时间</td><td>规范时间内容包括工序作业时间以外的准备与结束时间、不可避免中断时间以及休息时间。
1. 准备与结束时间分为工作日和任务两种。任务的准备与结束时间通常不能集中在某一个工作日中，而要采取分摊计算的方法，分摊在单位产品的时间定额里。
2. 不可避免中断时间。在确定不可避免中断时间的定额时，必须注意由工艺特点所引起的不可避免中断才可列入工作过程的时间定额。
3. 休息时间应根据工作班作息制度、经验资料、计时观察资料，以及对工作的疲劳程度做全面分析来确定。同时，应考虑尽可能利用不可避免中断时间作为休息时间。</td></tr>
<tr><td>拟订定额时间</td><td>确定的基本工作时间、辅助工作时间、准备与结束工作时间、不可避免中断时间与休息时间之和，就是劳动定额的时间定额。时间定额与产量定额互成倒数。
规范时间=准备与结束工作时间+不可避免的中断时间+休息时间
工序作业时间 = 基本工作时间+辅助工作时间=基本工作时间/(1 − 辅助时间%)
$定额时间=\frac{工序作业时间}{1-规范时间\%}$</td></tr>
<tr><td colspan="2">材料的分类</td><td>根据材料消耗的性质划分，施工中材料的消耗可分为必须的材料消耗和损失的材料两类性质。根据材料消耗与工程实体的关系划分，施工中的材料可分为实体材料和非实体材料两类。</td></tr>
<tr><td colspan="2">确定材料消耗量的基本方法</td><td>1. 利用现场技术测定法，主要是编制材料损耗定额。根据对材料消耗过程的测定与观察，通过完成产品数量和材抖消耗量的计算，而确定各种材料消耗定额的一种方法。现场技术测定法主要适用于确定材料损耗量。
2. 利用实验室试验法，主要是编制材料净用量定额。通过试验，能够对材料的结构、化学成分和物理性能以及按强度等级控制的混凝土、砂浆、沥青、油漆等配比做出科学的结论，给编制材料消耗定额提供出有技术根据的、比较精确的计算数据。
3. 采用现场统计法。这种方法由于不能分清材料消耗的性质，因而不能作为确定材料净用量定额和材料损耗定额的依据。以施工现场积累的分部分项工程使用材料数量、完成产品数量、完成工作原材料的剩余数量等统计资料为基础，经过整理分析，获得材料消耗的数据。这种方法由于不能分清材料消耗的性质，因而不能作为确定材料净用量定额和材料损耗定额的依据，只能作为编制定额的辅助性方法使用。
4. 理论计算法，是运用一定的数学公式计算材料消耗定额。</td></tr>
</table>

<table>
<tr>
<td colspan="2">标准砖用量的计算</td>
<td>如每立方米砖墙的用砖数和砌筑砂浆的用量可用下列理论计算公式计算各自的净用量。
用砖数：
$$A=\frac{1}{\text{墙厚}\times(\text{砖长}+\text{灰缝})\times(\text{砖厚}+\text{灰缝})}\times k$$
式中，k错误！未找到引用源。为墙厚的砖数×错误！未找到引用源。2
砂浆用量：
B=1－砖数×砖块体积</td>
</tr>
<tr>
<td colspan="2">块料面层的材料用量计算</td>
<td>每 100 ㎡面层块料数量、灰缝及结合层材料用量公式如下：
$$100m^2\text{块料净用量}=\frac{100}{(\text{块料长}+\text{灰缝宽})\times(\text{块料宽}+\text{灰缝宽})}(\text{块})$$
$100m^2$灰缝材料净用量=[100-（块料长×块料宽×$100m^2$块料用量）]×灰缝深
结合层材料用量=$100m^2$×结合层厚度</td>
</tr>
<tr>
<td rowspan="3">确定机械台班定额消耗量的基本方法</td>
<td>确定机械1h纯工作正常生产率</td>
<td>1. 对于循环动作机械，确定机械纯工作 1h 正常生产率的计算公式：
机械一次循环的正常延续时间=∑（循环各组成部分正常延续时间）–交叠时间
机械纯工作 1h 循环次数=（60×60（s））÷一次循环的正常延续时间
机械纯工作 1h 正常生产率=机械纯工作 1h 正常循环次数×一次循环生产的产品数量
2. 对于连续动作机械，计算公式：
连续动作机械纯工作 1h 正常生产率=工作时间内生产的产品数量÷工作时间（h）</td>
</tr>
<tr>
<td>确定施工机械的正常利用系数</td>
<td>机械正常利用系数=机械在一个工作班内纯工作时间÷一个工作班延续时间（8h）</td>
</tr>
<tr>
<td>计算施工机械台班定额</td>
<td>$$\frac{\text{施工机械台班}}{\text{产量定额}}=\frac{\text{机械1h纯工作}}{\text{正常生产率}}\times\frac{\text{工作班纯}}{\text{工作时间}}$$
或 $$\frac{\text{施工机械台班}}{\text{产量定额}}=\frac{\text{机械1h纯工作}}{\text{正常生产率}}\times\frac{\text{工作班}}{\text{延续时间}}\times\frac{\text{机械正常}}{\text{利用系数}}$$
$$\text{施工机械时间定额}=\frac{1}{\text{机械台班产量定额指标}}$$</td>
</tr>
</table>

第四节　建筑安装工程人工、材料及机械台班单价

本节要点		本节内容
人工单价	组成	1. 基本工资：岗位工资、工龄工资。 2. 工资性补贴：物价补贴、煤燃气补贴、交通费补贴、住房补贴、流动施工津贴、地区津贴。 3. 辅助工资：非作业工日发放的工资和工资性补贴。 4. 职工福利费：书报费、洗理费、取暖费。 5. 劳动保护费：劳保用品购置及修理费、徒工服装补贴、防暑降温费、保健费用。
	确定方法	1. 基本工资应执行岗位工资和技能工资制度。 基本工资（G_1）=生产工人平均月工资÷年平均每月法定工作日 年平均每月法定工作日=（全年日历日－法定假日）/12 年有效施工天数=年法定工作日－非作业工日（即无效工作日） 法定假日指双休日和法定节日。 2. 工资性补贴：物价补贴、煤燃气补贴、交通费补贴、住房补贴、流动施工津贴、地区津贴。 工资性补贴（G_2）=[∑年发放标准÷（全年日历日–法定假日）]+（∑月发放标准÷年平均每月法定工作日）+每工作日发放标准 3. 辅助工资包括职工学习、培训期间的工资，调动工作、探亲、休假期间的工资，因气候影响的停工工资，女工哺乳时间的工资，病假在六个月以内的工资及产、婚、丧假期的工资。 生产工人辅助工资（G_3）=[全年无效工作日×（G_1+G_2）]÷（全年日历日–法定假日） 4. 职工福利费。 职工福利费（G_4）=（$G_1+G_2+G_3$）×福利费计提比例（%） 5. 生产工人劳动保护费：按规定标准发放的劳保用品等的购置及修理费、徒工服装补贴、防暑降温费、保健费用。 生产工人劳动保护费（G_5）=生产工人年平均支出劳动保护费÷（全年日历日–法定假日）
	影响因素	社会平均工资水平；生活消费指数；人工单价的组成内容；劳动力市场供需变化；政府推行的社会保障和福利政策。

材料单价	组成和确定方法	1. 材料单价是指材料（包括构件、成品及半成品等）从其来源地（或交货地点、供应者仓库提货地点）到达施工工地仓库（施工地点内存放材料的地点）后出库的综合平均价格。材料单价由材料原价（或供应价格）、材料运杂费、运输损耗费以及采购保管费合计而成。主要的计算公式包括： 加权平均原价=（$K_1C_1+K_2C_2+\cdots+K_nC_n$）/（$K_1+K_2+\cdots+K_n$） 2. 加权平均运杂费=（$K_1T_1+K_2T_2+\cdots+K_nT_n$）/（$K_1+K_2+\cdots+K_n$） 3. 运输损耗=（材料原价+运杂费）×相应材料损耗率 4. 采购及保管费=材料运到工地仓库价格×采购及保管费率（%） 或 采购及保管费=（材料原价+运杂费+运输损耗费）×采购及保管费率（%） 5. 材料单价=[（供应价格+运杂费）×（1+运输损耗率（%））]×（1+采购及保管费率（%））
	影响因素	市场供需变化；材料生产成本的变化直接影响材料单价的波动；流通环节的多少和材料供应体制；运输距离和运输方法的改变会影响材料运输费用的增减，从而也会影响材料单价；国际市场行情的波动。
机械台班单价的组成和确定方法	折旧费的计算	$台班折旧费=\frac{机械预算价格\times(1-残值率)\times时间价值系数}{耐用总台班}$ 其中： $时间价值系数=1+\frac{(折旧年限+1)}{2}\times年折现率$
	大修理费的计算	大修理费是指机械设备按规定的大修间隔台班进行必要的大修理，以恢复机械正常功能所需的费用。 $台班大修理费=\frac{一次大修理费\times寿命期内大修理次数}{耐用总台班}$
	经常修理费的计算	经常修理费是指施工机械除大修理以外的各级保养和临时故障排除所需的费用。包括为保障机械正常运转所需替换与随机配备工具附具的摊销和维护费用，机械运转及日常保养所需润滑与擦拭的材料费用及机械停滞期间的维护和保养费用等。台班经常修理费通常可按下列公式计算： 台班经修费＝台班大修费×K 其中，K为台班经常修理费系数。
	安拆费及场外运费的组成和确定	安拆费及场外运费根据施工机械不同分为计入台班单价、单独计算和不计算三种类型。 1. 工地间移动较为频繁的小型机械及部分中型机械，其安拆费及场外运费应计入台班单价。安拆费及场外运费=（一次安拆费及场外运费×年平均安拆次数）÷年工作台班 2. 移动有一定难度的特、大型（包括少数中型）机械，其安拆费及场外运费应单独计算。 3. 不需安装、拆卸且自身又能开行的机械和固定在车间不需安装、拆卸及运输的机械，其安拆费及场外运费不计算。

机械台班单价的组成和确定方法	人工费的计算	$台班人工费=人工消耗量\times\left(1+\frac{年制度工作日-年工作台班}{年工作台班}\right)\times人工日工资单价$
	燃料动力费	台班燃料动力费=台班燃料动力消耗量×相应单价 台班燃料动力消耗量=（实测数×4+定额平均值+调查平均值）÷6
	其他费用	台班其他费=（年养路费+年车船使用税+年保险费+年检费用）÷年工作台班

第五节　工程计价定额

本节要点		本节内容
预算定额	概念	预算定额，是在正常的施工条件下，完成一定计量单位合格分项工程和结构构件所需消耗的人工、材料、机械台班数量其相应费用标准。
	作用	预算定额是编制施工图预算、确定建筑安装工程造价的基础。预算定额是编制施工组织设计的依据。预算定额是工程结算的依据。预算定额是施工单位进行经济活动分析的依据。预算定额是编制概算定额的基础。预算定额是合理编制招标控制价、投标报价的基础。
预算定额的编制	原则	1. 按社会平均水平确定预算定额的原则。 2. 简明适用的原则。简明适用一是指在编制预算定额时，对于那些主要的、常用的、价值量大的项目，分项工程划分宜细；次要的、不常用的、价值量相对较小的项目则可以粗一些。二是指预算定额要项目齐全。三是还要求合理确定预算定额的计算单位。
	依据	现行劳动定额和施工定额。现行设计规范、施工及验收规范，质量评定标准和安全操作规程。具有代表性的典型工程施工图及有关标准图。新技术、新结构、新材料和先进的施工方法等。有关科学实验、技术测定和统计、经验资料。现行的预算定额、材料预算价格及有关文件规定等。
	程序	1. 确定编制细则。主要包括统一编制表格及编制方法；统一计算口径、计量单位和小数点位数的要求；有关统一性规定，名称统一，用字统一，专业用语统一，符号代码统一，简化字要规范，文字要简练明确。 2. 确定定额的项目划分和工程量计算规则。 3. 定额人工、材料、机械台班耗用量的计算、复核和测算。
预算定额中人工工日消耗量的计算	基本用工	1. 完成定额计算量单位的主要用工。 基本用工=∑（综合取定的工程量×劳动定额） 2. 按劳动定额规定应增（减）计算的用工量。 包括的工作内容较多，施工的工效视具体部位不一样。
	其他用工	1. 超运距用工。 超运距是指劳动定额中已包括的材料、半成品场内水平搬运距离与预算定额所考虑的现场材料、半成品堆放地点到操作地点的水平运输距离之差。 超运距=预算定额取定运距−劳动定额医保卡的运距

<table>
<tr>
<td>预算定额中人工工日消耗量的计算</td>
<td>其他用工</td>
<td>超运距用工=Σ（超运距材料数量×时间定额）
2. 辅助用工。
轴助用工是指技术工种劳动定额内不包括而在预算定额内又必须考虑的用工。计算公式为：
辅助用工=Σ（材料加工数量×相应的加工劳动定额）
3. 人工幅度差
人工幅度差即预算定额与劳动定额的差额，主要是指在劳动定额中未包括而在正常施工情况下不可避免但又很难准确计量的用工和各种工时损失。内容包括：
（1）各工种间的工序搭接及交叉作业相互配合或影响所发生的停歇用工。
（2）施工机械在单位工程之间转移及临时水电线路移动所造成的停工。
（3）质量检查和隐蔽工程验收工作的影响。
（4）班组操作地点转移用工。
（5）工序交接时对前一工序不可避免的修整用工。
（6）施工中不可避免的其他零星用工。
计算公式为：
人工幅度差=（基本用工+辅助用工+超运距用工）×人工幅度差系数</td>
</tr>
<tr>
<td rowspan="2">预算定额中材料消耗量的计算</td>
<td>计算方法</td>
<td>1. 凡有标准规格的材料，按规范要求计算定额计量单位的耗用量，如砖、防水卷材、块料面层等。
2. 凡设计图纸标注尺寸及下料要求的按设计图纸尺寸计算材料净用量，如门窗制作用材料、方、板料等。
3. 换算法。各种胶结、涂料等材料的配合比用料，可以根据要求条件换算，得出材料用量。
4. 测定法。包括实验室试验法和现场观察法。</td>
</tr>
<tr>
<td>关系式</td>
<td>材料损耗率=（损耗量/净用量）×100%
材料损耗量=材料净用量×损耗率（%）
材料消耗量=材料净用量+损耗量
材料消耗量=材料净用量×（1+损耗率（%））</td>
</tr>
<tr>
<td>预算定额中机械台班消耗量的计算</td>
<td>根据施工金额确定机械台班消耗量</td>
<td>根措施工定额确定机械台班消耗量是指用施工定额中机械台班产量加机械幅度差计算预算定额的机械台班消耗量。机械台班幅度差是指在施工定额中所规定的范围内没有包括，而在实际施工中又不可避免产生的影响机械或使机械停歇的时间。其内容包括：
1. 施工机械转移工作面及配套机械相互影响损失的时间。
2. 在正常施工条件下，机械在施工中不可避免的工序间歇。
3. 工程开工或收尾时工作量不饱满所损失的时间。
4. 检查工程质量影响机械操作的时间。
5. 临时停机、停电影响机械操作的时间。
6. 机械维修引起的停歇时间。</td>
</tr>
</table>

	计算公式	预算定额机械耗用台班=施工定额机械耗用台班×（1+机械幅度差系数）
预算定额基价编制	概念	预算定额基价就是预算定额分项工程或结构构件的单价，包括人工费、材料费和机械台班使用费，也称工料单价或直接工程费单价。
	计算公式	分项工程预算定额基价=人工费+材料费+机械使用费 人工费=$\sum$（现行预算定额中人工工日用量×人工日工资单价） 材料费=$\sum$（现行预算定额中各种材料耗用量×相应材料单价） 机械使用费=$\sum$（现行预算定额中机械台班用量×机械台班单价）
概算定额及其基价编制	定义	概算定额是在预算定额基础上，确定完成合格的单位扩大分项工程或单位扩大结构构件所需消耗的人工、材料和机械台班的数量标准，所以概算定额又称作扩大结构定额。概算定额与预算定额的相同之处在于，它们都是以建（构）筑物各个结构部分和分部分项工程为单位表示的，内容也包括人工、材料和机械台班使用量定额三个基本部分，并列有基准价。概算定额表达的主要内容、表达的主要方式及基本使用方法都与预算定额相近。
	作用	1. 初步设计阶段编制概算、扩大初步设计阶段编制修正概算的主要依据。 2. 对设计项目进行技术经济分析比较的基础资料之一。 3. 建设工程主要材料计划编制的依据。 4. 控制施工图预算的依据。 5. 施工企业在准备施工期间，编制施工组织总设计或总规划时，对生产要素提出需量计划的依据。 6. 工程结束后，进行竣工决算和评价的依据。 7. 编制概算指标的依据。
	编制原则	概算定额应该贯彻社会平均水平和简明适用的原则。
	编制依据	1. 现行的设计规范、施工验收技术规范和各类工程预算定额。 2. 具有代表性的标准设计图纸和其他设计资料。 3. 现行的人工工资标准、材料价格、机械台班单价及其他的价格资料。
	编制步骤	1. 准备阶段；设阶段主要是确定编制机构和人员组成，进行调查研究，了解现行概算定额执行情况和存在问题，明确编制的目的，制定概算定额的编制方案和确定概算定额的项目。 2. 编制初稿阶段：该阶段是根据已经确定的编制方案和概算定额项目，收集和整理各种编制依据，对各种资料进行深入细致的测算和分析，确定人工、材料和机械台班的消耗量指标。最后编制概算定额初稿。 3. 测算阶段：该阶段的主要工作是测算概算定额水平，测算方法既要分项进行测算，又要通过编制单位工程概算以单位工程为对象进行综合测算。 4. 审查定稿阶段：概算定额经测算比较定稿后，可报送国家授权机关审批。
	应用规则	1. 符合概算定额规定的应用范围。 2. 工程内容、计量单位及综合程度应与概算定额一致。

概算定额及其基价编制		3. 必要的调整和换算应严格按定额的文字说明和附录进行。 4. 避免重复计算和漏项。 5. 参考预算定额的应用规则。
	概算定额基价的编制	概算定额基价=人工费+材料费+机械费 人工费=现行概算定额中人工工日消耗量×人工单价 材料费=Σ（现行概算定额中材料消耗量×相应材料单价） 机械费=Σ（现行概算定额中机械台班消耗量×相应机械台班单价）
概算指标及其编制	定义	建筑安装工程概算指标通常是以单位工程为对象，以建筑面积、体积或成套设备装置的台或组为计量单位而规定的人工、材料、机械台班的消耗量标准和造价指标。
	作用	1. 概算指标可以作为编制投资估算的参考。 2. 概算指标是初步设计阶段编制概算书，确定工程概算造价的依据。 3. 概算指标中的主要材料指标可以作为框算主要材料用量的依据。 4. 概算指标是设计单位进行设计方案比较、设计技术经济分析的依据。 5. 概算指标是编制固定资产投资计划，确定投资额和主要材料计划的主要依据。
	编制依据	1. 标准设计图纸和各类工程典型设计。 2. 国家颁发的建筑标准、设计规范、施工规范等。 3. 人工工资标准、材料预算价格、机械台班预算价格及其他价格资料。
	概算指标与概算定额的主要区别	建筑安装工程概算指标通常是以整个建筑物和构筑物为对象，以建筑面积、体积或成套设备装置的台或组为计量单位而规定的人工、材料、机械台班的消耗量标准和造价指标。其与概算定额的主要区别在于： 1. 确定各种消耗量指标的对象不同； 2. 确定各种消耗量指标的依据不同。 概算指标可分为两大类，一类是建筑工程概算指标，另一类是设备及安装工程概算指标。
	概算指标的分类和表现形式	1. 概算指标可分为两大类，一类是建筑工程概算指标，另一类是安装工程概算指标。 2. 概算指标在具体内容的表示方法上，分综合指标和单项指标两种形式。
投资估算指标及其编制	作用	是编制建设项目建议书、可行性研究报告等前期工作阶段投资估算的依据，也可以作为编制固定资产长远规划投资额的参考。为完成项目建设的投资估算提供依据和手段。
	编制原则	投资估算指标项目的确定，应考虑以后几年编制建设项目建议书和可行性研究报告投资估算的需要。投资估算指标的分类、项目划分、项目内容、表现形式等要结合专业的特点，并且要与项目建议书、可行性研究报告的编制深度相适应。投资估算指标的编制内容，典型工程的选择，必须遵循国家的有关建设方针政策，符合国家技术发展方向，贯彻国家发展方向原则，使指标的编制既能应映正常建设条件下的造价水平，也能适应今后若干年的科

投资估算指标及其编制		技发展水平。投资估算指标的编制要反映不同行业、不同项目和不同工程的特点，投资估算指标要适应项目前期工作深度的需要，而且具有更大的综合性。投资估算指标的编制要贯彻静态和动态相结合的原则。
	内容	一般可分为建设项目综合指标、单项工程指标和单位工程指标三个层次。 （1）建设项目综合指标一般以项目的综合生产能力单位投资表示，内容包括按规定应列入建设项目总投资的从立项筹建开始至竣工验收交付使用的全部投资额，包括单项工程投资、工程建设其他费用和预备费等。 （2）单项工程指标一般以单项工程生产能力单位投资表示，内容包括按规定应列入能独立发挥生产能力或使用效益的单项工程内的全部投资额，包括建筑工程费、安装工程费、设备、工器具及生产家具购置费和可能包含的其他费用。 （3）单位工程指标按规定应列入能独立设计、施工的工程项目的费用，即建筑安装工程费用。
	编制阶段	收集整理资料阶段、平衡调整阶段、测算审查阶段。

第六节　工程造价信息

本节要点		本节内容
工程造价信息特点		区域性、多样性、专业性、系统性、动态性和季节性。
工程造价信息分类原则	稳定性	信息分类应选择分类对象最稳定的本质属性或特征作为信息分类的基础和标准。
	兼容性	信息分类体系必须考虑到项目各参与方所应用的编码体系的情况，项目信息的分类体系应能满足不同项目参与方高效信息交换的需要。
	可扩展性	信息分类体系应具备较强的灵活性，可以在使用过程中进行方便的扩展。
	综合实用性	信息分类应从系统工程的角度出发，放在具体的应用环境中进行整体考虑。
工程造价信息的分类		工程造价信息的分类结果： 1. 从管理组织的角度来分，可以分为系统化工程造价信息和非系统化工程造价信息； 2. 从形式划分，可以分为文件式工程造价信息和非文件式工程造价信息； 3. 按信息来源划分，可以分为横向传递的工程造价信息和纵向传递的工程造价信息； 4. 按反映经济层面来分，分为宏观工程造价信息和微观工程造价信息； 5. 按动态性划分，可分为过去的工程造价信息、现在的工程造价信息和未来工程造价信息； 6. 按稳定程度划分，可以分为固定工程造价信息和流动工程造价信息。

工程造价信息包括的内容	1. 价格信息。包括各种建筑材料、装修材料、安装材料、人工工资、施工机械等的最新市场价格。这些信息是比较初级的，一般没有经过系统的加工处理，也可以称其为数据。 （1）人工价格信息又分为两类：建筑工程实物工程量人工价格信息和建筑工种人工成本信息。 （2）在材料价格信息的发布中，应披露材料类别、规格、单价、供货地区、供货单位以及发布日期等信息。 （3）机械价格信息。机械价格信息包括设备市场价格信息和设备租赁市场价格信息两部分。相对而言，后者对于工程计价更为重要。 2. 指数。主要指根据原始价格信息加工整理得到的各种工程造价指数，该内容将在下面的部分重点讲述。 3. 已完工程信息。已完或在建工程的各种造价信息，可以为拟建工程或在建工程造价提供依据。这种信息也可称为是工程造价资料。
工程造价资料积累的内容	1. 建设项目和单项工程造价资料。包括：对造价有主要影响的技术经济条件；主要的工程量、主要的材料量和主要设备的名称、型号、规格、数量等；投资估算、概算、预算、竣工决算及造价指数等。 2. 单位工程造价资料。包括工程的内容、建筑结构特征、主要工程量、主要材料的用量和单价、人工工日和人工费以及相应的造价。 3. 其他。主要包括有关新材料、新工艺、新设备、新技术分部分项工程的人工工日，主要材料用量，机械台班用量。
工程造价资料的管理	建立造价资料积累制度：资料数据库的建立和网络化管理，工程造价资料信息化建设。
工程造价资料的运用	1. 作为编制固定资产投资计划的参考，用作建设成本分析。 2. 进行单位生产能力投资分析。 3. 用作编制投资估算的重要依据。 4. 用作编制初步设计概算和审查施工图预算的重要依据。 5. 用作确定标底和投标报价的参考资料。 6. 用作技术经济分析的基础资料。 7. 用作编制各类定额的基础资料。 8. 用以测定调价系数、编制造价指数。 9. 用以研究同类工程造价的变化规律。
指数的分类	1. 指数按其所反映的现象范围的不同，分为个体指数、总指数。 （1）个体指数是反应个别现象变动情况的指数，如个别产品的产量指数、个别商品的价格指数等。 （2）总指数是综合反映不能同度量的现象动态变化的指数，如工业总产量指数、社会商品零售价格总指数等。 2. 指数按其所反映的现象的性质不同，分为数量指标指数和质量指标指数。 （1）数量指标指数是综合反映现象总的规模和水平变动情况的指数，如商品销售量指数、工业产品产量指教、职工人数指数等。 （2）质量指标指数是综合反映现象相对水平或平均水平变动情况的指数，

指数的分类	如产品成本指数、价格指数、平均工资水平指数等。 3. 指数按照采用的基期不同，可分为定基指数和环比指数。 （1）定基指数是指各个时期指数都是采用同一固定时期为基期计算的，表明社会经济现象对某一固定基期的综合变动程度的指数。 （2）环比指数是以前一时期为基期计算的指数，表明社会经济现象对上一期或前一期的综合变动的指数。 4. 指数按其所编制的方法不同，分为综合指数和平均数指数。综合指数是总指数的基本形式。平均数指数是综合指数的变形。 （1）综合指数是通过确定同度量因素，把不能同度量的现象过渡为可以同度量的现象，采用科学方法计算出两个时期的总量指标并进行对比而形成的指数。综合指数是总指数的基本形式。综合指数的编制方法是先综合后对比。 （2）平均数指数是以个体指数为基础，通过对个体指数计算加权平均计算而形成的指数。是综合指数的变形。
各种单项价格指数	这种价格指数的编制可以直接用报告期价格与基期价格相比后得到。包括人工、材料、机械价格指数和措施费、间接费及工程建设其他费等费率指数。可利用它研究主要单项价格变化的情况及其发展变化的趋势，其计算过程可以简单表示为报告期价格与基期价格之比。 单项价格指数= P_n / P_0
人工费、材料费、施工机械使用费等价格指数	人工费（材料费、施工机械使用费）价格指数= P_n / P_0 式中：P_0——基期人工日工资单价（材料价格、机械台班单价）；P_n——报告期人工日工资单价（材料价格、机械台班单价）。
施工、间接费及工程建设其他费等费率指数	措施费(间接费、工程建设其他费)费率指数= P_n / P_0 式中：P_0——基期措施费(间接费、工程建设其他费)费率；P_n——报告期措施费（间接费、工程建设其他费)费率。
设备、工器具价格指数	设备、工器具价格指数属于质量指标指数，考虑到设备、工器具的采购品种很多，为简化起见，计算价格指数时可选择其中用量大、价格高、变动多的主要设备工器具的购置数量和单价进行计算，按照派氏综合指数（即采用报告期的数量指标作为同度量因素）形式进行计算。 $\text{设备、工器具价格指数}=\dfrac{\sum(\text{报告期设备工器具单价}\times\text{报告期购置数量})}{\sum(\text{基期设备工器具单价}\times\text{报告期购置数量})}$
建筑安装工程价格指数	建筑安装工程造价指数是一种综合指数，其中包括了人工费指数、材料费指数、施工机械使用费指数以及措施费、间接费等各项个体指数的综合影响。可以通过对各项个体指数的加权平均，用平均数指数的形式来表示。 $\text{建筑安装工程造价指数}=\dfrac{\text{报告期建筑安装工程费}}{\dfrac{\text{报告期人工费}}{\text{人工费指数}}+\dfrac{\text{报告期材料费}}{\text{材料费指数}}+\dfrac{\text{报告期施工机械使用费}}{\text{施工机械使用费指数}}+\dfrac{\text{报告期措施费}}{\text{措施费指数}}+\dfrac{\text{报告期间接费}}{\text{间接费指数}}+\text{利润}+\text{税金}}$

<table>
<tr><td colspan="2">建设项目或单项工程造价指数的编制</td><td>与建筑安装工程造价指数相类似，其计算也应采用加权调和平均数指数的推导公式计算。
$$\text{建设项目或单项工程指数}=\frac{\text{报告期建设项目或单项工程造价}}{\frac{\text{报告期建筑安装工程费}}{\text{建筑安装工程造价指数}}+\frac{\text{报告期设备、工器具费用}}{\text{设备、工器具价格指数}}+\frac{\text{报告期工程建设其他费}}{\text{工程建设其他费指数}}}$$</td></tr>
<tr><td rowspan="2">工程造价信息的动态管理</td><td>基本原则</td><td>1. 标准化原则。
2. 有效性原则。
3. 定量化原则。
4. 时效性原则。
5. 高效处理原则。</td></tr>
<tr><td>管理</td><td>1. 发展造价信息咨询业，建立不同层次的造价信息动态管理体系。
2. 工程造价管理信息化。
3. 工程造价信息化建设。</td></tr>
</table>

第三章 建设项目决策和设计阶段工程造价的预测

章	节
第三章 建设项目决策和设计阶段工程造价的预测	第一节 投资估算的编制
	第二节 设计概算的编制
	第三节 施工图预算的编制

第一节 投资估算的编制

本节要点	本节内容
定义	项目决策是指投资者在调查分析、研究的基础上，选择和决定投资行动方案的过程，是对拟建项目的必要性和可行性进行技术经济论证，对不同建设方案进行技术经济比较并作出判断和决定的过程。项目决策的正确与否，直接关系到项目建设的成败，关系到工程造价的高低及投资效果的好坏。总之，项目投资决策是投资行动的准则，正确的项目投资行动来源于正确的项目投资决策，正确的决策是正确估算和有效编制工程造价的前提。
项目决策与工程造价的关系	1. 项目决策的正确性是工程造价合理性的前提； 2. 项目决策的内容是决定工程造价的基础； 3. 项目决策的深度影响投资估算的精确度； 4. 工程造价的数额影响项目决策的结果。
建设规模	1. 在项目决策阶段应选择合理的建设规模，以达到规模经济的要求。但规模扩大所产生效益不是无限的，它受到技术进步、管理水平、项目经济技术环境等多种因素的制约。制约项目规模合理化的主要因素包括市场因素、技术因素以及环境因素等几个方面。 （1）市场因素。市场因素是确定建设规模需考虑的首要因素，市场需求状况是确定项目生产规模的前提。原材料市场、资金市场、劳动力市场等对项目规模的选择，起着程度不同的制约作用。市场价格分析是制定营销策略和影响竞争力的主要因素。市场风险分析是确定建设规模的重要依据。 （2）技术因素。包括生产技术和管理技术两个方面。相应的管理技术水平则是实现规模效益的保证。 （3）环境因素。项目规模确定中需考虑的主要环境因素有：政策因素，燃料动力供应，协作及土地条件，运输及通信条件。其中，政策因素包括产业政策，投资政策，技术经济政策，国家、地区及行业经济发展规划等。 2. 建设规模方案比选的方法包括盈亏平衡产量分析法、平均成本法、生产能力平衡法以及按照政府或行业规定确定的方法。

建设地区及建设地点（场址）	建设地区的选择	1. 考虑因素 （1）要符合国民经济发展战略规划、国家工业布局总体规划和地区经济发展规划的要求。 （2）要根据项目的特点和需要，充分考虑原材料条件、能源条件、水源条件、各地区对项目产品需求及运输条件等。 （3）要综合考虑气象、地质、水文等建厂的自然条件。 （4）要充分考虑劳动力来源、生活环境，协作、施工力量、风俗文化等社会环境因素的影响。 2. 建设地区的选择要遵循两个基本原则： （1）靠近原料、燃料提供地和产品消费地的原则，但这一原则并不是意味着项目安排在距原料、燃料提供地和产品消费地的等距离范围内，而是根据项目的技术经济特点和要求，具体对待。 （2）工业项目适当聚集的原则。
	建设地点的选择	1. 选择建设地点的要求： （1）节约土地，少占耕地，降低土地补偿费用。 （2）减少拆迁移民数量。 （3）应尽量选在工程地质、水文地质条件较好的地段，土壤耐压力应满足拟建厂的要求。 （4）要有利于厂区合理布置和安全运行。 （5）应尽量靠近交通运输条件和水电等供应条件好的地方。 （6）应尽最减少对环境的污染。 2. 厂址选择的费用分析： （1）项目投资费用：包括土地征购费、拆迁补偿费、土石方工程费、运输设施费、排水及污水处理设施费、动力设施费、生活设施费、临时设施费、建材运输费等。 （2）项目投产后生产经营费用比较：包括原材料、燃料运入及产品运出费用，给水、排水、污水处理费用，动力供应费用等。
技术方案	基本原则	先进适用、安全可靠、经济合理。
	生产方法选择	一般在选择生产方法时，从以下几个方面着手： 1. 研究分析与项目产品相关的国内外生产方法的优缺点，并预测未来发展趋势，积极采用先进适用的生产方法； 2. 研究拟采用的生产方法是否与采用的原材料相适应，避免出现生产方法与供给原材料不匹配的现象； 3. 研究拟采用生产方法的技术来源的可得性，若采用引进技术或专利，应比较所需费用； 4. 研究拟采用生产方法是否符合节能和清洁的要求，应尽量选择节能环保的生产方法。

技术方案	工艺流程方案选择	选择工艺流程方案的具体内容包括以下几个方面： 1. 研究工艺流程方案对产品质量的保证程度； 2. 研究工艺流程各工序间的合理衔接，工艺流程应通畅、简捷； 3. 研究选择先进合理的物料消耗定额，提高收益； 4. 研究选择主要工艺参数； 5. 研究工艺流程的柔性安排，既能保证主要工序生产的稳定性，又能根据市场需求变化，使生产的产品在品种规格上保持一定的灵活性。
	工艺方案的比选	工艺方案比选的内容包括技术的先进程度、可靠程度和技术对产品质量性能的保证程度、技术对原材料的适应性、工艺流程的合理性、自动化控制水平、估算本国及外国各种工艺方案的成本、成本耗费水平、对环境的影响程度等技术经济指标等。工艺改造项目工艺方案的比选论证，还应与原有的工艺方案进行比较。
设备方案	选择要求	1. 主要设备方案应与确定的建设规模、产品方案和技术方案相适应，并满足项目投产后生产或使用的要求。 2. 主要设备之间、主要设备与辅助设备之间能力要相互匹配。 3. 设备质量可靠、性能成熟，保证生产和产品质量稳定。 4. 在保证设备性能前提下，力求经济合理。 5. 选择的设备应符合政府部门或专门机构发布的技术标准要求。
	设备选用应注意事项	1. 要尽量选用国产设备。 2. 要注意进口设备之间以及国内外设备之间的衔接配套问题。 3. 要注意进口设备与原有国产设备、厂房之间的配套问题。 4. 要注意进口设备与原材料、备品备件及维修能力之间的配套问题。
工程方案	基本要求	1. 满足生产使用功能要求。 2. 适应已选定的场址（线路走向）。 3. 符合工程标准规范要求。 4. 经济合理。
	研究内容	1. 一般工业项目的厂房、工业窑炉、生产装置等建筑物、构筑物的工程方案。 2. 矿产开采项目的工程方案主要研究开拓方式，根据矿体分布、形态、地质构造等条件，综合矿产品位、可采资源量，确定井下开采或者露天开采的工程方案。 3. 铁路项目工程方案的主要研究内容包括线路、路基、轨道、桥涵、隧道、站场以及通信信号等方案。 4. 水利水电项目工程方案的主要研究内容包括防洪、治涝、灌溉、供水、发电等工程方案。水利水电枢纽和水库工程主要研究坝址、坝型、坝体建筑结构、坝基处理以及各种建筑物、构筑物的工程方案。同时，还应研究提出库区移民安置的工程方案。

<table>
<tr><td rowspan="3">环境保护措施</td><td>基本要求</td><td>工程建设项目应注意保护场址基期周围地区的水土资源、海洋资源、矿产资源、森林植被、文物古迹、风景名胜等自然环境和社会环境。其环境保护措施应坚持以下原则：
1. 符合国家环境保护相关法律、法规以及环境功能规划的整体要求。
2. 坚持污染物排放总量控制和达标排放的要求。
3. 坚持“三同时原则”，即环境治理措施应与项目的主体工程同时设计、同时施工、同时投产使用。
4. 力求环境效益与经济效益相统一，工程建设与环境保护必须同步规划、同步实施、同步发展，全面规划，合理布局，统筹安排好工程建设和环境保护工作，力求环境保护治理方案技术可行和经济合理。
5. 注重资源综合利用和再利用，对项目在环境治理过程中产生的废气、废水、固体废弃物等，应提出回水处理和再利用方案。</td></tr>
<tr><td>治理措施方案</td><td>1. 废气污染治理，可采用冷凝、活性炭吸附法、催化燃烧法、催化氧化法、酸碱中和法、等离子法等方法。
2. 废水污染治理，可采用物理法(如重力分离、离心分离、过滤、蒸发结晶、高磁分离等)、化学法(如中和、化学凝聚、氧化还原等)、物理化学法(如离子交换、电渗析、反渗透、气泡悬上分离、汽提吹脱、吸附萃取等)、生物法(如自然氧池、生物滤化、活性污泥、厌氧发酵)等方法。
3. 固体废弃物污染治理，有毒废弃物可采用防渗漏池堆存；放射性废弃物可采用封闭固化；无毒废弃物可采用露天堆存；生活垃圾可采用卫生填埋、堆肥、生物降解或者焚烧方式处理；利用无毒害固体废弃物加工制作建筑材料或者作为建材添加物，进行综合利用。
4. 粉尘污染治理，可采用过滤除尘、湿式除尘、电除尘等方法。
5. 噪声污染治理，可采用吸声、隔声、减振、隔振等措施。
6. 建设和生产运营引起环境破坏的治理。对岩体滑坡、植被破坏、地面塌陷、土壤劣化等，也应提出相应治理方案。</td></tr>
<tr><td>方案比选</td><td>对环境治理的各局部方案和总体方案进行技术经济比较，作出综合评价，并提出推荐方案。环境治理方案比选的主要包括以下内容。
1. 技术水平对比，分析对比不同环境保护治理方案所采用的技术和设备的先进性、适用性、可靠性和可得性。
2. 治理效果对比，分析对比不同环境保护治理方案在治理前及治理后环境指标的变化情况，以及能否满足环境保护法律法规的要求。
3. 管理及监测方式对比，分析对比各治理方案所采用的管理和监测方式的优缺点。</td></tr>
<tr><td>投资估算的概述</td><td>定义</td><td>投资估算是在投资决策阶段，以方案设计或可行性研究文件为依据，按照规定的程序、方法和依据，对拟建项目所需总投资及其构成进行的预测和估计；是在研究并确定项目的建设规模、产品方案、技术方案、工艺技术、设备方案、厂址方案、工程建设方案以及项目进度计划等的基础上，依据特定的方法，估算项目从筹建、施工直至建成投产所需全部建设资金总额并测算建设期各年资金使用计划的过程。</td></tr>
</table>

投资估算的概述	作用	1. 项目建议书阶段的投资估算，是项目主管部门审批项目建议书的依据之一，是编制项目规划、确定建设规模的参考依据。 2. 项目可行性研究阶段的投资估算，是项目投资决策的重要依据，也是研究、分析、计算项目投资经济效果的重要条件。 3. 项目投资估算是设计阶段造价控制的依据。 4. 项目投资估算可作为项目资金筹措及制定建设贷款计划的依据。 5. 项目投资估算是核算建设项目固定资产投资需要额和编制固定资产投资计划的重要依据。 6. 投资估算是建设工程设计招标、优选设计单位和设计方案的重要依据。
	阶段划分与精度要求	1. 国外项目投资估算的阶段划分与精度要求。 (1)投资设想阶段的投资估算：允许误差大于 ±30%。 (2)投资机会研究阶段的投资估算：要求误差控制在 ±30% 以内。 (3)初步可行性研究阶段的投资估算：要求误差控制在 ±20% 以内。 (4)详细可行性研究阶段的投资估算：要求误差控制在 ±10% 以内。 (5)工程设计阶段的投资估算：要求误差控制在 ±5% 以内。 2. 我国项目投资估算的阶段划分与精度要求。 (1)项目规划阶段的投资估算：允许误差大于 ±30%。 (2)项目建议书阶段的投资估算：要求误差控制在 ±30% 以内。 (3)初步可行性研究阶段的投资估算：要求误差控制在 ±20% 以内。 (4)可行性研究阶段的投资估算：要求误差控制在 ±10% 以内。
投资估算编制内容	编制说明	1. 工群概况。 2. 编制范围。说明建设项目总投资估算中所包括的和不包括的工程项目和费用。 3. 编制方法。 4. 编制依据。 5. 主要技术经济指标。包括投资、用地和主要材料用量指标。当设计规模有远、近期不同的考虑时，或者土建与安装的规模不同时，应分别计算后再综合。 6. 有关参数、率值选定的说明。如征地拆迁、供电供水、考察咨询等费用的费率标准选用情况。 7. 特殊问题的说明（包括采用新技术、新材料、新设备、新工艺；必须说明的价格的确定；进口材料、设备、技术费用的构成与技术参数；不包括项目或费用的必要说明等。 8. 采用限额设计的工程还应对投资限额和投资分解作进一步说明。 9. 采用方案比选的工程还应对方案比选的估算和经济指标作进一步说明。
	分析	1. 工程投资比例分析。 2. 分析设备及工器具购置费、建筑工程费、安装工程费、工程建设其他费用、预备费、建设期利息占建设总投资的比例；分析引进设备费用占全部设备费用的比例等。 3. 分析影响投资的主要因素。 4. 与国内类似工程项目的比较，分析说明投资高低的原因。

投资估算编制内容	总投资估算	包括汇总单项工程估算、工程建设其他费、基本预备费、价差预备费、计算建设期利息等。
	单项工程投资估算	单项工程投资估算中，应按建设项目划分的各个单项工程分别计算组成工程费用的建筑工程费、设备及工器具购置费和安装工程费。
	其他费用估算	工程建设其他费用估算应按预期将要发生的工程建设其他费用种类，逐项详细估算其费用金额。
	主要技术经济指标	估算人员应根据项目特点，计算并分析整个建设项目、各单项工程和主要单位工程的主要技术经济指标。
投资估算编制依据		1. 国家、行业和地方政府的有关规定。 2. 拟建项目建设方案确定的各项工程建设内容。 3. 工程勘察与设计文件，图示计量或有关专业提供的主要工程量和主要设备清单。 4. 行业部门、项目所在地工程造价管理机构或行业协会等编制的投资估算办法、投资估算指标、概算指标(定额)、工程建设其他费用定额（规定）、综合单价、价格指数和有关造价文件等。 5. 类似工程的各种技术经济指标和参数。 6. 工程所在地的同期的人工、材料、机械市场价格，建筑、工艺及附属设备的市场价格和有关费用。 7. 政府有关部门、金融机构等部门发布的价格指数、利率、汇率、税率等有关参数。 8. 与项目建设相关的工程地质资料、设计文件、图纸等。 9. 其他技术资料。
投资估算编制要求		1. 应委托有相应工程造价咨询资质的单位编制。 2. 根据主体专业设计的阶段和深度，结合各自行业的特点，所采用生产工艺流程的成熟性，以及编制单位所掌握的国家及地区、行业或部门相关投资估算基础资料和数据的合理、可靠、完整程度，采用合适的方法进行建设项目投资估算。 3. 应做到工程内容和费用构成齐全，不提高或者降低估算标准，计算合理，少算，不重复计算、不漏项。 4. 应充分考虑拟建项目设计的技术参数和投资估算所采用的估算系数、估算指标在质和量方面所综合的内容，应遵循口径一致的原则。 5. 应将所采用的估算系数和估算指标价格、费用水平调整到项目建设所在地及投资估算编制年的实际水平。 6. 对影响造价变动的因素进行敏感性分析，注意分析市场的变动因素，充分估计物价上涨因素和市场供求情况对造价的影响。 7. 投资估算精度应能满足控制初步设计概算要求，并尽量减少投资估算的误差。

投资估算编制步骤	1. 分别估算各单项工程所需的建筑工程费、设备及工器具购置费、安装工程费，在汇总各单项工程费用的基础上，估算工程建设其他费用和基本预备费，完成工程项目静态投资部分的估算。 2. 估算价差预备费和建设期利息，完成工程项目动态投资部分的估算。 3. 估算流动资金。 4. 估算建设项目总投资。
项目规划和建议书阶段投资估算方法	1. 单位生产能力估算法。依据调查的统计资料，利用相近规模的单位生产能力投资乘以建设规模，即得拟建项目投资。其计算公式为： $C_2=\left(\frac{C_1}{Q_1}\right)Q_2 f$ 这种方法把项目的建设投资与其生产能力的关系视为简单的线性关系，估算简便迅速。这种方法一般只适用于与已建项目在规模和时间上相近的拟建项目，一般两者间的生产能力比值为0.2~2。 2. 生产能力指数法。又称指数估算法，它是根据已建成的类似项目生产能力和投资额来粗略估算拟建项目投资额的方法，是对单位生产能力估算法的改进。其计算公式为： $C_2=C_1\left(\frac{Q_2}{Q_1}\right)^x\cdot f$ 其中，x为生产能力指数，其取值范围为$0\leqslant x\leqslant 1$。生产能力指数法主要应用于设计深度不足，拟建建设项目与类似建设项目的规模不同，设计定型并系列化，行业内相关指数和系数等基础资料完备的情况。一般拟建项目与已建类似项目生产能力比值不宜大于50，以在10倍内效果较好，否则误差就会增大。另外，尽管该办法估价误差仍较大，但有它独特的好处：即这种估价方法不需要详细的工程设计资料，只需要知道工艺流程及规模就可以，在总承包工程报价时，承包商大都采用这种方法。 3. 系数估算法。系数估算法也称为因子估算法，它是以拟建项目的主体工程费或主要设备费为基数，以其他工程费与主体工程费或设备购置费的百分比为系数，估算拟建项目静态投资的方法。在我国国内常用的方法有设备系数法和主体专业系数法，世行项目投资估算常用的方法是朗格系数法。 （1）设备系数法。选择拟建项目的设备费为基数。 （2）主体专业系数法。是以拟建项目中投资比重较大，并与生产能力直接相关的工艺设备投资为基数。 （3）朗格系数法。这种方法是以设备费为基数，乘以适当系数来推算项目的建设费用。 4. 比例估算法。根据统计资料，先求出已有同类建设项目主要生产工艺设备占整个建设项目的投资比例，先逐项估算出拟建项目主要生产设备投资，再按比例估算出拟建项目的静态投资的方法。其计算公式为：

项目规划和建议书阶段投资估算方法	$I=\frac{1}{K}\sum_{i=1}^{n}Q_iP_i$ 5. 混合法。根据主题专业设计的阶段和深度，投资估算编制者所掌握的国家及地区、行业或部门相关投资估算基础资料和数据，以及其他统计和积累的、可靠的相关造价基础资料，对一个建设项目采用生产能力指数法与比例估算法混合或系数估算法与比例估算法混合估算其相关投资额的方法。
可行性研究阶段投资估算方法	1. 主要采用指标估算法。指标估算法是指依据投资估算指标，对各单位工程或单项工程费用进行估算，进而估算建设项目总投资的方法。首先把拟建建设项目以单项工程或单位工程，按建设内容纵向划分为各个主要生产设施、辅助及公用设施、行政及福利设施以及各项其他基本建设费用，按费用性质横向划分为建筑工程、设备购置、安装工程等费用；然后，根据各种具体的投资估算指标，进行各单位工程或单项工程投资的估算；在此基础上汇集编制成拟建建设项目的各个单项工程费用和拟建项目的工程费用投资估算；再按相关规定估算工程建设其他费、基本预备费等，形成拟建建设项目静态投资。 2. 建筑工程费用估算。可采用单位建筑工程投资估算法和单位实物工程量投资估算法。其中单位建筑工程投资估算法可以进一步分为单位长度价格法、单位面积价格法、单位容积价格法和单位功能价格法等。 （1）单位长度价格法。水库以水坝单位长度（米）的投资，公路、铁路以单位长度（公里）的投资，矿上掘进以单位长度（米）的投资，乘以相应的建筑工程量计算建筑工程费。 （2）单位面积价格法。工业与民用建筑物和构筑物的一般土建及装修、给排水、采暖、通风、照明工程，建筑物以建筑面积为单位，套用规模相当、结构形式和建筑标准相适应的投资估算指标或类似工程造价资料进行估算。 （3）单位容积价格法。在一些项目中，楼层高度是影响成本的重要因素。例如，仓库、工业窑炉砌筑的高度根据需要会有很大的变化，显然这时不再适用单位面积价格，而单位容积价格则成为确定初步估算的方法。 （4）单位功能价格法。用医院里的病床数量为功能单位，新建一所医院的成本被细分为其所提供的病床数量，估算时首先给出每张床的单价，然后乘以该医院所有病床的数量，从而确定该医院项目的金额。 3. 安装工程费估算。安装工程费一般以设备费为基数区分不同类型进行估算。 （1）工艺设备安装费通常采用按设备费百分比估算指标进行估算；或根据单项工程设备总重，采用 t/元估算指标进行估算。 （2）工艺金属结构、工艺管道通常采用以吨、立方米或平方米为单位，套用技术标准、材质和规格、施工方法相适应的投资估算指标或类似工程造价资料进行估算。 （3）变配电、自控仪表安装工程通常一般先按材料费占设备费百分比投资估算指标计算出安装材料费。再分别根据相适应的占设备百分比（或按自控仪表设备台数，用台件/元指标估算）或占材料百分比的投资估算指标或类似工程造价资料计算设备安装费和材料安装费。 4. 注意事项。使用估算指标法应根据不同地区、建设年代、条件等进行

	调整；进行投资估算绝不能生搬硬套，必须对工艺流程、定额、价格及费用标准进行分析，经过实事求是的调整与换算，提高其精确度。
价差预备费	涉外项目，应计算汇率的影响。需要按照相应的汇率把外币投资额换算为人民币投资额，汇率变化很重要。外币对人民币升值。项目从国外市场购买设备材料所支付的外币金额不变，但换算成人民币的金额增加；从国外借款，本息所支付的外币金额不变，但换算成人民币的金额增加。外币对人民币贬值。项目从国外市场购买设备材料所支付的外币金额不变，但换算成人民币的金额减少；从国外借款，本息所支付的外币金额不变，但换算成人民币的金额减少。
建设期利息	建设期利息包括银行借款和其他债务资金的利息，以及其他融资费用。其他融资费用是指某些债务融资中发生的手续费、承诺费、管理费、信贷保险费等融资费用，一般情况下应将其单独计算并引入建设期利息；在项目前期研究的初期阶段，也可作粗略估算并计入建设投资，对于不涉及国外贷款的项目，在可行性研究阶段，也可作粗略估算并计入建设投资。
流动资金的估算	1. 分项详细估算法 分项详细估算法是根据周转额与周转速度之间的关系，对构成流动资金的各项流动资产和流动负债分别进行估算。计算公式为： 流动资金=流动资产–流动负债 流动资产=应收账款+预付账款+存货+现金 流动负债=应付账款+预收账款 流动资金本年增加额=本年流动资金—上年流动资金 其中： 应收账款=年经营成本/应收账款周转次数 存货=外购原材料、燃料+其他材料+在产品+产成品 产成品=（年经营成本–年其他营业费用）/产成品周转次数 现金=（年工资及福利费+年其他费用）/现金周转次数 应付账款=外购原材料、燃料动力及其他材料年费用/应付账款周转次数 2. 扩大指标估算法 扩大指标估算法简便易行，但准确度不高，适用于项目建议书阶段的估算。扩大指标估算法计算流动资金的公式为： 年流动资金额=年费用基数×各类流动资金率 3. 应注意的问题 （1）在录用分项详细估算法时，应根据项目实际情况分别确定现金、应收账款、预付账款、存货、预收账款和应付账款的最低周转天数，并考虑一定的保险系数。 （2）流动资金属于长期性(永久性)流动资产，流动资金的筹措可通过长期负债和资本金(一般要求占 30%)的方式解决。 （3）用扩大指标估算法计算流动资金，需以经营成本及其中的某些科目为基数。

建设投资估算表的编制	1. 按概算法分类，建设投资由工程费用、工程建设其他费用和预备费三部分构成。其中工程费用又由建筑工程费、设备购置费（含工器具及生产家具购置费）和安装工程费构成；工程建设其他费用内容较多，且随行业和项目的不同而有所区别。预备费包括基本预备费和涨价预备费。 2. 按形成资产法分类，建设投资由形成固定资产的费用、形成无形资产的费用、形成其他资产的费用和预备费四部分组成。固定资产费用是指项目投产时将直接形成固定资产的建设投资，包括工程费用和工程建设其他费用中按规定将形成固定资产的费用，后者被称为固定资产其他费用。
建设期利息估算表的编制	建设期利息估算表主要包括建设期发生的各项借款及其债券等项目，期初借款余额等于上年借款本金和应计利息之和，即上年期末借款余额；其他融资费用主要指融资中发生的手续费、承诺费、管理费、信贷保险费等融资费用。
流动资金估算表的编制	可行性研究阶段，根据详细估算法估算的各项流动资金估算的结果，编制流动资金估算表。
单项工程投资估算汇总表的编制	按照指标估算法，可行性研究阶段根据各种投资估算指标，进行各单位工程或单项工程投资的估算。单项工程投资估算应按建设项目划分的各个单项工程分别计算组成工程费用的建筑工程费、设备及工器具购置费、安装工程费及工程建设其他费。
项目总投资估算汇总表的编制	将上述投资估算内容和估算方法所估算的各类投资进行汇总，编制项目总投资估算汇总表。
项目分年投资计划表的编制	估算出项目总投资后，应根据项目计划进度的安排，编制分年投资计划表。该表中的分年建设投资可以作为安排融资计划，估算建设期利息的基础。

第二节 设计概算的编制

本节要点	本节内容
影响工业建设项目工程造价的主要因素	1. 总平面设计 总平面设计主要指总图运输设计和总平面布置，总平面设计中影响工程造价的因素包括：现场条件、占地面积、功能分区、运输方式的选择。 2. 工艺设计 工艺设计阶段影响工程造价的主要因素包括：建设规模、标准和产品方案；工艺流程和主要设备的选型；主要原材料、燃料供应情况；生产组织及生产过程中的劳动定员情况；“三废”治理及环保措施等。 按照建设程序，建设项目的工艺流程在可行性研究阶段已经确定。设计阶段的任务就是严格按照批准的可行性研究报告的内容进行工艺技术方案的设计，确定具体的工艺流程和生产技术。 3. 建筑设计

影响工业建设项目工程造价的主要因素	（1）建筑设计中影响工程造价的因素：平面形状、流通空间、空间组合（包括建筑物的层高、层数、室内外高差等）、建筑物的体积和面积、建筑结构、柱网布置。 4. 材料选用 5. 设备选用
影响民用建设项目工程造价的主要因素	1. 住宅小区建设规划影响造价的主要因素：占地面积和建筑群体的布置形式。 2. 民用住宅小区建筑设计中影响工程造价的因素：建筑物平面形状和周长系数、住宅的层高和净高、住宅的层数、住宅单元组成、户型和住户面积、住宅建筑结构的选择。
影响工程造价的其他因素	1. 设计单位和设计人员的知识水平； 2. 项目利益相关者； 3. 风险因素。
设计概算的含义及作用	1. 设计概算是在投资估算的控制下由设计单位根据初步设计或扩大初步设计的图纸及说明，利用国家或地区颁发的概算指标、概算定额、综合指标预算定额、各项费用定额或取费标准(指标)、建设地区自然、技术经济条件和设备、设备材料预算价格等资料，按照设计要求，对建设项目从筹建至竣工交付使用所需全部费用进行的预计。 2. 作用 （1）设计概算是编制固定资产投资计划、确定和控制建设项目投资的依据。设计概算经批准，将作为控制建设项目投资的最高限额。 （2）设计概算是控制施工图设计和施工图预算的依据。 （3）设计概算是衡量设计方案技术经济合理性和选择最佳设计方案的依据。 （4）设计概算是编制招标控制价(招标标底)和投标报价的依据。 （5）设计概算是签订建设工程合同和贷款合同的依据。 （6）设计概算是考核建设项目投资效果的依据。 3. 允许调整概算的原因包括以下几点： （1）超出原设计范围的重大变更； （2）超出基本预备费规定范围不可抗拒的重大自然灾害引起的工程变动和费用增加； （3）超出工程造价价差预备费的国家重大政策性的调整。 设计概算一经批准，将作为控制建设项目投资的最高限额，设计概算是编制招标控制价（招标标底）和投标报价的依据。
设计概算编制 内容	设计概算可分单位工程概算、单项工程综合概算和建设项目总概算三级。 1. 单位工程概算按其工程性质可分为建筑工程概算和设备及安装工程概算两大类。建筑工程概算包括土建工程概算，给排水、采暖工程概算，通风、空调工程概算，电气照明工程概算，弱电工程概算，特殊构筑物工程概算等；设备及安装工程概算包括机械设备及安装工程概算，电气设备及安装工程概算，热力设备及安装工程概算，工具、器具及生产家具购置费概算等。

设计概算编制	内容	2. 单项工程概算是以初步设计文件为依据，在单位工程概算的基础上汇总单项工程工程费用的成果文件，由单项工程中的各单位工程概算汇总编制而成，是建设项目总概算的组成部分。 3. 建设项目总概算是以初步设计文件为依据，在单项工程综合概算的基础上计算建设项目概算总投资的成果文件，它是由各单项工程综合概算、工程建设其他费用概算、预备费、建设期利息和铺底流动资金概算汇总编制而成的。若干个单位工程概算汇总后成为单项工程概算，若干个单项工程概算和工程建设其他费用、预备费、建设期利息、铺底流动资金等概算文件汇总后成为建设项目总概算。
	依据	国家、行业和地方政府有关建设和造价管理的法律、法规、规章、规程、标准等；相关文件和费用资料；施工现场资料。
	要求	1. 设计概算应按编制时项目所在地的价格水平编制，总投资应完整地反映编制时建设项目实际投资。 2. 设计概算应结合项目所在地设备和材料市场供应情况、建筑安装施工市场变化，还应按项目合理工期预测建设期价格水平，以及资产租赁和贷款的时间价值等动态因素对投资的影响。 3. 设计概算应考虑建设项目施工条件以及能够承担项目施工的工程公司情况等因素对投资的影响。
单位工程概算的编制	编制方法	建筑工程概算的编制方法有：概算定额法、概算指标法、类似工程预算法等；设备及安装工程概算的编制方法有：预算单价法、扩大单价法、设备价值百分比法和综合吨位指标法等。
	建筑工程概算定额法	概算定额法又叫扩大单价法或扩大结构定额法。概算定额法要求初步设计达到一定深度，建筑结构比较明确，能按照初步设计的平面、立面、剖面图纸计算出楼地面、墙身、门窗和屋面等分部工程（或扩大结构件）项目的工程量时，才可采用。概算定额法编制设计概算的步骤如下： 1. 收集基础资料、熟悉设计图纸和了解有关施工条件和施工方法。 2. 按照概算定额分部分项顺序，列出单位工程中分项工程或扩大分项工程项目名称并计算工程量。 3. 确定各分部分项工程项目的概算定额单价。 4. 计算单位工程直接工程费和直接费。 5. 计算间接费、利润和税金。 6. 计算单位工程概算造价。 7. 编写概算编制说明。
	建筑工程概算指标法	1. 概算指标法的适用情况包括： （1）在方案设计中，由于设计无详图而只有概念性设计时，或初步设计深度不够，不能准确地计算出工程量，但工程设计采用的技术比较成熟时可以选定与该工程相似类型的概算指标编制概算。 （2）设计方案急需造价估算而又有类似工程概算指标可以利用的情况。 （3）图样设计间隔很久后再来实施，概算造价不适用于当前情况而又急需确定造价的情形下，可按当前概算指标来修正原有概算造价。

	建筑工程概算指标法	（4）通用设计图设计可组织编制通用图设计概算指标，来确定造价。 2. 拟建工程结构特征与概算指标相同时的计算。直接套用概算指标时，拟建工程应符合以下条件： （1）拟建工程的建设地点与概算指标中的工程建设地点相同； （2）拟建工程的工程特征和结构特征与概算指标中的工程特征、结构特征基本相同； （3）拟建工程的建筑面积与概算指标中工程的建筑面积相差不大。 3. 拟建工程结构特征与概算指标有局部差异时的调整。 结构变化修正概算指标（元/m^2）$=J+Q_1P_1-Q_2P_2$
单位工程概算的编制	类似工程预算法	类似工程预算法适用于拟建工程初步设计与已完工程或在建工程的设计相类似而又没有可用的概算指标时采用，类似工程预算法的编制步骤如下： 1. 根据设计对象的各种特征参数，选择最合适的类似工程预算； 2. 根据本地区现行的各种价格和费用标准计算类似工程预算的人工费、材料费、机械费、措施费、间接费修正系数； 3. 根据类似工程预算修正系数和以上五项费用占预算成本的比重，计算预算成本总修正系数，并计算出修正后的类似工程平方米预算成本； 4. 根据类似工程修正后的平方米预算成本和编制概算地区的利税率计算修正后的类似工程平方米造价； 5. 根据拟建工程的建筑面积和修正后的类似工程平方米造价，计算拟建工程概算造价； 6. 编制概算编写说明。 价差调整。类似工程造价资料只有人工、材料、机械台班费用和措施费、间接费等费用或费率时，可按下面公式调整： $D=A\cdot K$ K（综合价格调整系数）$=a\%K_1+b\%K_2+c\%K_3+d\%K_4+e\%K_5$ 式中，D——拟建工程成本单价　A——类似工程成本单价； K——成本单价综合调整系数
	单位设备及安装工程概算编制方法	1. 预算单价法。当初步设计较深，有详细的设备清单时，可直接按安装工程预算定额单价编制安装工程概算。该法具有计算比较具体，精确性较高的优点。 2. 扩大单价法。当初步设计深度不够，设备清单不完备，只有主体设备或仅有成套设备重量时，可采用主体设备、成套设备的综合扩大安装单价来编制概算。 3. 设备价值百分比法又叫安装设备百分比法。当初步设计深度不够，只有设备出厂价而无详细规格、重量时，安装费可按占设备费的百分比计算。该法常用于价格波动不大的定型产品和通用设备产品。 4. 综合吨位指标法。当初步设计提供的设备清单有规格和设备重量时，可采用综合吨位指标编制概算。该法常用于设备价格波动较大的非标准设备和引进设备的安装工程概算。

单项工程概算的编制	1. 编制说明应列在综合概算表的前面，其内容包括：工程概况、编制依据、编制方法、主要设备材料的数量、主要技术经济指标、工程费用计算表、引进设备材料有关费率取定及依据、引进设备材料从属费用计算表、其他必要的说明。 2. 综合概算表是根据单项工程所辖范围内的各单位工程概算等基础资料，按照国家或部委所规定统一表格进行编制。对于工业建筑而言，其概算包括建筑工程和设备及安装工程；对于民用建筑而言，其概算包括一般土木工程、给排水、采暖通风及电气照明工程等。综合概算一般应包括建筑工程费用、安装工程费用、设备及工器具购置费。当不编制总概算时，还应包括工程建设其他费用、建设期利息、预备费等费用项目。
建设项目总概算的编制	设计总概算文件应包括：编制说明、总概算表、各单项工程综合概算书、工程建设其他费用概算表、主要建筑安装材料汇总表。

第三节 施工图预算的编制

本节要点		本节内容
施工图预算	概念	施工图预算是以施工图设计文件为依据，按照规定的程序、方法和依据，在工程施工前对工程项目的工程费用进行的预测与计算。施工图预算的成果文件称作施工图预算书，也简称施工图预算，它是在施工图设计阶段对工程建设所需资金作出较精确计算的设计文件。施工图预算由建设项目总预算、单项工程综合预算和单位工程预算组成。建设项目总预算由单项工程综合预算汇总而成，单项工程综合预算由组成本单项工程的各单位工程预算汇总而成，单位工程预算包括建筑工程预算和设备及安装工程预算。
	作用	1. 对投资方的作用：施工图预算是设计阶段控制工程造价的重要环节，是控制施工图设计不突破设计概算的重要措施。施工图预算是控制造价及资金合理使用的依据。施工图预算是确定工程招标控制价的依据。施工图预算可以作为确定合同价款、拨付工程进度款及办理工程结算的基础。 2. 对施工企业的作用：施工图预算是建筑施工企业投标报价的基础。施工图预算是建筑工程预算包干的依据和签订施工合同的主要内容。施工图预算是施工企业安排调配施工力量、组织材料供应的依据。施工图预算是施工企业控制工程成本的依据。施工图预算是进行“两算”对比的依据。 3. 对其他方面的作用：对于工程咨询单位而言，尽可能客观、准确地为委托方做出施工图预算，不仅体现出其水平、素质和信誉，而且强化了投资方对工程造价的控制，有利于节省投资，提高建设项目的投资效益。对于工程项目管理、监督等中介服务企业而言，客观准确的施工图预算是为业主方提供投资控制的依据。对于工程造价管理部门而言，施工图预算是其监督、检查执行定额标准、合理确定工程造价、测算造价指数以及审定工程招标控制价的重要依据。在履行合同的过程中发生经济纠纷，施工图预算还是有关仲裁、管理、司法机关按照法律程序处理、解决问题的依据。

编制内容	1. 施工图预算由建设项目总预算、单项工程综合预算和单位工程预算组成。建设项目总预算由单项工程综合预算汇总而成，单项工程综合预算中组成本单项工程的各单位工程预算汇总而成。单位工程预算包括建筑工程预算和设备及安装工程预算。施工图预算根据建设项目实际情况可采用三级预算编制或二级预算编制形式。当建设项目有多个单项工程时，应采用三级预算编制形式，三级预算编制形式由建设项目总预算、单项工程综合预算、单位工程预算组成。当建设项目只有一个单项工程时，应采用二级预算编制形式，二级预算编制形式由建设项目总预算和单位工程预算组成。 2. 建设项目总预算是反映施工图设计阶段建设项目投资总额的造价文件，是施工图预算文件的主要组成部分。由组成该建设项目的各个单项工程综合预算和相关费用组成。具体包括：建筑安装工程费、设备及工器具购置费、工程建设其他费用、预备费、建设期利息及铺底流动资金。施工图总预算应控制在已批准的设计总概算投资范围以内。单项工程综合预算是反映施工图设计阶段一个单项工程(设计单元)造价的文件，是总预算的组成部分，由构成该单项工程的各个单位工程施工图预算组成。其编制的费用项目是各单项工程的建筑安装工程费、设备及工器具购置费和工程建设其他费用总和。单位工程预算是依据单位工程施工图设计文件、现行预算定额以及人工、材料和施工机械台班价格等，按照规定的计价方法编制的工程造价文件。包括单位建筑工程预算和单位设备及安装工程预算。
编制依据	国家、行业和地方政府有关工程建设和管理的法律、法规和规定。经过批准和会审的施工图设计文件。施工现场勘察地质、水文、地貌、交通、环境及标高测量资料等。预算定额、地区材料市场与预算价格等相关信息以及颁布的材料预算价格、工程造价信息、材料调价通知、取费调整通知等，工程清单计价规范。当采用新结构、新材料、新工艺、新设施而定额缺项时，按规定编制的补充预算定额，也是编制施工图预算的依据。合理的施工组织设计和施工方案等文件。工程量清单、招标文件、工程合同或协议书。项目有关的设备、材料供应合同、价格及相关说明书。项目的技术复杂程度，以及新技术、专利使用情况等。项目所在地区有关的气候、水文、地质地貌等的自然条件。项目所在地区有关的经济、人文等社会条件。预算工作手册、常用的各种数据、计算公式、材料换算表、常用标准图集和各种必备的工具书。
编制原则	严格执行国家的建设方针和经济政策的原则；完整、准确的反映设计内容的原则；坚持结合拟建工程实际，反映工程所在地当时价格水平的原则。
编制程序	单位工程施工图预算编制、单项工程综合预算编制、建设项目总预算编制。单位工程施工图预算是施工图预算的关键。

<table>
<tr>
<td rowspan="2">单位工程施工图预算的编制</td>
<td rowspan="2">建筑安装工程费计算</td>
<td>单位工程施工图预算包括建筑工程费、安装工程费和设备及工器具购置费。单位工程施工图预算中的建筑安装工程费应根据施工图设计文件、预算定额(或综合单价)以及人工、材料及施工机械台班等价格资料进行计算。主要编制方法有单价法和实物量法，其中单价法分为定额单价法和工程量清单单价法，在单价法中，使用较多的还是定额单价法。</td>
</tr>
<tr>
<td>定额单价法
定额单价法又称工料单价法或预算单价法，是指分部分项工程的单价为直接工程费单价，将分部分项工程量乘以对应分部分项工程单价后的合计作为单位直接工程费，直接工程费汇总后，再根据规定的计算方法计取措施费、间接费、利润和税金，将上述费用汇总后得到该单位工程的施工图预算造价。定额单价法计算公式如下：
建筑安装工程预算造价=∑（分项工程量×分项工程工料单价）+措施费+间接费+利润+税金
定额单价法编制施工图预算的基本步骤包括：
1. 准备工作。准备工作阶段应主要完成以下工作内容：
（1）收集编制施工图预算的编制依据。其中主要包括现行建筑安装定额、取费标准、工程量计算规则、地区材料预算价格以及市场材料价格等各种资料。
（2）熟悉施工图等基础资料。
（3）了解施工组织设计和施工现场情况。
2. 列项并计算工程量。分项字母的工程量应遵循一定的顺序逐项计算，避免漏算和重算。
（1）根据工程内容和定额项目，列出需计算工程量的分部分项工程。
（2）根据一定的计算顺序和计算规则，列出分部分项工程量的计算式。
（3）根据施工图纸上的设计尺寸及有关数据，代入计算式进行数值计算。
（4）对计算结果的计量单位进行调整，使之与定额中相应的分部分项工程的计量单位保持一致。
3. 套用定额预算单价。计算直接工程费时需要注意以下几个问题：
（1）分项工程的名称、规格、计量单位与预算单价或单位估价表中所列内容完全一致时，可以直接套用预算单价。
（2）分项工程的主要材料品种与预算单价或单位估价表中规定材料不一致时，不可以直接套用预算单价，需要按实际使用材料价格换算预算单价。
（3）分项工程施工工艺条件与预算单价或单位估价表不一致而造成人工、机械的数量增减时，一般调量不调价。
4. 编制工料分析表。
5. 计算主材费并调整直接工程费。主材费计算的依据是当时当地的市场价格。
6. 按计价程序计取其他费用，并汇总造价。
7. 复核。
8. 填写封面、编制说明。</td>
</tr>
</table>

<table>
<tr><td rowspan="3">单位工程施工图预算的编制</td><td rowspan="2">建筑安装工程费计算</td><td>实物法
用实物法编制单位工程施工图预算，就是根据施工图计算的各分项工程量分别乘以地区定额中人工、材料、施工机械台班的定额消耗量，分类汇总得出该单位工程所需的全部人工、材料、施工机械台班消耗数量，然后乘以当时当地人工工日单价、各种材料单价、施工机械台班单价，求出相应的人工费、材料费、机械使用费，再加上措施费，就可以求出该工程的直接费。间接费、利润及税金等费用计取方法与预算单价法相同。
实物法编制施工图预算的公式如下：
单位工程直接工程费=人工费＋材料费＋机械费=综合工日消耗量×综合工日单价+∑（各种材料消耗量×相应材料单价）+∑（各种机械消耗量×相应机械台班单价）
建筑安装工程预算造价=单位工程直接工程费+措施费+间接费+利润+税金
实物法编制施工图预算的基本步骤包括：
1. 准备资料、熟悉施工图纸。除准备定额单价法的各种编制资料外，重点应全面收集工程造价管理机构发布的工程造价信息及各种市场价格信息。
2. 列项并计算工程量。本步骤与定额单价法相同。
3. 套用消耗量定额，计算人工、材料、机械台班消耗量。统计汇总确定单位工程所需的各类人工工日消耗量、各类材料消耗数量和各类施工机械台班数量。
4. 计算并汇总人工费、材料费和机械使用费。根据当时当地工程造价管理部门定期发布的或企业根据市场价格确定的人工工资单价、材料预算价格、施工机械台班单价分别乘以人工、材料、机械消耗量，汇总即得到单位工程人工费、材料费和施工机械使用费，再次汇总即得到直接工程费。
5. 计算其他各项费用，汇总造价。
6. 复核、填写封面、编制说明。</td></tr>
<tr><td>实物法与单价法的比较
实物法与定额单价法首尾部分的步骤基本相同，所不同的主要是中间两个步骤，即：
1. 采用实物法计算工程量后，套用相应人工、材料、施工机械台班预算定额消耗量，求出各分项工程人工、材料、施工机械台班消耗数量并汇总成单位工程所需各类人工工日、材料和施工机械台班的消耗量。
2. 采用实物法，采用的是当时当地的各类人工工日、材料和施工机械台班的实际单价分别乘以相应的人工工日、材料和施工机械台班总的消耗量，汇总后得出单位工程的人工费、材料费和机械费。</td></tr>
<tr><td>设备及工器具购置费计算</td><td>设备购置费由设备原价和设备运杂费构成。未到达固定资产标准的工器具购置费以设备购置费为计算基数，按照规定的费率计算。设备及工器具购置费计算方法及内容可参照设计概算编制的相关内容。</td></tr>
</table>

	单位工程施工图预算书编制	单位工程施工图预算由建筑安装工程费和设备及工器具购置费组成，将计算好的建筑安装工程费和设备及工器具购置费相加，即得到单位工程施工图预算，即： 单位工程施工图预算=建筑安装工程预算+设备及工器具购置费
单项工程综合预算的编制		单项工程综合预算造价由组成该单项工程的各个单位工程预算造价汇总而成。计算公式： 单项工程施工图预算=∑单位建筑工程费用+∑单位设备及安装工程费用
建设项目总预算的编制		1. 三级预算编制中总预算由综合预算和工程建设其他费、预备费、建设期利息及铺底流动资金汇总而成，计算公式： 总预算=∑单项工程施工图预算+工程建设其他费+预备费+建设期利息+铺底流动资金 2. 二级预算编制中总预算由单位工程施工图预算和工程建设其他费、预备费、建设期货款利息及铺底流动资金汇总而成，计算公式： 总预算=∑单位建筑工程费用+∑单位设备及安装工程费用+工程建设其他费+预备费+建设期利息+铺底流动资金

第四章 建设项目发承包阶段合同价款的约定

章	节
第四章 建设项目发承包阶段合同价款的约定	第一节 发承包方式与招标文件的编制
	第二节 招标工程量清单与招标控制价的编制
	第三节 投标文件及投标报价的编制
	第四节 中标价及合同价款的约定
	第五节 工程总承包及国际工程合同价款的约定

第一节 发承包方式与招标文件的编制

本节要点	本节内容
合同价款与发承包方式	签约合同价因采用不同的计价方法，会产生较大的价款差额。对于招标发包的项目，即以招标投标方式签订的合同中，应以中标时确定的金额为准；对于直接发包的项目，如按初步设计总概算投资包干时，应以经审批的概算投资中与承包内容相应部分的投资（包括相应的不可预见费）为签约合同价；如按施工图预算包干，则应以审查后的施工图总预算或综合预算为准。
施工招标文件的编制内容	招标文件一般包括下列内容：招标公告（或投标邀请书）；投标人须知；评标办法；合同条款及格式；工程量清单（招标控制价）；图纸；技术标准和要求；投标文件格式；规定的其他材料。
招标公告（或投标邀请书）	当未进行资格预审时，招标文件中应包括招标公告。当进行资格预审时，招标文件中应包括投标邀请书，该邀请书可代替资格预审通过通知书，以明确投标人已具备了在某具体项目某具体标段的投标资格，其他内容包括招标文件的获取、投标文件的递交等。
投标人须知	总则、招标文件、投标文件、投标、开标、评标、合同授予、重新招标和不再招标、纪律和监督及需要补充的其他内容。其中总则主要包括项目概况、资金来源和落实情况、招标范围、计划工期和质量要求的描述，对投标人资格要求的规定，对费用承担、保密、语言文字、计量单位等内容的约定，对踏勘现场、投标预备会的要求，以及对分包和偏离问题的处理。应当确定投标人编制投标文件所需要的合理时间，即投标准备时间，是指自招标文件开始发出之日起至投标人提交投标文件截止之日止，最短不得少于 20 天。招标文件的澄

投标人须知	清与修改。招标文件的澄清与修改将在规定的投标截止时间 15 天前以书面形式发给所有购买招标文件的投标人。如果澄清或修改发出的时间距投标截止时间不足 15 天，相应推后投标截止时间。合同授予说明拟采用的定标方式，中标通知书的发出时间，要求承包人提交的履约担保和合同的档订时限。
工程量清单	是表现拟建工程实体性项目、非实体性项目和其他项目名称和相应数量的明细清单，以满足工程项目具体量化和计量支付的需要，是招标人编制招标控制价和投标人编制投标价的重要依据。
图纸	是指应由招标人提供的用于计算招标控制价和投标人计算投标报价所必需的各种详细程度的图纸。
技术标准和要求	招标文件规定的各项技术标准应符合国家强制性规定。招标文件中规定的各项技术标准均不得要求或标明某特定的专利、商标、名称、设计、原产地或生产供应者，不得含有倾向或者排斥潜在投标人的其他内容。
招标文件的澄清	招标文件的澄清将在规定的投标截止时间 15 日前以书面形式发给所有购买招标文件的投标人，但不指明澄清问题的来源。如果澄清发出的时间距投标截止时间不足 15 日，相应推迟投标截止时间。投标人在收到澄清后，应在规定的时间内以书面形式通知招标人，确认已收到该澄清。
招标文件的修改	招标人对已发出的招标文件进行必要的修改，应当在投标截止时间 15 日前，招标人可以书面形式修改招标文件，并通知所有已购买招标文件的投标人。如果修改招标文件的时间距投标截止时间不足 15 日，相应推后投标截止时间。投标人收到修改内容后，应在规定的时间内以书面形式通知投标人，确认已收到该修改文件。
资格预审公告的主要内容	1. 招标条件。明确拟招标项目已符合前述的招标条件。 2. 项目概况与招标范围。说明本次招标项目的建设地点、规模、计划工期、招标范围、标段划分等。 3. 申请人的资格要求。包括对于申请资质、业绩、人员、设备、资金等各方面的要求，以及是否接受联合体资格预审申请的要求。 4. 资格预审的方法。明确采用合格制或有限数量制。 5. 资格预审文件的获取。是指获取资格预审文件的地点、时间和费用。 6. 资格预审申请文件的递交。说明递交资格预审申请文件的截止时间。 7. 发布公告的媒介。 8. 联系方式。
招标公告具体内容	1. 招标条件； 2. 项目概况与招标范围； 3. 投标人资格要求； 4. 招标文件的获取； 5. 投标文件的递交； 6. 发布公告的媒介； 7. 联系方式。

资格审查文件的内容与要求	1. 资格预审文件的内容主要包括：资格预审公告、申请人须知、资格审查办法、资格预审申请文件格式、项目建设概况等内容，同时还包括关于资格预审文件澄清和修改的说明。 2. 资格预审申请文件的内容包括：资格预审申请函；法定代表人身份证明或附有法定代表人身份证明的授权委托书；联合体协议书（如工程接受联合体投标）；申请人基本情况表；近年财务状况表；近年完成的类似项目情况表；正在施工和新承接的项目情况表；近年发生的诉讼及仲裁情况；其他材料。

第二节　招标工程量清单与招标控制价的编制

本节要点	本节内容
招标工程量清单的编制依据	1.《建设工程工程量清单计价规范》（GB50500—2013）、《房屋建筑与装饰工程工程量计算规范》（GB50854—2013）以及各专业工程计量规范等。 2. 国家或省级、行业建设主管部门颁发的计价定额和办法。 3. 建设工程设计文件及相关资料。 4. 与建设工程有关的标准、规范、技术资料。 5. 拟定的招标文件。 6. 施工现场情况、地勘水文资料、工程特点及常规施工方案。 7. 其他相关资料。
招标工程量清单编制的准备工作	1. 初步研究。熟悉《建设工程工程量清单计价规范》(GB 50500—2013)，和各专业工程计量规范、与地计价规定发相关文件；熟悉设计文件，掌握工程全貌，便于清单项目列项的完整、工程量的准确计算及清单项目的准确描述，对设计文件中出现的问题应及时提出。熟悉招标文件、招标图纸，确定工程量清单编审的范围及需要设定的暂估价：收集相关市场价格信息，为暂估价的确定提供依据。对《建设工程工程量清单计价规范》(GB 50500—2013)缺项的新材料、新技术、新工艺，收集足够的基础资料，为补充项目的制定提供依据。 2. 现场踏勘。包括自然地理条件踏勘和施工条件踏勘。自然地理条件：工程所在地的地理位置、地形、地貌、用地范围等；气象、水文情况，包括气温、湿度、降雨量等；地质情况，包括地质构造及特征、承载能力等；地震、洪水及其他自然灾害情况。施工条件工程现场周围的道路、进出场条件、交通限制情况工程现场施工临时设施、大型施工机具、材料堆放场地安排情况等。 3. 拟定常规施工组织设计。是指根据项目的具体情况编制施工组织设计，拟定工程的施工方案、施工顺序、施工方法等。在拟定常规的施工组织设计时需注意的问题包括： （1）估算整体工程量。 （2）拟定施工总方案。施工总方案仅只需对重大问题和关键工艺作原则性的规定，不需考虑施工步骤。 （3）确定施工顺序。 （4）编制施工进度计划。 （5）计算人、材、机资源需要量。 （6）施工平面的布置。

分部分项工程量清单的编制	1. 项目编码。同一招标工程的项目编码不得有重码。 2. 项目名称。在分部分项工程量清单中所列出的项目，应是在单位工程的施工过程中以其本身构成该单位工程实体的分项工程，但应注意： （1）当在拟建工程的施工图纸中有体现，并且在专业工程计量规范附录中也有相对应的项目时，则根据附录中的规定直接列项，计算工程量，确定其项目编码。 （2）当在拟建工程的施工图纸中有体现，但在专业工程计量规范附录中没有相对直的项目，并且在附录项目的“项目特征”或“工程内容”中也没有提示时，则必须编制针对这些分项工程的补充项目，在清单中单独列项计在清单的编制说明中注明。 3. 项目特征描述。分部分项工程量清单项目特征应依据专业工程计量规范附录中规定的项目特征并结合拟建工程项目的实际按照以下要求予以描述： （1）必须描述的内容： ① 涉及可准确计量的内容，如门窗洞口尺寸或框外围尺寸。 ② 涉及结构要求的内容，如混凝土构件的混凝土的强度等级。 ③ 涉及材质要求的内容，如油漆的品种、管材的材质等。 ④ 涉及安装方式的内容，如管道工程中的钢管的连接方式。 （2）可不描述的内容： ① 对计量计价没有实质影响的内容，如对现浇混凝土柱的高度，断面大小等特征。 ② 应由投标人根据施工方案确定的内容，如对石方的预裂爆破的单孔深度及装药量的特征规定。 ③ 应由投标人根据当地材料和施工要求确定的内容，如对混凝土构件中的混凝土拌和料使用的石子种类及粒径、砂的种类及特征规定。 ④ 应由施工措施解决的内容，如对现浇混凝土板、梁的标高的特征规定。 （3）可不详细描述的内容： ① 无法准确描述的的内容，如土壤类别，可考虑其描述为“综合”，注明由投标人根据地质勘探资料自行确定土壤类别，决定报价。 ② 施工图纸、标准图集标注明确的，对这些项目可描述为见××图集××页号及节点大样等。 ③ 清单编制人在项目特征描述中应注明由投标人自定的，如土方工程中的“取土运距”“弃土运距”等。 4. 计量单位。当附录中有两个或两个以上计量单位的，应结合拟建工程项目的实际选择其中一个确定。 5. 工程量的计算。工程量的计算必须依据一定的计算原则和方法： （1）计算口径一致。 （2）按工程量计算规则计算。 （3）按图纸计算。 （4）按一定顺序计算。

措施项目清单编制	措施项目清单指为完成工程项目施工，发生于该工程施工前和施工过程中技术、生活、文明、安全等方面的非工程实体项目清单。应区分可计算工程量和不可计算工程量的措施项目，分别用不同的方式编制招标工程量清单。
其他项目清单的编制	1. 暂列金额，由招标人填写其项目名称、计量单位、暂定金额等，若不能详列，也可只列暂定金额总额。 2. 暂估价，一般而言，为方便合同管理和计价，需要纳入分部分项工程量项目综合单价中的暂估价，最好只限于材料费，以方便投标与组价。 3. 计日工，编制计日工表格时，一定要给出暂定数量，并且需要根据经验，尽可能估算个比较贴近实际的数量，且尽可能把项目列全，以消除因此而产生的争议。 4. 总承包服务费，招标人应当按照投标人的投标报价支付该项费用。
规费、税金项目清单的编制	规费、税金项目清单应按照规定的内容列项，当出现规范中没有的项目，应根据省级政府或有关部门的规定列项。
工程量清单总说明的编制	工程量清单编制总说明包括以下内容：工程概况，工程招标及分包范围，工程量清单编制依据，工程质量、材料、施工等的特殊要求，其他需要说明的事项。
招标工程量清单汇总	在分部分项工程量清单、措施项目清单、其他项目清单、规费和税金项目清单编制完成以后，经审查复核，与工程量清单封面及总说明汇总并装订，由相关责任人签字和盖章，形成完整的招标工程量清单文件。
招标控制价与标底的关系	在编制计日工表格时，一定要给出暂定数量，并且需要根据经验，尽可能估算一个比较贴近实际的数量，且尽可能把项目列全，以消除因此而产生的争议。 1. 设标底招标。 （1）设标底时易发生泄露标底及暗箱操作的现象，失去招标的公平公正性，容易诱发违法违规行为。 （2）编制的标底价是预期价格，因较难考虑施工方案、技术措施对造价的影响，容易与市场造价水平脱节，不利于引导投标人理性竞争。 （3）标底在评标过程的特殊地位使标底价成为左右工程造价的杠杆，不合理的标底会使合理的投标报价在评标中显得不合理，有可能成为地方或行业保护的手段。 （4）将标底作为衡量投标人报价的基准，导致投标人尽力地去迎合标底，往往招标投标过程反映的不是投标人实力的竞争，而是投标人编制预算文件能力的竞争，或者各种合法或非法的“投标策略”的竞争。 2. 无标底招标。 （1）容易出现围标串标现象，各投标人哄抬价格，给招标人带来投资失控的风险。 （2）容易出现低价中标后偷工减料，以牺牲工程质量来降低工程成本，或产生先低价中标，后高额索赔等不良后果。 （3）评标时，招标人对投标人的报价没有参考依据和评判基准。

<table>
<tr><td colspan="2">招标控制价与标底的关系</td><td>3. 招标控制价招标。
（1）采用招标控制价招标的优点：①可有效控制投资；②提高了透明度；③投标人自主报价；④既设置了控制上限又尽量地减少了业主依赖评标基准价的影响。
（2）采用招标控制价招标也可能出现如下问题：①若“最高限价”大大高于市场平均价，就预示中标后利润很丰厚，只要投标不超过公布的限额都是有效投标，从而可能诱导投标人串标围标。②若公布的最高限价远远低于市场平均价，就会影响招标效率。即可能出现只有 1 ~ 2 人投标或出现无人投标情况，因为按此限额投标将无利可图，超出此限额投标又成为无效投标，结果使招标人不得不修改招标控制价进行二次招标。</td></tr>
<tr><td colspan="2">招标控制价的编制规定</td><td>1. 投标人的投标报价超过招标控制价的，其投标作为废标处理。
2. 招标控制价应由具有编制能力的招标人或受其委托、具有相应资质的工程造价咨询人编制。工程造价咨询人不得同时接受招标人和投标人对同一工程的招标控制价和投标报价的编制。
3. 招标控制价应在招标文件中公布，且在公布招标控制价时，应公布招标控制价各组成部分的详细内容，不得只公布招标控制价总价。
4. 招标控制价超过批准的概算时，招标人应将其报原概算审批部门审核。
5. 投标人经复核认为招标人公布的招标控制价未按照《建设工程工程量清单计价规范》（GB50500—2013）的规定进行编制的，应在开标前 5 日向招标投标监督机构或（和）工程造价管理机构投诉。招标投标监督机构应会同工程造价管理机构对投诉进行处理，当招标控制价误差 > ± 3%的应责成招标人改正。
6. 招标人应将招标控制价及有关资料报送工程所在地工程造价管理机构备查。</td></tr>
<tr><td colspan="2">招标控制价的编制依据</td><td>1. 现行国家标准《建设工程工程量清单计价规范》(GB50500—2013)与专业工程计量规范。
2. 国家或省级、行业建设主管部门颁发的计价定额和计价办法。
3. 建设工程设计文件及相关资料。
4. 拟定的招标文件及招标工程量清单。
5. 与建设项目相关的标准、规范、技术资料。
6. 施工现场情况、工程特点及常规施工方案。
7. 工程造价管理机构发布的工程造价信息；工程造价信息没有发布的，参照市场价。
8. 其他的相关资料。</td></tr>
<tr><td>招标控制价的编制要求</td><td>分部分项工程费</td><td>1. 分部分项工程费应根据招标文件中的分部分项工程量清单及有关要求，按《建设工程工程量清单计价规范》（GB50500—2013）有关规定确定综合单价计价。
2. 工程量依据招标文件中提供的分部分项工程量清单确定。
3. 招标文件提供了暂估单价的材料，应按暂估的单价计入综合单价。
4. 为使招标控制价与投标报价所包含的内容一致，综合单价中应包括招标文件中要求投标人所承担的风险内容及其范围(幅度)产生的风险费用。</td></tr>
</table>

招标控制价的编制要求	措施项目费	1. 措施项目费中的安全文明施工费应当按照国家或省级、行业、建设主管部门的规定标准计价，该部分不得作为竞争性费用。 2. 对于可精确计量的措施项目，以“量”计算即按其工程量与分部分项工程工程量清单单价相同的方式确定综合单价；对于不可精确计量的措事项目，则以“项”为单位，采用费率法按有关规定综合取定，采用费率法时需确定某项费用的计费基数及其费率，结果应是包括除规费、税金以外的全部费用。计算公式为： 以“项”计算的测试项目清单费=措施项目计费基数×费率
	其他项目费	1. 暂列金额可根据工程的复杂程度、设计深度、工程环境条件(包括地质、水文、气候条件等)进行估算。 2. 暂估价中的材料单价应按照工程造价管理机构发布的工程造价信息中的材料单价计算，工程造价信息未发布的材料单价，其单价参考市场价格估算；暂估价中的专业工程暂估价应分不同专业，按有关计价规定估算。 3. 在编制招标控制价时，对计日工中的人工单价和施工机械台班单价应按省级、行业建设主管部门或其授权的工程造价管理机构公布的单价计算；材料应按工程造价管理机构发布的工程造价信息中的材料单价计算，工程造价信息未发布单价的材料，其价格应按市场调查确定的单价计算。 4. 总承包服务费应按照省级或行业建设主管部门的规定计算。 （1）招标人仅要求对分包的专业工程进行总承包管理和协调时，按分包的专业工程估算造价的 1.5%计算。 （2）招标人要求对分包的专业工程进行总承包管理和协调，并同时要求提供配合服务时，根据招标文件中列出的配合服务内容和提出的要求，按分包的专业工程估算造价的 3%~5%计算。 （3）招标人自行供应材料的，按招标人供应材料价值的 1%计算。
	规费和税金	应按国家或省级、行业建设主管部门的规定计算。税金计算公式： 税金=（分部分项工程量清单＋措施项目清单费＋其他项目清单费＋规费）×综合税率
综合单价的组价		综合单价的组价，首先，依据提供的工程量清单和施工图纸，按照工程所在地区颁发的计价定额的规定，确定所组价的定额项目名称，并计算出相应的工程量；其次，依据工程造价政策规定或工程造价信息确定其人工、材料、机械台班单价；同时，在考虑风险因素确定管理费率和利润率的基础上，按规定程序计算出所组价定额项目的合价，然后将若干项所组价的定额项目合价相加除以工程量清单项目工程量，使得到工程量清单项目综合单价，对于未计价材料费(包括暂估单价的材料费)应计入综合单价。 定额项目合价=定额项目工程量×[∑(定额人工消耗量×人工单价)+∑（定额材料消耗量×材料单价）+∑（定额机械台班消耗量×机械台班单价）+价差（基价或人工、材料、机械费用）+管理费和利润] 工程量清单综合单价=[∑（定额项目合价）+未计价材料]/工程量清单项目工程量。

确定综合单价应考虑的因素	编制招标控制价在确定其综合单价时，应考虑一定范围内的风险因素。在招标文件中应通过预留一定的风险费用，或明确说明风险所包括的范围及超出该范围的价格调整方法。对于招标文件中未作要求的可按以下原则确定： 1. 对于技术难度较大和管理复杂的项目，可考虑一定的风险费用，并纳入到综合单价中。 2. 对于工程设备、材料价格的市场风险，应依据招标文件的规定，工程所在地或行业工程造价管理机构的有关规定，以及市场价格趋势考虑一定率值的风险费用，纳入到综合单价中。 3. 税金、规费等法律、法规、规章和政策变化的风险和人工单价等风险费用不应纳入综合单价。
编制招标控制价时应注意的问题	（1）采用的材料价格应是工程造价管理机构通过工程造价信息发布的材料价格，工程造价信息未发布材料单价的材料，其材料价格应通过市场调查确定。 （2）施工机械设备的选型应根据工程项目特点和施工条件，本着经济实用、先进高效的原则确定。 （3）应该正确、全面地使用行业和地方的计价定额与相关文件。 （4）不可竞争的措施项目和规费、税金等费用的计算应按国家有关规定计算。 （5）不同工程项目、不同施工单位会有不同的施工组织方法，所发生的措施费也会有所不同，因此对于竞争性的措施费用的确定，招标人应首先编制常规的施工组织设计或施工方案，然后依据经专家论证确认后再进行合理确定措施项目与费用。

第三节 投标文件及投标报价的编制

本节要点	本节内容
施工投标前期工作	1. 施工投标报价流程 在取得招标信息后，投标人首先要决定是否参加投标，如果参加投标，即进行前期工作：准备资料，申请并参加资格预审；获取招标文件；组建投标报价班子；然后进入询价与编制阶段，整个投标过程需遵循一定的程序。 2. 研究招标文件 投标人取得招标文件后，为保证工程量清单报价的合理性，应对投标人须知、合同条件、技术规范、图纸和工程量清单等重点内容进行分析。研究投标人须知的目的在于防止废标。合同分析包括合同背景分析、合同形式分析、合同条款分析、技术标准和要求分析、图纸分析。 3. 调查工程现场 包括自然现场调查、施工条件调查和其他条件调查。

调查询价与工程量复核	1. 询价 （1）询价的渠道。直接与生产厂商联系；了解生产厂商的代理人或从事该项业务的经纪人；了解经营该项产品的销售商；向咨询公司进行询价，通过咨询公司所得到的询价资料比较可靠，但需要支付一定的咨询费用，也可向同行了解；通过互联网查询；自行进行市场调查或信函询价。 （2）生产要素询价。包括材料询价、施工机械设备询价和劳务询价。其中劳务询价主要有两种情况：一是成建制的劳务公司，另一种是劳务市场招募零散劳动力。 （3）分包询价。总承包商在确定了分包工作内容后，就将分包专业的工程施工图纸和技术说明送交预先选定的分包单位，请他们在约定的时间内报价，以便进行比较选择，最终选择合适的分包人。对分包人询价应注意以下几点：分包标函是否完整；分包工程单价所包含的内容；分包人的工程质量、信誉及可信赖程度；质量保证措施；分包报价。 2. 复核工程量 投标人应认真根据招标说明、图纸、地质资料等招标文件资料，计算主要清单工程量。复核工程量清单复核工程量的目的不是修改工程量清单，即使有误，投标人也不能修改工程量清单中的工程量，因为修改了清单就等于擅自修改了合同。对工程量清单存在的错误，可以向招标人提出，由招标人统一修改并把修改情况通知所有投标人。针对工程量清单中工程量的遗漏或错误，是否向招标人提出修改意见取决于投标策略。通过工程量计算复核还能准确地确定订货及采购物资的数量，防止由于超量或少购等带来的浪费、积压或停工待料。 3. 制定项目管理规划 项目管理规划是工程投标报价的重要依据，项目管理规划应分为项目管理规划大纲和项目管理实施规划。根据《建设工程项目管理规范》，当承包商以编制施工组织设计代替项目管理规划时，施工组织设计应满足项目管理规划的要求。
投标文件编制的内容	1. 投标函及投标函附录； 2. 法定代表人身份证明或附有法定代表人身份证明的授权委托书； 3. 联合体协议书（如工程允许采用联合体投标）； 4. 投标保证金； 5. 已标价工程量清单； 6. 施工组织设计； 7. 项目管理机构； 8. 拟分包项目情况表； 9. 资格审查资料； 10. 规定的其他材料。

投标文件编制的规定	投标文件应按“投标文件格式”进行编写，如有必要，可以增加附页，作为投标文件的组成部分。投标文件应当对招标文件有关工期、投标有效期、质量要求、技术标准和要求、招标范围等实质性内容作出响应。投标文件应由投标人的法定代表人或其委托代理人签字或盖单位章。投标文件正本一份，副本份数按招标文件有关规定。除招标文件另有规定外，投标人不得递交备选投标方案。
投标文件的递交	1. 投标保证金。投标保证金除现金外，可以是银行出具的银行保函、保兑支票、银行汇票或现金支票。投标保证金的数额不得超过投标总价的 2%。依法必须进行招标的项目的境内投标单位，以现金或者支票形式提交的投标保证金应当从其基本账户转出。出现下列情况的，投标保证金将不予返还： （1）投标人在规定的投标有效期内撤销或修改其投标文件； （2）中标人在收到中标通知书后，无正当理由拒签合同协议书或未按招标文件规定提交履约担保。 2. 投标有效期。投标有效期从投标截止时间起开始计算，主要用作组织评标委员会评标、招标人定标、发出中标通知书，以及签订合同等工作，一般项目投标有效期为 60~90 天，大型项目 120 天左右。投标保证金的有效期应与投标有效期保持一致。 3. 投标文件的密封和标识。投标文件的正本与副本应分开包装，加贴封条，并在封套上清楚标记“正本”或“副本”字样，于封口处加盖投标人单位章。 4. 投标文件的修改与撤回。在规定的投标截止时间前，投标人可以修改或撤回已递交的投标文件，但应以书面形式通知招标人。在招标文件规定的投标有效期内，投标人不得要求撤销或修改其投标文件。
联合体投标	联合体投标需遵循以下规定： 1. 联合体各方应按招标文件提供的格式签订联合体协议书，明确联合体牵头人和各方权利义务。 2. 联合体各方签订共同投标协议后，不得再以自己名义单独投标，也不得组成新的联合体或参加其他联合体在同一项目中投标。 3. 通过资格预审的联合体，其各方组成结构或职责，以及财务能力、信誉情况等资格条件不得改变。 4. 由同一专业的单位组成的联合体，按照资质等级较低的单位确定资质等级。 5. 联合体投标的，应当以联合体各方或者联合体中牵头人的名义提交投标保证金。以联合体中牵头人名义提交的投标保证金，对联合体各成员具有约束力。

串通投标	1. 有下列情形之一的，属于投标人相互串通投标： （1）投标人之间协商投标报价等投标文件的实质性内容； （2）投标人之间约定中标人； （3）投标人之间约定部分投标人放弃投标或者中标； （4）属于同一集团、协会、商会等组织成员的投标人按照该组织要求协同投标； （5）投标人之间为谋取中标或者排斥特定投标人而采取的其他联合行动。 2. 有下列情形之一的，视为投标人相互串通投标： （1）不同投标人的投标文件由同一单位或者个人编制； （2）不同投标人委托同一单位或者个人办理投标事宜； （3）不同投标人的投标文件载明的项目管理成员为同一人； （4）不同投标人的投标文件异常一致或者投标报价呈规律性差异； （5）不同投标人的投标文件相互混装； （6）不同投标人的投标保证金从同一单位或者个人的账户转出。 3. 有下列情形之一的，属于招标人与投标人串通投标： （1）招标人在开标前开启投标文件并将有关信息泄露给其他投标人； （2）招标人直接或者间接向投标人泄露标底、评标委员会成员等信息； （3）招标人明示或者暗示投标人压低或者抬高投标报价； （4）招标人授意投标人撤换、修改投标文件； （5）招标人明示或者暗示投标人为特定投标人中标提供方便； （6）招标人与投标人为谋求特定投标人中标而采取的其他串通行为。
投标报价编制原则	投标报价由投标人自主确定，但必须执行《建设工程工程量清单计价规范》的强制性规定。投标人的投标报价不得低于成本。投标报价要以招标文件中设定的发承包双方责任划分，作为考虑投标报价费用项目和费用计算的基础，发承包双方的责任划分不同，会导致合同风险不同的分摊，从而导致投标人选择不同的报价；根据工程发承包模式考虑投标报价的费用内容和计算深度。以施工方案、技术措施等作为投标报价计算的基本条件；以反映企业技术和管理水平的企业定额作为计算人工、材料和机械台班消耗量的基本依据；充分利用现场考察、调研成果、市场价格信息和行情资料，编制基础标价。报价计算方法要科学严谨，简明适用。
投标报价编制依据	1. 建设工程工程量清单计价规范。 2. 国家或省级、行业建设主管部门颁发的计价办法。 3. 企业定额，国家或省级、行业建设主管部门颁发的计价定额。 4. 招标文件、工程量清单及其补充通知、答疑纪要。 5. 建设工程设计文件及相关资料。 6. 施工现场情况、工程特点及拟定的投标施工组织设计或施工方案。 7. 与建设项目相关的标准、规范等技术资料。 8. 市场价格信息或工程造价管理机构发布的工程造价信息。 9. 其他的相关资料。

确定分部分项工程综合单价时的注意事项	发承包双方对工程施工阶段的风险宜采用如下分摊原则： （1）对于主要由市场价格波动导致的价格风险，如工程造价中的建筑材料、燃料等价格风险，发承包双方应当在招标文件中或在合同中对此类风险的范围和幅度予以明确约定，进行合理分摊。根据工程特点和工期要求，一般采取的方式是承包人承担5%以内的材料、工程设备价格风险，10%以内的施工机具使用费风险。 （2）对于法律、法规、规章或有关政策出台导致工程税金、规费、人工费发生变化，并由省级、行业建设行政主管部门或其授权的工程造价管理机构根据上述变化发布的政策性调整，承包人不应承担此类风险，应按照有关调整规定执行。 （3）对于承包人根据自身技术水平、管理、经营状况能够自主控制的风险，如承包人的管理费、利润的风险，承包人应结合市场情况，根据企业自身的实际合理确定、自主报价，该部分风险由承包人全部承担。
分部分项工程单价的确定的步骤和方法	（1）确定计算基础。计算基础主要包括消耗量的指标和生产要素的单价。 （2）分析每一清单项目的工程内容。 （3）计算工程内容的工程数量与清单单位含量。清单单位含量是指每一计量单位的清单项目所分摊的工程内容的工程数量。 $\text{清单单位含量}=\dfrac{\text{某工程内容的定额工程量}}{\text{清单工程量}}$ （4）分部分项工程人工、材料、机械费用的计算。 （5）计算综合单价。
分部分项工程量清单综合单价分析表的编制	为表明分部分项工程量综合单价的合理性，投标人应对其进行单价分析，以作为评标时的判断依据。综合单价分析表的编制应反映上述综合单价的编制过程，并按照规定的格式进行。
措施项目清单与计价表的编制	编制内容主要是计算各项措施项目费，措施项目费应根据招标文件中的措施项目清单及投标时拟定的施工组织设计或施工方案按不同报价方式自主报价。计算时应遵循以下原则： 1. 投标人可根据工程实际情况结合施工组织设计，自主确定措施项目费。 2. 措施项目清单计价应根据拟建工程的施工组织设计，对于可以精确计“量”的措施项目宜采用分部分项工程量清单方式的综合单价计价；对于不能精确计量的措施项目可以“项”为单位的方式按“率值”计价，应包括除规费、税金外的全部费用；以“项”为计量单位的，按项计价，其价格组成与综合单价相同，应包括除规费，税金以外的全部费用。 3. 措施项目清单中的安全文明施工费应按照国家或省级、行业建设主管部门的规定计价，不得作为竞争性费用。

其他项目清单计价表编制	其他项目费主要包括暂列金额、暂估价、计日工以及总承包服务费组成。投标人对其他项目费投标报价时应遵循以下原则： 1. 暂列金额应按照其他项目清单中列出的金额填写，不得变动。 2. 暂估价不得变动和更改。 3. 计日工应按照其他项目清单列出的项目和估算的数量，自主确定各项综合单价并计算费用。 4. 总承包服务费应根据指标人在指标文件中列出的分包专业工程内容和供应材料、设备情况，按照招标人提出的协调、配合与服务要求和施工现场管理需要自主确定。
规费、税金项目清单与计价表的编制	规费和税金应按国家或省级、行业建设主管部门的规定计算，不得作为竞争性费用。这是由于规费和税金的计取标准是依据有关法律、法规和政策规定制定的，具有强制性。因此，投标人在投标报价时必须按照国家或省级、行业建设主管部门的有关规定计算规费和税金。
投标价的汇总	投标人的投标总价应当与组成工程量清单的分部分项工程费、措施项目费、其他项目费和规费、税金的合计金额相一致，即投标人在进行工程量清单招标的投标报价时，不能进行投标总价优惠(或降价、让利)，投标人对投标报价的任何优惠(或降价、让利)均直反映在相应清单项目的综合单价中。

第四节　中标价及合同价款的约定

本节要点	本节内容
评标的准备	评标活动应遵循公平、公正、科学、择优的原则，招标人应当采取必要的措施，保证评标在严格保密的情况下进行。评标委员会成员名单一般应于开标前确定，而且该名单在中标结果确定前应当保密。评标委员会成员应当编制供评标使用的相应表格，认真研究招标文件，至少应了解和熟悉以下内容： 1. 招标的目标。 2. 招标项目的范围和性质。 3. 招标文件中规定的主要技术要求、标准和商务条款。 4. 招标文件规定的评标标准、评标方法和在评标过程中考虑的相关因素。 招标人或者其委托的招标代理机构应当向评标委员会提供评标所需的重要信息和数据。

初步评审	我国目前评标中主要采用的方法包括经评审的最低投标价法和综合评估法，两种评标方法在初步评审阶段，其内容和标准基本是一致的。 1. 初步评审标准。初步评审的标准包括形式评审标准、资格评审标准、响应性评审标准、施工组织设计和项目管理机构评审标准。 2. 投标文件的澄清和说明。评标委员会可以书面方式要求投标人对投标文件中含意不明确的内容作必要的澄清、说明或补正，但是澄清、说明或补正不得超出投标文件的范围或者改变投标文件的实质性内容。但评标委员会不得向投标人提出带有暗示性或诱导性的问题，或向其明确投标文件中的遗漏和错误。同时，评标委员会不接受投标人主动提出的澄清、说明或不正。 3. 报价有算术错误的修正。投标报价有算术错误的，评标委员会按以下原则对投标报价进行修正，修正的价格经投标人书面确认后具有约束力。投标人不接受修正价格的，其投标作废标处理。投标文件中的大写金额与小写金额不一致的，以大写金额为准；总价金额与依据单价计算出的结果不一致的，以单价金额为准修正总价，但单价金额小数点有明显错误的除外。此外，如对不同文字文本投标文件的解释发生异议的，以中文文本为准。 4. 废标。经初步评审后否决投标的情况。未能在实质上响应的投标，评标委员会应当否决其投标。具体情形包括： （1）投标文件未经投标单位盖章和单位负责人签字； （2）投标联合体没有提交共同投标协议； （3）投标人不符合国家或者招标文件规定的资格条件； （4）同一投标人提交两个以上不同的投标文件或者投标报价，但招标文件要求提交备选投标的除外； （5）投标报价低于成本或者高于招标文件设定的最高投标限价； （6）投标文件没有对招标文件的实质性要求和条件作出响应； （7）投标人有串通投标、弄虚作假、行贿等违法行为。
详细评审标准与方法	详细评审的方法主要包括经评审的最低投标价法和综合评估法两种。 1. 经评审的最低投标价法。 经评审的最低投标价法是指评标委员会对满足招标文件实质要求的投标文件，根据详细评审标准规定的量化因素及量化标准进行价格折算，按照经评审的投标价由低到高的顺序推荐中标候选人，或根据招标人授权直接确定中标人，但投标报价低于其成本的除外。经评审的投标价相等时，投标报价低的优先；投标报价也相等的，由招标人自行确定。 （1）适用范围。该方法主要适用于具有通用技术、性能标准或者招标人对其技术、性能没有特殊要求的招标项目。 （2）详细评审标准。根据《标准施工招标文件》的规定，主要的量化因素包括单价遗漏和付款条件等，招标人可以根据项目具体特点和实际需要，进一步删减、补充或细化量化因素和标准；世界银行贷款项目采用此种评标方法时，通常考虑的量化因素和标准包括：一定条件下的优惠、工期提前的效益和多个标段的评标修正。

详细评审标准与方法	（3）根据经评审的最低投标价法完成详细评审后，评标委员会应当拟定一份“价格比较一览表”，连同书面评标报告提交招标人。“价格比较一览表”应当载明投标人的投标报价、对商务偏差的价格调整和说明以及已评审的最终投标价。 2. 综合评估法 不宜采用经评审的最低投标价法的招标项目，一般应当采取综合评估法进行评审。综合评估法是指评标委员会对满足招标文件实质性要求的投标文件，按照规定的评分标准进行打分，并按得分由高到低顺序推荐中标候选人，或根据招标人授权直接确定中标人，但投标报价低于其成本的除外。综合评分相等时，以投标报价低的优先；投标报价也相等的，由招标人自行确定。综合评估法下评标分值构成分为四个方面，即施工组织设计；项目管理机构；投标报价；其他评分因素。根据综合评估法完成评标后，评标委员会应当拟定一份“综合评估比较表”，连同书面评标报告提交招标人。“综合评估比较表”应当载明投标人的投标报价、所做的任何修正、对商务偏差的调整、对技术偏差的调整、对各评审因素的评估以及对每一投标的最终评审结果。
中标候选人的确定	对使用国有资金投资或者国家融资的项目，招标人应当确定排名第一的中标候选人为中标人。招标人可以授权评标委员会直接确定中标人。招标人不得向中标人提出压低报价、增加工作量、缩短工期或其他违背中标人意愿的要求，以此作为发出中标通知书和签订合同的条件。
评标报告的内容及提交	（1）基本情况和数据表； （2）评标委员会成员名单； （3）开标记录； （4）符合要求的投标一览表； （5）废标情况说明； （6）评标标准、评标方法或者评标因素一览表； （7）经评审的价格或者评分比较一览表； （8）经评审的投标人排序； （9）推荐的中标候选人名单与签订合同前要处理的事宜； （10）澄清、说明、补正事项纪要。 评标报告由评标委员会全体成员签字。对评标结论持有异议的评标委员会成员可以书面方式阐述其不同意见和理由。评标委员会成员拒绝在评标报告上签字且不陈述其不同意见和理由的，视为同意评标结论。评标委员会应当对此做出书面说明并记录在案。
公示中标候选人	依法必须进行招标的项目，招标人应当自收到评标报告之日起 3 日内公示中标候选人，公示期不得少于 3 日。投标人或者其他利害关系人对依法必须进行招标的项目的评标结果有异议的，应当在中标候选人公示期间提出。公示由招标人统一委托当地招投标中心在开标当日发布，公示期从公示的第 2 日开始算起，在公示期满后招标人才可以签发中标通知书。公示的项目范围是依法必须进行招标的项目，公示内容是对中标候选人全部名单及排名进行公示，

公示中标候选人	而不是只公示排名第一的中标候选人。公示期间，投标人及其他利害关系人应当先向招标人提出异议，经核查后发现在招投标过程中确有违反相关法律法规且影响评标结果公正性的，招标人应当重新组织评标或招标。招标人拒绝自行纠正或无法自行纠正的，则向行政监督部门提出投诉。
发出中标通知书	招标人确定后，招标人应当向中标人发出中标通知书，并同时将中标结果通知所有未中标的投标人。中标通知书对招标人和投标人具有法律效力。中标通知书发出后，招标人改变中标结果，或者中标人放弃中标项目，应当依法承担法律责任。
履约担保	在签订合同前，中标人以及联合体的中标人应按招标文件有关规定的金额、担保形式和招标文件规定的履约担保格式，向招标人提交履约担保。履约担保有现金、支票、履约担保书和银行保函等形式，可以选择其中的一种作为招标项目的履约担保，一般采用银行保函和履约担保书。履约担保金额一般为中标价的 10%。发包人应在工程接收证书颁发后 28 天内把履约担保退还给承包人。
签约合同价与中标价的关系	合同价就是中标价，因为中标价是指评标时经过算术修正的、并在中标通知书中申明招标人接受的投标价格。
合同价款约定的规定和内容	1. 合同签订的时间及规定。招标人和中标人应当自中标通知书发出之日起 30 天内，根据招标文件和中标人的投标文件订立书面合同。招标人与中标人签订合同后 5 个工作日内，应当向中标人和未中标的投标人退还投标保证金。 2. 合同价款类型的选择。实行工程量清单计价的工程，应采用单价合同。建设规模较小，技术难度较低，工期较短，且施工图设计已审查批准的建设工程可以采用总价合同；紧急抢险、救灾以及施工技术特别复杂的建设工程可以采用成本加酬金合同。 3. 合同价款约定的内容。预付工程款的数额、支付时间及抵扣方式。安全文明施工措施的支付计划，使用要求等。工程计量与支付工程进度款的方式、数额及时间。合同价款的调整因素、方法、程序、支付及时间。施工索赔与现场签证的程序、金额确认与支付时间。承担计价风险的内容、范围以及超出约定内容、范围的调整办法。工程竣工价款结算编制与核对、支付及时间。工程质量保证金的数额、扣留方式及时间。违约责任以及发生合同价款争议的解决方法及时间。与履行合同、支付价款有关的其他事项等。

第五节　工程总承包及国际工程合同价款的约定

本节要点	本节内容
工程总承包	工程总承包是指承包人受发包人委托，按照合同约定对工程建设项目的设计、采购、施工（含竣工试验）、试运行等阶段实行全过程或若干阶段的工程承包。

工程总承包的类型	工程总承包的方式包括设计采购施工（EPC）总承包、交钥匙（Turnkey）总承包、设计施工（Design–Build）总承包、阶段性总承包和工程项目管理总承包。 1. 设计采购施工（EPC）总承包。EPC 总承包即工程总承包企业按照合同约定，承担工程项目的设计、采购、施工、试运行服务等工作，并对承包工程的质量、安全、工期、造价全面负责。 2. 交钥匙总承包。交钥匙总承包的范围包括：项目前期的投资机会研究、项目发展策划、建设方案及可行性研究和经济评价。工程勘察、总体规划方案和工程设计。工程采购和施工。项目动用准备和生产运营组织。项目维护及物业管理的策划与实施等。交钥匙总承包与其他工程总承包方式相比较，交钥匙工程承包的优越性：能满足某些业主的特殊要求。承包商承担的风险比较大，但获利的机会比较多，有利于调动总包的积极性。业主介入的程度比较浅，有利于发挥承包商的主观能动性。业主与承包商之间的关系简单。 3. 设计施工总承包。设计施工总承包即工程总承包企业按照合同约定，承担工程项目的设计和施工，并对承包工程的质量、安全、工期、造价全面负责。 4. 阶段性总承包。根据工程项目的不同规模、类型和业主要求，工程总承包还可采用设计采购总承包、采购施工总承包等方式。 5. 工程项目管理总承包。工程项目管理总承包的具体方式及服务内容、权限、取费和责任等，由业主与工程项目管理企业在合同中约定。
工程总承包的主要特点	1. 合同结构简单。 2. 承包商积极性高。 3. 项目整体效果好。
工程总承包招标文件的编制	1. 工程总承包招标文件的编制内容 （1）招标公告(或投标邀请书)。 （2）投标人须知。除投标人须知前附表外，投标人须知由总则、招标文件、投标文件、投标、开标、评标、合同授予、纪律和监督、电子招标投标等内容组成。 （3）评标办法。 （4）合同条款及格式。 （5）发包人要求。 （6）发包人提供的资料。发包人通常应提供下列资料：施工场地及毗邻区域内的供水、排水、供电、供气、供热、通信、广播电视等地下管线资料、气象和水文观测资料，相邻建筑物和构筑物、地下工程的有关资料，以及其他与建设工程有关的原始资料；定位放线的基准点、基准线和基准标高；发包人取得的有关审批、核准和备案材料，如规划许可证；其他资料。 (7) 投标文件格式。 (8) 规定的其他资料。

工程总承包招标文件的编制	2. 工程总承包招标文件的编制规定 (1)招标文件的澄清以书面形式发给所有购买招标文件的投标人，但不指明澄清问题的来源。澄清发出的时间距投标人须知前附表规定的投标截止时间小足15日的，并且澄清内容影响投标文件编制的，将相应延长投标截止时间。投标人在收到澄清后，应在投标人须知前附表规定的时间内以书面形式通知招标人，确认已收到该澄清。 (2)招标人可以书面形式修改招标文件，并通知所有已购买招标文件的投标人。修改招标文件的时间距投标人须知前附表规定的投标截止时间不足15日的，并且澄清内容影响投标文件编制的，将相应延长投标截止时间。
工程总承包投标文件的编制	1. 工程总承包投标文件的内容 工程总承包投标文件包括投标函及投标函附录、法定代表人身份证明或附有法定代表人身份证明的授权委托书、联合体协议书、投标保证金、价格清单、承包人建议书、资格审查资料、投标人须知前附表规定的其他资料。 2. 工程总承包投标文件编制时应遵循的规定 由于实施工程总承包的项目通常比较复杂，因此除投标人须知前附表另有规定外，投标有效期均为120天。 3. 工程总承包投标报价分析 （1）成本分析。工程总承包项目的成本费用由施工费用，直接设备材料费用，分包合同费用，公司本部费用，调试、开车服务费用和其他费用组成，也可以将工程总承包费用按阶段分解成勘察设计费用、采购费用和施工费用三部分。各种成本费用在计算时应以市场价格为主要编制依据，对于公司本部费用的计算，如果能够依据公司实际发生额的平均水平进行计算是成本估算的首选方案，如果无法分解细目需要以某一费用的一定费率来计算，这费率的决定需要进行论证，保证其合理性。 （2）标高金分析。标高金由管理费、利润和风险费组成。管理费属于总部的日常开支在该项目上的摊销，与公司本部费用有所不同，公司本部费用是与项目直接相关的管理费用和勘察设计费用开支。确定管理费率和利润率最简单的也是最客观的方式是模糊综合评价法。计算风险费率可以运用模糊综合评价法和层次分析法等进行计算。
工程总承包的评标办法	工程总承包的评标办法包括综合评估法和经评审的最低投标价法。 1. 综合评估法 （1）初步评审标准。综合评估法下的初步评审标准包括形式评审标准、资格评审标准和响应性评审标准三个方面。 （2）详细评审。综合评估法的详细评审分别从承包人建议书、资信业绩、承包人实施方案、投标报价和其他评分因素的各个方面进行综合评定。 2. 经评审的最低投标价法 （1）初步评审标准。经评审的最低投标价法下下的初步评审标准包括形式评审标准、资格评审标准、响应性评审标准、承包人建议书评审标准、承包人实施方案评审标准五个方面。 （2）详细评审标准。详细评审标准主要是将招标文件中确定需要考虑的

工程总承包的评标办法		量化因素按照既定的量化标准进行折算，从而得到各标书经评审的投标价。考虑的量化因素主要有付款条件，招标人可根据需要在招标文件中增列量化因素和量化标准。
世界银行贷款项目的采购原则		世界银行贷款项目的采购原则程序由《国际复兴开发银行贷款和国际开发协会信贷采购指南》规定，即适用于土建工程，也适用于货物和咨询服务。在基本原则下： 1. 在项目采购中，必须注意经济性和效率性。 2. 世界银行贷款项目为合格的投标人承包项目提供平等的竞争机会，不论投标人来自发达国家还是发展中国家。 3. 世界银行作为一个开发机构，其贷款项目应促进借款国的制造业和承包业的发展。
国际竞争性招标的程序	总采购公告	世界银行要求，贷款项目中心以国际竞争性方式采购货物和工程，借款人必须准备并交世界银行一分总采购公告。总采购通过送交世界银行的时间最迟不应迟于招标文件已经准备好，将向投标人公开发售之前 60 日，以便及早安排刊登，使可能的投标人有时间考虑，并表示他们对这项采购的兴趣。
	资格预审和资格定审	除了确定投标资格外，资格预审的目的是审定可能的投标人是否有能力承担该项目的采购任务。经评审后，凡符合标准的，都应准予投标，而不应限定预审合格的投标人的数量。如果评标价最低的投标人不符合资格要求，就应拒绝这一投标，而对次低标的投标人进行资格定审。
	准备招标文件	世界银行虽然并不批准招标文件，但需其表示物无意见后招标文件才可以公开发售。招标文件应说明工程内容，工程所在地点，所需提供的货物，交货及安装地点，交货或竣工进程表，保修和维修要求，以及其他有关的条件和条款。如有必要，招标文件还应规定将采用的测试标准及方法，用以测试交付使用的设备是否符合规格要求。招标文件发出后如有任何补充，澄清，勘误或者更改，包括多投标人提出的问题所做出的答复，都必须在距投标截止期足够长的时间以前，发送原招标文件的每一个收件人。
	具体合同招标广告	这类具体合同招标广告不要求但鼓励刊登在联合国《发展商务报》上；至少应刊登在借款人国内广泛发行的一种报纸上。一般从刊登招标广告或发售招标文件(两个时间中以较晚的时间为准)算起，给予投标商准备投标的时间不得少于 45 日。
	开标	开标时间一般应是投标截止或紧接截止时之后，招标人应规定时间当众开标。应允许投标人或其他代表出席开标会议，对每份标书都应当众读其投标人、报价和交货或完工期；如果要求或允许提出替代方案，也应读出替代方案的报价及完工期。标书是不附有投标保证金或保函也应当当众读出。开标时一般不允许提问或作任何解释，但允许记录和录音。在投标截止期以后收到的标书，尤其是已经开始宣读标书以后收到的标书，不论出于何种原因，一般都可加以拒绝。

国际竞争性招标的程序	评标	审标是先将各投标人提交标书就一些技术性、程序性的问题加以澄清并初步筛选。按招标文件所明确规定的标准和评标方法，评定各标书的评标价。按标书如有各种与招标所列要求不重大的偏离者，应按招标文件规定办法在评标中加以计算。如果未经资格预审，则应对评标价最低标书的投标人进行资格定审。
	授予合同或拒绝所有投标	按照招标文件规定的标准，对所有符合要求的标书进行评标，得出结果后，应将合同授予其标书评价最低，并有足够的人力财力资源的投标人。如果所有投标价最低有投标报价也大大超出了原来的预算，则可以废弃所有投标面重新招标。如果所有投标均有重大方面不符合要求，或招标缺乏有效有竞争，借款人也可以废弃所有投标重新招标。
	合同谈判和签订合同	合同价格是不容谈判的，也不得在谈判中要求投标人承担额外的任务。有些技术性或商务性的问题是可以而且应该在谈判中确定的。合同谈判结束，中标人接到授标信后，即应在规定时间内提交履约担保。双方应在投标有效期内签署合同正式文本，一式两份，双方各一份，并将合同副本送世界银行。“签约合同价”即指中标通知书明确的并在签订合同时于合同协议书中写明的，包括了暂列金额、暂估价的合同总金额。而“合同价格”是指承包人按合同约定完成了包括缺陷责任期内的全部承包工作后，发包人应付给承包人的金额，包括在履行合同过程中按合同约定进行的变更和调整。
承揽国际工程时投标报价的计算	人工、材料和机械台班单价的计算	国际工程招标一般采用最低价中标或合理低价中标方式。标价由直接费用、间接费用、利润和风险费组成。 1. 人工工日单价的计算。考虑工效的综合人工工日单价。人工工日单价需根据工人来源情况确定。在国外承包工程，人工工日单价就是指国内派出工人和当地雇用工人的平均工资单价。其计算工式为： 综合人工工日单价=国内派出工人人工工日单价×国内工人工日占总工日数百分比/工效比+雇用当地工人人工工日单价×当地工人1日占总工日百分比/工效比 国内派出工人人工工资单价： 国内派出工人人工工资单价=一个工人出国的总费用/出国工作天数 2.材料、设备单价的计算。 （1）当地采购的材料、设备的计算。 材料、设备单价=市场价格+运杂费+采购保管费+运输保管损耗费 （2）本国或第三国采购的材料、设备单价 材料、设备单价=到岸价格+海关费+港口费+运杂费+运输保管损耗费+其他费 （3）施工机械台班单价的计算。一般采用两种方式计算。一种是单列机械费用，即把施工中各类的使用台班（或台时）与台班单价相乘，得出机械费；另一种是根据施工机械使用的实际情况，分摊台班费。单列机械时的单价的计算工式为：

		台班单价=（年基本折旧费+运杂费+装拆费+维修费+保险费+机上人工费+运力燃料费+管理费+利润）/年台班数
承揽国际工程时投标报价的计算	间接费与其他费用的计算	1. 在计算间接费之前，应仔细研究招标文件中是否已列入了相关的费用。如临时道路费保险费等。如已列计就不再计入间接费中。不同的工程，间接费用包括的内容可能有所不同，常见的费用有：投标期间开支的费用、保函手续费、保险费、税金、经营业务费，临时设施费、贷款利息、施工管理费。 2. 分包费，有两种处理方法，一种方法是将分包费用列入直接费用中，即考虑间接费用时包含了对分包的管理费，另一种方法是将分包费用与直接费用、间接费用平行并列，在估算分包费用时适当加入对分包商的管理费即可。 3. 暂定金额，投标人的投标报价只能把管项的金额列入总工程报价，不能以间接费的方式分摊进入各种项目单价中。 4. 上级单位管理费。一般按工程直接费的 3%~5%收取。 5. 盈余包括利润和风险费两部分。
	单价分析与标价汇总	1. 单价分析。单价分析一般通过列表进行，表中往往包括人工费、材料设备费、机械台班使用费和间接费率。直接费是利用人工费、材料设备费、机械台班使用费三者的基础单价分别乘以相应数量汇总而得。间接费以直接费为基数，间接费率要根据工程所在国的法律、经济、物价、税收、银行、保险、运输、气候等因素及承包商自身的经营管理能力、技术能力等情况，认真分析研究后确定。分项工程单价和分项工程合价的计算公式为： 分项工程单价=分项单位工程直接费×（1+间接费率） 分项工程合价=分项工程单价×分项工程量 2. 标价汇总。将分部分项工程单价与工程量相乘，得到各分部分项工程价格，汇总各分部分项工程价格，再加上分包商的报价即为总报价。

第五章 建设项目施工阶段合同价款的调整和结算

章	节
第五章 建设项目施工阶段合同价款的调整和结算	第一节 合同价款调整
	第二节 工程计量与合同价款结算
	第三节 工程总承包和国际工程合同价款结算

第一节 合同价款调整

本节要点	本节内容
法律法规政策变化	1. 基准日的确定 对于实行招标的建设工程，一般以施工招标文件中规定的提交投标文件的截止时间前的第 28 天作为基准日；对于不实行招标的建设工程，一般以建设工程施工合同签订前的第 28 天作为基准日。 2. 合同价款的调整方法 施工合同履行期间，国家颁布的法律、法规、规章和有关政策在合同工程基准日之后发生变化，且因执行相应的法律、法规、规章和政策引起工程造价发生增减变化的，合同双方当事人应当依据法律、法规、规章和有关政策的规定调整合同价款。 3. 工程延误期间的特殊处理 如果由于承包人的原因导致的工期延误，在工程延误期间国家的法律、行政法规和相关政策发生变化引起工程造价变化的，造成合同价款增加的，合同价款不予调整；造成合同价款减少的，合同价款予以调整。
工程变更的范围	根据《标准施工招标文件》(2007 年版）中的通用合同条款，工程变更的范围和内容包括： 1. 取消合同中任何一项工作，但被取消的工作不能转由发包人或其他人实施； 2. 改变合同中任何一项工作的质量或其他特性； 3. 改变合同工程的基线、标高、位置或尺寸； 4. 改变合同中任何一项工作的施工时间或改变已批准的施工工艺或顺序； 5. 为完成工程需要追加的额外工作。

变更程序	发包人的指令变更	1. 发包人直接发布变更指令。发生合同约定的变更情形时，发包人应在合同规定的期限内向承包人发出书面变更指示。变更指示应说明变更的目的、范围、变更内容以及变更的工程量及其进度和技术要求，并附有关图纸和文件。承包人收到变更指示后，应按变更指示进行变更工作。 2. 发包人根据承包人的建议发布变更指令。承包人收到发包人按合同约定发出的图纸和文件后，经检查认为其中存在变更情形的，可向发包人提出书面变更建议，发包人收到承包人的书面建议后，确认存在变更情形的，应在合同规定的期限内作出变更指示。发包人不同意作为变更情形的，应书面答复承包人。
	承包人的合理化建议导致的变更	承包人对发包人提供的图纸、技术要求以及其他方面提出的合理化建议，均应以书面形式提交给发包人。合理化建议被发包人采纳并构成变更的，发包人应向承包人发出变更指示。
工程变更的价款调整方法	分部分项工程费的调整	1. 已标价工程量清单中有适用于变更工程项目的，且工程变更导致的该清单项目的工程数量变化不足15%时，采用该项目的单价。 2. 已标价工程量清单中没有适用、但有类似于变更工程项目的，可在合理范围内参照类似项目的单价或总价调整。 3. 已标价工程量清单中没有适用也没有类似于变更工程项目的，由承包人根据变更工程资料、计量规则和计价办法、工程造价管理机构发布的信息（参考）价格和承包人报价浮动率，提出变更工程项目的单价或总价，报发包人确认后调整。承包人报价浮动率可按下列公式计算： （1）实行招标的工程： 承包人报价浮动率 L=（1−中标价/招标控制价）×100% （2）不实行招标的工程： 承包人报价浮动率 L=（1−报价值/施工图预算）×100% 4. 已标价工程量清单中没有适用也没有类似于变更工程项目，且工程造价管理机构发布的信息(参与)价格缺价的，由承包人根据变更工程资料、计量规则、计价办法和通过市场调查等有合法依据的市场价格提出变更工程项目的单价或总价，报发包人确认后调整。
	措施项目费的调整	1. 安全文明施工费，按照实际发生变化的措施项目调整，不得浮动。 2. 采用单价计算的措施项目费，按照实际发生变化的措施项目按前述分部分项工程费的调整方法确定单价。 3. 按总价（或系数）计算的措施项目费，除安全文明施工费外，按照实际发生变化的措施项目调整，但应考虑承包人报价浮动因素，即调整金额按照实际调整金额乘以承包人报价浮动率计算。
	承包人报价偏差的调整	如果工程变更项目出现承包人在工程量清单中填报的综合单价与发包人招标控制价或施工图预算相应清单项目的综合单价偏差超过15%的，工程变更项目的综合单价可由发承包双方协商调整。

	删减工程或工作的补偿	如果发包人提出的工程变更，非因承包人原因删减了合同中的某项原定工作或工程，致使承包人发生的费用或（和）得到的收益不能被包括在其他已支付或应支付的项目中，也未被包含在任何替代的工作或工程中，则承包人有权提出并得到合理的费用及利润补偿。
现场签证	定义	现场签证是指发包人或其授权现场代表（包括工程监理人、工程造价咨询人）与承包人或其授权现场代表就施工过程中涉及的责任事件所作的签认证明。
	提出	承包人应发包人要求完成合同以外的零星项目、非承包人责任事件等工作的，发包人应及时以书面形式向承包人发出指令，提供所需的相关资料；承包人在收到指令后，应及时向发包人提出现场签证要求。承包人在施工过程中，若发现合同工程内容因场地条件、地质水文、发包人要求等不一致时，应提供所需的相关资料，提交发包人签证认可，作为合同价款调整的依据。
	报告的确认	承包人应在收到发包人指令后的 7 日内，向发包人提交现场签证报告，发包人应在收到现场签证报告后的 48 小时内对报告内容进行核实，予以确认或提出修改意见。发包人在收到承包人现场签证报告后的 48 小时内未确认也未提出修改意见的，视为承包人提交的现场签证报告已被发包人认证。
	报告的要求	1. 现场签证的工作如果已有相应的计日工单价，现场签证报告中仅列明完成该签证工作所需的人工、材料、工程设备和施工机械台班的数量。 2. 如果现场签证的工作没有相应的计日工单价，应当在现场签证报告中列明完成该签证工作所需的人工、材料、工程设备和施工机械台班的数量及其单价。
	限制	合同工程发生现场签证事项，未经分包人签证确认，承包人便擅自实施相关工作的，除非征得分包人书面同意，否则发生的费用由承包人承担。
采用价格指数调整价格差额	价格调整公式	按以下价格调整公式计算差额并调整合同价格： $\Delta P = P_0\left[A + \left(B_1 \times \frac{F_{t1}}{F_{01}} + B_2 \times \frac{F_{t2}}{F_{02}} + B_3 \times \frac{F_{t3}}{F_{03}} + \cdots + B_n \times \frac{F_{tn}}{F_{0n}}\right) - 1\right]$ 当确定定值部分和可调部分因子权重时，应注意由于以下原因引起的合同价款调整，其风险应由发包人承担： （1）省级或行业建设主管部门发布的人工费调整，但承包人对人工费或人工单价的报价高于发布的除外； （2）由政府定价或政府指导价管理的原材料等价格进行了调整的。 以上价格调整公式中的各可调因子、定值和变值权重，以及基本价格指数及其来源在投标函附录价格指数和权重表中约定。价格指数应首先采用工程造价管理机构提供的价格指数，没有时，可采用工程造价管理机构提供的价格代替。
	权重调整	按变更范围和内容所约定的变更，导致原定合同中的权重不合理时，由承包人和发包人协商后进行调整。

采用价格指数调整价格差额	工期延误后的价格调整	1. 由于发包人原因导致工期延误的，则对于计划进度日期（或竣工日期）后续施工的工程，在使用价格调整公式时，应采用计划进度日期（或竣工日期）与实际进度日期（或竣工日期）的两个价格指数中较高者作为现行价格指数。 2. 由于承包人原因导致工期延误的，则对于计划进度日期（或竣工日期）后续施工的工程，在使用价格调整公式时，应采用计划进度日期（或竣工日期）与实际进度日期（或竣工日期）的两个价格指数中较低者作为现行价格指数。
采用造价信息调整价格差额	人工单价调整	人工单价发生变化时，发承包双方应按省级或行业建设主管部门或其授权的工程造价管理结构发布的人工成本文件调整合同价款。
	材料和工程设备价格的调整	1. 如果承包人投标报价中材料单价低于基准单价，工程施工期间材料单价涨幅以基准单价为基础超过合同约定的风险幅度值时，或材料单价跌幅以投标报价为基础超过合同约定的风险幅度值时，其超过部分按实调整。 2. 如果承包人投标报价中材料单价高于基准单价，工程施工期间材料单价跌幅以基准单价为基础超过合同约定的风险幅度值时，或材料单价涨幅以投标报价为基础超过合同约定的风险幅度值时，其超过部分按实调整。 3. 如果承包人投标报价中材料单价等于基准单价，工程施工期间材料单价涨、跌幅以基准单价为基础超过合同约定的风险幅度值时，其超过部分按实调整。 4. 承包人应当在采购材料前将采购数量和新的材料单价报发包人核对，确认用于本合同工程时，发包人应当确认采购材料的数量和单价。发包人在收到承包人报送的确认资料后 3 个工作日不予答复的，视为已经认可，作为调整合同价款的依据。如果承包人未报经发包人核对即自行采购材料，再报发包人确认调整合同价款的，如发包人不同意，则不作调整。
	施工机械台班单价的调整	施工机械台班单价或施工机械使用费发生变化超过省级或行业建设主管部门或其授权的工程造价管理机构规定的范围时，按照其规定调整合同价款。
工程索赔	定义	工程索赔是指在工程合同履行过程中，合同一方当事人因对方不履行或未能正确履行合同义务或者由于其他非自身原因而遭受经济损失或权利损害，通过合同约定的程序向对方提出经济和（或）时间补偿要求的行为。
	分类	1. 按索赔的当事人分类。 承包人与发包人之间的索赔，总承包人和分包人之间的索赔。 2. 按索赔的目的和要求分类。 根据索赔的目的和要求不同，可以将工程索赔分为工期索赔和费用索赔。 3. 按索赔事件的性质分类。 根据索赔事件的性质不同，可以将工程索赔分为工程延误索赔、加速施工索赔、工程变更索赔、合同终止索赔、不可预见的不利条件索赔、不可抗力事件的索赔、其他索赔。

索赔依据		提出索赔和处理索赔都要依据下列文件或凭证：工程施工合同文件。国家法律、法规，国家、部门和地方有关的标准、规范和定额，工程施工合同履行过程中与索赔事件有关的各种凭证。
索赔前提条件		索赔事件已经造成了承包人直接经济损失或工期延误。造成费用增加或工期延误的索赔事件是非因承包人的原因发生的。承包人已经安装工程施工合同规定的期限和程序提交了索赔意向通知、索赔报告及相关证明材料。
索赔费用的构成	人工费	人工费的索赔包括由于完成合同之外的额外工作所花费的人工费用；超过法定工作时间加班劳动；法定人工费增长；非因承包商原因导致工效降低所增加的人工费用：非因承包商原因导致工程停工的人员窝工费和工资上涨费等。在计算停工损失中人工费时，通常采取人工单价乘以折算系数计算。
	材料费	材料费的索赔包括由于索赔事件的发生造成材料实际用量超过计划用量而增加的材料费；由于发包人原因导致工程延期期间的材料价格上涨和超期储存费用。材料费中应包括运输费，仓储费，以及合理的损耗费用。如果由于承包商管理不善，造成材料损坏失效，则不能列入索赔款项内。
	施工机械使用费	施工机械使用费的索赔包括由于完成合同之外的额外工作所增加的机械使用费：非因承包人原因导致工效降低所增加的机械使用费；由于发包人或工程师指令错误或迟延导致机械停工的台班停滞费。在计算机械设备台班停滞费时，不能按机械设备台班费计算，因为台班费中包括设备使用费。如果机械设备是承包人自有设备，一般按台班折旧费计算；如果是承包人租赁的设备，一般按台班租金加上每台班分摊的施工机械进退场费计算。
	现场管理费	现场管理费的索赔包括承包人完成合同之外的额外工作以及由于发包人原因导致工期延期期间的现场管理费，包括管理人员工资、办公费、通信费、交通费等。
	总部（企业）管理费	总部管理费的索赔主要指的是由于发包人原因导致工程延期期间所增加的承包人向公司总部提交的管理费，包括总部职工工资、办公大楼折旧、办公用品、财务管理通信设施以及总部领导人员赴工地检查指导工作等开支。
	保险费	因发包人原因导致工程延期时，承包人必须办理工程保险、施工人员意外伤害保险等各项保险的延期手续，对于由此而增加的费用，承包人可以提出索赔。
	保函手续费	因发包人原因导致工程延期时，承包人必须相关履约保函的延期手续，对于由此而增加的手续费，承包人可以提出索赔。
	利息	利息的索赔包括发包人拖延支付工程款利息；发包人迟延退还工程保留金的利息；承包人垫资施工的垫资利息；发包人错误扣款的利息等。
	利润	一般来说，由于工程范围的变更、发包人提供的文件有缺陷或错误、发包人未能提供施工场地以及因发包人违约导致的合同终止等事件引起的索赔，承包人都可以列入利润。
	分包费用	由于发包人的原因导致分包工程费用增加时，分包人只能向总承包人提出索赔，但分包人的索赔款项应当列入总承包人对发包人的索赔款项中。

费用索赔计算的方法	1. 实际费用法。根据索赔事件所造成的损失或成本增加，按费用项目逐项进行分析、计算索赔金额的方法。 2. 总费用法。当发生多次索赔事件后，重新计算工程的实际总费用，再从该实际总费用中减去投标报价时的估算总费用，即为索赔金额。 3. 修正的总费用法。该方法是对总费用法的改进，即在总费用计算的原则上，去掉一些不合理的因素，使其更为合理。
工期索赔注意的问题	划清施工进度拖延的责任；被延误的工作应是处于施工进度计划关键线路上的施工内容。
工期索赔具体依据	合同约定或双方认可的施工总进度规划；合同双方认可的详细进度计划；合同双方认可的对工期的修改文件；施工日志、气象资料；业主或工程师的变更指令；影响工期的干扰事件；受干扰后的实际工程进度。
可索赔工期的范围	因承包人的原因造成施工进度滞后，属于不可原谅的延期；只有承包人不应承担任何责任的延误，才是可原谅的延期。只有可原谅延期部分才能批准顺延合同工期。可原谅延期，又可细分为可原谅并给予补偿费用的延期和可原谅但不给予补偿费用的延期；后者是指非承包人责任的影响并未导致施工成本的额外支出。被延误的工作应是处于施工进度计划关键线路上的施工内容；或对非关键路线工作的影响时间较长，超过了该工作可用于自由支配的时间，可以获得工期索赔。
工期索赔计算方法	1. 比例计算法。该方法主要应用于工程量有增加时工期索赔的计算，公式为： （1）已知受干扰部分工程的延期时间，公式： 工期索赔值=受干扰部分工期拖延时间×（受干扰部分工程的合同价格÷原合同总价） （2）已知额外增加工程量的价格，公式： 工期索赔值=原合同总工期×（额外增加的工程量的价格÷原合同总价） 2. 网络分析法。如果延误的工作为关键工作，则总延误的时间为批准顺延的工期；如果延误的工作为非关键工作，当该工作由于延误超过时差限制而成为关键工作时，可以批准延误时间与时差的差值；若该工作延误后仍为非关键工作，则不存在工期索赔问题。
共同延误的处理	当出现共同延误时，首先判断造成拖期的哪一种原因是最先发生的，即确定“初始延误”者，它应对工程拖期负责。在初始延误发生作用期间，其他并发的延误者不承担拖期责任。
项目特征描述	项目特征描述是确定综合单价的重要依据之一，承包人在投标报价时应依据发包人提供的招标工程清单中的项目特征描述，确定其清单项目的综合单价。发包人在招标工程量清单中对项目特征的描述，应被认为是准确的和全面的，并且与实际施工要求相符合。承包人应按照发包人提供的招标工程量清单，根据其项目特征描述的内容及有关要求实施合同工程，直到其被改变为止。

<table>
<tr><td colspan="2">合同价款的调整方法</td><td>承包人应按照发包人提供的设计图纸实施合同工程，若在合同履行期间，设计图纸（含设计变更）与招标工程量清单任一项目的特征描述不符，且该变化引起该项目的工程造价增减变化的，发、承包双方应当按照实际施工的项目特征，重新确定相应工程量清单项目的综合单价，调整合同价款。</td></tr>
<tr><td colspan="2">招标工程量清单漏项</td><td>1. 清单缺项漏项的责任。招标工程量清单必须作为招标文件的组成部分，其准确性和完整性由招标人负责。因此，招标工程量清单是否准确和完整，其责任应当由提供工程量清单的发包人负责，作为投标人的承包人不应承担因工程量清单的缺项、漏项以及计算错误带来的风险与损失。
2. 分部分项工程费的调整。施工合同履行期间，由于招标工程量清单中分部分项工程出现缺项漏项，造成新增工程清单项目的，应按照工程变更事件中关于分部分项工程费的调整方法，调整合同价款。
3. 措施项目费的调整。由于招标工程量清单中分部分项工程出现缺项漏项，引起措施项目发生变化的，应当按照工程变更事件中关于措施项目费的调整方法，在承包人提交的实施方案被发包人批准后，调整合同价款；由于招标工程量清单中措施项目漏项，承包人应将新增措施项目实施方案提交发包人批准后，按照工程变更事件中的有关规定调整合同价款。</td></tr>
<tr><td rowspan="2">工程量偏差</td><td>定义</td><td>工程量偏差是指承包人根据发包人提供的图纸（包括由承包人提供经发包人批准的图纸）进行施工，按照现行国家计量规范规定的工程量计算规则，计算得到的完成合同工程项目应予计量的工程量与相应的招标工程量清单项目列出的工程量之间出现的量差。</td></tr>
<tr><td>合同价款的调整方法</td><td>1. 综合单价的调整原则。当应予计算的实际工程量与招标工程量清单出现偏差（包括因工程变更等原因导致的工程量偏差）超过 15%时，对综合单价的调整原则为：当工程量增加 15%以上时，其增加部分的工程量的综合单价应予调低；当工程量减少 15%以上时，减少后剩余部分的工程量的综合单价应予调高。
2. 措施项目费的调整。当应予计算的实际工程量与招标工程量清单出现偏差（包括因工程变更等原因导致的工程量偏差）超过 15%，且该变化引起措施项目相应发生变化，如该措施项目是按系数或单一总价方式计价的，对措施项目费的调整原则为：工程量增加的，措施项目费调增；工程量减少的，措施项目费调减。</td></tr>
<tr><td colspan="2">暂估价</td><td>1. 给定暂估价的材料、工程设备。发包人在招标工程量清单中给定暂估价的材料和工程设备不属于依法必须招标的，由承包人按照合同约定采购，经发包人确认后以此为依据取代暂估价，调整合同价款；发包人在招标工程量清单中给定暂估价的材料和工程设备属于依法必须招标的，由发、承包双方以招标的方式选择供应商。依法确定中标价格后，以此为依据取代暂估价，调整合同价款。
2. 给定暂估价的专业工程。
（1）不属于依法必须招标的项目。发包人在工程量清单中给定暂估价的</td></tr>
</table>

暂估价	专业工程不属于依法必须招标的，应按照工程变更事件的合同价款调整方法，确定专业工程价款。并以此为依据取代专业工程暂估价，调整合同价款。 （2）属于依法必须招标的项目。发包人在招标工程量清单中给定暂估价的专业工程，依法必须招标的，应当由发承包双方依法组织招标选择专业分包人，并接受有建设工程招标投标管理机构的监督。 ① 若承包人不参加投标的专业工程，应由承包人作为招标人，但拟定的招标文件、评标方法、评标结果应报送发包人批准。与组织招标工作有关的费用应当被认为已经包括在承包人的签约合同价（投标总报价）中。 ② 若承包人参加投标的专业工程，应由发包人作为招标人，与组织招标工作有关的费用由发包人承担。同等条件下，应优先选择承包人中标。 专业工程依法进行招标后，以中标价为依据取代专业工程暂估价，调整合同价款。
提前竣工（赶工补偿）与误期赔偿	1. 提前竣工（赶工赔偿）。发包人应当依据相关工程的工期定额合理计算工期，压缩的工期天数不得超过定额工期的 20%，超过的，应在招标文件中明示增加赶工费用。如果承包人的实际竣工日期早于计划竣工日期，承包人有权向发包人提出并得到提前竣工天数和合同约定的每日历天应奖励额度的乘积计算的提前竣工奖励。 2. 误期赔偿。合同工程发生误期的，承包人应当按照合同的约定向发包人支付误期赔偿费，如果约定的误期赔偿费低于发包人由此造成的损失的，承包人还应继续赔偿。即使承包人支付误期赔偿费，也不能免除承包人按照合同约定应承担的任何责任和义务。
不可抗力	1. 不可抗力是指合同双方在合同履行中出现的不能预见、不能避免并不能克服的客观情况。不可抗力造成的损失应按照以下原则承担： （1）合同工程本身的损害、因工程损害导致第三方人员伤亡和财产损失以及运至施工场地用于施工的材料和待安装的设备的损害，由发包人承担； （2）发包人、承包人人员伤亡由其所在单位负责，并承担相应费用； （3）承包人的施工机械设备损坏及停工损失，由承包人承担； （4）停工期间，承包人应发包人要求留在施工场地的必要的管理人员及保卫人员的费用由发包人承担； （5）工程所需清理、修复费用，由发包人承担； （6）因发生不可抗力事件导致工期延误的，工期相应顺延。发包人要求赶工的，承包人应采取赶工措施，赶工费用由发包人承担。 2. 工期的处理。因发生不可抗力事件导致工期延误的，工期相应顺延。发包人要求赶工的，承包人应采取赶工措施，赶工费用由发包人承担。
计日工	1.费用的产生。发包人通知承包人以计日工方式实施的零星工作，承包人应予执行。采用计日工计价的任何一项变更工作，承包人应在该项变更的实施过程中。按合同约定提交以下报表和有关凭证，送发包人复核：工作名称、内容和数量；投入该工作所有人员的姓名、工种、级别和耗用工时；投入该工作的材料名称、类别和数量；投入该工作的施工设备型号、台数和耗用台时；发包人要求提交的其他资料和凭证。

计日工	2.费用的确认和支付。任一计日工项目持续进行时，承包人应在该项工作实施结束后的 24h 内，向发包人提交有计日工记录汇总的现场签证报告一式三份。发包人在收到承包人提交现场签证报告后的 2 日内予以确认并将其中一份返还给承包人，作为计日工计价和支付的依据。发包人逾期未确认也未提出修改意见的，视为承包人提交的现场签证报告已被发包人认可。
暂列金额	暂列金额是指发包人在招标工程量清单中暂定并包括在合同价款中的一笔款项。招标工程量清单中开列的已标价的暂列金额是用于工程合同签订时尚未确定或者不可预见的所需材料、工程设备、服务的采购，或用于施工中可能发生的工程变更等合同约定调整因素出现时的合同价款调整以及经发包人确认的索赔、现场签证等费用的支出。已签约合同价中的暂列金额由发包人掌握使用，发包人按照合同的规定作出支付后，如果有剩余，则暂列金额余额归发包人所有。

第二节 工程计量与合同价款结算

本节要点	本节内容
工程计量的原则与范围	1. 所谓工程计量，就是发承包双方根据合同约定，对承包人完成合同工程的数量进行的计算和确认。具体的说，就是双方根据设计图纸、技术规范以及施工合同约定的计量方式和计算方法，对承包人已经完成的质量合格的工程实体数量进行测量与计算，并以物理计量单位或自然计量单位进行表示、确认的过程。 2. 工程计量的原则包括以下三方面：不符合合同文件要求的工程不予计量；按合同文件所规定的方法、范围、内容和单位计量；因承包人原因造成的超出合同工程范围施工或返工的工程量，发包人不予计量。 3. 工程计量的范围包括：工程量清单及工程变更所修订的工程量清单的内容；合同文件中规定的各种费用支付项目，如费用索赔、各种预付款、价格调整、违约金等。 4.工程计量的依据：工程量清单及说明；合同图纸；工程变更令及其修订的工程量清单；合同条件；技术规范；有关计量的补充协议；质量合格证书等。
工程计量的方法	工程计量可选择按月或按工程形象进度分段计量，具体计量周期在合同中约定。 单价合同工程量必须以承包人完成合同工程应予计量的按照现行国家计量规范规定的工程量计算规则计算得到的工程量确定。 采用经审定批准的施工图纸及其预算方式发包形成的总价合同，除按照工程变更规定引起的工程量增减外，总价合同各项目的工程量是承包人用于结算的最终工程量。

预付款的支付	1. 额度。 （1）百分比法。发包人根据工程的特点、工期长短、市场行情、供求规律等因素，招标时在合同条件中约定工程预付款的百分比。根据《建设工程价款结算暂行办法》的规定，预付款的比例原则上不低于合同金额的10%，不高于合同金额的30%。 （2）公式计算法。公式计算法是根据主要材料(含结构件等)占年度承包工程总价的比重，材料储备定额天数和年度施工天数等因素，通过公式计算预付款额度的一种方法。其计算公式为： 工程预付款数额=（工程总数×材料比重（%）÷年度工天数）×材料储备定额天数 2. 支付时间。承包人应在签订合同或向发包人提供与预付款等额的预付款保函(如有)后向发包人提交预付款支付申请。发包人应在收到支付申请的7日内进行核实后向承包人发出预付款支付证书，并在签发支付证书后的7日内向承包人支付预付款。 发包人没有按合同约定按时支付预付款的，承包人可催告发包人支付；发包人在预付款期满后的7日内仍未支付的，承包人可在付款期满后的第8日起暂停施工。发包人应承担由此增加的费用和(或)延误的工期，并向承包人支付合理利润。
预付款的扣回	1.按合同约定扣款。预付款的扣款方法由发包人和承包人通过洽商后在合同中予以确定，一般是在承包人完成金额累计达到合同总价的一定比例后，由承包人开始向发包人还款，发包方从每次应付给承包人的金额中扣回工程预付款，发包人至少在合同规定的完工期前将工程预付款的总金额逐次扣回。 2.起扣点计算法。从未施工工程尚需的主要材料及构件的价值相当于工程预付款数额时起扣，从每次结算工程价款中，按材料比重扣抵工程价款，竣工前全部扣清。其基本表达公式是： $T=P-\frac{M}{N}$ 式中，T—起扣点的累计完成工程金额；M—工程预付款总额；N—主要材料及构件所占比重；P—承包工程合同总额。
预付款担保	预付款担保是指承包人与发包人签订合同后领取预付款前，承包人正确、合理使用发包人支付的预付款而提供的担保。其主要作用是保证承包人能够按合同规定的目的使用并及时偿还发包人已支付的全部预付金额。预付款担保的主要形式为银行保函。预付款担保的担保金额通常与发包人的预付款是等值的。预付款一般逐月从工程预付款中扣除，预付款担保的担保金额也相应逐月减少。
安全文明施工费	发包人应在工程开工后的28天内预付不低于当年施工进度计划的安全文明施工费总额的60%，其余部分按照提前安排的原则进行分解，与进度款

安全文明施工费		同期支付。 发包人没有按时支付安全文明施工费的，承包人可催告发包人支付；发包人在付款期满后的 7 天内仍未支付的，若发生安全事故，发包人应承担连带责任。
期中支付	价款计算	已完工程的结算价款。已标价工程量清单中的单价项目，承包人应按工程计量确认的工程量与综合单价计算。计算价款的调整。承包人现场签证和得到发包人确认的索赔金额列入本周期应增加的金额中。
	支付程序	承包人提交进度款支付申请；发包人签发进度款支付证书；发包人支付进度款；进度款的支付比例（进度款的支付比例按照合同约定，按期中结算价款总额计，不低于 60%，不高于 90%）；支付证书的修正（发现已签发的任何支付证书有错、漏或重复的数额，发包人有权予以修正，承包人也有权提出修正申请。经发、承包双方复核同意修正的，应在本次到期的进度款中支付或扣除）。
	承包人提交的已完工程进度款支付申请的内容	1. 累计已完成的合同价款。 2. 累计已实际支付的合同价款。 3. 本周期合计完成的合同价款，其中包括： （1）本周期已完成单价项目的金额； （2）本周期应支付的总价项目的金额； （3）本周期已完成的计日工价款； （4）本周期应支付的安全文明施工费； （5）本周期应增加的金额。 4. 本周期合计应扣减的金额，其中包括： （1）本周期应扣回的预付款； （2）本周期应扣减的金额。 5. 本周期实际应支付的合同价款。
工程竣工结算的编制	编制依据	1. 国家有关法律、法规、规章制度和相关的司法解释。 2. 国务院建设主管部门以及各省、自治区、直辖市和有关部门发布的工程造价计价标准、计价方法、有关规定及相关解释。 3.《建设工程工程量清单计价规范》。 4. 施工承发包合同、专业分包合同及补充合同，有关材料、设备采购合同。 5. 招投标文件，包括招标答疑文件、投标承诺、中标报价书及其组成内容。 6. 工程竣工图或施工图、施工图会审记录，经批准的施工组织设计，以及设计变更、工程洽商和相关会议纪要。 7. 经批准的开、竣工报告或停、复工报告。 8. 发承包双方实施过程中已确认的工程量及其结算的合同价款。

		9. 发承包双方实施过程中已确认调整后追加(减)的合同价款。 10. 其他依据。
工程竣工结算的编制	计价原则	1. 分部分项工程和措施项目中的单价项目应依据双方确认的工程量与已标价工程量清单的综合单价计算；如发生调整的，以发承包双方确认调整的综合单价计算。 2. 措施项目中的总价项目应依据合同约定的项目和金额计算；如发生调整的，以发承包双方确认调整的金额计算，其中安全文明施工费必须按照国家或省级、行业建设主管部门的规定计算。 3. 其他项目。 （1）计日工应按发包人实际签证确认的事项计算。 （2）暂估价应按发承包双方按照《建设工程工程量清单计价规范》的相关规定计算。 （3）总承包服务费应依据合同约定金额计算，如发生调整的，以发承包双方确认调整的金额计算。 （4）施工索赔费用应依据发承包双方确认的索赔事项和金额计算。 （5）现场签证费用应依据发承包双方签证资料确认的金额计算。 （6）暂列金额应减去工程价款调整(包括索赔、现场签证)金额计算，如有余额归发包人。 4. 规费和税金应按照国家或省级、行业建设主管部门的规定计算。规费中的工程排污费应按工程所在地环境保护部门规定标准缴纳后按实列入。
竣工结算的程序	承包人提交竣工结算文件	合同工程完工后，承包人应在经发承包双方确认的合同工程期中价款结算的基础上汇总编制完成竣工结算文件，并在提交竣工验收申请的同时向发包人提交竣工结算文件。承包人未在合同约定的时间内提交竣工结算文件，经发包人催告 14 日内仍未提交或没有明确答复，发包人有权根据已有资料编制竣工结算文件，作为办理竣工结算和支付结算款的依据，承包人应予以认可。
	发包人核对竣工结算文件	1. 发包人应在收到承包人提交的竣工结算文件后的 28 日内核对。 2. 发包人应在收到承包人再次提交的竣工结算文件后的 28 日内予以复核，并将复核结果通知承包人。 3. 发包人在收到承包人竣工结算文件后的 28 日内，不核对竣工结算或未提出核对意见的。视为承包人提交的竣工结算文件已被发包人认可，竣工结算办理完毕。 4 承包人在收到发包人提出的核实意见后的 28 日内，不确认也未提出异议的。视为发包人提出的核实意见已被承包人认可，竣工结算办理完毕。

竣工结算的程序	发包人委托工程造价咨询机构核对竣工结算文件	发包人委托工程造价咨询机构核对竣工结算的，工程造价咨询机构应在28日内核对完毕，核对结论与承包人竣工结算文件不一致的，应提交给承包人复核，承包人应在14日内将同意核对结论或不同意见的说明提交工程造价咨询机构。工程造价咨询机构收到承包人提出的异议后，应再次复核，复核无异议的，发承包双方应在7日内在竣工结算文件上签字确认，竣工结算办理完毕；复核后仍有异议的，对于无异议部分办理不完全竣工结算。有异议部分由发承包双方协商解决，协商不成的，按照合同约定的争议解决方式处理。承包人逾期未提出书面异议的，视为工程造价咨询机构核对的竣工结算文件已经被承包人认可。
	竣工结算文件的签认	1. 拒绝签认的处理。对发包人或发包人委托的工程造价咨询人指派的专业人员与承包人指派的专业人员经核对后无异议并签名确认的竣工结算文件，除非发承包人能提出具体、详细的不同意见，发承包人都应在竣工结算文件上确认，如其中一方拒不签认的，按以下规定办理： (1)若发包人拒不认的，承包人可不提供竣工验收备案资料，并有权拒绝与发包人或其上级部门委托的工程造价咨询机构重新核对竣工结算文件。 (2)若承包人拒不签认的，发包人要求办理竣工验收备案的，承包人不得拒绝提供竣工验收资料，否则，由此造成的损失，承包人承担连带责任。 2. 不得重复核对。合同工程竣工结算核对完成，发承包双方签字确认后，禁止发包人又要求承包人与另一个或多个工程造价咨询人重复核对竣工结算。
	质量争议工程的竣工结算	发包人以对工程质量有异议，拒绝办理工程竣工结算的： 1. 已经竣工验收或已竣工未验收但实际投入使用的工程，其质量争议按该工程保修合同执行，竣工结算按合同约定办理。 2. 已竣工未验收且未实际投入使用的工程以及停工、停建工程的质量争议，双方应就有争议的部分委托有资质的检测鉴定机构进行检测，根据检测结果确定解决方案或按工程质量监督机构的处理决定执行后办理竣工结算，无争议部分的竣工结算按合同约定办理。
承包人提交竣工结算款支付申请		承包人提交的竣工结算款支付申请应包括下列内容： 1. 竣工结算合同价款总额； 2. 累计已实际支付的合同价款； 3. 应扣留的质量保证金； 4. 实际应支付的竣工结算款金额。
发包人签发竣工结算支付证书		发包人应在收到承包人提交竣工结算款支付申请后7日内予以核实，向承包人签发竣工结算支付证书。

支付竣工结算款	发包人签发竣工结算支付证书后的 14 日内按照竣工结算支付证书列明的金额向承包人支付结算款。发包人在收到承包人提交的竣工结算款支付申请后 7 日内不予核实，不向承包人签发竣工结算支付证书的，视为承包人的竣工结算款支付申请已被发包人认可；发包人应在收到承包人提变的竣工结算款支付申请 7 日后的 14 日内，按照承包人提交的竣工结算款支付申请列明的金额向承包人支付结算款。
合同解除的价款结算与支付	由于不可抗力解除合同的，发包人除应向承包人支付合同解除之日前已完成工程但尚未支付的合同价款，还应支付下列金额： 1. 合同中约定应由发包人承担的费用； 2. 已实施或部分实施的措施项目应付价款； 3. 承包人为合同工程合理订购且已交付的材料和工程设备货款，发包人已经支付此项货款，该材料和工程设备即成为发包人的财产； 4. 承包人撤离现场所需的合理费用，包括员工遣送费和临时工程拆除、施工设备运离现场的费用； 5. 承包人为完成合同工程而预期开支的任何合理费用，且该项费用未包括在本款其他各项支付之内。 发承包双方办理结算合同价款时，应扣除合同解除之日前发包人应向承包人收回的价款。当发包人应扣除的金额超过了应支付的金额，则承包人应在合同解除后的 56 日内将其差额退还给发包人。
违约解除合同	1. 承包人违约。因承包人违约解除合同的，发包人应暂停向承包人支付任何价款。发包人应在合同解除后 28 日内核实合同解除时承包人已完成的全部合同价款以及按施工进度计划已运至现场的材料和工程设备货款，按合同约定核算承包人应支付的违约金以及造成损失的索赔金额，并将结果通知承包人。发承包双方应在 28 日内予以确认或提出意见，并办理结算合同价款。如果发包人应扣除的金额超过了应支付的金额，则承包人应在合同解除后的 56 日内将其差额退还给发包人。发承包双方不能就解除合同后的结算达成一致的，按照合同约定的争议解决方式处理。 2. 发包人违约。因发包人违约解除合同的，发包人除应按照有关不可抗力解除合同的规定向承包人支付各项价款外，还需按合同约定核算发包人应支付的违约金以及给承包人造成损失或损害的索赔金额费用。该笔费用由承包人提出，发包人核实后与承包人协商确定后的 7 日内向承包人签发支付证书。协商不能达成一致的按照合同约定的争议解决方式处理。
最终结清	所谓最终结清，是指合同约定的缺陷责任期终止后，承包人已按合同规定完成全部剩余工作且质量合格的，发包人与承包人结清全部剩余款项的活动。缺陷责任期终止后，承包人已按合同规定完成全部剩余工作且质量合格的，发包人签发缺陷责任期终止证书，承包人可按合同约定的份数和期限向发包人提交最终结清申请单，并提供相关证明材料，详细说明承包人根据合同规定已经完成的全部工程价款金额以及承包人认为根据合同规定应进一步支付给他的其他款项。发包人收到承包人提交的最终结清申请单后的 14 日内予以核实，向承包人签发最终支付证书。发包人应在签发最终结清支付

<table>
<tr><td colspan="2">最终结清</td><td>证书后的 14 日内，按照最终结清支付证书列明的金额向承包人支付最终结清款。最终结清付款后，承包人在合同内享有的索赔权利也自行终止。</td></tr>
<tr><td rowspan="3">合同价款纠纷的解决途径</td><td>和解</td><td>和解包括协商和解与监理或造价工程师暂定两种方式。在监理或造价工程师的暂定结果不实质影响发、承包双方当事人履约的前提下，发承包双方应实施该结果，直到其按照发、承包双方认可的争议解决办法被改变。</td></tr>
<tr><td>调解</td><td>调解方式包括管理机构的解释或认定以及双方约定争议调解人进行调解。
1. 当工程造价管理机构作出解释或认定时，除工程造价管理机构的上级管理部门作出了不同的解释或认定，或在仲裁裁决或法院判决中不予采信的外，工程造价管理机构作出的书面解释或认定是最终结果，对发、承包双方均有约束力。合同价款争议发生后，发承包双方可就工程计价依据争议以书面形式提请工程造价管理机构对争议以书面文件进行解释或认定。工程造价管理机构应在收到申请的 10 个工作日内就发承包双方提请的争议问题进行解释或认定。
2. 当约定争议调解人进行调解时，除非并直到调解书在协商和解或仲裁裁决、诉讼判决中作出修改，或合同已经解除，承包人应继续按照合同实施工程。
（1）约定调解人。发承包双方应在合同中约定或在合同签订后共同约定争议调解人，负责双方在合同履行过程中发生争议的调解。
（2）争议的提交。如果发承包双方发生了争议，任何一方可以将该争议以书面形式提交调解人，并将副本抄送另一方，委托调解人调解。
（3）进行调解。调解人应在收到调解委托后 28 日内，或由调解人建议并经发承包双方认可的其他期限内，提出调解书，发承包双方接受调解书的，经双方签字后作为合同的补充文件，对发承包双方具有约束力，双方都应立即遵照执行。
（4）异议通知。如果发承包一方对调解人的调解书有异议，应在收到调解书后 28 日内向另一方发出异议通知，并说明争议的事项和理由。</td></tr>
<tr><td>仲裁或诉讼</td><td>1. 如果发承包双方的协商和解或调解均未达成一致意见，其中的一方已就此争议事项根据合同约定的仲裁协议申请仲裁，应同时通知另一方。仲裁可在竣工之前或之后进行，但发包人、承包人、调解人各自的义务不得因在工程实施期间进行仲裁而有所改变。如果仲裁是在仲裁机构要求停止施工的情况下进行，承包人应对合同工程采取保护措施，由此增加的费用由败诉方承担。
2. 发包人、承包人在履行合同时发生争议，双方不愿和解、调解或者和解、调解不成，又没有达成仲裁协议的，可依法向人民法院提起诉讼。</td></tr>
<tr><td></td><td>施工合同无效的价款纠纷处理</td><td>建设工程施工合同无效，但建设工程经竣工验收合格，承包人请求参照合同约定支付工程价款的，应予支持。建设工程施工合同无效，且建设工程经竣工验收不合格的，按照以下情形分别处理：
1. 修复后的建设工程经竣工验收合格，发包人请求承包人承担修复费用的，应予支持；</td></tr>
</table>

合同价款纠纷的处理原则		2. 修复后的建设工程经竣工验收不合格，承包人请求支付工程价款的，不予支持。
	垫资施工合同的价款纠纷处理	1. 当事人对垫资和垫资利息有约定，承包人请求按照约定返还垫资及其利息的，应予支持，但是约定的利息计算标准高于中国人民银行发布的同期同类贷款利率的部分除外。 2. 当事人对垫资没有约定的，按照工程欠款处理。 3. 当事人对垫资利息没有约定，承包人请求支付利息的，不予支持。
	施工合同解除后的价款纠纷处理	1. 建设工程施工合同解除后，已经完成的建设工程质量合格的，发包人应当按照约定支付相应的工程价款。 2. 已经完成的建设工程质量不合格的： (1)修复后的建设工程经验收合格，发包人请求承包人承担修复费用的，应予支持。 (2)修复后的建设工程经验收不合格，承包人请求支付工程价款的，不予支持。
	工程设计变更的合同价款纠纷处理	当事人对建设工程的计价标准或者计价方法有约定的，按照约定结算工程价款。因设计变更导致建设工程的工程量或者质量标准发生变化当事人对该部分工程价款不能协商一致的，可以参照签订建设工程施工合同时当地建设行政主管部门发布的计价方法或者计价标准结算工程价款。
	工程结算价款纠纷的处理	1. 阴阳合同的结算依据，应当以备案的中标合同作为结算工程价款的根据。 2. 对承包人竣工结算文件的认可。当事人约定，发包人收到竣工结算文件后，在约定期限内不予答复，视为认可竣工结算文件的。按照约定处理。承包人请求按照竣工结算文件结算工程价款的，应予支持。 3. 工程欠款的利息支付。 （1）利率标准。当事人对欠付工程价款利息计付标准有约定的，按照约定处理；没有约定的，按照中国人民银行发布的同期同类贷款利率计息。 （2）计息日。利息从应付工程价款之日计付。当事人对付款时间没有约定或者约定不明的，下列时间视为应付款时间：①建设工程已实际交付的，为交付之日；②建设工程没有交付的，为提交竣工结算文件之日；③建设工程未交付，工程价款也未结算的，为当事人起诉之日。
工程造价鉴定		1. 工程造价咨询人所需遵守的一般性规定 程序合法、人员合格、按期完成、适当回避、接收质询。 2. 工程造价鉴定的取证 根据鉴定工作需要现场勘验的，工程造价咨询人应提请鉴定项目委托人组织各方当事人对被鉴定项目所涉及的实物标的进行现场勘验。 3. 鉴定结论 工程造价咨询人出具的工程造价鉴定书应包括以下内容： （1）鉴定项目委托人名称、委托鉴定的内容； （2）委托鉴定的证据材料；

工程造价鉴定	（3）鉴定的依据及使用的专业技术手段； （4）对鉴定过程的说明； （5）明确的鉴定结论； （6）其他需说明的事宜； （7）工程造价咨询人盖章及注册造价工程师签名盖执业专用章。 4. 鉴定期限的延长 工程造价咨询人应在委托鉴定项目的鉴定期限内完成鉴定工作，如确因特殊原因不能在原定期限内完成鉴定工作的，应按照相应法规提前向鉴定项目委托人申请延长鉴定期限，并在此期限内完成鉴定工作。

第三节 工程总承包和国际工程合同价款结算

本节要点	本节内容
工程总承包合同变更	1. 变更的范围。针对工程总承包的承包范围不同，《总承包合同示范文本》分别对设计变更、采购变更、施工变更、发包人的赶工指令、调减部分工程的范围进行了界定。 2. 变更的程序。 （1）变更通知。发包人要求的变更以及采纳了承包人提交的变更建议书后决定的变更，应事先以书面形式通知承包人。 （2）变更通知的建议报告。承包人接到发包人的变更通知后，有义务在10日内向发包人提交书面建议报告。 （3）发包人的审查和批准。发包人接到承包人提交的书面建议报告后10日内对此项建议给予审查，并发出批准、撤销、改变、提出进一步要求的书面通知。承包人在等待发包人回复的时间内，不能停止或延误任何工作。 3. 承包人接到发包人的变更通知后，应提交书面建议报告，分两种情形： （1）如承包人接受此项变更，建议报告中应包括：支持此项变更的理由、实施此项变更的工作内容、设备、材料、人力、机具、周转材料等资源消耗，以及相关管理费用和合理利润的估算。此项变更引起竣工日期延长时，应在报告中说明理由，并提交与此项变更相关的进度计划。 （2）如承包人不接受发包人变更通知中的此项变更，建议报告中包括不支持此项变更的理由，理由包括：①此变更不符合法律、法规等有关规定；②承包人难以取得变更所需的特殊设备、材料、部件；③变更将降低工程的安全性、稳定性、适用性；④对生产性能保证值、使用功能保证的实现产生不利影响等。 4. 变更价款的确定。 《总承包合同示范文本》中规定的变更价款确定原则与《标准施工招标文件》（2007年版）以及FIDIC《施工合同条件》（1999年版）的规定相同，具体方法如下： （1）合同中已有相应人工费、机具、工程量等单价的，按合同已有的人

工程总承包合同变更		工、机具、工程量等单价确定变更价款。 （2）合同中无相应人工、机具、工程量等单价的，按类似于变更工程的价格确定变更价款。 （3）合同中无相应人工、机具、工程量等单价，亦无类似于变更工程的价格的，双方通过协商确定变更价款。 （4）专用条款中约定的其他方法。
工程总承包合同价格调整		1. 合同价格调整包括以下情形： （1）合同签订后，因法律、行政法规、国家政策和需遵守的行业规定，影响合同价格增减的； （2）合同执行过程中，工程造价管理部门公布的价格调整，涉及承包人投入成本增减的； （3）一周内非承包人原因的停水、停电、停气、道路中断等，造成工程现场停工累计超过 8 小时的(承包人须提交报告并提供可证实的证明和估算)； （4）发包人批准的变更估算的增减； （5）本合同约定的其他增减的款项调整。 2. 合同价格调整程序：在引起合同价格调整的情形发生后 30 日内，合同双方均有权将调整合同价格的原因及调整金额，以书面形式通知发包人或监理人。经发包人确认的合理金额，作为合同价格的调整金额，并在支付当期工程进度款中支付或扣减调整的金额。 3. 合同价格调整的争议处理：经协商，双方未能对工程变更的费用、合同价格的调整或竣工日期的延长达成一致时，根据合同中有关争议和裁决条款的约定解决。
工程总承包合同索赔	发包人的索赔	1. 发包人应在索赔事件发生后的 30 日内，向承包人送交索赔通知，未能在索赔事件发生后的 30 日内发送索赔通知，承包人不再承担任何责任，律另有规定的除外。 2. 发包人应在发出索赔通知后的 30 日内，以书面形式向承包人提交说明索赔事件的正当理由、条款根据、有效的可证实的证据和索赔估算等相关资料；当索赔事件持续影响时，发包人应每周向承包人发出索赔事件的延续影响情况的报告，并在该索赔事件延续影响停止后 30 日内，向承包人送交最终索赔报告和最终索赔估算。 3. 承包人在收到发包人送交的索赔资料后 30 日内，与发包人协商解决，或给予答复，或要求发包人进步补充提供索赔理由和证据。 4. 承包人在收到发包人送交的索赔资料后 30 日内未与发包人协商，或未予答复，或未向发包人提出进一步补充要求的，视为该项索赔已被承包人认可。

工程总承包合同索赔	承包人的索赔	1．索赔事件发生后30日内，向发包人发出索赔通知。未在索赔事件发生后的30日内发出索赔通知，发包人不再承担任何责任，法律另有规定除外。 2．承包人应在发出索赔通知后的30日内，以书面形式向发包人提交说明索赔事件的正当理由、条款根据，有效的可证实的证据和索赔估算资料的报告；当索赔事件持续影响时，承包人应每周向发包人发出索赔事件的延续影响情况的报告，并在该索赔事件延续影响停止后30日内，向发包人送交最终索赔报告和最终索赔估算。 3．发包人应在收到承包人送交的有关索赔资料的报告后30日内与承包人协商解决，或给予答复，或要求承包人进一步补充索赔理由和证据。 4．发包人在收到承包人送交的报告或补充资料后30日内未与承包人协商，或未予答复，或未向承包人提出进一步补充要求的，视为该项索赔已被发包人认可。
工程总承包合同预付款	支付时间及金额	发包人按合同价格的一定比例支付预付款金额，具休金额由双方在合同专用条款中约定。合同约定了预付款保函的，在合同生效后，发包人收到承包人提交的预付款保函后10日内向承包人支付预付款金额；未约定预付款保函的，发包人在合同生效后10日内向承包人支付预付款金额。
	扣回	预付款的抵扣方式、抵扣比例和抵扣时间安排，由合同双方在专用条款中约定。预付款抵扣完后，发包人应及时向承包人退还预付款保函。 在发包人签发工程接收证书或合同解除时，预付款尚未抵扣完的，发包人有权要求承包人支付尚未抵扣完的预付款。承包人未能支付的，发包人有权按如下程序扣回预付款的余额； 1．从应付给承包人的款项中或属于承包人的款项中一次或多次扣除。 2．应付给承包人的款项或属于承包人的款项中不足以抵扣的，发包人有权从预付款保函中扣除尚未抵扣完的预付款。 3．应付给承包人或属于承包人的款项不足以抵扣，且合同来约定承包人提交预付款保函的承包人应与发包人签订支付尚未扣完的预付款支付时间安排协议书。 4．承包人未能按上述协议书执行，发包人有权从承包人提交的履约保函中抵扣尚未扣完的预付款。
工程总承包合同进度款的支付	支付方式	1．按月申请付款。承包人应以合同协议书约定的合同价格为基础，按每月实际完成的工程量(含设计、采购、施工、竣工试验和竣工后试验等)的合同金额，向发包人或监理人提交付款申请。承包人提交付款申请报告的格式，内容、份数和时间，在专用条款约定。 2．按付款计划表申请付款。承包人应以合同协议书约定的合同价格为基础，按照在专用条款约定的付款期数、计划每期达到的主要形象进度和(或)完成的主要计划工程量(含设计、采购、施工、竣工试验和竣工后试验等)等目标任务，以及每期付款金额，并依据专用条款约定的格式、内容、份数和提交时间，向发包人或监理人提交当期付款申请报告。

工程总承包合同进度款的支付	支付程序	1. 按月工程进度申请与付款。合同约定按月工程进度申请付款和付款时，发包人在收到承包人提交的每月付款申请报告之日起的25日内审查并支付。 2. 按付款计划表申请与付款。合同约定按付款计划表申请付款和付款时，发包人在收到承包人提交的每期付款申请报告之日起的25日内审查并支付。
工程总承包合同进度款的支付	付款时间延误的处理	1. 发包人的违约责任：因发包人的原因未能按合同约定的时间向承包人支付工程进度款的，应从发包人收到付款申请报告后的第26日开始，以中国人民银行颁布的同期同类贷款利率向承包人支付延期付款的利息，作为延期付款的违约金额。 2. 暂停施工：发包人延误付款15日以上，承包人有权向发包人发出要求付款的通知，发包人收到通知后仍不能付款的，承包人可暂停部分工作，视为发包人导致的暂停，并按合同中关于发包人暂停的约定执行。 3. 协议延期付款：双方协商签订延期付款协议书的，发包人按延期付款协议书中约定的期数、时间、金额和利息付款：当双方未能达成延期付款协议，导致工程无法实施，承包人可停止部分或全部工程，发包人承担违约责任，导致工程关键路径延误时，竣工日期顺延。 4. 合同解除：发包人的延误付款达60日以上并影响到整个工程实施的，承包人有权根据合同的约定向发包人发出解除合同的通知，并有权就因此增加的相关费用向发包人提出索赔。
工程总承包合同缺陷责任保险金		发包人可根据合同专用条款中约定的缺陷责任保修金金额以及暂扣的方式，暂时扣减缺陷责任保修金。发包人应在办理工程竣工验收和竣工结算时，将暂时扣减的全都缺陷责任保修金金额的一半支付给承包人，专用条款另有约定的除外。此后，承包人未能按发包人通知修复缺陷责任期内出现的缺陷或委托发包人修复该缺陷的，修复缺陷的费用从剩余的缺陷责任保修金金额中扣除。发包人应在缺陷责任期届满后15日内，将暂扣的缺陷责任保修金余额支付给承包人。在办理工程竣工验收和竣工结算时，如承包人请求提供用于替代剩余的缺陷责任保修金的保函，发包人应在接到承包人按合同约定提交的缺陷责任保修金保函后，向承包人支付缺陷责任保修金的剩余金额。此后，承包人未能自费修复缺陷责任期内出现的缺陷或委托发包人修复该缺陷的，修复缺陷的费用从该保函中扣除。发包人应在缺陷责任期届满后15日内，退还该保函。
工程总承包合同索赔款项的支付		1. 发包人的索赔款项。经双方协商确定的、经调解确定的或经仲裁裁定(或法院判决)的发包人应得的索赔款项，发包人可从支付给承包人的当月工程进度款或当期付款计划表的付款中扣减该索赔款项。当支付给承包人的各期工程进度款中不足以抵扣发包人的索赔款项时，承包人应当另行支付。承包人未能支付，可协商支付协议，仍未支付时，发包人可从履约保函中抵扣。如未约定履约保函或履约保函不足以抵扣，承包人须另行支付该索赔款项，或以双方协商一致的支制协议的期限支付。 2. 承包人的索赔款项。经双方协商确定的、经调解确定的或经仲裁裁定

<table>
<tr><td colspan="2">工程总承包合同索赔款项的支付</td><td>(或法院判决)的承包人应得的索赔款项承包人可在当月工程进度款或当期付款计划表的付款申请中单列该索赔款项，发包人应在当期付款中支付该索赔款项。当发包人未能支付该索赔款项时，承包人有权从发包人提交的支付保函中抵扣。如未约定支付保函，发包人须另行支付该索赔款项。</td></tr>
<tr><td rowspan="3">工程总承包合同竣工结算</td><td>程序</td><td>1. 提交竣工结算资料。承包人提交的竣工验收报告和完整的竣工资料被发包人认可后30日内，向发包人递交竣工结算报告和完整的竣工结算资料。
2. 最终竣工结算资料。发包人应在收到承包人提交的竣工结算报告和完整的竣工结算资料后30日内，经审查并提出修改意见，双方就竣工结算报告和最终的结算资料的修改达成一致意见后，由承包人自费进行修正，并提交最终的竣工结算报告和最终的结算资料。
3. 结清竣工结算的款项。发包人应在收到承包人提交的最终竣工结算资料后30日内，结清竣工结算的款项。竣工结算结清5日内，发包人应将承包人提交的履约保函返还承包人；发包人如果提交了支付保函的，承包人应将发包人提交的支付保函返还给发包人。</td></tr>
<tr><td>违约责任</td><td>1. 发包人违约。发包人未能按照合同的约定结清应付给承包人的竣工结算的款项余额的，承包人有权从发包人提交的支付保函中扣减该款项的余额。合同未约定支付保函或支付保函不足以抵偿应向承包人支付的竣工结算款项时，发包人应从承包人提交最终结算资料后的第31日起，支付拖欠的竣工结算款项的余额，并按中国人民银行同期同类的贷款利率支付相应利息。
2. 承包人违约。承包人未能结清应付给发包人的竣工结算中的款项余额时，发包人有权从承包人提交的履约保函中扣减该款项的余额。合同未约定履约保函或履约保函的金额不足以抵偿时，承包人应从最终竣工结算资料提交之后的31日起，支付拖欠的竣工结算款项的余额，并按中国人民银行同期同类的贷款利率支付相应利息。承包人在最终竣工结算资料提交后的90日内仍未支付的，发包人有权根据合同中有关争议和裁决条款的约定解决。</td></tr>
<tr><td>争议</td><td>在发包人收到承包人递交的竣工结算报告及完整的结算资料后的30日内，双方对工程竣工结算的价款发生争议的，应共同委托一家具有相应资质等级的工程造价咨询单位进行竣工结算审核，按审核结果结清竣工结算的款项。对审核结果仍有争议时，依据合同中有关争议和裁决条款的约定解决。</td></tr>
<tr><td rowspan="2">国际工程合同变更</td><td>范围</td><td>1. 合同中包括的任何工程内容的数量的改变。
2. 任何工程内容的质量或其他特性的改变。
3. 工程任何部分的标高、位置和(或)尺寸的改变。
4. 任何工程的删减，但要交他人实施的工程除外。
5. 永久工程所需的任何附加工作、生产设备、材料或服务，包括任何有关的竣工检验、钻孔和其他检验和勘探工作。
6. 实施工程的顺序或时间安排的改变。
另除非工程师发出指示或同意变更，承包商不得对永久工程作任何更改或改修政。</td></tr>
<tr><td>程序</td><td>承包商提交建议书。工程师回复建议书。工程师发出变更指示。实施变更。</td></tr>
</table>

国际工程合同变更	变更估价	1. 计算变更工程应适用的费率或价格时，应当遵循下列原则： （1）变更工程的费率或价格在合同中有规定的，则适用合同中规定的费率或价格； （2）变更工程的费率或价格在合同中没有规定的，可以适用合同中类似工程的费率或价格； （3）变更工程的费率或价格在合同中没有规定，合同中也没有类似工程的，适用新的费率或价格。 2. 工程删减的估价。因工程删减导致的变更，如果对其估价未能达成一致，承包商应就因该项删减所导致的费用损失，立即向工程师发出通知，并附相应的证明资料。工程师在接到通知后，应依据合同的规定与双方协商后对此费用作出决定，并将该项费用加入合同价格。但是，承包商因该项工程删减所受的损失，应当满足下列三项条件： （1）如果工程未被删减，该项费用本可以包含在中标合同价中； （2）该工程的删减将导致(或已经导致)该项费用不构成合同价格的一部分； （3）任何替代工程的估价之中也没有包含该项费用。
国际工程合同价格调整	工程量变更引起的价格调整	因工程量变更可以调整合同规定费率或价格的条件： 1. 该部分工程实际测量的工程量比工程量表或其他报表中规定的工程量的变动大于 10%。 2. 该项部分工程工程量的变更与相对应费率的乘积超过了中标金额的 0.01%。 3. 由于工程量的变更直接造成该部分工程每单位工程量费用的变动超过 1%。 4. 该部分工程不是合同中规定的“固定费率项目”。
	法规变化引起的价格调整	在提交投标文件截止日期前的第 28 日以后，工程所在国的法律变化(包括新法的实施以及旧法的废止或修改)，以及有关该法律的司法解释或官方解释的变化，导致施工所需的工程费用发生增减的，合同价格应作出相应调整。
	物价波动引起的价格调整	对于合同中没有约定可以调整的部分，其费用的任何涨落均不给予补偿，并被视为已经包含在中标金额内。费用指数的确定，价格调整时应使用数据调整表中规定的费用指数或参照价格。如果指数来源不明，则由工程师确定该指数或价格。为此，工程师应参照数据调整表中指定日期的指数值，尽管这些日期和指数值可能与基本费用指数不符。在获得所有现行费用指数之前，工程师应确定一个期中支付证书的临时指数。当得到现行费用指数之后，相应地重新计算并作出调整。如果承包商未能在竣工时间内完成工程，则应选择适用下列两种指数或价格中对业主有利的指数或价格进行价格调整： 1. 工程竣工时间期满前第 49 日当日适用的每项指数或价格； 2. 现行指数或价格。

国际工程合同的索赔	承包商的索赔	1. 承包商发出的索赔通知。 如果承包商认为根据合同的规定有权获得任何竣工时间的延长和（或）任何额外付款，承包商应当在其知道或者应当知道该事件或情况之日起 28 日内，向工程师发出通知，说明引起索赔的事件或情况。如果承包商未能在 28 日内发出索赔通知，则竣工时间将不被延长，承包商无权获得额外付款，而业主将被免除有关该项索赔的一切责任。 2. 同期记录的要求。 承包商应在现场或工程师认可的另一地点，保持用以证明任何索赔可能需要的同期记录。 3. 承包商提交索赔报告。 在承包商知道或者应当知道该事件或情况之日起 42 日（或承包商可能建议并由工程师批准的其他期限）内，承包商应当向工程师递交一份充分详细的索赔报告，包括支持索赔的证明资料、要求延长的工程和（或）额外付款的全部详细资料。 4. 工程师的答复。 在收到索赔报告或对以往索赔的任何进一步证明资料后 42 日（或工程师可能建议并经承包商认可的其他期限）内，工程师应给予批准或不批准的答复，如果不批准承包商的索赔，则应当说明具体原因。
	业主的索赔	1. 业主发出索赔通知。如果业主认为根据合同的规定有权获得某些款项和（或）要求延长缺陷通知期，业主或工程师应尽快向承包商发出通知，并附详细情况的说明。如果是要求延长缺陷通知期，则应在缺陷通知期届满前发出。 2. 工程师的决定。索赔通知发出后，工程师应决定业主有权获得的由承包商支付的款项和（或）给予缺陷通知期的延长。工程师做出决定时，应当与业主、承包商协商并尽力达成一致。 3. 索赔款的扣除。业主的索赔款应在合同价格和支付证书中扣除。业主仅有权从支付证书中已经确定的数额中抵消或扣除，业主也可以根据上述规定，向承包商另外提出索赔。
国际工程合同的付款		在工程师收到承包商申请进度款支付的报表，并且业主收到了由承包商提交的履约保证和预付款保函后，工程师应为第一笔分期付款颁发一份期内支付证书。首次分期预付款额的支付时间是在中标函颁发之日起 42 日内，或在收到承包商提交的履约保证和预付款保函之日起 21 日内，两者中以较晚者为准。预付款应在支付证书中按百分比扣减的方式偿还。如果在投标函附录中没有标注预付款扣减的百分比，则按照下面的方法扣减： 1. 当期中支付证书的累计总额（不包括预付款及保留金的扣减与偿还）超过中标合同价（减去暂定金额）的 10%时开始扣减； 2. 按照预付款的货币的种类及其比例，分期从每期支付证书中的金额（不包括预付款及保留金的扣减与偿还）中扣除 25%，直至还清全部预付款。

国际工程合同的材料和设备款的预支	预支条件	1. 承包商已经完整保存了各种记录，包括有关设备和材料的订单、收据、价格及用途等，并且可供随时检查；承包商提交了购买材料和设备并将其运至现场的费用报表，并附相关的证明文件。 2. 投标函附录中该类材料和设备根据其付款方式不同分别列明，分为装运后付款和运至现场后付款两类： （1）对于装运后付款的材料和设备，要求其已经运至工程所在国，并正在运往现场的途中，并且此类材料和设备是装船提单或其他装运证明中声明的。该提单或证明，与运输费和保险费的支付证明，以及其他工程师要求提供的文件已经全部提交给工程师。此外，承包商还应提交由业主接受的银行并按业主规定的格式开具的无条件银行保函（保函的金额应等于根据应付的预支金额），该保函的有效期应一致持续到此类材料和设备运至现场并妥善存放并且承包商采取防护措施为止； （2）对于运至现场后付款的材料和设备，要求此类材料和设备以及运至现场并妥善存放，而且承包商已经采取了防护措施。
	预支	工程师确认用于永久工程的材料和设备符合预支条件后，应当根据审查承包商提交的相关文件确认此类材料和设备的实际费用（包括运至现场的费用），期中支付证书中应增加的款额为该费用的80%。
	扣还	当已预付款项的材料和设备用于永久工程，并且构成永久工程合同价格的一部分后，工程师应当从承包商到期应得款内扣除预支的款项，扣除金额与预支金额的数额相等。
国际工程合同价款的进度款支付	工程计量	当工程师要求对工程的任何部分进行计量时，应向承包商的代理发出通知。承包商的代表应自行参加或派人协助工程师进行计量并提供工程师所要求的全部详细资料。如果承包商未能参加或派人参加，则工程师的计量结果应被视为准确无误，承包商应认可该计量结果。除非合同中另有规定，无论工程所在地惯例如何，对每部分永久工程的计量应以实际完成的净值进行，计量方法应符合工程量清单或其他适用的明细表中的规定。
	承包商申请期中支付证书	在每个月的月末，承包商应按工程师规定的格式向工程师提交一式六份本月支付报表，详细说明承包商认为自己应得到的款额，并附具各项证明文件，包括当月工程进度报告。
	工程师签发期中支付证书	在业主收到并批准承包商的履约保证之后，工程师不得开具任何支付证书或支付承包商任何款项。在收到承包商的支付申请报表和证明文件后28日内，工程师应向业主签发期中支付证书，列出应支付承包商的金额，并提交详细证明资料。除以下情形外，期中支付证书不得由于任何其他原因而被扣发：如果承包商所提供的货物或已完成的工程不符合合同要求，则可扣发相应的修复或重置的费用，直至修正或重置工作完成；如果承包商未能按照合同规定进行工作或履行义务，并且工程师已经通知承包商，则可扣留该工作或义务的价值，直至承包商履行该工作或义务。工程师可在任何期中支付证书中对任何以前的期中支付证书给予恰当的改正或修正。签发支付证书不应被视为是工程师对相关工作的接受、批准或同意。

<table>
<tr><td rowspan="3">国际工程合同的竣工结算</td><td>业主支付</td><td>业主应于工程师收到承包商的报表及证明文件之日起 56 日内，将期中支付证书中出具的款额支付给承包商。如果承包商不能按时收到业主的付款，承包商有权就未付款额从业主应当支付之日起，按月计算复利，收取延误支付期间的融资费。</td></tr>
<tr><td>提交竣工报表</td><td>在收到工程接收证书后的 84 日内，承包商应按工程师规定的格式提交竣工报表一式六份，并附具各项证明文件。竣工报表应当包括以下内容：
1. 截止到工程接收证书中注明的日期为止，按照合同所完成的全部工程的价值；
2. 承包商认为到期应支付给他的其他款项；
3. 承包商认为根据合同应支付给他的其他估算额，该项估算额应在此竣工报表中单独列出。</td></tr>
<tr><td>工程师签发期中支付证书</td><td>在收到承包商的报表和证明文件后 28 日内，工程师应向业主签发期中支付证书，列出他认为应支付承包商的金额，并提交详细证明资料。</td></tr>
<tr><td colspan="2">国际工程合同的保留金</td><td>1. 承包商在其投标书附录中按招标文件的要求确认了每次扣留金的百分比和保留金限额。在国际工程实践中，每次期中支付时扣留的百分比一般为 5%～10%，累计扣留的最高限额一般为中标合同价的 2.5%～5%。
2.扣留承包商的保留金分两次返还：
第一次，颁发工程接收证书后的返还。颁发了整个工程的接收证书时，将保留金的前一半支付给承包商。如果颁发的接收证书只是限于某部分工程或区段工程，则
$$返还金额=保留金总额\times\frac{颁发接收证书的部分工程或区段工程的合同价值}{最终合同价格的估算值}\times40\%$$
第二次，保修期满颁发履约证书后将剩余保留金返还。整个合同的缺陷通知期满，返还剩余的保留金。如果某部分工程颁发了接收证书，则在该部分工程的缺陷通知期满后，并不全部返还该部分剩余的保留金：
$$返还金额=保留金总额\times\frac{颁发接收证书的部分工程的合同价值}{最终合同价格的估算值}\times40\%$$
第二次支付后剩余的保留金应在各缺陷通知期限的最末一个期满日期后一次性返还。
合同内以履约保函和保留金两种手段作为约束承包商忠实履行合同义务的措施，当承包商严重违约而使合同不能继续顺利履行时，业主可以凭履约保函向银行获取损害赔偿；而因承包商的一般违约行为令业主蒙受损失时，通常利用保留金补偿损失。履约保函和保留金的约束期均是承包商负有施工义务的责任期限（包括施工期和保修期）。</td></tr>
</table>

国际工程合同价款的最终结算	1. 承包商提交最终报表，在工程的最后一个缺陷通知期结束后 28 内，工程师应当签发履约证书。在颁发履约证书 56 日内，承包商应按照工程师规定的格式提交最终报表草案一式六份，并附各项证明文件。 2. 承包商提交结清单，在提交最终报表时，承包商还应提交一份书面的结清单，确认最终报表的金额为根据或参照合同应支付给他的所有款项的全部和最终的结算额。该结算单可证明，只有在全部合同款余额得到支付且履约保证退还给承包商当日起，该结算单才能生效。 3. 签发最终支付证书，在收到最终报表及书面结算单后 28 日后，工程师应向业主发出一份最终支付证书 。最终支付证书的内容应当包括最终应支付的金额，在对业主以前支付的全部款额与业主有权得到的全部金额加以核算后，业主还应支付给承包商，或承包商还应退回给业主的金额。

第六章　建设项目竣工决算的编制和竣工后质量保证金的处理

章	节
第六章 建设项目竣工决算的编制和竣工后质量保证金的处理	第一节　竣工验收
	第二节　竣工决算
	第三节　质量保证金的处理

第一节　竣工验收

本节要点	本节内容
竣工验收的条件	《建设工程质量管理条例》规定，建设工程竣工验收应当具备以下条件： 1. 完成建设工程设计和合同约定的各项内容。 2. 有完整的技术档案和施工管理资料。 3. 有工程使用的主要建筑材料、建筑构配件和设备的进场试验报告。 4. 有勘察、设计、施工、工程监理等单位分别签署的质量合格文件。 5. 有施工单位签署的工程保修书。
竣工验收的范围	国家颁布的建设法规规定，凡新建、扩建、改建的基本建设项目和技术改造项目，已按国家批准的设计文件所规定的内容建成，符合验收标准，即工业投资项目经负荷试车考核，试生产期间能够正常出合格产品，形成生产能力的；非工业投资项目符合设计要求，能够正常使用的，不论是属于哪种建设性质，都应及时组织验收，办理固定资产移交手续。工期较长、建设设备装置较多的大型工程，为了及时发挥其经济效益，对其能够独立生产的单项工程，也可以根据建成时间的先后顺序，分期分批地组织竣工验收；对能生产中间产品的一些单项工程，不能提前投料试车，可按生产要求与生产最终产品的工程同步建成竣工后，再进行全部验收。 对于某些特殊情况，工程施工虽未全部按设计要求完成，也应进行验收，这些特殊情况主要有： 1.因少数非主要设备或某些特殊材料短期内不能解决，虽然工程内容尚未全部完成，但已可以投产或使用的工程项目。 2.规定要求的内容已完成，但因外部条件的制约，如流动资金不足、生产

竣工验收的范围	所需原材料不能满足等，而使已建工程不能投入使用的项目。 3.有些建设项目或单项工程，已形成部分生产能力，但近期内不能按原设计规模续建，应从实际情况出发，经主管部门批准后，可缩小规模对已完成的工程和设备组织竣工验收，移交固定资产。
建设项目竣工验收的依据	1. 上级主管部门对该项目批准的各种文件。 2. 可行性研究报告。 3. 施工图设计文件及设计变更洽商记录。 4. 国家颁发的各种标准和现行的施工验收规范。 5. 工程承包合同文件。 6. 技术设备说明书。 7. 建筑安装工程统一规定及主管部门关于工程竣工的规定。 8. 从国外引进的新技术和成套设备的项目，以及中外合资建设项目，要按照签订的合同和进口国提供的设计文件等进行验收。 9. 利用世界银行等国际金融机构贷款的建设项目，应按世界银行规定，按时编制“项目完成报告”。
建设项目竣工验收的标准	1. 工业建设项目竣工验收标准。 （1）生产性项目和辅助性公用设施，已按设计要求完成，能满足生产使用要求。 （2）主要工艺设备配套经联动负荷联动试车和有负荷联动试车合格，并已形成生产能力，能够生产出设计文件所规定的产品。 （3）主要的生产设施，已按设计要求建成合格。 （4）生产准备工作能适应投产的需要。 （5）环境保护设施、劳动、安全、卫生设施、消防设施已按实际要求与主体工程同时建成使用。 （6）设计和施工质量已经过质量监督部门检验并作出评定。 （7）工程结算和竣工决算通过有关部门审查和审计。 2.民用建设项目竣工验收标准。 （1）建设项目各单位工程和单项工程，均已符合项目竣工验收标准。 （2）建设项目配套工程和附属工程，均已施工结束，达到设计规定的相应质量要求，并具备正常使用条件。
竣工验收的内容	不同的建设项目竣工验收的内容可能有所不同，但一般包括工程资料验收和工程内容验收两部分。 1. 工程资料验收。包括工程技术资料、工程综合资料和工程财务资料验收三个方面的内容。 2. 工程内容验收。工程内容验收包括建筑工程验收和安装工程验收。

<table>
<tr><td colspan="2">竣工验收的内容</td><td>1. 建筑工程验收
（1）建筑物的位置、标高、轴线是否符合设计要求。
（2）对基础工程中的土石方工程、垫层工程、砌筑工程等资料的审查验收。
（3）对结构工程中的砖木结构、砖混结构、内浇外砌结构、钢筋混凝土结构的审查验收。
（4）对屋面工程的屋面瓦、保温层、防水层等的审查验收。
（5）对门窗工程的审查验收。
（6）对装饰工程的审查验收（抹布、油漆等工程）。
2. 安装工程验收
（1）建筑设备安装工程（指民用建筑物中的上下水管道、暖气、天然气或煤气、通风、电器照明等安装工程）。验收时应检查这些设备的规格、型号、数量、质量是否符合设备要求，检查安装时的材料、材质、材种，检查试压、闭水试验、照明。
（2）工艺设备安装工程包括：生产、起重、传动、试验等设备的安装，以及附属管线敷设和油漆、保温等。验收时应检查设备的规格、型号、数量、质量、设备安装的位置、标高、机座尺寸、质量、单机试车、无负荷联动试车、有负荷联动试车是否符合设计要求，价差管道的焊接质量、洗清、吹扫、试压、试漏、油漆、保温等及各种阀门。
（3）动力设备安装工程验收是指有自备电厂的项目的验收或变配电室、动力配电线路的验收。</td></tr>
<tr><td colspan="2">建设项目竣工验收的组织</td><td>大中型和限额以上建设项目及技术改造项目，由国家发改委或国家发改委委托项目主管部门、地方政府部门组织验收；小型和限额以下建设项目及技术改造项目，由项目主管部门或地方政府部门组织验收。根据工程规模大小和复杂程度组成验收委员会或验收组，其人员构成应由银行、物资、环保、劳动、统计、消防及其他有关部门的专业技术人员和专家组成。
1. 负责审查工程建设的各个环节，听取各有关单位的工作报告。
2. 审阅工程档案资料，实地考察建筑工程和设备安装工程情况。
3. 对工程设计、施工和设备质量、环境保护、安全卫生、消防等方面客观地作出全面的评价。
4. 处理交接验收过程中出现的有关问题，核定移交工程清单，签订交工验收证书。
5. 签署验收意见，对遗留问题应提出具体解决意见并限期落实完成。不合格工程不予验收，并提出竣工验收工作的总结报告和国家验收鉴定书。</td></tr>
<tr><td>不同阶段的工程验收</td><td>单位工程验收（中间验收）</td><td>1. 验收条件：
（1）按照施工承包合同的约定，施工完成到某一阶段后要进行中间验收。
（2）主要的工程部位施工已完成了隐蔽前的准备工作，该工程部位将置于无法查看的状态。
2. 验收组织：由监理单位组织，业主和承包商派人参加。该部位的验收资料将作为最终验收的依据。</td></tr>
</table>

<table>
<tr><td rowspan="3">不同阶段的工程验收</td><td>单项工程验收（交工验收）</td><td>1. 验收条件：
（1）建设项目中的某个合同工程已全部完成。
（2）合同内约定有分部分项移交的工程已达到竣工标准，可移交给业主投入试运行。
2. 验收组织：由业主组织，会同施工单位，监理单位、设计单位及使用单位等有关部门共同进行。</td></tr>
<tr><td>工程整体验收（动用验收）</td><td>1. 验收条件：
（1）建设项目按设计规定全部建成，达到竣工验收条件。
（2）初验结果全部合格。
（3）竣工验收所需资料已准备齐全。
2. 验收组织：大中型和限额以上项目由国家发改委或由其委托项目主管部门或地方政府部门组织验收。小型和限额以下项目由项目主管部门组织验收。业主、监理单位、施工单位、设计单位和使用单位参加验收工作。</td></tr>
<tr><td colspan="2">（1）单位工程验收合格，监理工程师签署“工程竣工报验单”。
（2）单项工程验收合格，发包人和承包人共同签署“交工验收证书”。
（3）全部工程竣工验收分为准验收、预验收和正式验收三个阶段，验收合格后签署“竣工验收鉴定书”。</td></tr>
<tr><td rowspan="3">建设项目竣工验收的程序</td><td>承包人申请交工验收</td><td>承包人在完成了合同约定的工程内容或按合同约定可分部移交工程的，可申请交工验收，交工验收一般为单项工程，但在某些特殊情况下也可以是单位工程的施工内容。</td></tr>
<tr><td>监理工程师现场初步验收</td><td>监理工程师收到“工程竣工报验单”后，应由总监理工程师组成验收组，对竣工的工程项目的竣工资料和各专业工程的质量进行初验，在初验中发现的质量问题，要及时书面通知承包人，令其修理甚至返工。</td></tr>
<tr><td>单项工程验收</td><td>单项工程验收又称交工验收，即验收合格后发包人方可投入使用。
1.检查、核实竣工项目准备移交给发包人的所有技术资料的完整性、准确性。
2.按照设计文件和合同，检查已完工程是否有漏项。
3.检查工程质量、隐蔽工程验收资料，关键部位的施工记录等，考察施工质量是否达到合同要求。
4.检查试车记录及试车中所发现的问题是否得到改正。
5.在交工验收中发现需要返工、修补的工程，明确规定完成期限。
6.其他涉及的有关问题。</td></tr>
</table>

建设项目竣工验收的程序	全部工程的竣工验收	发包人、承包人和其他有关单位均应进行验收准备。建设项目竣工验收准备工作结束后，由发包人或上级主管部门会同监理人、设计单位、承包人及有关单位或部门组成预验收组进行预验收。建设项目的正式竣工验收是由国家、地方政府、建设项目投资商或开发商以及有关单位领导和专家参加的最终整体验收。大中型和限额以上的建设项目的正式验收，由国家投资主管部门或其委托项目主管部门或地方政府组织验收，一般由竣工验收委员会(或验收小组)主任(或组长)主持，具体工作可由总监理工程师组织实施。国家重点工程的大型建设项目，由国家有关部委邀请有关方面参加，组成工程验收委员会进行验收。小型和限额以下的建设项目由项目主管部门组织。发包人、监理人、承包人、设计单位和使用单位共同参加验收工作。
竣工验收报告		工程竣工验收报告应附文件。 1. 施工许可证。 2. 施工图设计文件审查意见。 3. 验收组人员签署的工程竣工验收意见。 4. 市政基础设施工程应附有质量检测和功能性试验资料。 5. 施工单位签署的工程质量保修书。 6. 法规、规章规定的其他有关文件。
竣工验收管理		1. 国务院建设行政主管部门负责全国工程竣工验收的监督管理工作。 2. 县级以上地方人民政府建设行政主管部门负责本行政区域内工程竣工验收监督管理工作。 3. 工程竣工验收工作，由建设单位负责组织实施。 4. 县级以上地方人民政府建设行政主管部门应当委托工程质量监督机构对工程竣工验收实施监督。 5. 负责监督该工程的工程质量监督机构应当对工程竣工验收的组织形式、验收程序、执行验收标准等情况进行现场监督，发现有违反建设工程项目质量管理规定行为的，责令改正，并将对工程竣工验收的监督情况作为工程质量监督报告的重要内容。
竣工验收备案		1. 国务院建设行政主管部门负责全国房屋建筑工程和市政基础设施工程的竣工验收备案管理工作。县级以上地方人民政府建设行政主管部门负责本行政区域内工程的竣工验收备案管理工作。 2. 建设单位应当自工程竣工验收合格之日起15日内，依照《房屋建筑工程和市政基础设施工程竣工验收备案管理暂行办法》的规定，向工程所在地的县级以上地方人民政府建设行政主管部门备案。 3. 建设单位办理工程竣工验收备案应当提交下列文件： 工程竣工验收备案表。工程竣工验收报告。法律、行政法规规定应当由规划、公安消防、环保等部门出具的认可文件或准许使用文件。施工单位签署的工程质最保修书；商品住宅还应当提交《住宅质最保证书》和《住宅使用说明书》。法规、规章规定必须提供的其他文件。 4. 备案机关收到建设单位报送的竣工验收备案文件，验证文件齐全后，应当在工程竣工验收备案表上签署文件收讫。工程竣工验收备案表一式二份，

竣工验收备案	一份由建设单位保存，一份留备案机关存档。 5.工程质量监督机构应当在工程竣工验收之日起 5 日内，向备案机关提交工程质量监督报告。 6. 备案机关发现建设单位在竣工验收过程中有违反国家有关建设工程质量管理规定行为的应当在收讫竣工验收备案文件 15 日内，责令停止使用，重新组织竣工验收。

第二节　竣工决算

本节要点		本节内容
建设项目竣工决算的概念及作用		1. 竣工决算是以实物数量和货币指标为计量单位，综合反映竣工项目从筹建开始到项目竣工交付使用为止的全部建设费用、建设成果和财务情况的总结性文件。是竣工验收报告的重要组成部分。 2. 作用。 （1）建设项目竣工决算是综合全面地反映竣工项目建设成果及财务情况的总结性文件，它采用货币指标、实物数量、建设工期和各种技术经济指标综合、全面地反映建设项目自开始建设到竣工为止全部建设成果和财务状况。 （2）建设项目竣工决算是办理交付使用资产的依据，也是竣工验收报告的重要组成部分。 （3）为确定建设单位新增固定资产价值提供依据。 （4）建设项目竣工决算是分析和检查设计概算的执行情况，考核建设项目管理水平和投资效果的依据。
竣工财务决算说明书		竣工财务决算说明书主要反映竣工工程建设成果和经验，是对竣工决算报表进行分析和补充说明的文件，是全面考核分析工程投资与造价的书面总结，是竣工决算报告的重要组成部分。主要包括：建设项目概况；资金来源及运用等财务分析；基本建设收入、投资包干结余、竣工结余资金的上交分配情况；各项经济技术指标的分析；工程建设的经验及项目管理和财务管理工作以及竣工财务决算中有待解决的问题；需要说明的其他事项。
竣工财务决算报表的编制	建设项目竣工财务决算审批表	作为竣工决算上报有关部门审批使用： 1. “建设性质”按照新建、改建、扩建、迁建和恢复建设项目等分类填列。 2. “主管部门”是指建设单位的主管部门。 3. 所有建设项目均须经过开户银行签署意见后，按照有关要求进行报批：中央级小型项目由主管部门签署审批意见；中央级大中型建设项目报所在地财政监察专员办事机构签署意见后，再由主管部门签署意见报财政部审批；地方级项目由同级财政部门签署审批意见。 4. 已具备竣工验收条件的项目，3 个月内应及时填报审批表，如 3 个月内不办理竣工验收和固定资产移交手续的视同项目已正式投产，其费用不得从基本建设投资中支付，所实现的收入作为经营收入，不再作为基本建设收入管理。

<table>
<tr><td rowspan="4">竣工财务决算报表的编制</td><td>大中型建设项目概况表</td><td>综合反映大中型项目的基本概况，内容包括该项目总投资、建设起止时间、新增生产能力、主要材料消耗、建设成本、完成主要工程量和主要技术经济指标，为全面考核和分析投资效果提供依据。
1. 建设项目名称、建设地址、主要设计单位和主要承包人，要按全称填列。
2. 表中各项目的设计、概算、计划等指标，根据批准的设计文件和概算、计划等确定的数字填列。
3. 所列新增生产能力、完成主要工程量的实际数据，根据建设单位统计资料和承包人提供的有关成本核算资料填列。
4. 基建支出是指建设项目从开工起至竣工为止发生的全部基本建设支出。
5.“初步设计和概算批准文号”，按最后经批准的文件号填列。
6. 收尾工程是指全部工程项目验收后尚遗留的少量收尾工程，在表中应明确填写收尾工程内容、完成时间，这部分工程的实际成本，可根据实际情况进行估算并加以说明，完工后不再编制竣工决算。</td></tr>
<tr><td>大中型建设项目竣工财务决算报表</td><td>反映竣工的大中型建设项目从开工到竣工为止全部资金来源和资金运用的情况。具体编制方法：
1. 资金来源包括基建拨款、项目资本金、项目资本公积金、基建借款、上级拨入投资借款、企业债券资金、待冲基建支出、应付款和未交款以及上级拨入资金和企业留成收入等。
2.“交付使用资产”“预算拨款”“自筹资金拨款”“其他拨款”“项目资本”、“基建投资借款”“其他借款”等项目，是指自开工建设至竣工的累计数，上述有关指标应根据历年批复的年度基本建设财务决算和竣工年度的基本建设财务决算中资金平衡表相应项目的数字进行汇总填写。
3. 其余项目费用办理竣工验收时的结余数，根据竣工年度财务决算中资金平衡表的有关项目期末数填写。
4. 资金支出反映建设项目从开工准备到竣工全过程资金支出的情况，内容包括基建支出、应收生产单位投资借款、库存器材、货币资金、有价证券和预付及应收款以及拨付所属投资借款和库存固定资产等，资金支出总额应等于资金来源总额。
5. 基建结余资金可以按下式计算：
基建结余资金=基建拨款+项目资本+项目资本公积金+基建投资借款+企业债券基金+待冲基建支出−基本建设支出−应收生产单位投资借款</td></tr>
<tr><td colspan="2">大中型建设项目交付使用资产总表。反映建设项目建成后新增固定资产、流动资产、无形资产和其他资产价值的情况和价值，作为财产交接、检查投资计划完成情况和分析投资效果的依据。</td></tr>
<tr><td colspan="2">建设项目交付使用资产明细表。反映交付使用的固定资产、流动资产、无形资产和其他资产及其价值的明细情况，是办理资产交接和接收单位登记资产账目的依据，是使用单位建立资产明细账和登记新增资产价值的依据。</td></tr>
</table>

<table>
<tr><td></td><td colspan="2">小型建设项目竣工财务结算总表。由于小型建设项目内容比较简单，因此可将工程概况与财务情况合并编制一张“竣工财务决算总表”，该表主要反映小型建设项目的全部工程和财务情况。</td></tr>
<tr><td colspan="2">建设工程竣工图</td><td>建设工程竣工图是真实地记录各种地上、地下建筑物、构筑物等情况的技术文件，是工程进行交工验收、维护、改建和扩建的依据，是国家的重要技术档案。编制竣工图的形式和深度，应根据不同情况区别对待，其具体要求包括：
1. 凡按图竣工没有变动的，由承包人（包括总包和分包承包人，下同）在原施工图上加盖“竣工图”标志后，即作为竣工图。
2. 凡在施工过程中，虽有一般性设计变更，但能将原施工图加以修改补充作为竣工图的，可不重新绘制，由承包人负责在原施工图（必须是新蓝图）上注明修改的部分，并附以设计变更通知单和施工说明，加盖“竣工图”标志后，作为竣工图。
3. 凡有重大改变，不宜再在原施工图上修改、补充时，应重新绘制改变后的竣工图。由原设计原因造成的，由设计单位负责重新绘制；由施工原因造成的，由承包人负责重新绘图；由其他原因造成的，由建设单位自行绘制或委托设计单位绘制。承包人负责在新图上加盖“竣工图”标志，并附以有关记录和说明，作为竣工图。
4. 为了满足竣工验收和竣工决算需要，还应绘制反映竣工工程全部内容的工程设计平面示意图。
5. 重大的改建、扩建工程项目涉及原有的工程项目变更时，应将相关项目的竣工图资料统一整理归档，并在原图案卷内增补必要的说明一起归档。</td></tr>
<tr><td colspan="2">工程造价对比分析</td><td>在分析时，可先对比整个项目的总概算，然后将建筑安装工程费、设备工器具费和其他工程费用逐一与竣工决算表中所提供的实际数据和相关资料及批准的概算、预算指标、实际的工程造价进行对比分析，以确定竣工项目总造价是节约还是超支，并在对比的基础上，总结先进经验，找出节约和超支的内容和原因，提出改进措施。主要有考核主要实物工程量，考核主要材料消耗量，考核建设单位管理费、措施费和间接费的取费标准。</td></tr>
<tr><td>竣工决算的编制</td><td>依据</td><td>1.经批准的可行性研究报告、投资估算书，初步设计或扩大初步设计，修正总概算及其批复文件。
2. 经批准的施工图设计及其施工图预算书。
3. 设计交底或图纸会审会议纪要。
4. 设计变更记录、施工记录或施工签证单及其他施工发生的费用记录。
5. 招标控制价，承包合同、工程结算等有关资料。
6. 竣工图及各种竣工验收资料。
7. 历年基建计划、历年财务决算及批复文件。
8. 设备、材料调价文件和调价记录。
9. 有关财务核算制度、办法和其他有关资料。</td></tr>
</table>

竣工决算的编制	要求	1. 按照规定组织竣工验收，保证竣工决算的及时性。 2. 积累、整理竣工项目资料，保证竣工决算的完整性。 3. 清理、核对各项账目，保证竣工决算的正确性。
	步骤	1. 收集、整理和分析有关依据资料。 2. 清理各项财务、债务和结余物资。 3. 核实工程变动情况。 4. 编制建设工程竣工决算说明。 5. 填写竣工决算报表。 6. 做好工程造价对比分析。 7. 清理、装订好竣工图。 8. 上报主管部门审查存档。 9. 建设工程竣工决算的文件，由建设单位负责组织人员编写，在竣工建设项目办理验收使用 1 个月之内完成。
新增固定资产价值的确定		1. 确定方法，单项工程建成经有关部门验收鉴定合格，正式移交生产或使用，即应计算新增固定资产价值。一次性交付生产或使用的工程一次计算新增固定资产价值，分期分批交付生产或使用的工程，应分期分批计算新增固定资产价值。 2. 新增固定资产价值的计算是以独立发挥生产能力的单项工程为对象的，在计算时应注意以下几种情况： （1）对于为了提高产品质量、改善劳动条件、节约材料消耗、保护环境而建设的附属辅助工程，只要全部建成，正式验收交付使用后就要计入新增固定资产价值。 （2）对于单项工程中不构成生产系统，但能独立发挥效益的非生产性项目，如住宅、食堂、医务所、托儿所、生活服务网点等，在建成并交付使用后，也要计算新增固定资产价值。 （3）凡购置达到固定资产标准不需安装的设备、工器具，应在交付使用后计入新增固定资产价值。 （4）属于新增固定资产价值的其他投资，应随同受益工程交付使用的同时一并计入。 （5）交付使用财产的成本，应按下列内容计算： ①房屋、建筑物、管道、线路等固定资产的成本包括：建筑工程成本和应分摊的待摊投资； ②动力设备和生产设备等固定资产的成本包括：需要安装设备的采购成本，安装工程成本，设备基础支柱等建筑工程成本或砌筑锅炉及各种特殊炉的建筑工程成本，应分摊的待摊投资； ③运输设备及其他不需要安装的设备、工具、器具、家具等固定资产一般仅计算采购成本，不计分摊的“待摊投资”。 （6）共同费用的分摊方法。一般情况下，建设单位管理费按建筑工程、安装工程、需安装设备价值总额作比例分摊，而土地征用费、地质勘察和建筑工程设计费等费用按建筑工程造价比例分摊，生产工艺流程系统设计费按安装工程造价比例分摊。

新增流动资产价值的确定	货币性资金	货币性资金是指现金、各种银行存款及其他货币资金，其中现金是指企业的库存现金，包括企业内部各部门用于周转使用的备用金；各种存款是指企业的各种不同类型的银行存款；其他货币资金是指除现金和银行存款以外的其他货币资金，根据实际入账价值核定。
	应收及预付款项	应收账款是指企业因销售商品、提供劳务等应向购货单位或受益单位收取的款项；预付款项是指企业按照购货合同预付给供货单位的购货定金或部分货款。应收及预付款项包括应收票据、应收款项、其他应收款、预付货款和待摊费用。一般情况下，应收及预付款项按企业销售商品、产品或提劳务时的实际成交金额入账核算。
	短期投资	包括股票、债券、基金。股票和债券根据是否可以上市流通分别采用市场法和收益法确定其价。
	存货	存货是指企业的库存材料、在产品、产成品等。各种存货应当按照取得时的实际成本计价存货的形成，主要有外购和自制两个途径。外购的存货，按照买价加运输费、装卸费、保险费、途中合理损耗、入库前加上整理及挑选费用，以及缴纳的税金等计价；自制的存货，按照制造过程中的各项实际支出计价。
新增无形资产价值的确定		1. 计价原则 （1）投资者按无形资产作为资本金或者合作条件投入时，按评估确认或合同协议约定的金额计价。 （2）购入的无形资产，按照实际支付的价款计价。 （3）企业自创并依法申请取得的，按开发过程中的实际支出计价。 （4）企业接受捐赠的无形资产，按照发票账单所载金额或者同类无形资产市场价作价。 （5）无形资产计价入账后，应在其有效使用期内分期摊销，即企业为无形资产支出的费用应在无形资产的有效期内得到及时补偿。 2. 计价方法 （1）专利权的计价。专利权分为自创和外购两类。自创专利权的价值为开发过程中的实际支出，主要包括专利的研制成本和交易成本。由于专利权是具有独占性并能带来超额利润的生产要素，因此专利权转让价格不按成本估价，而是按照其所能带来的超额收益计价。 （2）如果非专利技术是自创的，一般不作为无形资产入账，自创过程中发生的费用，按当期费用处理。对于外购非专利技术，应由法定评估机构确认后再进行估价，其方法往往通过能产生的收益采用收益法进行估价。 （3）商标权的计价。如果商标权是自创的，一般不作为无形资产入账，而将商标设计、制作、注册、广告宣传等发生的费用直接作为销售费用计入当期损益。只有当企业购入或转让商标时，才需要对商标权计价。商标权的计价一般根据被许可方新增的收益确定。 （4）当建设单位向土地管理部门申请土地使用权并为之支付一笔出让金

新增无形资产价值的确定	时，土地使用权作为无形资产核算；当建设单位获得土地使用权是通过行政划拨的，这时土地使用权就不能作为无形资产核算；在将土地使用权有偿转让、出租、抵押、作价入股和投资，按规定补交土地出让价款时，才作为无形资产核算。
开办费的计价	开办费筹建期间建设单位管理费中未计入固定资产的其他各项费用，如建设单位经费，包括筹建期间工作人员工资、办公费、差旅费、印刷费、生产职工培训费、样品样机购置费、农业开荒费、注册登记费等以及不计入固定资产和无形资产购建成本的汇兑损益、利息支出。按照新财务制度规定，除了筹建期间不计入资产价值的汇兑净损失外，开办费从企业开始生产经营月份的次月起，按照不短于5年的期限平均摊入管理费用中。
租入固定资产改良支出计价	租入固定资产改良支出是企业从其他单位或个人租入的固定资产，所有权属于出租人，但企业依合同享有使用权。通常双方在协议中规定，租入企业应按照规定的用途使用，并承担对租入固定资产进行修理和改良的责任.即发生的修理和改良支出全部由承租方负担。对租入固定资产的大修理支出，不构成固定资产价值，其会计处理与自有固定资产的大修理支出无区别。对租入固定资产实施改良，因有助于提高固定资产的效用和功能，应当另外确认为一项资产。由于租入固定资产的所有权不属于租入企业，不宜增加租入固定资产的价值而作为递延瓷产处理。租入固定资产改良及大修理支出应当在租赁期内分期平均摊销。

第三节　质量保证金的处理

本节要点	本节内容
缺陷责任期	缺陷责任期由发承包双方在合同中约定，一般为6个月、12个月或24个月。缺陷责任期的起算日期必须以工程的实际竣工日期为准。发包人有权要求承包人相应延长缺陷责任期，但缺陷责任期最长不超过2年。
保修期	保修期自实际竣工日期起计算。保修的期限应当按照保证建筑物合理寿命期内正常使用，维护使用者合法权益的原则确定。按照《建设工程质量管理条例》的规定，保修期限如下： 1. 基础设施工程、房屋建筑的地基基础工程和主体结构工程，为设计文件规定的该工程的合理使用年限； 2. 屋面防水工程、有防水要求的卫生间、房间和外墙面的防渗漏为5年； 3. 供热与供冷系统为2个采暖期和供热期； 4. 电气管线、给排水管道、设备安装和装修工程为2年。
缺陷责任期内维修及费用的承担	1.保修责任。缺陷责任期内，属于保修范围、内容的项目.承包人应当在接到保修通知之日起7日内派人保修。发生紧急抢修事故的，承包人在接到事故通知后，应当立即到达事故现场抢修。对于涉及结构安全的质量问题，应当按照《房屋建筑工程质量保修办法》的规定，立即向当地建设行政主管部门报告，采取安全防范措施，由原设计单位或者有相应资质等级的设计单位提出保修方案，承包人实施保修。

缺陷责任期内维修及费用的承担	2. 费用承担。由他人及不可抗力原因造成的缺陷，发包人负责维修，承包人不承担费用，且发包人不得从保证金中扣除费用。如发包人委托承包人维修的，发包人应该支付相应的维修费用。缺陷　责任期内，由承包人原因造成的缺陷，承包人应负责维修，并承担鉴定及维修费用。如承包人不维修也不承担费用，发包人可按合同约定扣除保留金，并由承包人承担违约责任。承包人维修并承担相应费用后，不免除对工程的一般损失赔偿责任。
质量保证金的使用及返还	1. 全部或部分使用政府投资的建设项目，按工程价款结算总额 5%左右的比例预留保证金，社会投资项目采用预留保证金方式的，预留保证金的比例可以参照执行。 2. 缺陷责任期内，实行国库集中支付的政府投资项目，保证金的管理应按国库集中支付的有关规定执行。其他政府投资项目，保证金可以预留在财政部门或发包方。缺陷责任期内，如发包方被撤销，保证金随交付使用资产一并移交使用单位，由使用单位代行发包人职责。 3. 社会投资项目采用预留保证金方式的，发、承包双方可以约定将保证金交由金融机构托管；采用工程质量保证担保、工程质量保险等其他方式的，发包人不得再预留保证金，并按照有关规定执行。

建设工程造价案例分析

第一章 建设项目财务评价

<table>
<tr><th>章</th><th>节</th></tr>
<tr><td rowspan="3">第一章 建设项目财务评价</td><td>第一节 建设项目投资估算</td></tr>
<tr><td>第二节 建设项目财务分析</td></tr>
<tr><td>第三节 建设项目不确定性分析与风险分析</td></tr>
</table>

第一节 建设项目投资估算

<table>
<tr><th>本节要点</th><th colspan="2">本节内容</th></tr>
<tr><td>建设项目投资构成</td><td colspan="2">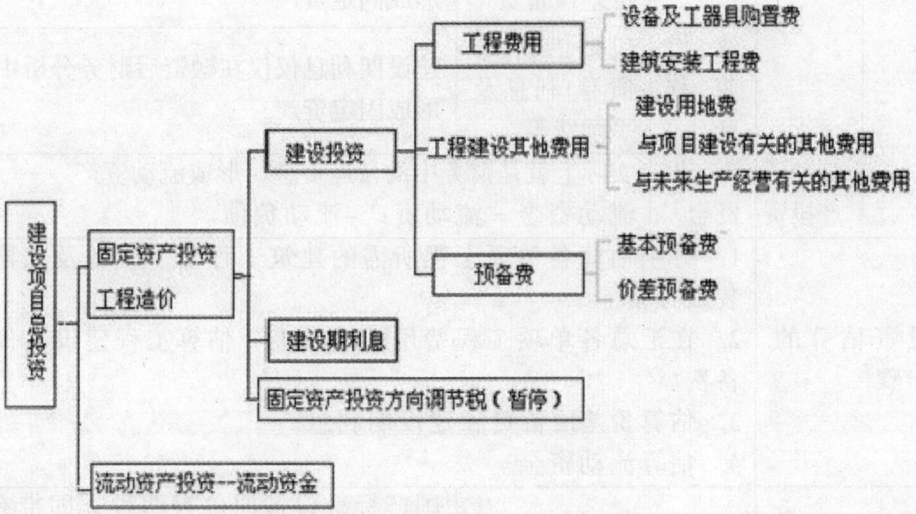
</td></tr>
<tr><td rowspan="7">总投资按照资产性质分类</td><td rowspan="4">固定资产</td><td>工程费用=建筑工程费+设备购置费+安装工程费</td></tr>
<tr><td>工程建设其他费中形成固定资产的那部分</td></tr>
<tr><td>预备费=基本预备费+价差预备费（形成固定资产）</td></tr>
<tr><td>建设期利息（形成固定资产）</td></tr>
<tr><td>无形资产</td><td>工程建设其他费中形成无形资产的那部分</td></tr>
<tr><td>其他资产</td><td>工程建设其他费中形成其他资产的那部分</td></tr>
<tr><td>流动资产</td><td>流动资金</td></tr>
</table>

<table>
<tr><td colspan="2" rowspan="2">建设投资静态投资部分的估算方法</td><td colspan="2">项目规划和项目建议书阶段</td><td>精度要求低</td><td>可采取简单的估算法，如生产能力指数法、生产能力指数法、比例法、系数法等</td></tr>
<tr><td colspan="2">可行性研究阶段尤其是详细可行性研究阶段</td><td>精度要求高</td><td>指标估算法，详细估算法</td></tr>
<tr><td rowspan="10">总投资</td><td rowspan="9">固定资产投资等于工程造价</td><td rowspan="8">建设投资</td><td rowspan="3">工程费用</td><td colspan="2">建筑工程费，形成固定资产</td></tr>
<tr><td colspan="2">设备及工器具购置费，形成固定资产</td></tr>
<tr><td colspan="2">安装工程费，形成固定资产</td></tr>
<tr><td rowspan="3">工程建设其他费用</td><td colspan="2">固定资产：咨询费、设计费、建设管理费等</td></tr>
<tr><td colspan="2">无形资产：专利，专有技术，土地使用权</td></tr>
<tr><td colspan="2">其他资产：开办费等</td></tr>
<tr><td>基本预备费</td><td colspan="2">形成固定资产</td></tr>
<tr><td>价差预备费</td><td colspan="2">形成固定资产</td></tr>
<tr><td>建设期利息</td><td>包括借款(或债券)利息及手续费等。</td><td colspan="2">建设期利息仅仅在融资后财务分析中用到。
形成固定资产</td></tr>
<tr><td>流动资产投资</td><td>流动资金</td><td colspan="3">实际上就是财务中的营运资金，形成流动资产
流动资金 = 流动资产−流动负债。</td></tr>
<tr><td colspan="2">投资估算的步骤</td><td colspan="4">1. 分别估算各单项工程所需的建筑工程费、设备及工器具购置费、安装工程费。
2. 在汇总各单项工程费用的基础上，估算工程建设其他费用和基本预备费。
3. 估算价差预备费和建设期利息。
4. 估算流动资金。</td></tr>
<tr><td colspan="2" rowspan="2">国产设备原价的构成及计算</td><td colspan="2">国产标准设备原价</td><td colspan="2">国产标准设备原价有两种，即带有备件的原价和不带有备件的原价。在计算时，一般采用带有备件的原价。</td></tr>
<tr><td colspan="2">国产非标准设备原价</td><td colspan="2">按成本计算估价法，包括所有制造过程的费用和制造过程各企业的合理利润。应该使非标准设备计价接近实际出厂价。</td></tr>
<tr><td colspan="2" rowspan="3">进口设备采用最多的是装运港船上交货价(FOB)</td><td colspan="2">货价</td><td colspan="2">货价=FOB*汇率（题目给定）</td></tr>
<tr><td colspan="2">国际运费</td><td colspan="2">国际运费(海、陆、空) = 原币货价(FOB) × 运费率
国际运费(海、陆、空) = 运量 × 单位运价</td></tr>
<tr><td colspan="2">运输保险费</td><td colspan="2">$\text{运输保险费} = \frac{\text{原币货价}(FOB)+\text{国外运费}}{1-\text{保险费率}} \times \text{保险费率}$</td></tr>
</table>

进口从属费的构成和计算	关税	关税 = 到岸价格(CIF) × 进口关税税率 到岸价格(CIF)=离岸价格(FOB)+国际运费+运输保险费。
	外贸手续费	外贸手续费 = (装运港船上交货价(FOB)+国际运费+运输保险费) × 外贸手续费率 =到岸价格(CIF) × 外贸手续费率
	银行财务费	银行财务费 = （FOB × 汇率） × 银行财务费率
	消费税	应纳消费税额 = $\frac{\text{到岸价(人民币)+关税}}{\text{1−消费税税率}}$ × 消费税税率
	增值税	进口环节增值税额 = 组成计税价格 × 增值税税率 组成计税价格 = 关税完税价格（CIF）+关税+消费税
	车辆购置税	进口车辆购置税 = (到岸价+关税+消费税) × 进口车辆购置税率
以上为抵岸价，不是设备购置费。设备购置费 = 设备原价+设备运杂费。		
设备运杂费	设备运杂费 = 设备原价 × 设备运杂费率 设备运杂费的构成：运费和装卸费；包装费；设备供销部门的手续费；采购与仓库保管费。	
设备购置费	设备购置费 = 设备原价+设备运杂费。	
工器具及生产家具购置费	工具、器具及生产家具购置费 = 设备原价 × 定额费率	
直接工程费	直接工程费=人工费+机械费+材料费	
	人工费	是指直接从事建筑安装工程施工的生产工人开支的各项费用
	材料费	材料原价（或供应价格）+材料运杂费+运输损耗费+采购及保管费+检验试验费 材料费=Σ（材料消耗量 × 材料基价）+检验试验费 材料基价=［（供应价格+运杂费）×(1+运输损耗率（%））］×(1+采购保管费率（%）)
	施工机械使用费	施工机械使用费=Σ（施工机械台班消耗量 × 机械台班单价） 台班单价=台班折旧费+台班大修费+台班经常修理费+台班安拆费及场外运费+台班人工费+台班燃料动力费+台班养路费及车船使用税
措施费	是指发生于该工程施工前和施工过程中非工程实体项目的费用。其中安全文明施工费属于不可竞争费用	

<table>
<tr><td rowspan="2">间接费</td><td colspan="2">规费：是指政府和有关权力部门规定必须缴纳的费用（简称规费）。包括：排污费，社会保障费（养老、医疗、失业、工伤、生育），住房公积金。</td></tr>
<tr><td colspan="2">企业管理费：是指建筑安装企业组织施工生产和经营管理所需费用。</td></tr>
<tr><td>税金</td><td colspan="2">是指国家税法规定的应计入建筑安装工程造价内的营业税、城市维护建设税及教育费附加等。
税金＝（税前造价＋利润）×税率（%）
税率：
（1）纳税地点在市区的企业
税率（%）＝ $\frac{1}{1-3\%-(3\%\times7\%)-(3\%\times3\%)}-1$
（2）纳税地点在县城、镇的企业
税率（%）＝ $\frac{1}{1-3\%-(3\%\times5\%)-(3\%\times3\%)}-1$
（3）纳税地点不在市区、县城、镇的企业
税率（%）＝ $\frac{1}{1-3\%-(3\%\times1\%)-(3\%\times3\%)}-1$</td></tr>
<tr><td>工料单价法计价程序</td><td colspan="2">1. 以直接费为计算基础
2. 以人工费和机械费为计算基础
3. 以人工费为计算基础</td></tr>
<tr><td>综合单价法计价程序</td><td colspan="2">综合单价法是分部分项工程单价为全费用单价，全费用单价经综合计算后生成，其内容包括直接工程费、间接费、利润和税金。</td></tr>
<tr><td rowspan="3">建设用地费用</td><td colspan="2">划拨方式征地补偿费：征地补偿费（土地补偿费；安置补助费；地上附着物和青苗补偿费；安置补助费；新菜地开发建设基金；耕地占用税；土地管理费。）拆迁补偿费用（拆迁补偿，拆迁、安置补助费。）</td></tr>
<tr><td colspan="2">土地使用权出让（转让）金：是指通过土地使用权出让方式，向土地所有者支付的土地使用权出让金。</td></tr>
<tr><td colspan="2">建设期租地费用及临时用地补偿费</td></tr>
<tr><td rowspan="6">与项目建设有关的费用</td><td>建设管理费</td><td>建设单位管理费；工程建设监理费；
计算：建设管理费=工程费用×建设投资管理费费率</td></tr>
<tr><td>可行性研究费</td><td>编制和评估项目建议书（或初步可研）、可行性研究报告的费用。</td></tr>
<tr><td>研究试验费</td><td>为项目进行研究试验及按设计规定必须进行试验、验证所需的费用。</td></tr>
<tr><td>勘察设计费</td><td>包括：工程勘察费、设计费（详细设计费）、设计模型制作费。</td></tr>
<tr><td>环境影响评价费</td><td>包括编制和评估环境影响报告书、环境影响报告表等所需的费用。</td></tr>
<tr><td>职业安全卫生健康评</td><td>是指为预测和分析建设项目存在的职业危险、危害因</td></tr>
</table>

与项目建设有关的费用	价费	素的种类和危险危害程度，并提出技术和管理对策所需的费用。
	场地准备及临时设施费	是指建设场地准备费和建设单位临时设施费。
	引进技术设备其他费用	引进设备材料国内检验费；引进项目图纸资料翻译复制费、备品备件测绘费；出国人员费用；来华人员费用；银行担保及承诺费； 注意：引进技术和设备发生的未计入设备购置费的费用应计入此项。
	工程保险费	工程费用×系数。
	特殊设备安全监督检验费	设备安装费×系数。
	市政公用设施建设及绿化补偿费	设备配套费用以及绿化工程补偿费用。
与运营有关的费用	专利及专有技术使用费	国外设计及技术资料费；引进有效专利、专有技术使用费；技术保密费；国内有效专利、专有技术使用费；商标使用费；特许经营权费。
	联合试运转费	按需要试运转车间的工艺设备购置费的百分比估算。
	生产准备及开办费	设备定员×指标。
	生产准备及开办费	为保证新建、改建、扩建项目初期正常生产、使用和管理所必须购置的办公和生活家具、用具的费用。
基本预备费	基本预备费＝（工程费用+工程建设其他费用）×基本预备费费率 ＝(设备及工器具购置费+建筑安装工程费用+工程建设其他费用)×基本预备费费率	
价差预备费	$PF=\sum_{t=1}^{n} I_t\left[(1+f)^m(1+f)^{0.5}(1+f)^{t-1}-1\right]$ PF——价差预备费； n——建设期年份数； I_t——建设期中第 t 年的工程费用投资计划额 f——年均投资价格上涨率； m——建设前期年限（从编制估算到开工建设）。	

建设期利息	1.年初发生 每年末支付利息：建设期利息=∑年初本金×利率 不支付利息：建设期利息=∑（年初本金+以前年度的利息）×利率 2.均衡发生 每年末支付利息：建设期利息=∑（年初本金+当年借款/2）×利率 不支付利息：建设期利息=∑（年初本金+以前年度的利息+当年借款/2）×利率 $q_j=(P_{j-1}+\frac{1}{2}A_j)\bullet i$
分项详细估算法	流动资产的构成要素一般包括存货、库存现金、应收账款和预付帐款；流动负债的构成要素一般包括应付账款和预收账款。流动资金等于流动资产和流动负债的差额，计算公式为： 流动资金=流动资产－流动负债 流动资产=应收账款+预付账款+存货+现金 流动负债=应付账款+预收账款 流动资金本年增加额=本年流动资金－上年流动资金
扩大指标估算法	一般常用的基数有营业收入、经营成本、总成本费用和建设投资等。 扩大指标估算法计算流动资金的公式为： 年流动资金额=年费用基数×各类流动资金率
单位生产能力估算法	依据调查的统计资料，利用相近规模的单位生产能力投资乘以建设规模，即得拟建项目投资。其计算公式为： $C_2=(C_1/Q_1)Q_2f$ 式中：C_1——已建类似的静态投资额；C_2——拟建项目静态投资额；Q_1——已建类似项目的生产能力；Q_2——拟建项目的生产能力；f——不同时期、不同地点的定额、单价、费用变更等的综合调整系数。这种方法把项目的建设投资与其生产能力的关系视为简单的线性关系，估算简便迅速。这种方法一般只适用于与已建项目在规模和时间上相近的拟建项目，一般两者间的生产能力比值为 0.2~2。
生产能力指数法	$C_2=C_1\left(\frac{Q_2}{Q_1}\right)^x\cdot f$ x 的取值： 1. 若已建类似项目的生产规模与拟建项目生产规模相差不大，Q_1与Q_2的比值在 0.5~2 之间，则指数 x 的取值近似为 1。 2. 若已建类似项目的生产规模与拟建项目生产规模相差不大于 50 倍，且拟建项目生产规模的扩大仅靠增大设备规模来达到时，则 x 的取值在 0.6~0.7 之间； 3. 若已建类似项目的生产规模与拟建项目生产规模相差不大于 50 倍，若

<table>
<tr><td>生产能力指数法</td><td colspan="2">且靠增加相同规格设备的数量达到时，x 的取值在 0.8~0.9 之间。
生产能力指数法主要应用于拟建装置或项目与用来参考的已知装置或项目的规模不同的场合。</td></tr>
<tr><td>系数估算法</td><td colspan="2">系数估算法也称为因子估算法，它是以拟建项目的主体工程费或主要设备费为基数，以其他工程费与主体工程费或设备购置费的百分比为系数，估算拟建项目静态投资的方法。在我国国内常用的方法有设备系数法和主体专业系数法，世行项目投资估算常用的方法是朗格系数法。
1. 设备系数法。选择拟建项目的设备费为基数。
2. 主体专业系数法。是以拟建项目中投资比重较大，并与生产能力直接相关的工艺设备投资为基数。
3. 朗格系数法。这种方法是以设备费为基数，乘以适当系数来推算项目的建设费用。</td></tr>
<tr><td>比例估算法</td><td colspan="2">根据统计资料，先求出已有同类建设项目主要生产工艺设备占整个建设项目的投资比例，先逐项估算出拟建项目主要生产设备投资，再按比例估算出拟建项目的静态投资的方法。其计算公式为：
$I=\frac{1}{K}\sum_{i=1}^{n} Q_i P_i$</td></tr>
<tr><td>混合法</td><td colspan="2">根据主题专业设计的阶段和深度，投资估算编制者所掌握的国家及地区、行业或部门相关投资估算基础资料和数据，以及其他统计和积累的、可靠的相关造价基础资料，对一个建设项目采用生产能力指数法与比例估算法混合或系数估算法与比例估算法混合估算其相关投资额的方法。</td></tr>
<tr><td rowspan="6">指标估算法</td><td colspan="2">根据各种具体的投资估算指标，进行各单位工程或单项工程投资的估算，在此基础上汇集编制成拟建建设项目的各个单项工程费用和拟建建设项目的工程费用投资估算。再按相关规定估算工程建设其他费用、基本预备费等，形成拟建项目静态投资。</td></tr>
<tr><td>建筑工程费用估算</td><td>建筑工程费用是指为建造永久性建筑物和构筑物所需要的费用，一般采用单位建筑工程投资估算法、单位实物工程量投资估算法、概算指标投资估算法等进行估算。</td></tr>
<tr><td>设备及工器具购置费估算</td><td>设备购置费根据项目主要设备表及价格、费用资料编制。
1. 国内设备和进口设备应分别估算。
2. 工器具购置费按设备费的一定比例计取。</td></tr>
<tr><td>安装工程费估算</td><td>安装工程费通常按行业或专门机构发布的安装工程定额、取费标准和指标估算投资。</td></tr>
<tr><td>工程建设其他费用估算</td><td>工程建设其他费用的计算应结合拟建项目的具体情况估算。</td></tr>
<tr><td>基本预备费估算</td><td>基本预备费的估算一般是以建设项目的工程费用和工程建设其他费用之和为基础，乘以基本预备费率进行计算。</td></tr>
</table>

建设投资动态部分的估算	建设投资动态部分主要包括价格变动可能增加的投资额，主要是价差预备费。动态部分的估算应以基准年静态投资的资金使用计划为基础来计算。

第二节 建设项目财务分析

本节要点	本节内容
建设投资估算表编制	按照费用归集形式，建设投资可按概算法或形成资产法分类。 1. 按概算法分类，建设投资由工程费用、工程建设其他费用和预备费三部分构成。 2. 按形成资产法分类，建设投资由形成固定资产的费用、形成无形资产的费用、形成其他资产的费用和预备费四部分组成。
营业收入的估算	营业收入=产品或服务数量×单位价格
相关税金的估算	1. 增值税：案例考试一般不考虑增值税的问题。所有价格均不含增值税。 2. 营业税金及附加：营业税金及附加是指包含在营业收入之内的营业税、消费税、资源税、城市维护建设税、教育费附加等内容。
总成本费用估算	总成本费用构成与计算 1. 生产成本加期间费用估算法。 总成本费用=生产成本+期间费用 其中， 生产成本=直接材料费+直接燃料和动力费+直接工资+其他直接支出+制造费用 期间费用=管理费用+财务费用+营业费用 2. 生产要素估算法。
经营成本	经营成本=外购原材料费+外购燃料及动力费+工资及福利费+修理费+其他费用 经营成本与总成本费用的关系如下： 经营成本=总成本费用-折旧费-摊销费-利息支出
固定成本与可变成本估算	为了进行盈亏平衡分析和不确定性分析，需将总成本费用分解为固定成本和可变成本。固定成本指成本总额不随产品产量变化的各项成本费用。可变成本指成本总额随产品产量变化而发生同方向变化的各项费用。此外，长期借款利息、流动资金借款和短期借款也可视为固定成本。
投资借款还本付息估算——利息支出的计算	建设投资借款还本付息估算 1. 还本付息的资金来源。根据国家现行财税制度的规定，贷款还本的资金来源主要包括可用于归还借款的利润（一般应是经过利润分配程序后的未分配利润）、固定资产折旧、无形资产、其他资产摊销费和其他还款资金来源。 2. 还本付息额的计算。 在项目决策分析与评价中，利息支出的估算包括：长期借款利息(即建设投资借款在投产后需支付的利息)、用于流动资金的借款利息和短期借款利息三部分。

固定资产原值	工程费用(设备购置费、安装工程费、建筑工程费)。工程建设其他费用中应计入固定资产原值的部分，即除了按规定可以计入无形资产和其他资产以外的工程建设其他费用。预备费。建设期利息。
固定资产折旧	符合税法的折旧费允许在所得税前列支。一般采用直线法，包括年限平均法(原称平均年限法)和工作量法。税法也允许对某些机器设备采用快速折旧法，即双倍余额递减法和年数总和法。 1.年限平均法： $年折旧率=\frac{1-预计净残值率}{折旧年限}\times100\%$ 年折旧额=固定资产原值×年折旧率 2.工作量法 工作量法又分两种，一是按照行驶里程计算折旧，二是按照工作小时计算折旧。 3.双倍余额递减法 $年折旧率=\frac{2}{折旧年限}\times100\%$ 年折旧额=年初固定资产净值×年折旧率 年初固定资产净值=固定资产原值–以前各年累计折旧 实行双倍余额递减法的，应在折旧年限到期前两年内，将固定资产净值扣除净残值后的净额平均摊销。 4.年数总和法 $年折旧率=\frac{折旧年限-已使用年数}{折旧年限(折旧年限+1)\div2}\times100\%$ 年折旧额=(固定资产原值–预计净残值)×年折旧率
无形资产摊销费	按照有关规定，无形资产从开始使用之日起，在有效使用期限内平均摊入成本。不计残值。
其他资产摊销费	其他资产原称递延资产。《企业会计制度》所称的其他资产是指除固定资产、无形资产和流动资产之外的其他资产，如长期待摊费用。其他资产的摊销也采用年限平均法，不计残值。
利润	利润及利润分配表的编制以利润总额的计算过程为基础。 利润总额＝产品销售(营业)收入–销售税金及附加–总成本费用
融资前项目投资现金流量分析	根据需要，可从所得税前和（或）所得税后两个角度进行考察，选择计算所得税前和（或）所得税后指标。融资前财务分析的现金流量应与融资方案无关。为了体现与融资方案无关的要求，各项现金流量的估算中都需要剔除利息的影响。例如采用不含利息的经营成本作为现今流出，而不是总成本费用；在流动资金估算、经营成本中的修理费和其他费用估算过程中应注意避免利息的影响等。另外所得税也受到影响，称之为调整所得税。

项目投资现金流量表的编制	现金流入	主要是营业收入，还可能包括补贴收入，在计算期最后一年，还包括回收固定资产余值及回收流动资金。营业收入的各年数据取自营业收入和营业税金及附加估算表。固定资产余值回收额为固定资产折旧费估算表中最后一年的固定资产期末净值，流动资金回收额为项目正常生产年份流动资金的占用额。
	现金流出	主要包括有建设投资、流动资金、经营成本、营业税金及附加。固定资产投资和流动资金的数额取自项目总投资使用计划与资金筹措表；流动资金投资为各年流动资金增加额；经营成本取自总成本费用估算表；营业税金及附加包括营业税、消费税、资源税、城市维护建设税和教育费附加，它们取自营业收入、营业税金及附加和增值税估算表。
	净现金流量	项目计算期各年的净现金流量为各年现金流入量减去对应年份的现金流出量，各年现金流量为本年及以前各年净现金流量之和。
	所得税前的净现金流量	按所得税前的净现金流量计算的相关指标，即所得税前指标，是投资盈利能力的完整体现，用以考察由项目方案设计本身所决定的财务盈利能力，它不受融资方案和所得税政策变化的影响，仅仅体现项目方案本身的合理性。所得税前指标可以作为初步投资决策的主要指标，用于考察项目是否基本可行，并值得去为之融资。
项目资本金现金流量分析	含义	在市场经济条件下，对项目整体获利能力有所判断的基础上，项目资本金盈利能力指标是投资者最终决定是否投资的最重要的指标，也是比较和取舍融资方案的重要依据项目资本金现金流量分析，应在拟定的融资方案下，从项目资本金出资者整体的角度，确定其现金流入和现金流出，编制项目资本金现金流量表。
	现金流入	现金流入各项的数据来源与项目投资现金流量表相同。
	现金流出	包括项目资本金、借款本金偿还、借款利息支付、经营成本及营业税金及附加。其中，项目资本金取自项目总投资计划与资金筹措表中资金筹措项下的自有资金分项。 借款本金偿还由两部分组成：一部分为借款还本付息计划表中本年还本额；一部分为流动资金借款本金偿还，一般发生在计算期最后一年。借款利息支付数额来自总成本费用估算表中的利息支出项。现金流出中其他各项与全部投资现金流量表中相同。
	净现金流量	项目计算期各年的净现金流量为各年现金流人量减去对应年份的现金流量。

投资各方现金流量分析	现金流入	是指投资者由该项目的实施将实际获得的各种收入
	实分利润	是指投资者由该项目获取的利润
	资产处置收益分配	期满时对资产余值按股比或约定比例的分配
	租赁费收入	是指出资方将自己的资产租赁给项目使用所获得的收入
	技术转让或使用收入	是指出资方将专利或专有技术转让或允许该项目使用所获得的收入
资产负债表的编制要点	资产	流动资产总额+在建工程+固定资产净值+无形及其他资产净值
	流动资产总额	货币资金+应收账款+预付账款+存货+其他
	货币资金	包括现金和累计盈余资金
	应收账款	由流动资金估算表得到
	预付账款	由流动资金估算表得到
	存货	由流动资金估算表得到
	其他	根据题意填列
	在建工程	由项目总投资使用计划与资金筹措表得到
	固定资产净值	由固定资产折旧费估算表得到
	无形及其他资产净值	由无形资产摊销估算表得到
	负债及所有者权益	负债小计–所有者权益
	流动负债总额	短期借款–应付账款–预收账款–其他
	短期借款	由项目总投资使用计划与资金筹措表得到
	应付账款	由流动资金估算表得到
	预收账款	由流动资金估算表得到
	其他	根据题意填列
	建设投资借款	由项目总投资使用计划与资金筹措表得到
	流动资金借款	由项目总投资使用计划与资金筹措表得到
	负债小计	流动负债总额+建设投资借款+流动资金借款
	所有者权益	资本金+资本公积+累计盈余公积金+累计未分配利润
	资本金	由项目总投资使用计划与资金筹措表或项目资本金现金流量表得到

资产负债表的编制要点	资本公积	为累计资本溢价及赠款
	累计盈余公积金	由利润与利润分配表得到
	累计未分配利润	由利润与利润分配表得到

第三节　建设项目不确定性分析与风险分析

<table>
<tr><th colspan="2">本节要点</th><th>本节内容</th></tr>
<tr><td colspan="2">财务生存能力分析</td><td>1. 财务生存能力分析的作用
财务生存能力分析旨在分析考察“有项目”时（企业）在整个计算期内的资金充裕程度，分析财务可持续性，判断在财务上的生存能力，主要根据财务计划现金流量表进行。
2. 财务生存能力分析的方法
财务生存能力分析应结合偿债能力分析进行，对项目的财务生存能力的分析可通过以下相辅相成的两个方面：
（1）分析是否有足够的净现金流量维持正常运营
（2）各年累计盈余资金不出现负值是财务生存的必要条件。
（3）既有法人改扩建项目应编制“有项目”时的财务计划现金流量表，进行财务生存能力分析。</td></tr>
<tr><td colspan="2">偿债能力分析</td><td>偿债能力分析主要是通过编制相关报表，计算利息备付率、偿债备付率等比率指标，考察项目借款的偿还能力。
根据还本付息表和企业资产负债表的数据可以计算资产负债率、流动比率、速动比率等比率指标，用以考察企业的财务状况。</td></tr>
<tr><td rowspan="3">净现值</td><td>公式</td><td>$NPV = \sum_{t=0}^{n}(CI - CO)_t(1+i_c)^{-t}$</td></tr>
<tr><td>评价准则</td><td>1. 当方案的 NPV≥0 时，说明该方案能满足基准收益率要求的盈利水平，故在经济上是可行的；
2. 当方案的 NPV < 0 时，说明该方案不能满足基准收益率要求的盈利水平，故在经济上是不可行的。</td></tr>
<tr><td>优点与不足</td><td>净现值指标考虑了资金的时间价值，并全面考虑了项目在整个计算期内的经济状况；经济意义明确直观，能够直接以金额表示项目的盈利水平；判断直观。但不足之处是，必须首先确定一个符合经济现实的基准收益率，而基准收益率的确定往往是比较困难的；而且在互斥方案评价时，净现值必须慎重考虑互斥方案的寿命，如果互斥方案寿命不等，必须构造一个相同的分析期限，才能进行方案比选。此外，净现值不能反映项目投资中单位投资的使用效率，不能直接说明在项目运营期各年的经营成果。</td></tr>
</table>

净现值	基准收益率	基准收益率也称基准折现率，是企业或行业或投资者以动态的观点所确定的、可接受的投资项目最低标准的收益水平。它表明投资决策者对项目资金时间价值的估价，是投资资金应当获得的最低盈利率水平，是评价和判断投资方案在经济上是否可行的依据，是一个重要的经济参数。基准收益率的确定一般以行业的平均收益率为基础，同时综合考虑资金成本、投资风险、通货膨胀以及资金限制等影响因素。
净年值	公式	$NAV = NPV(A/P, i_c, n)$
	评价准则	若 $NAV \geq 0$，则项目在经济上可以接受；若 $NAV < 0$，则项目在经济上应予拒绝。
	优点与不足	由于净年值表示的是一年（单位时间）的获利水平，在计算期不同的多项目评价时应用该指标比较简单。
内部收益率	公式	$NPV(IRR) = \sum_{t=0}^{n}(CI-CO)_t(1+IRR)^{-t} = 0$ 计算：线性差值试算法：$IRR=i_1+(NPV_1/(NPV_1-NPV_2))\times(i_2-i_1)$
	评价准则	若 $IRR > i_c$，则项目/方案在经济上可以接受；若 $IRR = i_c$，项目/方案在经济上勉强可行；若 $IRR < i_c$，则项目/方案在经济上应予拒绝。
	优点与不足	能够直接衡量项目未回收投资的收益率；不需要事先确定一个基准收益率。但不足的是计算比较麻烦；对于具有非常规现金流量的项目来讲，其内部收益率往往不是唯一的，在某些情况下甚至不存在。
净现值率	公式	$NPVR = \frac{NPV}{I_p}$　　$I_P = \sum_{t=0}^{m} I_t(P/F, i_c, t)$
	评价准则	对于独立方案评价，若 $NPVR \geq 0$，方案才能接受。对于多方案比选，凡 $NPVR < 0$ 的方案先行淘汰，在余下方案中，应与投资额、净现值结合起来选择方案。
	优点与不足	单纯以净现值最大作为方案选优的标准，往往导致评价人趋向于选择投资大、盈利多的方案，而忽视盈利额较多，但投资更少，经济效果更好的方案。为此，可采用净现值的相对指标（单位投资的净现值），即净现值率来进行评价。

财务盈利能力评价	1. 财务净现值（FNPV）。 $$FNPV=\sum_{t=0}^{n}(CI-CO)_t(1+i_c)^{-t}$$ 项目财务净现值是考察项目盈利能力的绝对量指标，它反映项目在满足按设定折现率要求的盈利之外所能获得的超额盈利的现值。如果项目财务净现值等于或大于零，表明项目的盈利能力达到或超过了所要求的盈利水平，项目财务上可行。 2. 财务内部收益率（FIRR）。 项目财务内部收益率可根据财务现金流量表中净现金流量，采用试算插值法计算，将求得的财务内部收益率与设定的判别基准 i_c 进行比较，当 FIRR $\geq i_c$ 时，即认为项目的盈利性能够满足要求。公式为： $$FIRR=i_1+\frac{FNPV_1}{FNPV_1-FNPV_2}(i_2-i_1)$$ 3. 投资回收期。 （1）静态投资回收期。 $$P_t=\text{累计净现金流量开始出现正值的年份}-1+\frac{\text{上一年累计现金流量的绝对值}}{\text{当年净现金流量}}$$ 当静态投资回收期小于等于基准投资回收期时，项目可行。 （2）动态投资回收期。 $$P't=\text{累计净现金流量现值开始出现正值的年份}-1+\frac{\text{上一年累计现金流量现值的绝对值}}{\text{当年净现金流量现值}}$$ 4. 总投资收益率(ROI)。总投资收益率是指项目达到设计能力后正常年份的年息税前利润或营运期内年平均息税前利润(EBIT)与项目总投资（TI）的比率。其表达式为： $$ROI=\frac{EBIT}{TI}\times 100\%$$ 总投资收益率高于同行业的收益率参考值，表明用总投资收益率表示的盈利能力满足要求。 5. 项目资本金净利润率（ROE）。项目资本金净利润率是指项目达到设计能力后正常年份的年净利润或运营期内平均净利润(NP)与项目资本金(EC)的比率。其表达式为： $$ROE=\frac{NP}{EC}\times 100\%$$ 项目资本金净利润率高于同行业的净利润率参考值，表明用项目资本金净利润率表示的盈利能力满足要求。

<table>
<tr><td>清偿能力评价</td><td>
1. 利息备付率（ICR）。
$$ICR=\frac{EBIT}{PI}$$
利息备付率应分年计算。对于正常经营的企业，利息备付率应当大于 1，并结合债权人的要求确定。
2. 偿债备付率（DSCR）。
$$DSCR=\frac{EBITDA-T_{AX}}{PD}$$
式中，EBITDA----息税前利润加折旧和摊销；
T_{AX}-----企业所得税；
PD----应还本付息的金额。当期应还本付息金额包括还本金额和计入总成本费用的全部利息；也包括融资租赁的租赁费。运营期内的短期借款本息也应纳入计算。
可用于还本付息的资金，包括可用于还款的折旧和摊销，在成本中列支的利息费用，可用于还款的利润等。
偿债备付率可以按年计算，也可以按整个借款期计算。正常情况应当大于 1。当指标小于 1 时，表示当年资金来源不足以偿付当期债务，需要通过短期借款偿付已到期的债务。
3. 资产负债率。
资产负债率=负债合计/资产合计
4. 流动比率。
$$流动比率=\frac{流动资产总额}{流动负债总额}\times 100\%$$
国际公认的标准是 200%。
5. 速动比率。
速动比率 =[（流动资产总额 - 存货）/ 流动负债总额]× 100%
国际公认的标准比率为 100%。
</td></tr>
<tr><td>盈亏平衡分析（量本利分析）</td><td>
1. 基本的损益方程式
利润 = 销售收入 - 总成本 - 经营税金及附加。
销售收入 = 单位售价 × 销量
总成本 = 变动成本 + 固定成本 = 单位变动成本 × 产量 + 固定成本
销售税金及附加 = 销售收入 × 经营税金及附加费率
推导出：
利润 = 单位售价 × 销量 - 单位变动成本 × 销量 - 固定成本 - 单位售价 × 销量 × 销售税金及附加费率
2. 盈亏平衡分析
（1）用产销量表示的盈亏平衡点 BEP(Q)
</td></tr>
</table>

盈亏平衡分析（量本利分析）		（2）用生产能力利用率表示的盈亏平衡点BEP(%) BEP(%)=（盈亏平衡点销售量/正常产销量）×100% 盈亏平衡点应按项目的正常年份计算，不能按计算期内的平均值计算。 （3）用销售额表示的盈亏平衡点BEP(S) （4）用销售单价表示的盈亏平衡点BEP(F)
敏感性分析	定义	敏感性分析是在确定性分析的基础上,通过进一步分析、预测项目主要不确定性因素的变化对评价指标的影响，从中找出敏感因素，确定该因素对评价指标的影响程度及项目对其变化的承受能力。
	种类	单因素敏感性分析。假设各不确定性因素之间相互独立，每次只考察一个因素，其它因素保持不变以分析这个可变因素对经济评价指标的影响程度和敏感程度。
		多因素敏感性分析。假设两个或两个以上互相独立的不确定性因素同时变化时，分析这些可变因素对经济评价指标的影响程度和敏感程度。
	方法	敏感度系数（S_{AF}）。指项目评价指标变化率与不确定性因素变化率之比，可按下式计算： $S_{AF}=\dfrac{\Delta A/A}{\Delta F/F}$ 式中：$\Delta F/F$——不确定性因素 F 的变化率； $\Delta A/A$——不确定性因素 F 发生 ΔF 变化时，评价指标 A 的相应变化率。
		临界点（转换值）。指不确定性因素的变化使项目由可行变为不可行的临界数值，一般采用不确定性因素相对基本方案的变化率或其对应的具体数值表示。
风险分析	风险识别	通过风险识别，找出潜在的各种风险因素，并对各种风险进行比较、分类。影响项目实现预期经济目标的风险因素来源于法律法规及政策、市场供需、资源开发与利用、技术可靠性、工程方案、融资方案、组织管理、环境与社会、外部配套条件等多个方面。影响项目效益的风险因素可归纳为以下几个方面： 1. 项目收益风险：产出品的数量（服务量）与预测（财务与经济）价格。 2. 建设风险：建筑安装工程量、设备选型与数量、土地征用和拆迁安置费、人工、材料价格、机械使用费及取费标准等。 3. 融资风险：资金来源、供应量与供应时间等。 4. 建设工期风险：工期延长。 5. 运营成本费用风险：投入的各种原料、材料、燃料、动力的需求量与

<table>
<tr><td rowspan="4">风险分析</td><td></td><td>预测价格、劳动力工资、各种管理费取费标准等。
6. 政策风险：税率、利率、汇率及通货膨胀率等。</td></tr>
<tr><td>风险评估</td><td>风险估计应采用主观概率和客观概率的统计方法，确定风险因素的概率分布，运用数理统计分析方法，计算项目评价指标相应的概率分布或累计概率、期望值、标准差。</td></tr>
<tr><td>风险评价</td><td>风险评价应根据风险识别和风险估计的结果，依据项目风险判别标准，找出影响项目成败的关键风险因素。
1. 以评价指标作判别标准：
（1）财务（经济）内部收益率大于等于基准收益率的累计概率值越大，风险越小；标准差越小，风险越小；
（2）财务（经济）净现值大于等于零的累计概率值越大，风险越小；标准差越小，风险越小。
2. 以综合风险等级作判别标准。
<table>
<tr><td colspan="2" rowspan="2">综合风险等级</td><td colspan="4">风险影响的程度</td></tr>
<tr><td>严重</td><td>较大</td><td>适度</td><td>轻微</td></tr>
<tr><td rowspan="4">风险的可能性</td><td>高</td><td>K</td><td>M</td><td>R</td><td>R</td></tr>
<tr><td>较高</td><td>M</td><td>M</td><td>R</td><td>R</td></tr>
<tr><td>适度</td><td>T</td><td>T</td><td>R</td><td>I</td></tr>
<tr><td>低</td><td>T</td><td>T</td><td>R</td><td>I</td></tr>
</table></td></tr>
<tr><td>风险应对</td><td>风险应对根据风险评价的结果，研究规避、控制与防范风险的措施，为项目全过程风险管理提供依据。具体应关注下列方面：
1. 风险应对的原则：应具有针对性、可行性、经济性，并贯穿于项目评价的全过程。
2. 决策阶段风险应对的主要措施：强调多方案比选；对潜在风险因素提出必要研究与试验课题；对投资估算与财务（经济）分析，应留有充分的余地；对建设或生产经营期的潜在风险可建议采取回避、转移、分担和自担措施。
3. 结合综合风险因素等级的分析结果，应提出下列应对方案：
K 级：风险很强，出现这类风险就要放弃项目；
M 级：风险强，修正拟议中的方案，通过改变设计或采取补偿措施等；
T 级：风险较强，设定某些指标的临界值，指标一旦达到临界值，就要变更设计或对负面影响采取补偿措施；
R 级：风险适度（较小），适当采取措施后不影响项目；
I 级：风险弱，可忽略。</td></tr>
</table>

风险分析	风险分析方法	常用的风险分析方法包括专家调查法、层次分析法、概率树、CIM 模型及蒙特卡罗模拟等分析方法，应根据项目具体情况，选用一种方法或几种方法组合使用。根据项目特点及评价要求，风险分析可区别下列情况进行： 1. 财务风险和经济风险分析可直接在敏感性分析的基础上，采用概率树分析和蒙特卡罗模拟分析法，确定各变量（如收益、投资、工期、产量等）的变化区间及概率分布，计算项目内部收益率、净现值等评价指标的概率分布、期望值及标准差，并根据计算结果进行风险评估。 2. 建设项目需要进行专题风险分析时，风险分析的步骤为：风险识别、风险估计、风险评价和风险应对。 3. 在定量分析有困难时，可对风险采用定性的分析。

第二章 工程设计、施工方案技术经济分析

章	节
第二章 工程设计、施工方案技术经济分析	第一节 工程设计、施工方案综合评价
	第二节 工程设计、施工方案比选与优化
	第三节 工程网络计划的调整与优化

第一节 工程设计、施工方案综合评价

本节要点			本节内容
工业项目总平面设计评价指标	面积指标		包括厂区占地面积，建筑物和构筑物占地面积、永久性堆场占地面积、建筑占地面积（建筑物和构筑物占地面积+永久性堆场占地面积）、厂区道路占地面积、工程管网占地面积、绿化面积。
	比率指标	建筑系数（建筑密度）	是指厂区内（一般指厂区围墙内）建筑物、构筑物和各种露天仓库及堆场、操作场地等的占地面积与整个厂区建设用地面积之比，它是反映总平面设计用地是否经济合理的指标，建筑系数大，表明布置紧凑，节约用地，又可缩短管线距离，降低工程造价。建筑系数的计算可用下式计算 建筑系数=建筑占地面积/厂区占地面积
		土地种用系数	是指厂区内建筑数、构筑物、露天仓库及堆场、操作场地、铁路、道路、广场、排水设施及地上地下管线等所占面积与整个厂区建设用地面积之比，它综合反映出总平面布置的经济合理性和土地利用效率。土地利用系数可用下式计算 土利利用系数=建筑占地面积+厂区道路占地面积+工程管网点地面积/厂区占地面积
		绿化系数	是指厂区内绿化面积与厂区占地面积之比，它综合反映了厂区的环境质量水平。
	工程量指标		包括场地平整土石方量、地上及地下管线工程量、防洪设施工程量等，这些指标综合反映了总平面设计中功能分区的合理性及设计方案对地势地形的适应性。
	功能指标		包括生产流程简捷、流畅销、连续程度；场内运输便捷程度；安全生产满足程度等。
	经济指标		包括每吨货物运输费用、经营费用等。

建筑设计评价指标	单位面积造价	建筑物平面形状、层数、层高、柱网布置、建筑结构及建筑材料等因素都会影响单位面积造价，因此单位面积造价是一个综合性很强的的指标。
	建筑物周长与建筑面积比	主要使用单位建筑面积所占的外墙长度指标 K · K 越低，设计越经济，K 按圆形、正方形、矩形、T 形、L 型的次序依次增大。该指标主要用于评价建筑物平面形状是否合理，指标越低，平面形状越合理。
	厂房展开面积	主要用于确定多层厂房的经济层数，展开面积越大，经济层数越多。
	厂房有效面积与建筑面积比	该指标主要用于评价柱网布置是否合理，合事的柱网布置可以提高厂房有效使用面积。
	工程全寿命成本	工程全寿命成本包括工程造价及工程建成后的使用成本，这是一个评价建筑功能水平是否合理的综合性指示，一般来说，功能水平低，工程造价低，但是使用成本高，功能水平高，工程造价高，但是使用成本低。工程全寿命成本最低时，功能水平最合理。
居住小区设计方案评价指标		建筑毛密度=居住和公共建筑基底面积/居住小区占地总面积 × 100% 居住建筑净密度=居住建筑基底面积/居住建筑占地面积 × 100% 居住面积密度=居住面积/居住建筑占地面积（m^2/hm^2） 居住建筑面积密度=居住建筑面积/居住建筑占地面积（m^2/hm^2） 人口毛密度=居住人数/居住小区占地总面积（人/hm^2） 人口净密度=居住人数/居住建筑占地面（人/hm^2） 绿化比率=居住小区绿化面积/居住小区占地总面积 × 100%
民用建筑设计的评价指标	平面指标	平面指标用来衡量平面布置的紧凑性、合理性 平面系数 K=居住面积/建筑面积 × 100% 平面系数 K_1=居住面积/有效面积 × 100% 平面系数 K_2=辅助面积/有效面积 × 100% 平面系数 K_3=结构面积/建筑面积 × 100% 其中，有效面积是指建筑平面中可供使用的面积；使用面积=有效面积–辅助面积；结构面积指建筑平面中结构所占的面积；有效面积+结构面积=建筑。对于民用建筑，应尽量减少结构面积比例，增加有效面积。
	建筑周长指标	这个指标是增长与建筑面积之比。居住建筑进深加大，则单元周长缩小，可节约用地，减少墙体积，降低造价 单元周长指标=单元周长（m）/单元建筑面积（m^2） 建筑周长指标=建筑周长（m）/建筑占地面积（m^2）

民用建筑设计的评价指标	建筑体积指标	该指标是建筑体积与建筑面积之比，是衡量层高的指标 建筑体积指标=建筑体积（m^2）/建筑面积（m^2）
	面积定额指标	用于控制设计面积 户均建筑面积=建筑总面积/总户数 户均使用面积=使用总面积/总户数 户均面宽指标=建筑物总长度/总户数
	户型比	指不同居室数的户数占总户数的比例，是评价户型结构是否合理的指标
互斥型方案的静态评价	增量投资收益率法	若 $I_2>I_1$、$C_2<C_1$、、$A_2>A_1$；则：$R(2-1)=\dfrac{C_1-C_2}{K_2-K_1}=\dfrac{A_2-A_1}{K_2-K_1}$ 若R（2－1）≧i_c此时，投资大的方案就是可行的，它表明投资的增量（I_2–I_1）完全可以由经营费的节约（C_1–C_2）或增量净收益（A_2–A_1）来得到补偿。反之，投资小的方案为优方案。
	增量投资回收期法	若 $I_2>I_1$、$C_2<C_1$、、$A_2>A_1$；则：$P_t(2-1)=\dfrac{K_2-K_1}{C_1-C_2}=\dfrac{K_2-K_1}{A_2-A_1}$ 增量投资回收期小于基准投资回收期时，投资大的方案为优选方案，反之，投资小的方案为优选方案。
	年折算费用法	$Z_j=\dfrac{K_j}{P_c}+C_j$ 或 $Z_j=K_j\times i_c+C_j$ 根据年折算费用，即可按 min{ Z_j }选出最优方案。
	综合总费用法	$S_j=K_j+P_c\times C_j$ （$S_j=P_c\times Z_j$） 在方案评选时，综合总费用为最小的方案即 min{ S_j }为最优方案。
互斥方案的动态评价计算期	净现值法（NPV）	各方案收益不同，净现值最大的方案为最佳方案；各方案收益相同，费用现值（PW）最小的为最佳方案。
	净年值法（NAV）	各方案收益不同，净年值最大的方案为最佳方案；各方案收益相同，费用年值（AC）最小的为最佳方案。
	增量内部收益率法（△IRR）	$\Delta NPV(\Delta IRR)=\sum_{t=0}^{n}(A_1-A_2)_t(1+\Delta IRR)^{-t}=0$ 1. 计算各备选方案的 IRR_j，分别与基准收益率 ic 比较，IRR_j 小于 ic 的方案，即予淘汰。 2. 将 IRR_j≥ic 的方案按初始投资额由小到大依次排列。

相同	增量内部收益率法（△IRR）	3. 按初始投资额由小到大依次计算相邻两个方案的增量内部收益率 ΔIRR，若 $\Delta IRR > i_c$，则说明初始投资大的方案优于初始投资小的方案，保留投资大的方案；反之，若 $\Delta IRR < i_c$，则保留投资小的方案。直至全部方案比较完毕，保留的方案就是最优方案。
互斥方案的动态评价计算期不相同	净现值法（NPV）	1. 最小公倍数法：各备选方案计算期的最小公倍数作为进行方案比选的共同的计算期，以净现值较大的方案为最佳方案。 2. 研究期法：研究期的确定一般以互斥方案中年限最短的方案的计算期作为互斥方案评价的共同研究期。 3. 无限期计算法：如果评价方案的最小公倍数计算期很大，上述计算非常麻烦，则可取无穷大计算期法计算 NPV，NPV 最大者为最优方案。
	净年值法（NAV）	通过分别计算各备选方案净现金流量的等额年值（NAV）并进行比较，以 NAV≥0，且 NAV 最大者为最优方案。
	增量内部收益率法（△IRR）	评价步骤与“寿命期相同” 增量内部收益率法一样。求解△IRR 的方程可用令两方案净年值相等的方式建立，其中隐含了方案可重复实施的假定。

第二节　工程设计、施工方案比选与优化

本节要点		本节内容
综合评价法	优缺点列举法	把每一个方案在技术上、经济上的优缺点详细列出，进行综合分析，并对缺点作进一步调查，用淘汰法逐步缩小考虑范围，从范围不断缩小的过程中找出最后的结论。
	直接评分法	根据各种方案能够达到各项功能要求的程度，按 10 分制(或 100 分制)评分，然后算出每个方案达到功能要求的总分，比较各方案总分，作出采纳、保留、舍弃的决定，再对采纳、保留的方案进行成本比较，最后确定最优方案。
	加权评分法	又称矩阵评分法。这种方法是将功能、成本等各种因素，根据要求的不同进行加权计算，权数大小应根据它在产品中所处的地位而定，算出综合分数，最后与各方案寿命周期成本进行综合分析，选择最优方案。加权评分法主要包括以下四个步骤：1. 确定评价项目及其权重系数；2. 根据各方案对各评价项的满足程度进行评分；3. 计算各方案的评分权数和；4. 计算各方案的价值系数，以较大的为优。

	费用效率（CE）法	费用效率（CE）是指工程系统效率（SE）与工程寿命周期成本（LCC）的比值。其计算公式如下： $CE=\frac{SE}{LCC}=\frac{SE}{IC+SC}$ 式中：CE——费用效率； SE——工程系统效率； LCC——工程寿命周期成本； IC——设置费； SC——维持费。 费用估算的方法有费用模型估算法、参数估算法、类比估算法、费用项目分别估算法。
	固定效率法和固定费用法	所谓固定费用法，是将费用值固定下来，然后选出能得到最佳效率的方案。反之，固定效率法是将效率值固定下来，然后选取能达到这个效率而费用最低的方案。
寿命周期成本分析在方案中的应用	权衡分析法	权衡分析是对性质完全相反的两个要素作适当的处理，其目的是为了提高总体的经济性。寿命周期成本评价法的重要特点是进行有效的权衡分析。通过有效的权衡分析，可使系统的任务能较好地完成，既保证了系统的性能，又可使有限的资源（人、财、物）得到有效的利用。 在寿命周期成本评价法中，权衡分析的对象包括以下五种情况： 1. 设置费与维持费的权衡分析； 2. 设置费中各项费用之间的权衡分析； 3. 维持费中各项费用之间的权衡分析； 4. 系统效率和寿命周期成本的权衡分析； 5. 从开发到系统设置完成这段时间与设置费的权衡分析。寿命周期成本评价法≈权衡分析
	特点	1. 当选择系统时，不仅考虑设置费，还要研究所有的费用； 2. 在系统开发的初期就考虑寿命周期成本； 3. 进行“费用设计”，像系统的性能、精度、重量、容积、可靠性、维修性等技术规定一样，将寿命周期成本作为系统开发的主要因素； 4. 透彻地进行设置费和维持费之间的权衡，系统效率和寿命周期成本之间的权衡，以及开发、设置所需的时间和寿命周期成本之间的权衡。
	局限性	1. 假定项目方案有确定的寿命周期； 2. 由于在项目寿命周期早期进行评价，可能会影响评价结果的准确性； 3. 进行工程寿命周期成本分析的高成本使得其未必适用于所有的项目； 4. 高敏感性使其分析结果的可靠性、有效性受到影响。

<table>
<tr>
<td colspan="2">价值工程概念</td>
<td>价值工程（Value Engineering，VE）是以提高产品或作业价值为目的，通过有组织的创造性工作，寻求用最低的寿命周期成本，可靠地实现使用者所需功能的一种管理技术。价值工程中所述的“价值”，是指作为某种产品（或作业）所具有的功能与获得该功能的全部费用的比值。其数学公式表示为：
$$V=\frac{F}{C}$$
式中：V——研究对象的价值；
F——研究对象的功能；
C——研究对象的成本，即寿命周期成本。
价值工程的工作程序一般可分为准备、分析、创新、实施与评价四个阶段。</td>
</tr>
<tr>
<td rowspan="5">价值工程对象选择的方法</td>
<td>ABC 分析法</td>
<td>将占总成本 70%～80% 而占零部件总数 10%～20% 的零部件划分为 A 类部件；将占总成本 5%～10% 而占零部件总数 60%～80% 的零部件划分为 C 类；其余为 B 类。其中 A 类零部件是价值工程的主要研究对象。</td>
</tr>
<tr>
<td>强制确定法。</td>
<td>是以功能重要程度作为选择价值工程对象的一种分析方法。
具体做法是：先求出分析对象的成本系数、功能系数，然后得出价值系数，价值低的为研究对象。这种方法在功能评价和方案评价中也有应用。
求系数的方法可以用：0～1 法；0～4 法。</td>
</tr>
<tr>
<td>百分比分析法</td>
<td>这是一种通过分析某种费用或资源对企业的某个技术经济指标的影响程度的大小（百分比），来选择价值工程对象的方法。</td>
</tr>
<tr>
<td>因素分析法</td>
<td>又称经验分析法，是指根据价值工程对象选择应考虑的各种因素，凭借分析人员的经验集体研究确定选择对象的一种方法。因素分析法是一种定性分析方法，依据分析人员经验做出选择，简便易行。特别是在被研究对象彼此相差比较大以及时间紧迫的情况下比较适用。在对象选择中还可以将这种方法与其它方法相结合，往往能取得更好效果。因素分析法的缺点是缺乏定量依据、准确性较差，对象选择的正确与否，主要决定于价值工程活动人员的经验及工作态度，有时难以保证分析质量。为了提高分析的准确程度，可以选择技术水平高、经验丰富、熟悉业务的人员参加，并且要发挥集体智慧，共同确定对象。</td>
</tr>
<tr>
<td>价值指数法</td>
<td>通过比较各个对象（或零部件）之间的功能水平位次和成本位次，寻找价值较低对象（零部件），并将其作为价值工程研究对象的一种方法。</td>
</tr>
</table>

<table>
<tr><td rowspan="4">价值工程功能的系统分析</td><td>功能分类</td><td>1. 按功能的重要程度分类。产品的功能一般可分为基本功能和辅助功能两类。
2. 按功能的性质分类。产品的功能可分为使用功能和美学功能。
3. 按用户的需求分类。产品功能可分为必要功能和不必要功能。
4. 按功能的量化标准分类。产品的功能可分为过剩功能与不足功能。</td></tr>
<tr><td>功能定义</td><td>任何产品都具有使用价值，即功能。功能定义就是以简洁的语言对产品的功能加以描述。这里要求描述的是“功能”，而不是对象的结构、外形或材质。</td></tr>
<tr><td>功能整理</td><td>1. 功能整理的目的。功能整理是用系统的观点将已经定义了的功能加以系统化，找出各局部功能相互之间的逻辑关系，并用图表形式表达，以明确产品的功能系统，从而为功能评价和方案构思提供依据。
2. 功能整理的一般程序。功能整理的主要任务就是建立功能系统图。因此，功能整理的过程也就是绘制功能系统图的过程。</td></tr>
<tr><td>功能计量</td><td>1. 整体功能的量化。整体功能的计量应以使用者的合理要求为出发点，以一定的手段、方法确定其必要功能的数量标准，它应能在质和量两个方面充分满足使用者的功能要求而无过剩或不足。整体功能的计量是对各级子功能进行计量的主要依据。
2. 各级子功能的量化。产品整体功能的数量标准确定之后，就可依据“手段功能必须满足目的功能要求”的原则，运用目的——手段的逻辑判断，由上而下逐级推算、测定各级手段功能的数量标准。各级子功能的量化方法有很多，如理论计算法、技术测定法、统计分析法、类比类推法、德尔菲法等，可根据具体情况灵活选用。</td></tr>
<tr><td>价值工程功能评价</td><td colspan="2">功能评价，即评定功能的价值，是指找出实现功能的最低费用作为功能的目标成本（又称功能评价值），以功能目标成本为基准，通过与功能现实成本的比较，求出两者的比值（功能价值）和两者的差异值（改善期望值），然后选择功能价值低、改善期望值大的功能作为价值工程活动的重点对象。
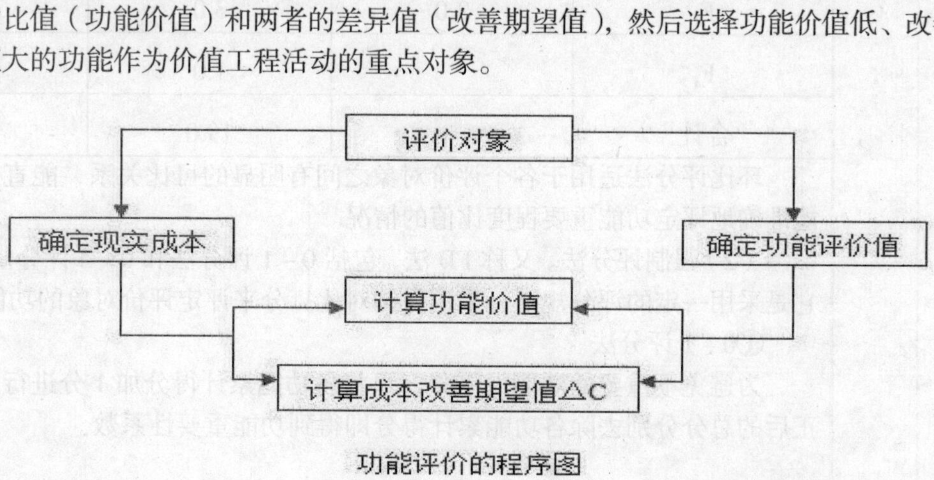

功能评价的程序图</td></tr>
</table>

<table>
<tr>
<td></td>
<td>功能现实成本C的计算</td>
<td>
1. 功能现实成本的计算。当一个零部件只具有一个功能时，该零部件的成本就是它本身的功能成本；当一项功能要由多个零部件共同实现时，该功能的成本就等于这些零部件的功能成本之和。当一个零部件具有多项功能或同时与多项功能有关时，就需要将零部件成本根据具体情况分摊给各项有关功能。
2. 成本指数的计算。成本指数是指评价对象的现实成本在全部成本中所占的比率。其计算式如下：
$$\text{第}i\text{个评价对象的成本指数}C_I=\frac{\text{第}i\text{个评价对象的现实成本}C_i}{\text{全部成本}}$$
</td>
</tr>
<tr>
<td>价值工程功能评价</td>
<td>功能评价值F的计算</td>
<td>
1. 确定功能重要性系数。功能重要性系数又称功能评价系数或功能指数，是指评价对象（如零部件等）的功能在整体功能中所占的比率。确定功能重要性系数的关键是对功能进行打分，常用的打分方法有强制打分法（0～1评分法或0～4评分法）、多比例评分法、逻辑评分法、环比评分法等。这里主要介绍环比评分法和强制打分法。
（1）环比评分法。又称DARE法。
①根据功能分析，决定评价功能的级别，确定需要评价的功能F_1、F_2、F_3、F_4。
②对上下相邻两项功能的重要性进行对比打分，所打的分作为暂定重要性系数。
③对暂定重要性系数进行修正。
④得各功能区的重要性系数。
功能重要性系数计算表
<table>
<tr><td rowspan="2">功能区</td><td colspan="3">功能重要性评价</td></tr>
<tr><td>暂定重要性系数</td><td>修正重要性系数</td><td>功能重要性系数</td></tr>
<tr><td>（1）</td><td>（2）</td><td>（3）</td><td>（4）</td></tr>
<tr><td>F_1</td><td>1.5</td><td>9.0</td><td>0.47</td></tr>
<tr><td>F_2</td><td>2.0</td><td>6.0</td><td>0.32</td></tr>
<tr><td>F_3</td><td>3.0</td><td>3.0</td><td>0.16</td></tr>
<tr><td>F_4</td><td></td><td>1.0</td><td>0.05</td></tr>
<tr><td>合计</td><td></td><td>19.0</td><td>1.00</td></tr>
</table>
环比评分法适用于各个评价对象之间有明显的可比关系，能直接对比，并能准确地评定功能重要程度比值的情况。
（2）强制评分法。又称FD法，包括0－1评分法和0－4评分法两种方法。它是采用一定的评分规则，采用强制对比打分来评定评价对象的功能重要性。
①0－1评分法。
为避免不重要的功能得零分，可将各功能累计得分加1分进行修正，用修正后的总分分别去除各功能累计得分即得到功能重要性系数。
</td>
</tr>
</table>

价值工程功能评价

功能评价值F的计算

功能重要性系数计算表

零部件	A	B	C	D	E	功能总分	修正得分	功能重要性系数
A	×	1	1	0	1	3	4	0.267
B	0	×	1	0	1	2	3	0.200
C	0	0	×	0	1	1	2	0.133
D	1	1	1	×	1	4	5	0.333
E	0	0	0	0	×	0	1	0.067
合计						10	15	1.00

②0－4评分法。

F_1比F_2重要得多：F_1得4分，F_2得0分；

F_1比F_2重要：F_1得3分，F_2得1分；

F_1与F_2同等重要：F_1得2分，F_2得2分；

F_1不如F_2重要：F_1得1分，F_2得3分；

F_1远不如F_2重要：F_1得0分，F_2得4分。

打分后的表格如下

	F_1:	F_2:	F_3:	F_4:	F_5:	得分	权重
F_1:	×;	3;	1;	3;	3;	10;	0.250
F_2:	1;	×;	0;	2;	2;	5;	0.125
F_3:	3;	4;	×;	4;	4;	15;	0.375
F_4:	1;	2;	0;	×;	2;	5;	0.125
F_5:	1;	2;	0;	2;	×;	5;	0.125
合计:						40;	1.000

强制确定法适用于被评价对象在功能重要程度上的差异不太大，并且评价对象子功能数目不太多的情况。

2. 确定功能评价值F

（1）新产品设计。一般在产品设计之前，已初步设计了目标成本。因此，在功能重要性系数确定之后，就可将新产品设定的目标成本（如为800元）按已有的功能重要性系数加以分配计算，求得各个功能区的功能评价值，并将此功能评价值作为功能的目标成本，如表所示。

新产品功能评价计算表

功能区	功能重要性系数	功能评价值（F）
（1）	（2）	（3）＝（2）×800
F_1	0.47	376
F_2	0.32	256
F_3	0.16	128
F_4	0.05	40
合计	1.00	800

价值工程功能评价 | 功能评价值F的计算

（2）既有产品的改进设计。既有产品的现实成本原已分配到各功能区中去的比例不一定合理，这就需要根据改进设计中新确定的功能重要性系数，重新分配既有产品的原有成本。从分配结果看，各功能区新分配成本与原分配成本之间有差异。正确分析和处理这些差异，就能合理确定各功能区的功能评价值，求出产品功能区的目标成本。现设既有产品的现实成本为 500 元，即可计算出功能评价值或目标成本，见表。

既有产品功能评价值计算表

功能区	功能现实成本 C（元）	功能重要性系数	根据产品现实成本和功能重要性系数重新分配的功能区成本	功能评价值 F（或目标成本）	成本降低幅度 △C=(C–F)
	(1)	(2)	(3)=(2)×500 元	（4）	（5）
F_1	130	0.47	235	130	–
F_2	200	0.32	160	160	40
F_3	80	0.16	80	80	–
F_4	90	0.05	25	25	65
合计	500	1.00	500	395	105

表中此分配结果可能有三种情况：

①功能区新分配的成本等于现实成本。如 F_3 就属于这种情况。此时应以现实成本作为功能评价值 F。

②新分配成本小于现实成本。如 F_2 和 F_4 就属于这种情况。此时应以新分配的成本作为功能评价值 F。

③新分配的成本大于现实成本。需要进行具体分析。

A、如果是因为功能重要性系数定高了，经过分析后可以将其适当降低。因功能重要性系数确定过高可能会存在多余功能，如果是这样，先调整功能重要性系数，再确定功能评价值。

B、如因成本确实投入太少而不能保证必要功能，可以允许适当提高一些。除此之外，即可用目前成本作为功能评价值 F。

<table>
<tr><td rowspan="2">价值工程功能评价</td><td>功能价值V的计算及分析</td><td>1. 功能成本法，又称绝对值法。是通过一定的测算方法，测定实现应有功能所必须消耗的最低成本，同时计算为实现应有功能所耗费的现实成本，经过分析、对比，求得对象的价值系数和成本降低期望值，确定价值工程的改进对象。其表达式如下：
$$第i个评价对象的价值系数V=\frac{第i个评价对象的功能评价值F}{第i个评价对象的现实成本C}$$
根据上述计算公式，功能的价值系数计算结果有以下三种情况：
（1）V＝1。即功能评价值等于功能现实成本。这表明评价对象的功能现实成本与实现功能所必需的最低成本大致相当。此时，说明评价对象的价值为最佳，一般无需改进。
（2）V＜1。即功能现实成本大于功能评价值。表明评价对象的现实成本偏高，而功能要求不高。这时，一种可能是由于存在着过剩的功能，另一种可能是功能虽无过剩，但实现功能的条件或方法不佳，以致使实现功能的成本大于功能的实际需要。这两种情况都应列入功能改进的范围，并且以剔除过剩功能及降低现实成本为改进方向，使成本与功能比例趋于合理。
（3）V＞1。即功能现实成本低于功能评价值，表明该部件功能比较重要，但分配的成本较少。此时，应进行具体分析，功能与成本的分配可能已较理想，或者有不必要的功能，或者应该提高成本。
应注意一个情况，即V＝0时，要进一步分析。
2. 功能指数法。又称相对值法。
$$第i个评价对象的价值指数V_I=\frac{第i个评价对象的功能指数F_I}{第i个评价对象的成本指数C_I}$$
价值指数的计算结果有以下三种情况：
（1）$V_I=1$。此时评价对象的功能比重与成本比重大致平衡，合理匹配，可以认为功能的现实成本是比较合理的。
（2）$V_I<1$。此时评价对象的成本比重大于其功能比重，表明相对于系统内的其他对象而言，目前所占的成本偏高，从而会导致该对象的功能过剩。应将评价对象列为改进对象，改善方向主要是降低成本。
（3）$V_I>1$。此时评价对象的成本比重小于其功能比重。出现这种结果的原因可能有三种：第一，由于现实成本偏低，不能满足评价对象实现其应具有的功能要求，致使对象功能偏低，这种情况应列为改进对象，改善方向是增加成本；第二，对象目前具有的功能已经超过其应该具有的水平，也即存在过剩功能，这种情况也应列为改进对象，改善方向是降低功能水平；第三，对象在技术、经济等方面具有某些特征，在客观上存在着功能很重要而需要消耗的成本却很少的情况，这种情况一般不列为改进对象。</td></tr>
<tr><td></td><td>1. F／C值低的功能区域。计算出来的V＜1的功能区域，基本上都应进行改进，特别是V值比1小得较多的功能区域，应力求使V＝1。
2. C－F值大的功能区域。通过核算和确定对象的实际成本和功能评价值，分析、测算成本改善期望值，从而排列出改进对象的重点及优先次序。成本改</td></tr>
</table>

价值工程功能评价	确定VE对象的改进范围	善期望值的表达式为： $\Delta C = C - F$ 式中：△C——成本改善期望值，即成本降低幅度。 当n个功能区域的价值系数同样低时，就要优先选择△C数值大的功能区域作为重点对象。一般情况下，当△C大于零时，△C大者为优先改进对象。 3. 复杂的功能区域。复杂的功能区域，说明其功能是通过采用很多零件来实现的。一般地，复杂的功能区域其价值系数（或价值指数）也较低。
价值工程功能一般解题步骤		确定各项功能重要系数。某项功能重要系数 =∑(该功能各评价指标得分×该评价指标权重)/评价指标得分之和 常用的功能指数计算方法：0~1评分法，0~4评分法，环比评分法
		计算各方案的成本系数。某方案成本系数=该方案成本(造价)/各个方案成本(造价)之和
		计算方案功能评价系数。某方案功能评价系数=该方案评定总分/各方案评定总分之和 式中：某方案评定总分=∑(各功能重要系数×该方案对各功能的满足程度得分)
		计算各方案的价值指数。 某方案价值指数=该方案功能评价指数/该方案成本指数。
		功能价值的分析。 1.功能成本法又称为绝对值法： 2.功能指数法又称相对值法
		判断。 1. 方案选择一般取V越大越好，功能评价一般是希望V趋近于1。 2. 改进范围，一般用实际成本和用功能系数分配的成本（期望成本）之差判断。数值大的优先考虑。

第三节　工程网络计划的调整与优化

本节要点		本节内容
双代号网络图的组成	节点	节点只是一个“瞬间”，被称为事件。
	工作	在双代号网络图中，工作是用箭线表示的。分为紧前工作，紧后工作，平行工作，先行工作，后续工作。
	虚工作	虚工作是一项虚拟的工作，实际并不存在。它仅用来表示工作之间的先后顺序，无工作名称，既不消耗时间，也不消耗资源。用虚箭线表示虚工作，其持续时间为0。虚工作的两种表达方法。在用实箭线表示时，需要标注持续时间为0。

双代号网络图的组成	分类	1. 双代号和时标网络计划。一般是按最早开始和最早完成时间绘制，称为早时标网络计划；反之为迟时标网络计划。 2. 单代号网络图。案例一般不考。
		将项目分解为网络计划的基本组成单元——工作(或工序)，并确定各工作的持续时间，确定网络计划中各项工作的先后顺序，工作间的逻辑关系分为工艺关系和组织关系，据此绘制网络计划图。
	绘制	双代号网络图的绘制规则： 1.双代号网络图必须正确表达已定的逻辑关系； 2.双代号网络图中，严禁出现循环回路； 3.双代号网络图中，在节点之间严禁出现带双向箭头或无箭头的连线； 4.双代号网络图中，严禁出现没有箭头节点或箭尾节点的箭线； 5.当双代号网络图的某些节点有多条外向箭线或多条内向箭线时，在保证一项工作有唯一的一条箭线和对应的一对节点编号前提下，允许使用母线法绘图。箭线线型不同，可在从母线上引出的支线上标出； 6.绘制网络图时，箭线不宜交叉，当交叉不可避免时，可用过桥法或指向法； 7.双代号网络图是由许多条线路组成的、环环相套的封闭图形，只允许有一个起点节点和一个终点节点，而其他所有节点均是中间节点(既有指向它的箭线，又有背离它的箭线)。 8.双代号网络图应条理清楚，布局合理。
网络计划时间参数的概念	工期	1. 计算工期。计算工期是根据网络计划时间参数计算而得到的工期，用T_c表示。 2. 要求工期。要求工期是任务委托人所提出的指令性工期，用T_r表示。 3. 计划工期。计划工期是指根据要求工期和计算工期所确定的作为实施目标的工期，用T_p表示。 当已规定要求工期时，计划工期不应超过要求工期，即：$T_p \leq T_r$ 当未规定要求工期时，可令计划工期等于计算工期，即：$T_p = T_c$
	工作的六个时间参数	1. 最早开始时间和最早完成时间。在双代号网络计划中，工作i—j的最早开始时间和最早完成时间分别用ES_{i-j}和EF_{i-j}表示；在单代号网络计划中，工作i的最早开始时间和最早完成时间分别用ES_i和EF_i表示。 2. 最迟完成时间和最迟开始时间。在双代号网络计划中，工作i—j的最迟完成时间和最迟开始时间分别用LF_{i-j}和LS_{i-j}表示；在单代号网络计划中，工作i的最迟完成时间和最迟开始时间分别用LF_i和LS_i表示。 3. 总时差和自由时差。在双代号网络计划中，工作i—j的总时差用TF_{i-j}表示；在单代号网络计划中，工作i的总时差用TF_i表示。在双代号网络计划中，工作i—j的自由时差用FF_{i-j}表示；在单代号网络计划中，工作i的自由时差用FF_i表示。

<table>
<tr>
<td rowspan="2">网络计划时间参数的概念</td>
<td>节点时间</td>
<td>1. 节点最早时间。节点最早时间是指在双代号网络计划中，以该节点为开始节点的各项工作的最早开始时间。节点 i 的最早时间用 ET_i 表示。
2. 节点最迟时间。节点最迟时间是指在双代号网络计划中，以该节点为完成节点的各项工作的最迟完成时间。节点 j 的最迟时间用 LT_j 表示。</td>
</tr>
<tr>
<td colspan="2">相邻两项工作之间的时间间隔是指本工作的最早完成时间与其紧后工作最早开始时间之间可能存在的差值。工作 i 与工作 j 之间的时间间隔用 $LAG_{i,j}$ 表示。</td>
</tr>
<tr>
<td rowspan="3">双代号网络计划时间参数按工作计算法</td>
<td>计算工作的最早开始时间和最早完成时间</td>
<td>1. 以网络计划起点节点为开始节点的工作，当未规定其最早开始时间时，其最早开始时间为零。
2. 工作的最早完成时间可利用下列公式进行计算：
$$EF_{i-j} = ES_{i-j} + D_{i-j}$$
式中：EF_{i-j}——工作 i—j 的最早完成时间；
ES_{i-j}——工作 i—j 的最早开始时间；
D_{i-j}——工作 i—j 的持续时间。
3. 其它工作的最早开始时间应等于其紧前工作最早完成时间的最大值，即：
$$ES_{i-j} = Max\{EF_{h-i}\} = Max\{ES_{h-i} + D_{h-i}\}$$
式中：ES_{i-j}——工作 i—j 的最早开始时间；
EF_{h-i}——工作 i—j 的紧前工作 h—i（非虚工作）的最早完成时间；
ES_{h-i}——工作 i—j 的紧前工作 h—i（非虚工作）的最早开始时间；
D_{h-i}——工作 i—j 的紧前工作 h—i（非虚工作）的持续时间。
4. 网络计划的计算工期应等于以网络计划终点节点为完成节点的工作的最早完成时间的最大值，即：
$$T_c = Max\{EF_{i-n}\} = Max\{ES_{i-n} + D_{i-n}\}$$
式中：T_c——网络计划的计算工期；
EF_{i-n}——以网络计划终点节点 n 为完成节点的工作的最早完成时间；
ES_{i-n}——以网络计划终点节点 n 为完成节点的工作的最早开始时间；
D_{i-n}——以网络计划终点节点 n 为完成节点的工作的持续时间。</td>
</tr>
<tr>
<td colspan="2">确定网络计划的计划工期。网络计划的计划工期应按公式 $T_p \leq T_r$ 或公式 $T_p = T_c$ 确定。</td>
</tr>
<tr>
<td>计算工作的最迟完成时间和最迟开始时间</td>
<td>1. 以网络计划终点节点为完成节点的工作，其最迟完成时间等于网络计划的计划工期，即
$$LF_{i-n} = T_p$$
式中：LF_{i-n}——以网络计划终点节点 n 为完成节点的工作的最迟完成时间；
T_p——网络计划的计划工期。
2. 工作的最迟开始时间可利用下列公式进行计算：
$$LS_{i-j} = LF_{i-j} - D_{i-j}$$
式中：LS_{i-j}——工作 i—j 的最迟开始时间；
LF_{i-j}——工作 i—j 的最迟完成时间；
D_{i-j}——工作 i—j 的持续时间。</td>
</tr>
</table>

<table>
<tr>
<td rowspan="4">双代号网络计划时间参数按工作计算法</td>
<td>计算工作的最迟完成时间和最迟开始时间</td>
<td>3. 其他工作的最迟完成时间应等于其紧后工作最迟开始时间的最小值，即：
$LF_{i-j}=Min\{LS_{j-k}\}=Min\{LF_{j-k}-D_{j-k}\}$
式中：LF_{i-j}——工作 i—j 的最迟完成时间；
LS_{j-k}——工作 i—j 的紧后工作 j—k（非虚工作）的最迟开始时间；
LF_{j-k}——工作 i—j 的紧后工作 j—k（非虚工作）的最迟完成时间；
D_{j-k}——工作 i—j 的紧后工作 j—k（非虚工作）的持续时间。</td>
</tr>
<tr>
<td>计算工作的总时差</td>
<td>工作的总时差等于该工作最迟完成时间与最早完成时间之差，或该工作最迟开始时间与最早开始时间之差，即：
$TF_{i-j}=LF_{i-j}-EF_{i-j}=LS_{i-j}-ES_{i-j}$
式中：TF_{i-j}——工作 i—j 的总时差；其余符号同前。</td>
</tr>
<tr>
<td>计算工作的自由时差</td>
<td>1. 对于有紧后工作的工作，其自由时差等于本工作的紧后工作最早开始时间减本工作最早完成时间所得之差的最小值，即
$FF_{i-j}=Min\{ES_{j-k}-EF_{i-j}\}=Min\{ES_{j-k}-ES_{i-j}-D_{i-j}\}$
式中：FF_{i-j}——工作 i—j 的自由时差；
ES_{j-k}——工作 i—j 的紧后工作 j—k（非虚工作）的最早开始时间；
EF_{i-j}——工作 i—j 的最早完成时间；
ES_{i-j}——工作 i—j 的最早开始时间；
D_{i-j}——工作 i—j 的持续时间。
2. 对于无紧后工作的工作，也就是以网络计划终点节点为完成节点的工作，其自由时差等于计划工期与本工作最早完成时间之差，即：
$FF_{i-n}=T_p-EF_{i-n}=T_p-ES_{i-n}-D_{i-n}$
式中：FF_{i-n}——以网络计划终点节点 n 为完成节点的工作 i—n 的自由时差；
T_p——网络计划的计划工期；
EF_{i-n}——以网络计划终点节点 n 为完成节点的工作 i—n 的最早完成时间；
ES_{i-n}——以网络计划终点节点 n 为完成节点的工作 i—n 的最早开始时间；
D_{i-n}——以网络计划终点节点 n 为完成节点的工作 i—n 的持续时间。</td>
</tr>
<tr>
<td colspan="2">确定关键工作和关键线路。在网络计划中，总时差最小的工作为关键工作。特别地，当网络计划的计划工期等于计算工期时，总时差为零的工作就是关键工作。</td>
</tr>
<tr>
<td></td>
<td>计算节点的最早时间和最迟时间</td>
<td>1. 计算节点的最早时间。节点最早时间的计算应从网络计划的起点节点开始，顺着箭线方向依次进行。其计算步骤如下：
（1）网络计划起点节点，如未规定最早时间，其值等于零。
（2）其他节点的最早时间应按下列公式进行计算：
$ET_j=Max\{ET_i+D_{i-j}\}$
式中：ET_j——工作 i—j 的完成节点 j 的最早时间；
ET_i——工作 i—j 的开始节点 i 的最早时间；
D_{i-j}——工作 i—j 的持续时间。</td>
</tr>
</table>

双代号网络计划时间参数按工作计算法	计算节点的最早时间和最迟时间	（3）网络计划的计算工期等于网络计划终点节点的最早时间，即 $T_c = ET_n$ 式中：T_c——网络计划的计算工期； ET_n——网络计划终点节点 n 的最早时间。 2.确定网络计划的计划工期。网络计划的计划工期应按公式 $T_p \leq T_r$ 或公式 $T_p = T_c$ 确定。 3. 计算节点的最迟时间。节点最迟时间的计算应从网络计划的终点节点开始，逆着箭线方向依次进行。其计算步骤如下： （1）网络计划终点节点的最迟时间等于网络计划的计划工期，即 $LT_n = T_p$ 式中：LT_n——网络计划终点节点 n 的最迟时间； T_p——网络计划的计划工期。 （2）其他节点的最迟时间应按下式进行计算： $LT_i = Min\{LT_j - D_{i-j}\}$ 式中：LT_i——工作 i—j 的开始节点 i 的最迟时间； LT_j——工作 i—j 的完成节点 j 的最迟时间； D_{i-j}——工作 i—j 的持续时间。
	根据节点的最早时间和最迟时间判定工作的六个时间参数	1. 工作的最早开始时间等于该工作开始节点的最早时间，即 $ES_{i-j} = ET_i$ 2. 工作的最早完成时间等于该工作开始节点的最早时间与其持续时间之和，即： $EF_{i-j} = ET_i + D_{i-j}$ 3. 工作的最迟完成时间等于该工作完成节点的最迟时间，即： $LF_{i-j} = LT_j$ 4. 工作的最迟开始时间等于该工作完成节点的最迟时间与其持续时间之差，即： $LS_{i-j} = LT_j - D_{i-j}$ 5. 工作的总时差： $TF_{i-j} = LF_{i-j} - EF_{i-j} = LT_j - (ET_i + D_{i-j}) = LT_j - ET_i - D_{i-j}$ 工作的总时差等于该工作完成节点的最迟时间减去该工作开始节点的最早时间所得差值再减其持续时间。 6. 工作的自由时差： $FF_{i-j} = Min\{ES_{j-k} - ES_{i-j} - D_{i-j}\} = Min\{ES_{j-k}\} - ES_{i-j} - D_{i-j} = Min\{ET_j\} - ET_i - D_{i-j}$ 工作的自由时差等于该工作完成节点的最早时间减去该工作开始节点的最早时间所得差值再减其持续时间。

	确定关键线路和关键工作	在双代号网络计划中，关键线路上的节点称为关键节点。关键工作两端的节点必为关键节点，但两端为关键节点的工作不一定是关键工作。关键节点的最迟时间与最早时间的差值最小。特别地，当网络计划的计划工期等于计算工期时，关键节点的最早时间与最迟时间必然相等。关键节点必然处在关键线路上，但由关键节点组成的线路不一定是关键线路。
双代号网络计划时间参数按标号法		1. 网络计划起点节点的标号值为零。 2. 其他节点的标号值应根据下列公式按节点编号从小到大的顺序逐个进行计算： $b_j = Max\{b_i + D_{i-j}\}$ 式中：b_j——工作 i—j 的完成节点 j 的标号值； b_i——工作 i—j 的开始节点 i 的标号值； D_{i-j}——工作 i—j 的持续时间。 3. 网络计划的计算工期就是网络计划终点节点的标号值。 4. 关键线路应从网络计划的终点节点开始，逆着箭线方向按源节点确定。
双代号时标网络计划时间参数的判定		1. 工作最早开始时间和最早完成时间的判定。 （1）工作箭线左端节点中心所对应的时标值为该工作的最早开始时间。 （2）当工作箭线中不存在波形线时，其右端节点中心所对应的时标值为该工作的最早完成时间。 （3）当工作箭线中存在波形线时，工作箭线实线部分右端点所对应的时标值为该工作的最早完成时间。 2. 工作总时差的判定。工作总时差的判定应从网络计划的终点节点开始，逆着箭线方向依次进行。 （1）以终点节点为完成节点的工作，其总时差应等于计划工期与本工作最早完成时间之差。 （2）其他工作的总时差等于其紧后工作的总时差加本工作与该紧后工作之间的时间间隔所得之和的最小值，即： $TF_{i-j} = Min\{TF_{j-k} + LAG_{i-j,\ j-k}\}$ 式中：TF_{i-j}——工作 i—j 的总时差； TF_{j-k}——工作 i—j 的紧后工作 j—k（非虚工作）的总时差； $LAG_{i-j,\ j-k}$——工作 i—j 与其紧后工作 j—k（非虚工作）之间的时间间隔。 3. 工作自由时差的判定。 （1）以终点节点为完成节点的工作，其自由时差应等于计划工期与本工作最早完成时间之差。事实上，以终点节点为完成节点的工作，其自由时差与总时差必然相等。 （2）其他工作的自由时差就是该工作箭线中波形线的水平投影长度。但当工作之后只紧接虚工作时，则该工作箭线上一定不存在波形线，而其紧接的虚箭线中波形线水平投影长度的最短者为该工作的自由时差。 4. 工作最迟开始时间和最迟完成时间的判定。 （1）工作的最迟开始时间等于本工作的最早开始时间与其总时差之和。 （2）工作的最迟完成时间等于本工作的最早完成时间与其总时差之和。

<table>
<tr><td>网络计划的工期优化</td><td>所谓工期优化，是指网络计划的计算工期不满足要求工期时，通过压缩关键工作的持续时间以满足要求工期目标的过程。
网络计划的工期优化可按下列步骤进行：
1. 确定初始网络计划的计算工期和关键线路。
2. 按要求工期计算应缩短的时间△T：
$\Delta T = T_c - T_r$
式中：T_c——网络计划的计算工期；
T_r——要求工期。
3. 选择应缩短持续时间的关键工作。选择压缩对象时宜在关键工作中考虑下列因素：
（1）缩短持续时间对质量和安全影响不大的工作；
（2）有充足备用资源的工作；
（3）缩短持续时间所需增加的费用最少的工作。
4. 将所选定的关键工作的持续时间压缩至最短，并重新确定计算工期和关键线路。若被压缩的工作变成非关键工作，则应延长其持续时间，使之仍为关键工作。
5. 当计算工期仍超过要求工期时，则重复上述 2～4，直至计算工期满足要求工期或计算工期已不能再缩短为止。
6. 当所有关键工作的持续时间都已达到 其能缩短的极限而寻找不到继续缩短工期的方案，但网络计划的计算工期仍不能满足要求工期时，应对网络计划的原技术方案、组织方案进行调整，或对要求工期重新审定。</td></tr>
<tr><td>网络计划的费用优化</td><td>费用优化又称工期成本优化，是指寻求工程总成本最低时的工期安排，或按要求工期寻求最低成本的计划安排的过程。
1. 按工作的正常持续时间确定计算工期和关键线路。
2. 计算各项工作的直接费用率。
3. 当只有一条关键线路时，应找出直接费用率最小的一项关键工作，作为缩短持续时间的对象；当有多条关键线路时，应找出组合直接费用率最小的一组关键工作，作为缩短持续时间的对象。
4. 对于选定的压缩对象（一项关键工作或一组关键工作），首先比较其直接费用率或组合直接费用率与工程间接费用率的大小：
（1）如果被压缩对象的直接费用率或组合直接费用率大于工程间接费用率，说明压缩关键工作的持续时间会使工程总费用增加，此时应停止缩短关键工作的持续时间，在此之前的方案即为优化方案；
（2）如果被压缩对象的直接费用率或组合直接费用率等于工程间接费用率，说明压缩关键工作的持续时间不会使工程总费用增加，故应缩短关键工作的持续时间；
（3）如果被压缩对象的直接费用率或组合直接费用率小于工程间接费用率，说明压缩关键工作的持续时间会使工程总费用减少，故应缩短关键工作的持续时间。
5. 当需要缩短关键工作的持续时间时，其缩短值的确定必须符合下列两</td></tr>
</table>

网络计划的费用优化		条原则：（1）缩短后工作的持续时间不能小于其最短持续时间； （2）缩短持续时间的工作不能变成非关键工作。 6. 计算关键工作持续时间缩短后相应增加的总费用。 7. 重复上述 3～6，直至计算工期满足要求工期或被压缩对象的直接费用率或组合直接费用率大于工程间接费用率为止。 8. 计算优化后的工程总费用。
网络计划的资源优化		资源优化的目的是通过改变工作的开始时间和完成时间，使资源按照时间的分布符合优化目标 “资源有限，工期最短”的优化步骤： 1. 按照各项工作的最早开始时间安排进度计划，并计算网络计划每个时间单位的资源需用量。 2. 从计划开始日期起，逐个检查每个时段（每个时间单位资源需用量相同的时间段）的资源需用量是否超过所能供应的资源限量。如果在整个工期范围内每个时段的资源需用量均能满足资源限量的要求，则可行优化方案就编制完成。否则，必须转入下一步进行计划的调整。 3. 分析超过资源限量的时段。如果在该时段内有几项工作平行作业，则采取将一项工作安排在与之平行的另一项工作之后进行的方法，以降低该时段的资源需用量。 4. 对调整后的网络计划安排重新计算每个时间单位的资源需用量。 5. 重复上述 2～4，直至网络计划整个工期范围内每个时间单位的资源需用量均满足资源限量为止。
实际进度与计划进度的比较方法	前锋线法	采用前锋线比较法进行实际进度与计划进度的比较，其步骤如下： 1. 绘制时标网络计划图。 2. 绘制实际进度前锋线。 3. 进行实际进度与计划进度的比较。 4. 预测进度偏差对后续工作及总工期的影响。
	列表比较法	1. 对于实际进度检查日期应该进行的工作，根据已经作业的时间，确定其尚需作业时间； 2. 根据原进度计划计算检查日期应该进行的工作从检查日期到原计划最迟完成时尚余时间； 3. 计算工作尚有总时差，其值等于工作从检查日期到原计划最迟完成时间尚余时间与该工作尚需作业时间之差； 4. 比较实际进度与计划进度，可能有以下几种情况： （1）如果工作尚有总时差与原有总时差相等，说明该工作实际进度与计划进度一致； （2）如果工作尚有总时差大于原有总时差，说明该工作实际进度超前，超前的时间为二者之差； （3）如果工作尚有总时差小于原有总时差，且仍为非负值，说明该工作

	列表比较法	实际进度拖后，拖后的时间为二者之差，但不影响总工期； （4）如果工作尚有总时差小于原有总时差，且为负值，说明该工作实际进度拖后，拖后的时间为二者之差，此时工作实际进度偏差将影响总工期。
网络计划的调整		1. 改变某些工作间的逻辑关系。当工程项目实施中产生的进度偏差影响到总工期，且有关工作的逻辑关系允许改变时，可以改变关键线路和超过计划工期的非关键线路上的有关工作之间的逻辑关系，达到缩短工期的目的。 2. 缩短某些工作的持续时间。这种方法是不改变工程项目中各项工作之间的逻辑关系，而通过采取增加资源投入、提高劳动效率等措施来缩短某些工作的持续时间，使工程进度加快，以保证按计划工期完成该工程项目。

第三章　建设工程计量与计价

章	节
第三章 建设工程计量与计价	第一节　工程量计算
	第二节　工程计价定额编制
	第三节　设计概算、施工图预算的编制
	第四节　工程量清单计价

第一节　工程量计算

本节要点	本节内容
工程量定义和作用	1. 工程量是指以物理计量单位或自然计量单位所表示的分部分项工程项目和措施项目的数量。物理计量单位是指以公制度量表示的长度、面积、体积和重量等计量单位。自然计量单位指建筑成品表现在自然状态下的简单点数所表示的个、条、樘、块等计量单位。 2. 作用。 （1）工程量是确定建筑安装工程造价的重要依据。只有准确计算工程量，才能正确计算工程相关费用，合理确定工程造价。 （2）工程量是承包方生产经营管理的重要依据。工程量是编制项目管理规划，安排工程施工进度，编制材料供应计划，进行工料分析，编制人工、材料、机械台班需要量，进行工程统计和经济核算的重要依据，也是编制工程形象进度统计报表，向工程建设发包方结算工程价款的重要依据。 （3）工程量发包方管理工程建设的重要依据。工程量是编制建设计划、筹集资金、工程招标文件、工程量清单、建筑工程预算、安排工程价款的拨付和结算、进行投资控制的重要依据。
计算依据	1. 经审定的施工设计图纸及其说明。 2. 工程施工合同、招标文件的商务条款。 3. 经审定的施工组织设计(项目管理实施规划)或施工技术措施方案。 4. 工程量计算规则。 5. 经审定的其他有关技术经济文件。
说明	1. “分部工程”是单位工程的组成部分，是按结构部位、路段长度及施工特点或施工任务将单位工程划分为若干分部的工程。 2. “分项工程”是分部工程的组成部分；是按不同施工方法、材料、工序及路段长度等分部工程划分为若干个分项或项目的工程。 3. 分部分项工程项目的内容包括项目编码、项目名称、项目特征、计量单位、工程量计算规则和工程内容六项内容。

<table>
<tr><td rowspan="5">工程量计算规范分部分项工程</td><td>项目编码</td><td>1. 是指分部分项工程和措施项目工程量清单项目名称的阿拉伯数字标识的顺序码；
2. 工程量清单项目编码，应采用十二位阿拉伯数字表示；
3. 工程量清单项目编码，各位数字的含义是：一、二位为专业工程代码；三、四位为附录分类顺序码；五、六位为分部工程顺序码；七、八、九位为分项工程项目名称顺序码；十至十二位为清单项目名称顺序码；
4. 当同一标段(或合同段)的一份工程量清单中含有多个单位工程且工程量清单是以单位工程为编制对象时，在编制工程量清单时应特别注意对项目编码十至十二位的设置不得有重码的规定。</td></tr>
<tr><td>项目名称</td><td>分部分项工程项目名称的设置或划分一般以形成工程实体为原则进行命名，所谓实体是指形成生产或工艺作用的主要实体部分，对附属或次要部分一般均不设置项目。</td></tr>
<tr><td>计量单位</td><td>1. 分部分项工程量清单的计量单位应按《工程量计算规范》附录中规定的计量单位确定。规范中的计量单位均为基本单位，与定额中所采用基本单位扩大一定的倍数不同。
2.《工程量计算规范》附录中有两个或两个以上计量单位的，应结合拟建工程项目的实际情况，选择其中一个确定，在同一个建设项目(或标段、合同段)中，有多个单位工程的相同项目计量单位必须保持一致。
3. 不同的计量单位汇总后的有效位数也不相同，根据《工程量计算规范》规定，工程计量时每一项目汇总的有效位数应遵守下列规定：
(1)以“t”为单位，应保留小数点后三位数字，第四位小数四舍五入：
(2)以“m、m^2、m^2、kg”为单位，应保留小数点后两位数字，第三位小数四舍五入
(3)以“个、件、根、组、系统”为单位，应取整数。</td></tr>
<tr><td>工程量计算规则</td><td>1. 其原则是按施工图图示尺寸(数量)计算工程实体工程数量的净值。
2. 与国际通行做法是一致的，不同于预算定额工程量计算，而预算定额的工程量计算则要考虑一定的施工方法、施工工艺和施工现场的实际情况进行确定。</td></tr>
<tr><td>工程内容</td><td>体现的是完成一个合格的清单项目需要具体做的施工作业，对于一项明确了分部分项工程项目或措施项目，工程内容确定了其工程成本。</td></tr>
<tr><td colspan="2">工程量计算的原则</td><td>1. 列项要正确，严格按照规范或有关定额规定的工程量计算规则计算工程量，避免错算；
2. 工程量计量单位必须与工程量计算规范或有关定额中规定的计量单位相一致；
3. 计算口径要一致；
4. 按图纸，结合建筑物的具体情况进行计算；
5. 工程量计算精度要统一，要满足规范要求。</td></tr>
</table>

工程量计算顺序	为了避免漏算或重算，提高计算的准确程度，工程量的计算应按照一定的顺序进行。具体的计算顺序应根据具体工程和个人的习惯来确定： 1. 单位工程计算顺序一般按计价规范清单列项顺序计算，即按照计价规范上的分章或分部分项工程顺序来计算工程量。 2. 单个分部分项工程计算顺序： (1)按照顺时针方向计算法。 (2)按“先横后竖、先上后下、先左后右”计算法。 (3)按图纸分项编号顺序计算法。
统筹法计算工程量的基本要点	1. 统筹程序，合理安排。 工程量计算程序的安排是否合理，关系着计量工作的效率高低，进度快慢。按施工顺序进行工程量计算；往往不能充分利用数据间的内在联系而形成重复计算，浪费时间和精力，有时还易出现计算差错。 2. 利用基数，连续计算。 就是以“线”或“面”为基数，利用连乘或加减，算出与它有关的分部分项工程量。 这里的“线”和“面”指的是长度和面积，常用的基数为“三线一面”，“三线”是指建筑物的外墙中心线、外墙外边线和内墙净长线；“一面”是指建筑物的底层建筑面积。 3. 一次算出，多次使用。 在工程量计算过程中，往往有一些不能用“线”、“面”基数进行连续计算的项目，如门窗、屋架、钢筋混凝土预制标准构件等。首先，将常用数据一次算出，汇编成土建工程量计算手册(即“册”)，其次也要把那些规律较明显的如槽、沟断面等一次算出，也编入册。当需计算有关的工程量时，只要查手册就可快速算出所需要的工程量。这样可以减少按图逐项地进行烦琐而重复的计算，亦能保证计算的及时与准确性。 4. 结合实际，灵活机动。 用“线”、“面”、“册”计算工程量，是一般常用的工程量基本计算方法，实践证明，在一般工程上完全可以利用。但在特殊工程上，由于基础断面、墙厚、砂浆标号和各楼层的面积不同，就不能完全用“线”或“面”的一个数作为基数，而必须结合实际灵活地计算。 一般常遇到的几种情况及采用的方法如下： (1)分段计算法。当基础断面不同，在计算基础工程量时，就应分段计算。 (2)分层计算法。如遇多层建筑物，各楼层的建筑面积或砌体砂浆标号不同时，均可分层计算。 (3)补加计算法。即在同一分项工程中，遇到局部外形尺寸或结构不同时，为便于利用基数进行计算，可先将其看作相同条件计算，然后再加上多出部分的工程量。如基础深度不同的内外墙基础、宽度不同的散水等工程。 (4)补减计算法。与补加计算法相似，只是在原计算结果上减去局部不同部分工程量。如在楼地面工程中，各层楼面除每层盥洗间为水磨石面层外，其余均为水泥砂浆面层，则可先按各楼层均为水泥砂浆面层计算，然后补减盥洗间的水磨石地面工程量。

第二节　工程计价定额编制

<table>
<tr><th colspan="2">本节要点</th><th>本节内容</th></tr>
<tr><td rowspan="3">确定人工定额消耗量的基本方法</td><td>确定工序作业时间</td><td>工序作业时间由基本工作时间和辅助工作时间组成。
1. 基本工作时间消耗一般应根据计时观察资料来确定。其做法是，首先确定工作过程每一组成部分的工时消耗，然后综合出工作过程的工时消耗。如果组成部分的产品计量单位和工作过程的产品计量单位不符，就需先求出不同计量单位的换算系数，进行产品计量单位的换算，然后相加，求得工作过程的工时消耗。
2. 辅助工作时间可以直接利用工时规范中规定的辅助工作时间的百分比来计算。</td></tr>
<tr><td>确定规范时间</td><td>规范时间内容包括工序作业时间以外的准备与结束时间、不可避免中断时间以及休息时间。
1. 准备与结束时间分为工作日和任务两种。任务的准备与结束时间通常不能集中在某一个工作日中，而要采取分摊计算的方法，分摊在单位产品的时间定额里。
2. 不可避免中断时间。在确定不可避免中断时间的定额时，必须注意由工艺特点所引起的不可避免中断才可列入工作过程的时间定额。
3. 休息时间应根据工作班作息制度、经验资料、计时观察资料，以及对工作的疲劳程度做全面分析来确定。同时，应考虑尽可能利用不可避免中断时间作为休息时间。</td></tr>
<tr><td>拟订定额时间</td><td>确定的基本工作时间、辅助工作时间、准备与结束工作时间、不可避免中断时间与休息时间之和，就是劳动定额的时间定额。时间定额与产量定额互成倒数。
规范时间=准备与结束工作时间+不可避免的中断时间+休息时间
工序作业时间＝基本工作时间+辅助工作时间=基本工作时间/(1－辅助时间%)
$$定额时间=\frac{工序作业时间}{1-规范时间\%}$$</td></tr>
<tr><td colspan="2">材料的分类</td><td>根据材料消耗的性质划分，施工中材料的消耗可分为必须的材料消耗和损失的材料两类性质。根据材料消耗与工程实体的关系划分，施工中的材料可分为实体材料和非实体材料两类。</td></tr>
<tr><td colspan="2">确定材料消耗量的基本方法</td><td>1. 利用现场技术测定法，主要是编制材料损耗定额。根据对材料消耗过程的测定与观察，通过完成产品数量和材抖消耗量的计算，而确定各种材料消耗定额的一种方法。现场技术测定法主要适用于确定材料损耗量。
2. 利用实验室试验法，主要是编制材料净用量定额。通过试验，能够对材料的结构、化学成分和物理性能以及按强度等级控制的混凝土、砂浆、沥青、油漆等配比做出科学的结论，给编制材料消耗定额提供出有技术根据的、</td></tr>
</table>

<table>
<tr><td colspan="2">确定材料消耗量的基本方法</td><td>比较精确的计算数据。
3. 采用现场统计法。这种方法由于不能分清材料消耗的性质，因而不能作为确定材料净用量定额和材料损耗定额的依据。以施工现场积累的分部分项工程使用材料数量、完成产品数量、完成工作原材料的剩余数量等统计资料为基础，经过整理分析，获得材料消耗的数据。这种方法由于不能分清材料消耗的性质，因而不能作为确定材料净用量定额和材料损耗定额的依据，只能作为编制定额的辅助性方法使用。
4. 理论计算法，是运用一定的数学公式计算材料消耗定额。</td></tr>
<tr><td rowspan="3">确定机械台班定额消耗量的基本方法</td><td>确定机械1h纯工作正常生产率</td><td>1. 对于循环动作机械，确定机械纯工作1h正常生产率的计算公式：
机械一次循环的正常延续时间=∑（循环各组成部分正常延续时间）–交叠时间
机械纯工作1h循环次数=（60×60（s））÷一次循环的正常延续时间
机械纯工作1h正常生产率=机械纯工作1h正常循环次数×一次循环生产的产品数量
2. 对于连续动作机械，计算公式：
连续动作机械纯工作1h正常生产率=工作时间内生产的产品数量÷工作时间（h）</td></tr>
<tr><td>确定施工机械的正常利用系数</td><td>机械正常利用系数=机械在一个工作班内纯工作时间÷一个工作班延续时间（8h）</td></tr>
<tr><td>计算施工机械台班定额</td><td>$$\frac{\text{施工机械台班}}{\text{产量定额}}=\frac{\text{机械1h纯工作}}{\text{正常生产率}}\times\frac{\text{工作班纯}}{\text{工作时间}}$$
或 $$\frac{\text{施工机械台班}}{\text{产量定额}}=\frac{\text{机械1h纯工作}}{\text{正常生产率}}\times\frac{\text{工作班}}{\text{延续时间}}\times\frac{\text{机械正常}}{\text{利用系数}}$$
$$\text{施工机械时间定额}=\frac{1}{\text{机械台班产量定额指标}}$$</td></tr>
<tr><td>人工单价</td><td>组成</td><td>1. 基本工资：岗位工资、工龄工资。
2. 工资性补贴：物价补贴、煤燃气补贴、交通费补贴、住房补贴、流动施工津贴、地区津贴。
3. 辅助工资：非作业工日发放的工资和工资性补贴。
4. 职工福利费：书报费、洗理费、取暖费。
5. 劳动保护费：劳保用品购置及修理费、徒工服装补贴、防暑降温费、保健费用。</td></tr>
</table>

人工单价	确定方法	1. 基本工资应执行岗位工资和技能工资制度。 基本工资（G_1）=生产工人平均月工资÷年平均每月法定工作日 年平均每月法定工作日=（全年日历日－法定假日）/12； 年有效施工天数=年法定工作日－非作业工日（即无效工作日） 法定假日指双休日和法定节日。 2. 工资性补贴：物价补贴、煤燃气补贴、交通费补贴、住房补贴、流动施工津贴、地区津贴。 工资性补贴（G_2）=[∑年发放标准÷（全年日历日–法定假日）]+（∑月发放标准÷年平均每月法定工作日）+每工作日发放标准 3. 辅助工资包括职工学习、培训期间的工资，调动工作、探亲、休假期间的工资，因气候影响的停工工资，女工哺乳时间的工资，病假在六个月以内的工资及产、婚、丧假期的工资。 生产工人辅助工资（G_3）=[全年无效工作日×（G_1+G_2）]÷（全年日历日–法定假日） 4. 职工福利费。 职工福利费（G_4）=（G_1+G_2+G_3）×福利费计提比例（%） 5. 生产工人劳动保护费：按规定标准发放的劳保用品等的购置及修理费、徒工服装补贴、防暑降温费、保健费用。 生产工人劳动保护费（G_5）=生产工人年平均支出劳动保护费÷（全年日历日–法定假日）
	影响因素	社会平均工资水平；生活消费指数；人工单价的组成内容；劳动力市场供需变化；政府推行的社会保障和福利政策。
材料单价	组成和确定方法	1. 材料单价是指材料（包括构件、成品及半成品等）从其来源地（或交货地点、供应者仓库提货地点）到达施工工地仓库（施工地点内存放材料的地点）后出库的综合平均价格。材料单价由材料原价（或供应价格）、材料运杂费、运输损耗费以及采购保管费合计而成。主要的计算公式包括： 加权平均原价=（$K_1C_1+K_2C_2+\cdots+K_nC_n$）/（$K_1+K_2+\cdots+K_n$） 2. 加权平均运杂费=（$K_1T_1+K_2T_2+\cdots+K_nT_n$）/（$K_1+K_2+\cdots+K_n$） 3. 运输损耗=（材料原价+运杂费）×相应材料损耗率 4. 采购及保管费=材料运到工地仓库价格×采购及保管费率（%） 或 采购及保管费=（材料原价+运杂费+运输损耗费）×采购及保管费率（%） 5. 材料单价=[（供应价格+运杂费）×（1+运输损耗率（%））] ×（1+采购及保管费率（%））
	影响因素	市场供需变化；材料生产成本的变化直接影响材料单价的波动；流通环节的多少和材料供应体制；运输距离和运输方法的改变会影响材料运输费用的增减，从而也会影响材料单价；国际市场行情的波动。

	折旧费的计算	$$台班折旧费=\frac{机械预算价格\times(1-残值率)\times时间价值系数}{耐用总台班}$$ 其中： $$时间价值系数=1+\frac{(折旧年限+1)}{2}\times年折现率$$
	大修理费的计算	大修理费是指机械设备按规定的大修间隔台班进行必要的大修理，以恢复机械正常功能所需的费用。 $$台班大修理费=\frac{一次大修理费\times寿命期内大修理次数}{耐用总台班}$$
	经常修理费的计算	经常修理费是指施工机械除大修理以外的各级保养和临时故障排除所需的费用。包括为保障机械正常运转所需替换与随机配备工具附具的摊销和维护费用，机械运转及日常保养所需润滑与擦拭的材料费用及机械停滞期间的维护和保养费用等。台班经常修理费通常可按下列公式计算： 台班经修费 = 台班大修费 × K 其中 K 为台班经常修理费系数。
机械台班单价	安拆费及场外运费的组成和确定	安拆费及场外运费根据施工机械不同分为计入台班单价、单独计算和不计算三种类型。 1. 工地间移动较为频繁的小型机械及部分中型机械，其安拆费及场外运费应计入台班单价。安拆费及场外运费=（一次安拆费及场外运费 × 年平均安拆次数）÷ 年工作台班 2. 移动有一定难度的特、大型（包括少数中型）机械，其安拆费及场外运费应单独计算。 3. 不需安装、拆卸且自身又能开行的机械和固定在车间不需安装、拆卸及运输的机械，其安拆费及场外运费不计算。
	人工费的计算	台班人工费 $$=人工消耗量\times\left(1+\frac{年制度工作日-年工作台班}{年工作台班}\right)\times人工日工资单价$$
	燃料动力费	台班燃料动力费=台班燃料动力消耗量 × 相应单价 台班燃料动力消耗量=（实测数 × 4+定额平均值+调查平均值）÷ 6
	其他费用	台班其他费=（年养路费+年车船使用税+年保险费+年检费用）÷ 年工作台班

指数的分类	1. 指数按其所反映的现象范围的不同，分为个体指数、总指数。 （1）个体指数是反应个别现象变动情况的指数，如个别产品的产量指数、个别商品的价格指数等。 （2）总指数是综合反映不能同度量的现象动态变化的指数，如工业总产量指数、社会商品零售价格总指数等。 2. 指数按其所反映的现象的性质不同，分为数量指标指数和质量指标指数。 （1）数量指标指数是综合反映现象总的规模和水平变动情况的指数，如商品销售量指数、工业产品产量指教、职工人数指数等。 （2）质量指标指数是综合反映现象相对水平或平均水平变动情况的指数，如产品成木指数、价格指数、平均工资水平指数等。 3. 指数按照采用的基期不同，可分为定基指数和环比指数。 （1）定基指数是指各个时期指数都是采用同一固定时期为基期计算的，表明社会经济现象对某一固定基期的综合变动程度的指数。 （2）环比指数是以前一时期为基期计算的指数，表明社会经济现象对上一期或前一期的综合变动的指数。 4. 指数按其所编制的方法不同，分为综合指数和平均数指数。综合指数是总指数的基本形式。平均数指数是综合指数的变形。 （1）综合指数是通过确定同度量因素，把不能同度量的现象过渡为可以同度量的现象，采用科学方法计算出两个时期的总量指标并进行对比而形成的指数。综合指数是总指数的基本形式。综合指数的编制方法是先综合后对比。 （2）平均数指数是以个体指数为基础，通过对个体指数计算加权平均计算而形成的指数，是综合指数的变形。
各种单项价格指数	这种价格指数的编制可以直接用报告期价格与基期价格相比后得到。包括人工、材料、机械价格指数和措施费、间接费及工程建设其他费等费率指数。可利用它研究主要单项价格变化的情况及其发展变化的趋势，其计算过程可以简单表示为报告期价格与基期价格之比。 单项价格指数= P_n / P_0

人工费、材料费、施工机械使用费等价格指数	人工费（材料费、施工机械使用费）价格指数= P_n/P_0 式中：P_0——基期人工日工资单价（材料价格、机械台班单价）；P_n——报告期人工日工资单价（材料价格、机械台班单价）。
施工、间接费及工程建设其他费等费率指数	措施费(间接费、工程建设其他费)费率指数= P_n/P_0 式中：P_0——基期措施费(间接费、工程建设其他费)费率；P_n——报告期措施费（间接费、工程建设其他费)费率。
设备、工器具价格指数	设备、工器具价格指数属于质量指标指数，考虑到设备、工器具的采购品种很多，为简化起见，计算价格指数时可选择其中用量大、价格高、变动多的主要设备工器具的购置数量和单价进行计算，按照派氏综合指数（即采用报告期的数量指标作为同度量因素）形式进行计算。 $\text{设备、工器具价格指数}=\dfrac{\sum(\text{报告期设备工器具单价}\times\text{报告期购置数量})}{\sum(\text{基期设备工器具单价}\times\text{报告期购置数量})}$
建筑安装工程价格指数	建筑安装工程造价指数是一种综合指数，其中包括了人工费指数、材料费指数、施工机械使用费指数以及措施费、间接费等各项个体指数的综合影响。可以通过对各项个体指数的加权平均，用平均数指数的形式来表示。 $\text{建筑安装工程造价指数}=\dfrac{\text{报告期建筑安装工程费}}{\dfrac{\text{报告期人工费}}{\text{人工费指数}}+\dfrac{\text{报告期材料费}}{\text{材料费指数}}+\dfrac{\text{报告期施工机械使用费}}{\text{施工机械使用费指数}}+\dfrac{\text{报告期措施费}}{\text{措施费指数}}+\dfrac{\text{报告期间接费}}{\text{间接费指数}}+\text{利润}+\text{税金}}$
建设项目或单项工程造价指数的编制	与建筑安装工程造价指数相类似，其计算也应采用加权调和平均数指数的推导公式计算。 $\text{建设项目或单项工程指数}=\dfrac{\text{报告期建设项目或单项工程造价}}{\dfrac{\text{报告期建筑安装工程费}}{\text{建筑安装工程造价指数}}+\dfrac{\text{报告期设备、工器具费用}}{\text{设备、工器具价格指数}}+\dfrac{\text{报告期工程建设其他费}}{\text{工程建设其他费指数}}}$

第三节　设计概算、施工图预算的编制

<table>
<tr><th colspan="2">本节要点</th><th>本节内容</th></tr>
<tr><td rowspan="3">单位工程概算的编制</td><td>编制方法</td><td>建筑工程概算的方法有：概算定额法、概算指标法、类似工程预算法等；设备及安装工程概算的编制方法有：预算单价法、扩大单价法、设备价值百分比法和综合吨位指标法等。</td></tr>
<tr><td>建筑工程概算定额法</td><td>概算定额法又叫扩大单价法或扩大结构定额法。概算定额法要求初步设计达到一定深度，建筑结构比较明确，能按照初步设计的平面、立面、剖面图纸计算出楼地面、墙身、门窗和屋面等分部工程（或扩大结构件）项目的工程量时，才可采用。概算定额法编制设计概算的步骤如下：
1. 搜集基础资料、熟悉设计图纸和了解有关施工条件和施工方法。
2. 按照概算定额分部分项顺序，列出单位工程中分项工程或扩大分项工程项目名称并计算工程量。
3. 确定各分部分项工程项目的概算定额单价。
4. 计算单位工程直接工程费和直接费。
5. 计算间接费、利润和税金。
6. 计算单位工程概算造价。
7. 编写概算编制说明。</td></tr>
<tr><td>建筑工程概算指标法</td><td>1. 概算指标法的适用情况包括：
（1）在方案设计中，由于设计无详图而只有概念性设计时，或初步设计深度不够，不能准确地计算出工程量，但工程设计采用的技术比较成熟时可以选定与该工程相似类型的概算指标编制概算。
（2）设计方案急需造价估算而又有类似工程概算指标可以利用的情况。
（3）图样设计间隔很久后再来实施，概算造价不适用于当前情况而又急需确定造价的情形下，可按当前概算指标来修正原有概算造价。
（4）通用设计图设计可组织编制通用图设计概算指标，来确定造价。
2. 拟建工程结构特征与概算指标相同时的计算。直接套用概算指标时，拟建工程应符合以下条件：
（1）拟建工程的建设地点与概算指标中的工程建设地点相同；
（2）拟建工程的工程特征和结构特征与概算指标中的工程特征、结构特征基本相同；
（3）拟建工程的建筑面积与概算指标中工程的建筑面积相差不大。
3. 拟建工程结构特征与概算指标有局部差异时的调整。
结构变化修正概算指标（元/m^2）$=J+Q_1P_1-Q_2P_2$</td></tr>
</table>

单位工程概算的编制	类似工程预算法	类似工程预算法适用于拟建工程初步设计与已完工程或在建工程的设计相类似而又没有可用的概算指标时采用，类似工程预算法的编制步骤如下： 1. 根据设计对象的各种特征参数，选择最合适的类似工程预算； 2. 根据本地区现行的各种价格和费用标准计算类似工程预算的人工费、材料费、机械费、措施费、间接费修正系数； 3. 根据类似工程预算修正系数和以上五项费用占预算成本的比重，计算预算成本总修正系数，并计算出修正后的类似工程平方米预算成本； 4. 根据类似工程修正后的平方米预算成本和编制概算地区的利税率计算修正后的类似工程平方米造价； 5. 根据拟建工程的建筑面积和修正后的类似工程平方米造价，计算拟建工程概算造价； 6. 编制概算编写说明。 价差调整。类似工程造价资料只有人工、材料、机械台班费用和措施费、间接费等费用或费率时，可按下面公式调整： $D=A \cdot K$ K（综合价格调整系数）$=a\%K_1+b\%K_2+c\%K_3+d\%K_4+e\%K_5$ D——拟建工程成本单价； A——类似工程成本单价； K——成本单价综合调整系数。
	单位设备及安装工程概算编制方法	1. 预算单价法。当初步设计较深，有详细的设备清单时，可直接按安装工程预算定额单价编制安装工程概算。该法具有计算比较具体，精确性较高的优点。 2. 扩大单价法。当初步设计深度不够，设备清单不完备，只有主体设备或仅有成套设备重量时，可采用主体设备、成套设备的综合扩大安装单价来编制概算。 3. 设备价值百分比法又叫安装设备百分比法。当初步设计深度不够，只有设备出厂价而无详细规格、重量时，安装费可按占设备费的百分比计算。该法常用于价格波动不大的定型产品和通用设备产品。 4. 综合吨位指标法。当初步设计提供的设备清单有规格和设备重量时，可采用综合吨位指标编制概算。该法常用于设备价格波动较大的非标准设备和引进设备的安装工程概算。

单位工程施工图预算的编制	建筑安装工程费计算	单位工程施工图预算包括建筑工程费、安装工程费和设备及工器具购置费。单位工程施工图预算中的建筑安装工程费应根据施工图设计文件、预算定额(或综合单价)以及人工、材料及施工机械合班等价格资料进行计算。主要编制方法有单价法和实物量法，其中单价法分为定额单价法和工程量清单单价法，在单价法中，使用较多的还是定额单价法。 定额单价法 定额单价法又称工料单价法或预算单价法，是指分部分项工程的单价为直接工程费单价，将分部分项工程量乘以对应分部分项工程单价后的合计作为单位直接工程费，直接工程费汇总后，再根据规定的计算方法计取措施费、间接费、利润和税金，将上述费用汇总后得到该单位工程的施工图预算造价。定额单价法计算公式如下： 建筑安装工程预算造价=Σ（分项工程量×分项工程工料单价）+措施费+间接费+利润+税金 定额单价法编制施工图预算的基本步骤包括： 1. 准备工作。准备工作阶段应主要完成以下工作内容： （1）收集编制施工图预算的编制依据。其中主要包括现行建筑安装定额、取费标准、工程量计算规则、地区材料预算价格以及市场材料价格等各种资料。 （2）熟悉施工图等基础资料。 （3）了解施工组织设计和施工现场情况。 2. 列项并计算工程量。分项工程的工程量应遵循一定的顺序逐项计算，避免漏算和重算。 （1）根据工程内容和定额项目，列出需计算工程量的分部分项工程。 （2）根据一定的计算顺序和计算规则，列出分部分项工程量的计算式。 （3）根据施工图纸上的设计尺寸及有关数据，代入计算式进行数值计算。 （4）对计算结果的计量单位进行调整，使之与定额中相应的分部分项工程的计量单位保持一致。 3. 套用定额预算单价。计算直接工程费时需要注意以下几个问题： （1）分项工程的名称、规格、计量单位与预算单价或单位估价表中所列内容完全一致时，可以直接套用预算单价。 （2）分项工程的主要材料品种与预算单价或单位估价表中规定材料不一致时，不可以直接套用预算单价，需要按实际使用材料价格换算预算单价。 （3）分项工程施工工艺条件与预算单价或单位估价表不一致而造成人工、机械的数量增减时，一般调量不调价。 4. 编制工料分析表。 5. 计算主材费并调整直接工程费。主材费计算的依据是当时当地的市场价格。 6. 按计价程序计取其他费用，并汇总造价。 7. 复核。 8. 填写封面、编制说明。 实物法

单位工程概算的编制	建筑安装工程费计算	用实物法编制单位工程施工图预算，就是根据施工图计算的各分项工程量分别乘以地区定额中人工、材料、施工机械台班的定额消耗量，分类汇总得出该单位工程所需的全部人工、材料、施工机械台班消耗数量，然后乘以当时当地人工工日单价、各种材料单价、施工机械台班单价，求出相应的人工费、材料费、机械使用费，再加上措施费，就可以求出该工程的直接费。间接费、利润及税金等费用计取方法与预算单价法相同。 实物法编制施工图预算的公式如下： 单位工程直接工程费=人工费＋材料费＋机械费=综合工日消耗量×综合工日单价+∑（各种材料消耗量×相应材料单价）+∑（各种机械消耗量×相应机械台班单价） 建筑安装工程预算造价=单位工程直接工程费+措施费+间接费+利润+税金 实物法编制施工图预算的基本步骤包括： 1. 准备资料、熟悉施工图纸。除准备定额单价法的各种编制资料外，重点应全面收集工程造价管理机构发布的工程造价信息及各种市场价格信息。 2. 列项并计算工程量。本步骤与定额单价法相同。 3. 套用消耗量定额，计算人工、材料、机械台班消耗量。统计汇总确定单位工程所需的各类人工工日消耗量、各类材料消耗数量和各类施工机械台班数量。 4. 计算并汇总人工费、材料费和机械使用费。根据当时当地工程造价管理部门定期发布的或企业根据市场价格确定的人工工资单价、材料预算价格、施工机械台班单价分别乘以人工、材料、机械消耗量，汇总即得到单位工程人工费、材料费和施工机械使用费，再次汇总即得到直接工程费。 5. 计算其他各项费用，汇总造价。 6. 复核、填写封面、编制说明。 实物法与单价法的比较 实物法与定额单价法首尾部分的步骤基本相同，所不同的主要是中间两个步骤，即 1. 采用实物法计算工程量后，套用相应人工、材料、施工机械台班预算定额消耗量，求出各分项工程人工、材料、施工机械台班消耗数量并汇总成单位工程所需各类人工工日、材料和施工机械台班的消耗量。 2. 采用实物法，采用的是当时当地的各类人工工日、材料和施工机械台班的实际单价分别乘以相应的人工工日、材料和施工机械台班总的消耗量，汇总后得出单位工程的人工费、材料费和机械费。
	设备及工器具购置费计算	设备购置费由设备原价和设备运杂费构成，未到达固定资产标准的工器具购置费一般以设备购置费为计算基数，按照规定的费率计算。设备及工器具购置费计算方法及内容可参照设计概算编制的相关内容。

	单位工程施工图预算书编制	单位工程施工图预算由建筑安装工程费和设备及工器具购置费组成，将计算好的建筑安装工程费和设备及工器具购置费相加，即得到单位工程施工图预算，即： 单位工程施工图预算=建筑安装工程预算+设备及工器具购置费
单项工程综合预算的编制		单项工程综合预算造价由组成该单项工程的各个单位工程预算造价汇总而成。计算公式： 单项工程施工图预算=∑单位建筑工程费用+∑单位设备及安装工程费用
建设项目总预算的编制		1. 三级预算编制中总预算由综合预算和工程建设其他费、预备费、建设期利息及铺底流动资金汇总而成，计算公式： 总预算=∑单项工程施工图预算+工程建设其他费+预备费+建设期利息+铺底流动资金 2. 二级预算编制中总预算由单位工程施工图预算和工程建设其他费、预备费、建设期货款利息及铺底流动资金汇总而成，计算公式： 总预算=∑单位建筑工程费用+∑单位设备及安装工程费用+工程建设其他费+预备费+建设期利息+铺底流动资金

第四节　工程量清单计价

本节要点		本节内容
工程单价	工料单价	也称直接工程费单价，包括人工、材料、机械台班费用，是各种人工消耗量、各种材料消耗量、各类机械台班消耗量与其相应单价的乘积。
	综合单价	包括人工费、材料费、机械台班费，还包括企业管理费、利润和风险因素。综合单价根据国家、地区、行业定额或企业定额消耗量和相应生产要素的市场价格来确定。
工程总价	采用工料单价的总价	采用工料单价时，在工料单价确定后，乘以相应定额项目上程量并汇总，得出相应工程直接工程费，再按照相应的取费程序计算其他各项费用，汇总后形成相应工程造价。
	采用综合单价的总价	采用综合单价时，在综合单价确定后，乘以相应项目工程量，经汇总即可得出分部分项工程费，再按相应的办法计取措施项目、其他项目、规费项目、税金项目费，各项目费汇总后得出相应工程造价。

<table>
<tr><td rowspan="5">工程概预算编制的程序</td><td>直接工程费单价</td><td>每一计量单位建筑产品的基本构造要素（假定建筑产品）的直接工程费单价=人工费+材料费+施工机械使用费
其中：人工费=∑（人工工日数量×人工单价）
材料费=∑（材料用量×材料单价）+检验试验费
机械使用费=∑（机械台班用量×机械台班单价）</td></tr>
<tr><td>单位工程直接费</td><td>单位工程直接费=∑（假定建筑产品工程量×直接工程费单价）+措施费</td></tr>
<tr><td>单位工程概预算造价</td><td>单位工程概预算造价=单位工程直接费+间接费+利润+税金</td></tr>
<tr><td>单项工程概预算造价</td><td>单项工程概预算造价=∑单位工程概预算造价+设备、工器具购置费</td></tr>
<tr><td>建设项目全部工程概预算造价</td><td>建设项目全部工程概预算造价=∑单项工程的概预算造价+预备费+有关的其他费用</td></tr>
<tr><td colspan="2">\工程量清单计价的基本程序</td><td>工程量清单计价的过程可以分为两个阶段，即工程量清单的编制和工程量清单应用两个阶段。
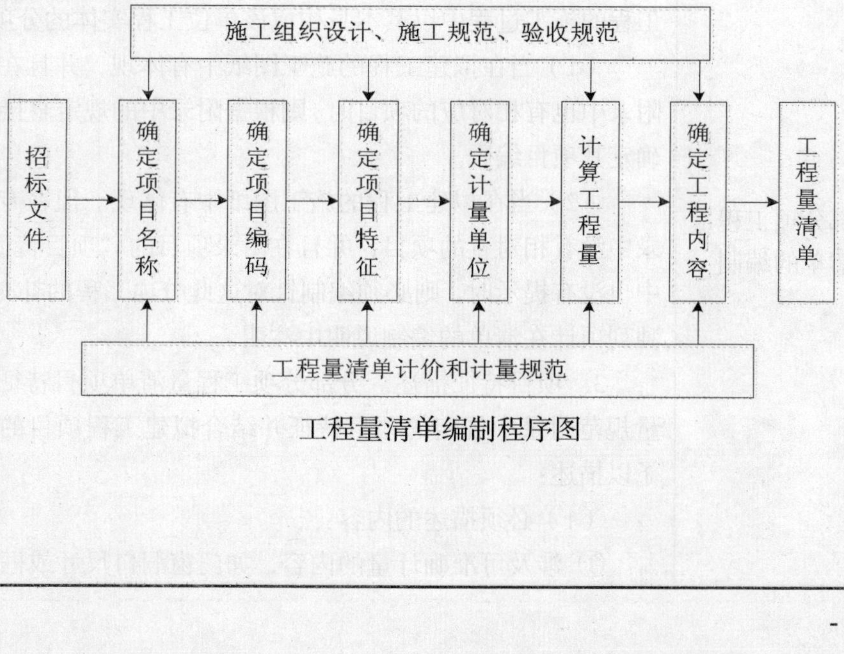
工程量清单编制程序图</td></tr>
</table>

<table>
<tr>
<td>\工程量清单计价的基本程序</td>
<td>
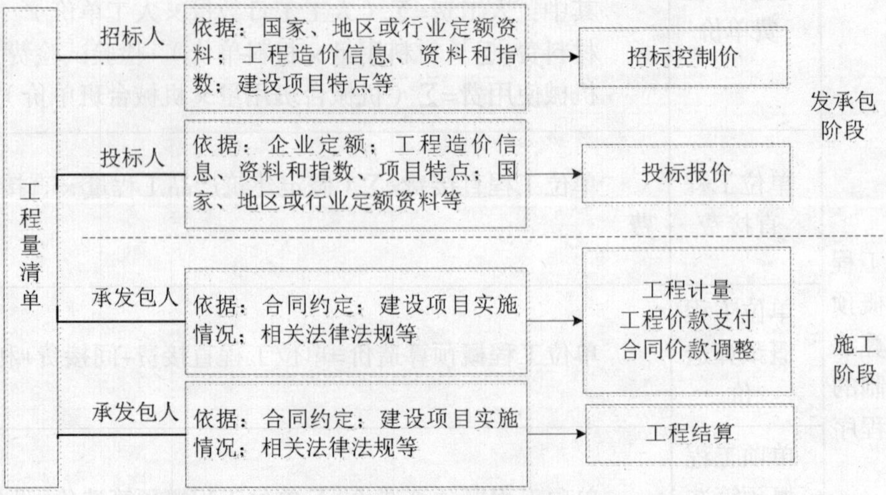

工程量清单应用程序图
1. 分部分项工程费=∑分部分项工程量×相应分部分项综合单价
2. 措施项目费=∑各措施项目费
3. 其他项目费=暂列金额+暂估价+计日工+总承包服务费
4. 单位工程报价=分部分项工程费+措施项目费+其他项目费+规费+税金
5. 单项工程报价=∑单位工程报价
6. 建设项目总报价=∑单项工程报价
</td>
</tr>
<tr>
<td>分部分项工程量清单的编制</td>
<td>
1. 项目编码。同一招标工程的项目编码不得有重码。
2. 项目名称。在分部分项工程量清单中所列出的项目，应是在单位工程的施工过程中以其本身构成该单位工程实体的分项工程，但应注意：
（1）当在拟建工程的施工图纸中有体现，并且在专业工程计量规范附录中也有相对应的项目时，则根据附录中的规定直接列项，计算工程量，确定其项目编码。
（2）当在拟建工程的施工图纸中有体现。但在专业工程计量规范附录中没有相对直的项目，并且在附录项目的“项目特征”或“工程内容”中也没有提示时，则必须编制针对这此分项工程的补充项目，在清单中单独列项计在清单的编制说明中注明。
3. 项目特征描述。分部分项工程量清单项目特征应依据专业工程计量规范附录中规定的项目特征并结合拟建工程项目的实际按照以下要求予以描述：
（1）必须描述的内容：
① 涉及可准确计量的内容，如门窗洞口尺寸或框外围尺寸。
</td>
</tr>
</table>

分部分项工程量清单的编制		② 涉及结构要求的内容，如混凝土构件的混凝土的强度等级。 ③ 涉及材质要求的内容，如油漆的品种、管材的材质等。 ④ 涉及安装方式的内容，如管道工程中的钢管的连接方式。 （2）可不描述的内容： ① 对计量计价没有实质影响的内容，如对现浇混凝土柱的高度，断面大小等特征。 ② 应由投标人根据施工方案确定的内容，如对石方的预裂爆破的单孔深度及装药量的特征规定。 ③ 应由投标人根据当地材料和施工要求确定的内容，如对混凝土构件中的混凝土拌和料使用的石子种类及粒径、砂的种类及特征规定。 ④ 应由施工措施解决的内容，如对现浇混凝土板、梁的标高的特征规定。 （3）可不详细描述的内容 ① 无法准确描述的内容，如土壤类别，可考虑其描述为“综合”，注明由投标人根据地质勘探资料自行确定土壤类别，决定报价。 ② 施工图纸、标准图集标注明确的，对这些项目可描述为见××图集××页号及节点大样等。 ③ 清单编制人在项目特征描述中应注明由投标人自定的，如土方工程中的“取土运距”、“弃土运距”等。 4. 计量单位。当附录中有两个或两个以上计量单位的，应结合拟建工程项目的实际选择其中一个确定。 5. 工程量的计算。工程量的计算必须依据一定的计算原则和方法： （1）计算口径一致。 （2）按工程量计算规则计算。 （3）按图纸计算。 （4）按一定顺序计算。
措施项目清单	措施项目列项	措施项目是指为完成工程项目施工，发生于该工程施工准备和施工过程中的技术、生活、安全、环境保护等方面的项目。
	措施项目清单的类别	措施项目中不能计算工程量的项目清单，以“项”为计量单位进行编制；可以计算工程量的项目清单宜采用分部分项工程量清单的方式编制，列出项目编码、项目名称，项目特征、计量单位和工程量计算规则。
	措施项目清单的编制	需考虑多种因素，除工程本身的因素外，还涉及水文、气象、环境、安全等因素。措施项目清单应根据拟建工程的实际情况列项，若出现清单计价规范中未列的项目，可根据工程实际情况补充。
	暂列金额	暂列金额是指招标人暂定并包括在合同中的一笔款项。

其他项目清单	暂估价	暂估价是指招标人在工程量清单中提供的用于支付必然要发生但暂时不能确定价格的材料、工程设备以及专业工程的金额，包括材料暂估单价、工程设备暂估单价和专业工程暂估价。 对于招标人提供的材料暂估价，应计入工程量清单综合单价报价中。 专业工程的暂估价一般应是综合暂估价，应当包括除规费和税金以外的管理费、利润等取费。
	计日工	计日工对完成零星工作所消耗的人工时、材料数量、施工机械台班进行计量，并按照计日工表中填报的适用项目的单价进行计价支付。计日工适用的所谓零星工作一般是指合同约定之外的或者因变更而产生的、工程量清单中没有相应项目的额外工作，尤其是那些难以事先商定价格的额外工作。
	总承包服务费	总承包服务费是指总承包人为配合协调发包人进行的专业工程发包，对发包人自行采购的材料、工程设备等进行保管以及施工现场管理、竣工资料汇总整理等服务所需的费用。招标人应预计该项费用并按投标人的投标报价向投标人支付该项费用。
税金项目清单	规费项目清单	包括社会保险费，包括养老保险费、失业保险费、医疗保险费，工伤保险费、生育险费；住房公积余；工程排污费；出现计价规范中未列的项目，应根据省级政府或省级有关权力部门的规定列项。
	税金项目清单	包括营业税；城市维护建设税；教育费附加；地方教育附加。出现计价规范未列项目，应根据税务部门的规定列项。

第四章 建设工程招标投标

章	节
第四章 建设工程招标投标	第一节 工程招标程序与方式
	第二节 工程评标与定标
	第三节 工程投标策略与方法

第一节 工程招标程序与方式

<table>
<tr><td>本节要点</td><td>本节内容</td></tr>
<tr><td>招标方式</td><td>招标分为公开招标和邀请招标两种方式。招标人采用公开招标方式的，应当发布招标公告。依法必须进行招标的项目，应当通过国家指定的报刊、信息网络或者媒介发布招标公告。招标人采用邀请招标方式的，应当向3个以上具备承担招标项目的能力、资信良好的特定法人或者其他组织发出投标邀请书。招标公告或投标邀请书应当载明招标人的名称和地址、招标项目的性质、数量、实施地点和时间以及获取招标文件的办法等事项。招标人不得以不合理的条件限制或者排斥潜在投标人，不得对潜在投标人实行歧视待遇。</td></tr>
<tr><td>工程招标程序</td><td>
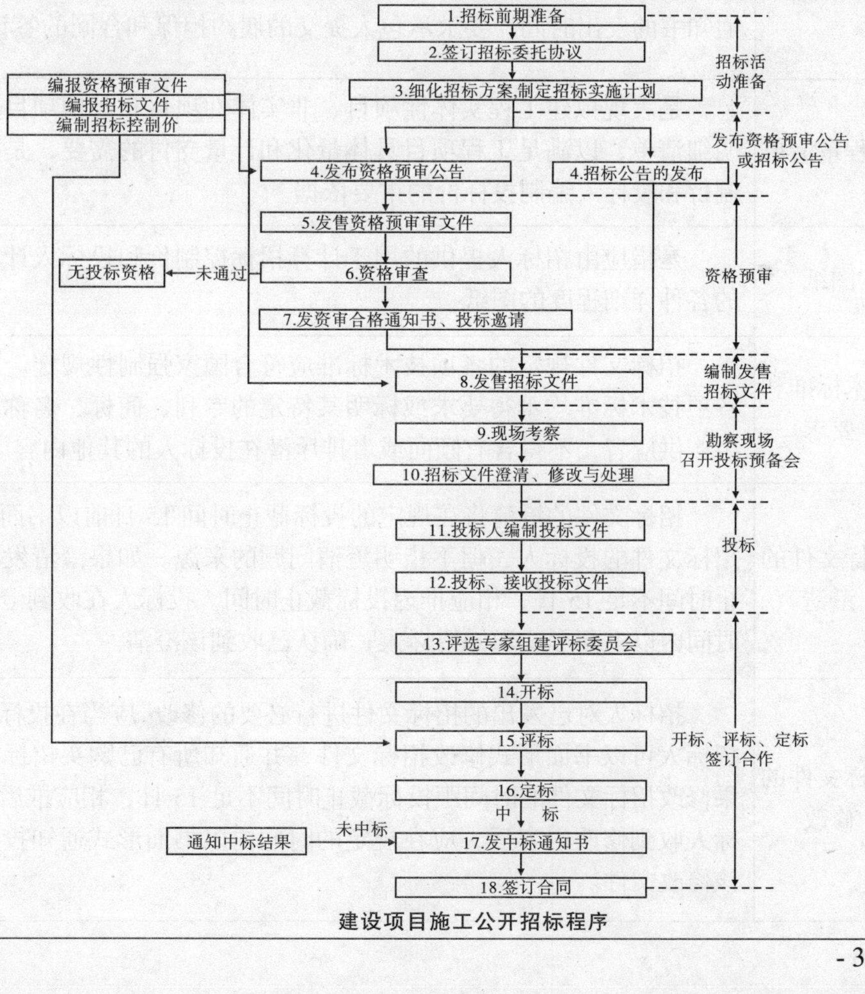

建设项目施工公开招标程序
</td></tr>
</table>

施工招标文件的编制内容	招标文件一般包括下列内容：招标公告（或投标邀请书）；投标人须知；评标办法；合同条款及格式；工程量清单（招标控制价）；图纸；技术标准和要求；投标文件格式；规定的其他材料。
招标公告（或投标邀请书）	当未进行资格预审时，招标文件中应包括招标公告。当进行资格预审时，招标文件中应包括投标邀请书，该邀请书可代替资格预审通过通知书，以明确投标人已具备了在某具体项目某具体标段的投标资格，其他内容包括招标文件的获取、投标文件的递交等。
投标人须知	总则、招标文件、投标文件、投标、开标、评标、合同授予、重新招标和不再招标、纪律和监督，以及需要补充的其他内容。其中总则主要包括项目概况、资金来源和落实情况、招标范围、计划工期和质量要求的描述，对投标人资格要求的规定，对费用承担、保密、语言文字、计量单位等内容的约定，对踏勘现场、投标预备会的要求，以及对分包和偏离问题的处理。应当确定投标人编制投标文件所需要的合理时间，即投标准备时间，是指自招标文件开始发出之日起至投标人提交投标文件截止之日止，最短不得少于 20 天。招标文件的澄清与修改。招标文件的澄清与修改将在规定的投标截止时间 15 天前以书面形式发给所有购买招标文件的投标人。如果澄清或修改发出的时间距投标截止时间不足 15 天，相应推后投标截止时间。合同授予说明拟采用的定标方式，中标通知书的发出时间，要求承包人提交的履约担保和合同的签订时限。
工程量清单	是表现拟建工程实体性项目、非实体性项目和其他项目名称和相应数量的明细清单，以满足工程项目具体量化和计量支付的需要，是招标人编制招标控制价和投标人编制投标价的重要依据。
图纸	是指应由招标人提供的用于计算招标控制价和投标人计算投标报价所必需的各种详细程度的图纸。
技术标准和要求	招标文件规定的各项技术标准应符合国家强制性规定。招标文件中规定的各项技术标准均不得要求或标明某特定的专利、商标、名称、设计、原产地或生产供应者，不得含有倾向或者排斥潜在投标人的其他内容。
招标文件的澄清	招标文件的澄清将在规定的投标截止时间 15 日前以书面形式发给所有购买招标文件的投标人，但不指明澄清问题的来源。如果澄清发出的时间距投标截止时间不足 15 日，相应推迟投标截止时间。投标人在收到澄清后，应在规定的时间内以书面形式通知招标人，确认已收到该澄清。
招标文件的修改	招标人对已发出的招标文件进行必要的修改，应当在投标截止时间 15 日前，招标人可以书面形式修改招标文件，并通知所有已购买招标文件的投标人。如果修改招标文件的时间距投标截止时间不足 15 日，相应推后投标截止时间。投标人收到修改内容后，应在规定的时间内以书面形式通知投标人，确认已收到该修改文件。

资格预审公告的主要内容	1. 招标条件。明确拟招标项目已符合前述的招标条件。 2. 项目概况与招标范围。说明本次招标项目的建设地点、规模、计划工期、招标范围、标段划分等。 3. 申请人的资格要求。包括对于申请资质、业绩、人员、设备、资金等各方面的要求，以及是否接受联合体资格预审申请的要求。 4. 资格预审的方法。明确采用合格制或有限数量制。 5. 资格预审文件的获取。是指获取资格预审文件的地点、时间和费用。 6. 资格预审申请文件的递交。说明递交资格预审申请文件的截止时间。 7. 发布公告的媒介。 8. 联系方式。
招标公告具体内容	1. 招标条件； 2. 项目概况与招标范围； 3. 投标人资格要求； 4. 招标文件的获取； 5. 投标文件的递交； 6. 发布公告的媒介； 7. 联系方式。
资格审查文件	1. 资格预审文件的内容主要包括：资格预审公告、申请人须知、资格审查办法、资格预审申请文件格式、项目建设概况等内容，同时还包括关于资格预审文件澄清和修改的说明。 2. 资格预审申请文件的内容包括：资格预审申请函；法定代表人身份证明或附有法定代表人身份证明的授权委托书；联合体协议书（如工程接受联合体投标）；申请人基本情况表；近年财务状况表；近年完成的类似项目情况表；正在施工和新承接的项目情况表；近年发生的诉讼及仲裁情况；其他材料。
招标工程量清单的编制依据	1.《建设工程工程量清单计价规范》（GB 50500—2013）、《房屋建筑与装饰工程工程量计算规范》（GB 50854—2013）以及各专业工程计量规范等。 2. 国家或省级、行业建设主管部门颁发的计价定额和办法。 3. 建设工程设计文件及相关资料。 4. 与建设工程有关的标准、规范、技术资料。 5. 拟定的招标文件。 6. 施工现场情况、地勘水文资料、工程特点及常规施工方案。 7. 其他相关资料。
招标工程量清单编制的准备工作	1. 初步研究。熟悉《建设工程工程量清单计价规范》(GB 50500—2013)，和各专业工程计量规范、与地计价规定发相关文件；熟悉设计文件，掌握工程全貌，便于清单项目列项的完整、工程量的准确计算及清单项目的准确描述，对设计文件中出现的问题应及时提出。熟悉招标文件、招标削纸，确定工程量清竹编审的范围及需要没定的暂估价：收集相关市场价格信息，为暂估价的确定提供依据。对《建设工程工程量清单计价规范》(GB 50500—2013)缺项的新材

招标工程量清单编制的准备工作	料、新技术、新工艺，收集足够的基础资料，为补充项目的制定提供依据。 2. 现场踏勘。包括自然地理条件踏勘和施工条件踏勘。自然地理条件：工程所在地的地理位置、地形、地貌、用地范围等；气象、水文情况，包括气温、湿度、降雨量等：地质情况，包括地质构造及特征、承载能力等；地震；洪水及其他自然灾害情况。施工条件工程现场周围的道路、进出场条件、交通限制情况工程现场施工临时设施、大型施工机具、材料堆放场地安排情况等。 3. 拟定常规施工组织设计。是指根据项目的具体情况编制施工组织设计，拟定工程的施工方案、施工顺序、施工方法等。在拟定常规的施工组织设计时需注意的问题包括： （1）估算整体工程量。 （2）拟定施工总方案。施工总方案仅需对重大问题和关键工艺作原则性的规定，不需考虑施工步骤。 （3）确定施工顺序。 （4）编制施工进度计划。 （5）计算人、材、机资源需要量。 （6）施工平面的布置。
分部分项工程量清单的编制	1. 项目编码。同一招标工程的项目编码不得有重码。 2. 项目名称。在分部分项工程量清单中所列出的项目，应是在单位工程的施工过程中以其本身构成该单位工程实体的分项工程，但应注意： （1）当在拟建工程的施工图纸中有体现，并且在专业工程计量规范附录中也有相对应的项目时，则根据附录中的规定直接列项，计算工程量，确定其项目编码。 （2）当在拟建工程的施工图纸中有体现。但在专业工程计量规范附录中没有相对应的项目，并且在附录项目的“项目特征”或“工程内容”中也没有提示时，则必须编制针对这此分项工程的补充项目，在清单中单独列项计在清单的编制说明中注明。 3. 项目特征描述。分部分项工程量清单项目特征应依据专业工程计量规范附录中规定的项目特征并结合拟建工程项目的实际按照以下要求予以描述： （1）必须描述的内容： ① 涉及可准确计量的内容，如门窗洞口尺寸或框外围尺寸。 ② 涉及结构要求的内容，如混凝土构件的混凝土的强度等级。 ③ 涉及材质要求的内容，如油漆的品种、管材的材质等。 ④ 涉及安装方式的内容，如管道工程中的钢管的连接方式。 （2）可不描述的内容： ① 对计量计价没有实质影响的内容，如对现浇混凝土柱的高度，断面大小等特征。 ② 应由投标人根据施工方案确定的内容，如对石方的预裂爆破的单孔深度及装药量的特征规定。 ③ 应由投标人根据当地材料和施工要求确定的内容，如对混凝土构件中的混凝土拌和料使用的石子种类及粒径、砂的种类及特征规定。

分部分项工程量清单的编制	④ 应由施工措施解决的内容，如对现浇混凝土板、梁的标高的特征规定。 （3）可不详细描述的内容 ① 无法准确描述的内容，如土壤类别，可考虑其描述为“综合”，注明由投标人根据地质勘探资料自行确定土壤类别，决定报价。 ② 施工图纸、标准图集标注明确的，对这些项目可描述为见××图集××页号及节点大样等。 ③ 清单编制人在项目特征描述中应注明由投标人自定的，如土方工程中的“取土运距”、“弃土运距”等。 4. 计量单位。当附录中有两个或两个以上计量单位的，应结合拟建工程项目的实际选择其中一个确定。 5. 工程量的计算。工程量的计算必须依据一定的计算原则和方法： （1）计算口径一致。 （2）按工程量计算规则计算。 （3）按图纸计算。 （4）按一定顺序计算。
措施项目清单编制	措施项目清单指为完成工程项目施工，发生于该工程施工前和施工过程中技术、生活、文明、安全等方面的非工程实体项目清单。应区分可计算工程量和不可计算工程量的措施项目，分别用不同的方式编制招标工程量清单。
其他项目清单的编制	1. 暂列金额，由招标人填写其项目名称、计量单位、暂定金额等，若不能详列，也可只列暂定金额总额。 2. 暂估价，一般而言，为方便合同管理和计价，需要纳入分部分项工程量项目综合单价中的暂估价，最好只限于材料费，以方便投标与组价。 3. 计日工，编制计日工表格时，一定要给出暂定数量，并且需要根据经验，尽可能估算个比较贴近实际的数量，且尽可能把项目列全，以消除因此而产生的争议。 4. 总承包服务费，招标人应当按照投标人的投标报价支付该项费用。
规费、税金项目清单的编制	规费、税金项目清单应按照规定的内容列项，当出现规范中没有的项目，应根据省级政府或有关部门的规定列项。
招标控制价的编制规定	1. 投标人的投标报价超过招标控制价的，其投标作为废标处理。 2. 招标控制价应由具有编制能力的招标人或受其委托、具有相应资质的工程造价咨询人编制。工程造价咨询人不得同时接受招标人和投标人对同一工程的招标控制价和投标报价的编制。 3. 招标控制价应在招标文件中公布，且在公布招标控制价时，应公布招标控制价各组成部分的详细内容，不得只公布招标控制价总价。 4. 招标控制价超过批准的概算时，招标人应将其报原概算审批部门审核。 5. 投标人经复核认为招标人公布的招标控制价未按照《建设工程工程量清单计价规范》的规定进行编制的，应在开标前5日向招标投标监督机构或（和）

<table>
<tr><td colspan="2">招标控制价的编制规定</td><td>工程造价管理机构投诉。招标投标监督机构应会同工程造价管理机构对投诉进行处理，当招标控制价误差 > ±3%的应责成招标人改正。
6. 招标人应将招标控制价及有关资料报送工程所在地工程造价管理机构备查。</td></tr>
<tr><td colspan="2">招标控制价的编制依据</td><td>1. 现行国家标准《建设工程工程量清单计价规范》(GB 50500—2013)与专业工程计量规范。
2. 国家或省级、行业建设土管部门颁发的计价定额和计价办法。
3. 建设工程设计文件及相关资料。
4. 拟定的招标文件及招标工程量清单。
5. 与建设项目相关的标准、规范、技术资料。
6. 施工现场情况、工程特点及常规施工方案。
7. 工程造价管理机构发布的工程造价信息；工程造价信息没有发布的，参照市场价。
8. 其他的相关资料。</td></tr>
<tr><td rowspan="3">招标控制价的编制要求</td><td>分部分项工程费</td><td>1. 分部分项工程费应根据招标文件中的分部分项工程清单及有关要求，按《建设工程工程量清单计价规范》(GB 50500—2013)有关规定确定综合单价计价。
2. 工程量依据招标文件中提供的分部分项工程量清单确定。
3. 招标文件提供了暂估单价的材料，应按暂估的单价计入综合单价。
4. 为使招标控制价与投标报价所包含的内容一致，综合单价中应包括招标文件中要求投标人所承担的风险内容及其范围(幅度)产生的风险费用。</td></tr>
<tr><td>措施项目费</td><td>1. 措施项目费中的安全文明施工费应当按照国家或省级、行业、建设主管部门的规定标准计价，该部分不得作为竞争性费用。
2. 对于可精确计量的措施项目，以“量”计算即按其工程量与分部分项工程工程量清单单价相同的方式确定综合单价；对于不可精确计量的措事项目，则以“项”为单位，采用费率法按有关规定综合取定，采用费率法时需确定某项费用的计费基数及其费率，结果应是包括除规费、税金以外的全部费用。计算公式为：
以“项”计算的测试项目清单费=措施项目计费基数×费率</td></tr>
<tr><td>其他项目费</td><td>1. 暂列金额可根据工程的复杂程度、设计深度、工程环境条件(包括地质、水文、气侯条件等)进行估算。
2. 暂估价中的材料单价应按照工程造价管理机构发布的工程造价信息中的材料单价计算，工程造价信息未发布的材料单价，其单价参考市场价格估算；暂估价中的专业工程暂估价应分不同专业，按有关计价规定估算。
3. 在编制招标控制价时，对计日工中的人工单价和施工机械台班单价应按省级、行业建设主管部门或其授权的工程造价管理机构公布的单价计算；材料应按工程造价管理机构发布的工程造价信息中的材料单价计算，工程造价信息</td></tr>
</table>

<table>
<tr><td rowspan="2">招标控制价的编制要求</td><td>其他项目费</td><td>未发布单价的材料，其价格应按市场调查确定的单价计算。
4. 总承包服务费应按照省级或行业建设主管部门的规定计算。
（1）招标人仅要求对分包的专业工程进行总承包管理和协调时，按分包的专业工程估算造价的 1.5%计算。
（2）招标人要求对分包的专业工程进行总承包管理和协调，并同时要求提供配合服务时，根据招标文件中列出的配合服务内容和提出的要求，按分包的专业工程估算造价的 3%~5%计算。
（3）招标人自行供应材料的，按招标人供应材料价值的 1%计算。</td></tr>
<tr><td>规费和税金</td><td>应按国家或省级、行业建设主管部门的规定计算。税金计算公式：
税金=（分部分项工程量清单 + 措施项目清单费 + 其他项目清单费 + 规费）× 综合税率</td></tr>
<tr><td colspan="2">综合单价的组价</td><td>综合单价的组价，首先，依据提供的工程量清单和施工图纸，按照工程所在地区颁发的计价定额的规定，确定所组价的定额项目名称，并计算出相应的工程量；其次，依据工程造价政策规定或工程造价信息确定其人工、材料、机械台班单价；同时，在考虑风险因素确定管理费率和利润率的基础上，按规定程序计算出所组价定额项目的合价，然后将若干项所组价的定额项目合价相加除以工程量清单项目工程量，使得到工程量清单项目综合单价，对于未计价材料费(包括暂估单价的材料费)应计入综合单价。
定额项目合价=定额项目工程量 ×[Σ(定额人工消耗量 × 人工单价)+ Σ（定额材料消耗量 × 材料单价）+Σ（定额机械台班消耗量 × 机械台班单价）+价差（基价或人工、材料、机械费用）+管理费和利润]
工程量清单综合单价=[Σ（定额项目合价）+为计价材料]/工程量清单项目工程量。</td></tr>
<tr><td colspan="2">施工投标前期工作</td><td>1. 施工投标报价流程
在取得招标信息后，投标人首先要决定是否参加投标，如果参加投标，即进行前期工作：准备资料，申请并参加资格预审；获取招标文件；组建投标报价班子；然后进入询价与编制阶段，整个投标过程需遵循一定的程序。
2. 研究招标文件
投标人取得招标文件后，为保证工程量清单报价的合理性，应对投标人须知、合同条件、技术规范、图纸和工程量清单等重点内容进行分析。研究投标人须知的目的在于防止废标。合同分析包括合同背景分析、合同形式分析、合同条款分析、技术标准和要求分析、图纸分析。
3. 调查工程现场
包括自然现场调查、施工条件调查和其他条件调查。</td></tr>
</table>

调查询价与工程量复核	1. 询价 （1）询价的渠道。直接与生产厂商联系；了解生产厂商的代理人或从事该项业务的经纪人；了解经营该项产品的销售商；向咨询公司进行询价，通过咨询公司所得到的询价资料比较可靠，但需要支付一定的咨询费用，也可向同行了解；通过互联网查询；自行进行市场调查或信函询价。 （2）生产要素询价。包括材料询价、施工机械设备询价和劳务询价。其中劳务询价主要有两种情况：一是成建制的劳务公司，另一种是劳务市场招募零散劳动力。 （3）分包询价。总承包商在确定了分包工作内容后，就将分包专业的工程施工图纸和技术说明送交预先选定的分包单位，请他们在约定的时间内报价，以便进行比较选择，最终选择合适的分包人。对分包人询价应注意以下几点：分包标函是否完整；分包工程单价所包含的内容；分包人的工程质量、信誉及可信赖程度；质量保证措施；分包报价。 2. 复核工程量 投标人应认真根据招标说明、图纸、地质资料等招标文件资料，计算主要清单工程量。复核工程量清单复核工程量的目的不是修改工程量清单，即使有误，投标人也不能修改工程量清单中的工程量，因为修改了清单就等于擅自修改了合同。对工程量清单存在的错误，可以向招标人提出，由招标人统一修改并把修改情况通知所有投标人。针对工程量清单中工程量的遗漏或错误，是否向招标人提出修改意见取决于投标策略。通过工程量计算复核还能准确地确定订货及采购物资的数量，防止由于超量或少购等带来的浪费、积压或停工待料。 3. 制定项目管理规划 项目管理规划是工程投标报价的重要依据，项目管理规划应分为项目管理规划大纲和项目管理实施规划。根据《建设工程项目管理规范》，当承包商以编制施工组织设计代替项目管理规划时，施工组织设计应满足项目管理规划的要求。
投标文件编制的内容	1. 投标函及投标函附录； 2. 法定代表人身份证明或附有法定代表人身份证明的授权委托书； 3. 联合体协议书（如工程允许采用联合体投标）； 4. 投标保证金； 5. 已标价工程量清单； 6. 施工组织设计； 7. 项目管理机构； 8. 拟分包项目情况表； 9. 资格审查资料； 10. 规定的其他材料。

投标文件的递交	1. 投标保证金。投标保证金除现金外，可以是银行出具的银行保函、保兑支票、银行汇票或现金支票。投标保证金的数额不得超过投标总价的 2%。依法必须进行招标的项目的境内投标单位，以现金或者支票形式提交的投标保证金应当从其基本账户转出。出现下列情况的，投标保证金将不予返还： （1）投标人在规定的投标有效期内撤销或修改其投标文件； （2）中标人在收到中标通知书后，无正当理由拒签合同协议书或未按招标文件规定提交履约担保。 2. 投标有效期。投标有效期从投标截止时间起开始计算，主要用作组织评标委员会评标、招标人定标、发出中标通知书，以及签订合同等工作，一般项目投标有效期为 60~90 天，大型项目 120 天左右。投标保证金的有效期应与投标有效期保持一致。 3. 投标文件的密封和标识。投标文件的正本与副本应分开包装，加贴封条，并在封套上清楚标记“正本”或“副本”字样，于封口处加盖投标人单位章。 4. 投标文件的修改与撤回。在规定的投标截止时间前，投标人可以修改或撤回已递交的投标文件，但应以书面形式通知招标人。在招标文件规定的投标有效期内，投标人不得要求撤销或修改其投标文件。
联合体投标	联合体投标需遵循以下规定： 1. 联合体各方应按招标文件提供的格式签订联合体协议书，明确联合体牵头人和各方权利义务； 2. 联合体各方签订共同投标协议后，不得再以自己名义单独投标，也不得组成新的联合体或参加其他联合体在同一项目中投标； 3. 通过资格预审的联合体，其各方组成结构或职责，以及财务能力、信誉情况等资格条件不得改变； 4. 由同一专业的单位组成的联合体，按照资质等级较低的单位确定资质等级； 5. 联合体投标的，应当以联合体各方或者联合体中牵头人的名义提交投标保证金。以联合体中牵头人名义提交的投标保证金，对联合体各成员具有约束力。
串通投标	1. 有下列情形之一的，属于投标人相互串通投标： （1）投标人之间协商投标报价等投标文件的实质性内容； （2）投标人之间约定中标人； （3）投标人之间约定部分投标人放弃投标或者中标； （4）属于同一集团、协会、商会等组织成员的投标人按照该组织要求协同投标； （5）投标人之间为谋取中标或者排斥特定投标人而采取的其他联合行动。 2. 有下列情形之一的，视为投标人相互串通投标： （1）不同投标人的投标文件由同一单位或者个人编制；

串通投标	（2）不同投标人委托同一单位或者个人办理投标事宜； （3）不同投标人的投标文件载明的项目管理成员为同一人； （4）不同投标人的投标文件异常一致或者投标报价呈规律性差异； （5）不同投标人的投标文件相互混装； （6）不同投标人的投标保证金从同一单位或者个人的账户转出。 3. 有下列情形之一的，属于招标人与投标人串通投标： （1）招标人在开标前开启投标文件并将有关信息泄露给其他投标人； （2）招标人直接或者间接向投标人泄露标底、评标委员会成员等信息； （3）招标人明示或者暗示投标人压低或者抬高投标报价； （4）招标人授意投标人撤换、修改投标文件； （5）招标人明示或者暗示投标人为特定投标人中标提供方便； （6）招标人与投标人为谋求特定投标人中标而采取的其他串通行为。
投标报价编制原则	投标报价由投标人自主确定，但必须执行《建设工程工程量清单计价规范》的强制性规定。投标人的投标报价不得低于成本。投标报价要以招标文件中设定的发承包双方责任划分，作为考虑投标报价费用项目和费用计算的基础，发承包双方的责任划分不同，会导致合同风险不同的分摊，从而导致投标人选择不同的报价：根据工程发承包模式考虑投标报价的费用内容和计算深度。以施工方案、技术措施等作为投标报价计算的基本条件；以反映企业技术和管理水平的企业定额作为计算人工、材料和机械台班消耗量的基本依据　充分利用现场考察、调研成果、市场价格信息和行情资料，编制基础标价。报价计算方法要科学严谨，简明适用。
投标报价编制依据	1. 建设工程工程量清单计价规范。 2. 国家或省级、行业建设主管部门颁发的计价办法。 3. 企业定额，国家或省级、行业建设主管部门颁发的计价定额。 4. 招标文件、工程量清单及其补充通知、答疑纪要。 5. 建设工程设计文件及相关资料。 6. 施工现场情况、工程特点及拟定的投标施工组织设计或施工方案。 7. 与建设项目相关的标准、规范等技术资料。 8. 市场价格信息或工程造价管理机构发布的工程造价信息。 9. 其他的相关资料。
分部分项工程单价确定的步骤和方法	1. 确定计算基础。计算基础主要包括消耗量的指标和生产要素的单价。 2. 分析每一清单项目的工程内容。 3. 计算工程内容的工程数量与清单单位含量。清单单位含量是指每一计量单位的清单项目所分摊的工程内容的工程数量。 $清单单位含量=\frac{某工程内容的定额工程量}{清单工程量}$ 4. 分部分项工程人工、材料、机械费用的计算。 5. 计算综合单价。

分部分项工程量清单综合单价分析表的编制	为表明分部分项工程量综合单价的合理性，投标人应对其进行单价分析，以作为评标时的判断依据。综合单价分析表的编制应反映上述综合单价的编制过程，并按照规定的格式进行。
措施项目清单与计价表的编制	编制内容主要是计算各项措施项目费，措施项目费应根据招标文件中的措施项目清单及投标时拟定的施工组织设计或施工方案按不同报价方式自主报价。计算时应遵循以下原则： 1. 投标人可根据工程实际情况结合施工组织设计，自主确定措施项目费。 2. 措施项目清单计价应根据拟建工程的施工组织设计，对于可以精确计“量”的措施项目宜采用分部分项工程量清单方式的综合单价计价；对于不能精确计量的措施项目可以“项”为单位的方式按“率值”计价，应包括除规费、税金外的全部费用；以“项”为计量单位的，按项计价，其价格组成与综合单价相同，应包括除规费，税金以外的全部费用。 3. 措施项目清单中的安全文明施工费应按照国家或省级、行业建设主管部门的规定计价，不得作为竞争性费用。
其他项目清单计价表编制	其他项目费主要包括暂列金额、暂估价、计日工以及总承包服务费组成。投标人对其他项目费投标报价时应遵循以下原则： 1. 暂列金额应按照其他项目清单中列出的金额填写，不得变动。 2. 暂估价不得变动和更改。 3. 计日工应按照其他项目清单列出的项目和估算的数量，自主确定各项综合单价并计算费用。 4. 总承包服务费应根据指标人在招标文件中列出的分包专业工程内容和供应材料、设备情况，按照招标人提出的协调、配合与服务要求和施工现场管理需要自主确定。
规费、税金项目清单与计价表的编制	规费和税金应按国家或省级、行业建设主管部门的规定计算，不得作为竞争性费用。这是由于规费和税金的计取标准是依据有关法律、法规和政策规定制定的，具有强制性。因此，投标人在投标报价时必须按照国家或省级、行业建设主管部门的有关规定计算规费和税金。
投标价的汇总	投标人的投标总价应当与组成工程量清单的分部分项工程费、措施项目费、其他项目费和规费、税金的合计金额相一致，即投标人在进行工程量清单招标的投标报价时，不能进行投标总价优惠(或降价、让利)，投标人对投标报价的任何优惠(或降价、让利)均直反映在相应清单项目的综合单价中。

第二节 工程评标与定标

本节要点	本节内容
评标的准备	评标活动应遵循公平、公正、科学、择优的原则，招标人应当采取必要的措施，保证评标在严格保密的情况下进行。评标委员会成员名单一般应于开标前确定，而且该名单在中标结果确定前应当保密。评标委员会成员应当编制供评标使用的相应表格，认真研究招标文件，至少应了解和熟悉以下内容： 1. 招标的目标。 2. 招标项目的范围和性质。 3. 招标文件中规定的主要技术要求、标准和商务条款。 4. 招标文件规定的评标标准、评标方法和在评标过程中考虑的相关因素。 招标人或者其委托的招标代理机构应当向评标委员会提供评标所需的重要信息和数据。
初步评审	我国目前评标中主要采用的方法包括经评审的最低投标价法和综合评估法，两种评标方法在初步评审阶段，其内容和标准上基本是一致的。 1. 初步评审标准。初步评审的标准包括形式评审标准、资格评审标准、响应性评审标准、施工组织设计和项目管理机构评审标准。 2. 投标文件的澄清和说明。评标委员会可以书面方式要求投标人对投标文件中含意不明确的内容作必要的澄清、说明或补正，但是澄清、说明或补正不得超出投标文件的范围或者改变投标文件的实质性内容。但评标委员会不得向投标人提出带有暗示性或诱导性的问题，或向其明确投标文件中的遗漏和错误。同时，评标委员会不接受投标人主动提出的澄清、说明或不正。 3. 报价有算术错误的修正。投标报价有算术错误的，评标委员会按以下原则对投标报价进行修正，修正的价格经投标人书面确认后具有约束力。投标人不接受修正价格的，其投标作废标处理。投标文件中的大写金额与小写金额不一致的，以大写金额为准；总价金额与依据单价计算出的结果不一致的，以单价金额为准修正总价，但单价金额小数点有明显错误的除外。此外，如对不同文字文本投标文件的解释发生异议的，以中文文本为准。 4. 废标。经初步评审后否决投标的情况。未能在实质上响应的投标，评标委员会应当否决其投标。具体情形包括： （1）投标文件未经投标单位盖章和单位负责人签字； （2）投标联合体没有提交共同投标协议； （3）投标人不符合国家或者招标文件规定的资格条件； （4）同一投标人提交两个以上不同的投标文件或者投标报价，但招标文件要求提交备选投标的除外； （5）投标报价低于成本或者高于招标文件设定的最高投标限价； （6）投标文件没有对招标文件的实质性要求和条件作出响应； （7）投标人有串通投标、弄虚作假、行贿等违法行为。

详细评审标准与方法	详细评审的方法主要包括经评审的最低投标价法和综合评估法两种。 1. 经评审的最低投标价法 经评审的最低投标价法是指评标委员会对满足招标文件实质要求的投标文件，根据详细评审标准规定的量化因素及量化标准进行价格折算，按照经评审的投标价由低到高的顺序推荐中标候选人，或根据招标人授权直接确定中标人，但投标报价低于其成本的除外。经评审的投标价相等时，投标报价低的优先；投标报价也相等的，由招标人自行确定。 （1）适用范围。该方法主要适用于具有通用技术、性能标准或者招标人对其技术、性能没有特殊要求的招标项目。 （2）详细评审标准。根据《标准施工招标文件》的规定，主要的量化因素包括单价遗漏和付款条件等，招标人可以根据项目具体特点和实际需要，进一步删减、补充或细化量化因素和标准；世界银行贷款项目采用此种评标方法时，通常考虑的量化因素和标准包括：一定条件下的优惠、工期提前的效益和多个标段的评标修正。 （3）根据经评审的最低投标价法完成详细评审后，评标委员会应当拟定一份“价格比较一览表”，连同书面评标报告提交招标人。“价格比较一览表”应当载明投标人的投标报价、对商务偏差的价格调整和说明以及已评审的最终投标价。 2. 综合评估法 不宜采用经评审的最低投标价法的招标项目，一般应当采取综合评估法进行评审。综合评估法是指评标委员会对满足招标文件实质性要求的投标文件，按照规定的评分标准进行打分，并按得分由高到低顺序推荐中标候选人，或根据招标人授权直接确定中标人，但投标报价低于其成本的除外。综合评分相等时，以投标报价低的优先；投标报价也相等的，由招标人自行确定。综合评估法下评标分值构成分为四个方面，即施工组织设计；项目管理机构；投标报价；其他评分因素。根据综合评估法完成评标后，评标委员会应当拟定一份“综合评估比较表”，连同书面评标报告提交招标人。“综合评估比较表”应当载明投标人的投标报价、所做的任何修正、对商务偏差的调整、对技术偏差的调整、对各评审因素的评估以及对每一投标的最终评审结果。
中标候选人的确定	对使用国有资金投资或者国家融资的项目，招标人应当确定排名第一的中标候选人为中标人。招标人可以授权评标委员会直接确定中标人。招标人不得向中标人提出压低报价、增加工作量、缩短工期或其他违背中标人意愿的要求，以此作为发出中标通知书和签订合同的条件。
评标报告的内容及提交	1. 基本情况和数据表； 2. 评标委员会成员名单； 3. 开标记录； 4. 符合要求的投标一览表； 5. 废标情况说明；

评标报告的内容及提交	6. 评标标准、评标方法或者评标因素一览表； 7. 经评审的价格或者评分比较一览表； 8. 经评审的投标人排序； 9. 推荐的中标候选人名单与签订合同前要处理的事宜； 10. 澄清、说明、补正事项纪要。 评标报告由评标委员会全体成员签字。对评标结论持有异议的评标委员会成员可以书面方式阐述其不同意见和理由。评标委员会成员拒绝在评标报告上签字且不陈述其不同意见和理由的，视为同意评标结论。评标委员会应当对此做出书面说明并记录在案。
公示中标候选人	依法必须进行招标的项目，招标人应当自收到评标报告之日起 3 日内公示中标候选人，公示期不得少于 3 日。投标人或者其他利害关系人对依法必须进行招标的项目的评标结果有异议的，应当在中标候选人公示期间提出。公示由招标人统一委托当地招投标中心在开标当日发布，公示期从公示的第 2 日开始算起，在公示期满后招标人才可以签发中标通知书。公示的项目范围是依法必须进行招标的项目，公示内容是对中标候选人全部名单及排名进行公示，而不是只公示排名第一的中标候选人。公示期间，投标人及其他利害关系人应当先向招标人提出异议，经核查后发现在招投标过程中确有违反相关法律法规且影响评标结果公正性的，招标人应当重新组织评标或招标。招标人拒绝自行纠正或无法自行纠正的，则向行政监督部门提出投诉。
发出中标通知书	招标人确定后，招标人应当向中标人发出中标通知书，并同时将中标结果通知所有未中标的投标人。中标通知书对招标人和投标人具有法律效力。中标通知书发出后，招标人改变中标结果，或者中标人放弃中标项目，应当依法承担法律责任。
履约担保	在签订合同前，中标人以及联合体的中标人应按招标文件有关规定的金额、担保形式和招标文件规定的履约担保格式，向招标人提交履约担保。履约担保有现金、支票、履约担保书和银行保函等形式，可以选择其中的一种作为招标项目的履约担保，一般采用银行保函和履约担保书。履约担保金额一般为中标价的 10%。发包人应在工程接收证书颁发后 28 天内把履约担保退还给承包人。
签约合同价与中标价的关系	合同价就是中标价，因为中标价是指评标时经过算术修正的并在中标通知书中申明招标人接受的投标价格。

第三节 工程投标策略与方法

<table>
<tr><th colspan="2">本节要点</th><th>本节内容</th></tr>
<tr><td rowspan="5">工程投标策略</td><td>采用不同报价</td><td>遇到如下情况报价可高一些：施工条件差的工程；专业要求高的技术密集型工程，而投标人在这方面又有专长，声望也较高；总价低的小工程，以及自己不愿做、又不方便不投标的工程；特殊的工程，如港口码头、地下开挖工程等；工期要求急的工程；投标对手少的工程；支付条件不理想的工程。
遇到如下情况报价可低一些：施工条件好的工程；工作简单、工程量大而其他投标人都可以做的工程；投标人目前急于打入某一市场、某一地区，或在该地区面临工程结束，机械设备等无工地转移时；本公司在附近有工程，而本项目又可利用该工程的设备、劳务，或有条件短期内突击完成的工程；投标对手多，竞争激烈的工程；非急需工程；支付条件好的工程。</td></tr>
<tr><td>不平衡报价法</td><td>能够早日结账收款的项目(如开办费、基础工程、土方开挖、桩基等)可适当提高报价，以利资金周转，提高资金时间价值预计今后工程量会增加的项目，单价适当提高，这样在最终结算时可多盈利；
将工程量可能减少的项目单价降低，工程结算时损失不大
设计图样不明确，估计修改后工程量要增加的，可以提高单价；而工程内容解说不清楚的，则可适当降低一些单价，在工程实施阶段通过索赔再寻求提高单价的机会暂定项目，又称任意项目或选择项目，对这类项目要具体分析。</td></tr>
<tr><td>计日工单价的报价</td><td>如果是单纯报计日工单价，而且不计入总价中，可以报高些。</td></tr>
<tr><td>可供选择项目的报价</td><td>对于将来有可能被选择使用的规格应适当提高其报价
对于技术难度大或其他原因导致的难以实现的规格，可将价格有意抬高得更多一些，以阻挠业主选用。</td></tr>
<tr><td>暂定工程量的报价</td><td>招标人规定了暂定工程量的分项内容和暂定总价款，并规定所有投标人都必须在总报价中加入这笔固定金额，但由于分项工程量不很准确，允许将来按投标人所报单价和实际完成的工程量付款，投标时应当对暂定工程量的单价适当提高招标人列出了暂定工程量的项目的数量，但并没有限制这些工程量的估价总价款，要求投标人既列出单价，也应按暂定项目的数量计算总价，当将来结算付款时可按实际完成的工程量和所报单价支付，可以采用正常价格只有暂定工程的一笔固定总金额，将来这笔金额做什么用，由招标人确定，按招标文件要求将规定的暂定款列入总报价即可。</td></tr>
</table>

	多方案报价	由投标人提出的对招标文件条款的变化，可降低报价，可以原方案报一个价，变动条款后再报一个价。
	增加建议方案	必须由招标人先允许后，由投标人对原设计方案提出建议方案，对原方案和建议方案各报一个价。
工程投标策略	分包商报价的采用	向 2 ~ 3 家分包商询价后选择一家，要求其提交投标保函后，把分包商的利益和投标人捆在一起后报价。
	许诺优惠条件	在投标时主动提出提前竣工、低息贷款、赠给施工设备、免费转让新技术或某种技术专利、免费技术协作、代为培训人员等。
	无利润算标	有可能在得标后，将大部分工程分包给索价较低的一些分包商 时于分期建设的项目，先以低价获得首期工程。而后离得机会创造第二期工程中的竞争优势，并在以后的实施中赚得利润 较长时期内，承包商没有在建的工程项目，如果再不得标，就难以维持生存
期望值法		$E(x)=\sum_{i=1}^{n} x_i P_i$ 式中：$E(x)$——随机变量 x 的期望值；x_i——随机变量 x 的各种取值；P_i——x 取值的所对应的概率值。
净现值的期望值		$E(NPV)=\sum_{i=1}^{n} NPV_i P_i$ 式中：$E(NPV)$——NPV 的期望值；NPV_i——各种现金流量情况下的净现值；P_i——对应于各种现金流量情况的概率值。
决策树法		决策树一般由决策点、机会点、方案枝、概率枝等组成。为了便于计算，对决策树中的“□”（决策点）和“○”（机会点）均进行编号，编号的顺序是从左到右，从上到下。

第五章 工程合同价款管理

章	节
第五章 工程合同价款管理	第一节 工程合同价的类型及其适用条件
	第二节 工程变更处理
	第三节 工程索赔的计算与审核
	第四节 工程合同争议的处理

第一节 工程合同价的类型及其适用条件

本节要点	本节内容		
建设工程施工合同的类型	总价合同、单位合同、成本加酬金合同（百分比酬金、固定酬金、浮动酬金、目标成本加奖罚）		
建设工程施工合同的类型选择	因素	条件	选择
	项目规模和工期长短	规模较小、工期较短	总价、单价、成本加酬金合同均可
		规模大、工期长	不宜采用总价合同
	项目的竞争情况	竞争激烈	按总价、单价、成本加酬金的顺序选择
		竞争不激烈	选承包商愿意采用的合同
	项目的复杂程度	较高	总价合同可能性小
		较低	业主具有选择的主动权
	单项工程的明确程度	十分明确	总价、单价、成本加酬金合同均可
		可能有较大出入	单价合同
	准备时间的长短	短	成本加酬金合同

<table>
<tr><td rowspan="2">建设工程施工合同的类型选择</td><td></td><td>长</td><td>单价或总价合同</td></tr>
<tr><td>外部环境因素</td><td>恶劣</td><td>成本加酬金合同</td></tr>
<tr><td>《标准施工招标文件》中的合同条款简介</td><td colspan="3">《标准施工招标文件》的合同条款由通用合同条款和专用合同条款两部分构成，且附有合同协议书、履约担保和预付款担保等 3 个格式文件。国务院有关行业主管部门在编制行业标准施工招标文件的“专用合同条款”时，可对“通用合同条款”进行补充、细化，除“通用合同条款”明确“专用合同条款”可作出不同约定外，补充和细化的内容不得与“通用合同条款”强制性规定相抵触，否则抵触内容无效。</td></tr>
<tr><td>合同文件的组成及优先顺序</td><td colspan="3">组成合同的各项文件应互相解释，相互说明。但是这些文件有时会产生冲突或含义不清。除专用合同条款另有约定外，解释合同文件的优先顺序如下：
1. 合同协议书；
2. 中标通知书；
3. 投标函及投标函附录；
4. 专用合同条款；
5. 通用合同条款；
6. 技术标准和要求；
7. 图纸；
8. 已标价工程量清单；
9. 其他合同文件。</td></tr>
<tr><td>发包人义务</td><td colspan="3">1. 遵守法律。
2. 发包人应委托监理人按合同约定的时间向承包人发出开工通知。
3. 发包人应按专用合同条款的约定向承包人提供施工场地，以及施工场地内地下管线和地下设施等有关资料，并保证资料的真实、准确、完整。
4. 发包人应协助承包人办理法律规定的有关施工证件和批件。
5. 发包人应根据合同进度计划，组织设计单位向承包人进行设计交底。
6. 发包人应按合同约定向承包人及时支付合同价款。
7. 发包人应按合同约定及时组织竣工验收。
8. 发包人应履行合同约定的其他义务。</td></tr>
<tr><td>承包人义务</td><td colspan="3">1. 遵守法律。
2. 依法纳税。
3. 完成各项承包工作。
4. 对施工作业和施工方法的完备性负责。承包人应按合同约定的工作内容和施工进度要求，编制施工组织设计和施工措施计划，并对所有施工作业和施工方法的完备性和安全可靠性负责。
5. 保证工程施工和人员的安全。
6. 负责施工场地及其周边环境与生态的保护工作。
7. 避免施工对公众与他人的利益造成损害。承包人在进行合同约定的各项工作时，不得侵害发包人与他人使用公用道路、水源、市政管网等公共设</td></tr>
</table>

承包人义务	施的权利，避免对邻近的公共设施产生干扰。承包人占用或使用他人的施工场地，影响他人作业或生活的，应承担相应责任。 8. 为他人提供方便。 9. 工程的维护和照管。工程接收证书颁发前，承包人应负责照管和维护工程。工程接收证书颁发时尚有部分未竣工工程的，承包人还应负责该未竣工工程的照管和维护工作，直至竣工后移交给发包人为止。 10. 承包人应履行合同约定的其他义务。
监理人	1. 监理人的职责和权力。监理人无权免除或变更合同约定的发包人和承包人的权利、义务和责任。不因监理人对承包人提交文件的审查或批准，对工程、材料和设备的检查和检验，以及为实施监理作出的指示等职务行为而减轻或解除。 2. 总监理工程师是指监理人委派常驻施工场地对合同履行实施管理的全权负责人。 监理人更换总监理工程师须经发包人同意，并在调离14天前通知承包人。
承包人项目经理	承包人更换项目经理应事先征得发包人同意，并应在更换 14 天前通知发包人和监理人。
进度计划	承包人应按专用合同条款约定的内容和期限，编制详细的施工进度计划和施工方案说明报送监理人。监理人应在专用合同条款约定的期限内批复或提出修改意见，否则该进度计划视为已得到批准。
开工	监理人应在开工日期 7 天前向承包人发出开工通知。监理人在发出开工通知前应获得发包人同意。工期自监理人发出的开工通知中载明的开工日期起计算。
工期延误	1. 发包人的工期延误。在履行合同过程中，由于发包人的下列原因造成工期延误的，承包人有权要求发包人延长工期和（或）增加费用，并支付合理利润： （1）增加合同工作内容； （2）改变合同中任何一项工作的质量要求或其他特性； （3）发包人迟延提供材料、工程设备或变更交货地点的； （4）因发包人原因导致的暂停施工； （5）提供图纸延误； （6）未按合同约定及时支付预付款、进度款； （7）发包人造成工期延误的其他原因。 应注意的是，上述原因并不一定必然造成工期延误。例如改变合同中任何一项工作的质量要求或其他特性、变更交货地点等一般都会影响费用和利润，但并不一定影响工期。

工期延误	2. 承包人的工期延误。由于承包人原因造成工期延误，承包人应支付逾期竣工违约金。承包人支付逾期竣工违约金，并不免除承包人完成工程及修补缺陷的义务。
暂停施工	1. 承包人暂停施工的责任。增加的费用和（或）工期延误由承包人承担； 2. 发包人暂停施工的责任。由于发包人原因引起的暂停施工造成工期延误的，承包人有权要求发包人延长工期和（或）增加费用，并支付合理利润。 3. 监理人暂停施工指示。由于发包人的原因发生暂停施工的紧急情况，且监理人未及时下达暂停施工指示的，承包人可先暂停施工，并及时向监理人提出暂停施工的书面请求。监理人应在接到书面请求后的 24 小时内予以答复，逾期未答复的，视为同意承包人的暂停施工请求。 4. 暂停施工后的复工。暂停施工后，监理人应与发包人和承包人协商，采取有效措施积极消除暂停施工的影响。当工程具备复工条件时，监理人应立即向承包人发出复工通知。承包人收到复工通知后，应在监理人指定的期限内复工。承包人无故拖延和拒绝复工的，由此增加的费用和工期延误由承包人承担；因发包人原因无法按时复工的，承包人有权要求发包人延长工期和（或）增加费用，并支付合理利润。 5. 暂停施工持续 56 天以上的处理办法。
竣工验收	承包人应在其投标函中承诺的工期内完成合同工程。实际竣工日期应经工程验收后确定，并在工程接收证书中写明。 1. 工程竣工条件。当工程具备条件时，承包人即可向监理人报送竣工验收申请报告。 2. 竣工验收过程。除专用合同条款另有约定外，经验收合格工程的实际竣工日期，以提交竣工验收申请报告的日期为准，并在工程接收证书中写明。发包人在收到承包人竣工验收申请报告 56 天后未进行验收的，视为验收合格，实际竣工日期以提交竣工验收申请报告的日期为准，但发包人由于不可抗力不能进行验收的除外。
工程质量要求	因发包人原因造成工程质量达不到合同约定验收标准的，发包人应承担由于承包人返工造成的费用增加和（或）工期延误，并支付承包人合理利润。
施工过程中的检查	1. 承包人的质量检查。承包人应按合同约定对材料、工程设备以及工程的所有部位及其施工工艺进行全过程的质量检查和检验，并作详细记录，编制工程质量报表，报送监理人审查。 2. 监理人的质量检查。监理人的检查和检验，不免除承包人按合同约定应负的责任。监理人检查发现工程质量不符合要求的，有权要求重新进行检查复核、取样检验、返工拆除，直至符合验收标准为止。
隐蔽工程的检查	1. 通知监理人检查。经承包人自检确认的工程隐蔽部位具备覆盖条件后，承包人应通知监理人在约定的期限内检查。承包人的通知应附有自检记录和必要的检查资料。监理人应按时到场检查。经监理人检查确认质量符合隐蔽要求，并在检查记录上签字后，承包人才能进行覆盖。监理人检查确认质量不合格的，承包人应在监理人指示的时间内修整返工后，由监理人重新检查。

隐蔽工程的检查		2. 监理人未到场检查。监理人未按约定的时间进行检查的，除监理人另有指示外，承包人可自行完成覆盖工作，并作相应记录报送监理人，监理人应签字确认。监理人事后对检查记录有疑问的，可要求重新检查。 3. 监理人重新检查。经监理人检查质量合格或监理人未按约定的时间进行检查的，承包人覆盖工程隐蔽部位后，监理人对质量有疑问的，可要求承包人对已覆盖的部位进行钻孔探测或揭开重新检验，承包人应遵照执行，并在检验后重新覆盖恢复原状。经检验证明工程质量符合合同要求的，由发包人承担由此增加的费用和（或）工期延误，并支付承包人合理利润；经检验证明工程质量不符合合同要求的，由此增加的费用和（或）工期延误由承包人承担。
材料和工程设备的供应	承包人供应材料和工程设备的验收	对承包人提供的材料和工程设备，承包人应会同监理人进行检验和交货验收，查验材料合格证明和产品合格证书，并按合同约定和监理人指示，进行材料的抽样检验和工程设备的检验测试，检验和测试结果应提交监理人，所需费用由承包人承担。
	发包人供应材料和工程设备的验收	发包人应在材料和工程设备到货7天前通知承包人，承包人应会同监理人在约定的时间内，赴交货地点共同进行验收。除专用合同条款另有约定外，发包人提供的材料和工程设备验收后，由承包人负责接收、运输和保管。发包人提供的材料和工程设备的规格、数量或质量不符合合同要求，或由于发包人原因发生交货日期延误及交货地点变更等情况的，发包人应承担由此增加的费用和（或）工期延误，并向承包人支付合理利润。
	材料和工程设备专用于合同工程	运入施工场地的材料、工程设备，包括备品备件、安装专用工器具与随机资料，必须专用于合同工程，未经监理人同意，承包人不得运出施工场地或挪作他用。随同工程设备运入施工场地的备品备件、专用工器具与随机资料，应由承包人会同监理人按供货人的装箱单清点后共同封存，未经监理人同意不得启用。承包人因合同工作需要使用上述物品时，应向监理人提出申请。
缺陷责任		承包人应在缺陷责任期内对已交付使用的工程承担缺陷责任。缺陷责任期内，发包人对已接收使用的工程负责日常维护工作。发包人在使用过程中，发现已接收的工程存在新的缺陷或已修复的缺陷部位或部件又遭损坏的，承包人应负责修复，直至检验合格为止。监理人和承包人应共同查清缺陷和（或）损坏的原因。经查明属承包人原因造成的，应由承包人承担修复和查验的费用。经查验属发包人原因造成的，发包人应承担修复和查验的费用，并支付

	承包人合理利润。承包人不能在合理时间内修复缺陷的，发包人可自行修复或委托其他人修复，所需费用由缺陷责任方承担。
缺陷责任期的延长	由于承包人原因造成某项缺陷或损坏使某项工程或工程设备不能按原定目标使用而需要再次检查、检验和修复的，发包人有权要求承包人相应延长缺陷责任期，但缺陷责任期最长不超过 2 年。在缺陷责任期（或延长的期限）终止后 14 天内，由监理人向承包人出具经发包人签认的缺陷责任期终止证书，并退还剩余的质量保证金。
保修责任	合同当事人根据有关法律规定，在专用合同条款中约定工程质量保修范围、期限和责任。保修期自实际竣工日期起计算。在全部工程竣工验收前，已经发包人提前验收的单位工程，其保修期的起算日期相应提前。建设工程竣工验收后的质量保修范围与期限应遵守《建设工程质量管理条例》以及各建设行业有关工程建筑物与工程设备保修范围与期限的具体规定。
安全施工	发包人的施工安全责任（安全生产管理条例要看）。 1. 发包人应按合同约定履行安全职责，授权监理人按合同约定的安全工作内容监督、检查承包人安全工作的实施，组织承包人和有关单位进行安全检查。 2. 发包人应对其现场机构雇佣的全部人员的工伤事故承担责任，但由于承包人原因造成发包人人员工伤的，应由承包人承担责任。 3. 发包人应负责赔偿以下各种情况造成的第三者人身伤亡和财产损失：①工程或工程的任何部分对土地的占用所造成的第三者财产损失；②由于发包人原因在施工场地及其毗邻地带造成的第三者人身伤亡和财产损失。
	承包人的施工安全责任包括： 1. 承包人应按合同约定履行安全职责，编制施工安全措施计划报送监理人审批。 2. 承包人应按监理人的指示制定应对灾害的紧急预案，报送监理人审批。 3. 合同约定的安全作业环境及安全施工措施所需费用应遵守有关规定，并包括在相关工作的合同价格中。因采取合同未约定的安全作业环境及安全施工措施增加的费用，由监理人商定或确定。 4. 承包人应对其履行合同所雇佣的全部人员，包括分包人人员的工伤事故承担责任，但由于发包人原因造成承包人人员工伤事故的，应由发包人承担责任。
专利技术	承包人在使用任何材料、承包人设备、工程设备或采用施工工艺时，因侵犯专利权或其他知识产权所引起的责任，由承包人承担，但由于遵照发包人提供的设计或技术标准和要求引起的除外。承包人在投标文件中采用专利技术的，专利技术的使用费包含在投标报价内。承包人的技术秘密和声明需要保密的资料和信息，发包人和监理人不得为合同以外的目的泄露给他人。

化石、文物	在施工场地发掘的所有文物、古迹以及具有地质研究或考古价值的其他遗迹、化石、钱币或物品属于国家所有。一旦发现上述文物，承包人应采取有效合理的保护措施，防止任何人员移动或损坏上述物品，并立即报告当地文物行政部门，同时通知监理人。发包人、监理人和承包人应按文物行政部门要求采取妥善保护措施，由此导致费用增加和（或）工期延误由发包人承担。承包人发现文物后不及时报告或隐瞒不报，致使文物丢失或损坏的，应赔偿损失，并承担相应的法律责任。
不利物质条件	不利物质条件通常是指承包人在施工现场遇到的不可预见的自然物质条件、非自然的物质障碍和污染物，包括地下和水文条件，但不包括气候条件。进一步的不利物质条件可以在专用条款内约定。承包人遇到不利物质条件时，应采取适应不利物质条件的合理措施继续施工，并及时通知监理人。监理人应当及时发出指示，指示构成变更的，按有关变更的约定处理。监理人没有发出指示的，承包人因采取合理措施而增加的费用和（或）工期延误，由发包人承担。监理人发出的指示不构成变更时，承包人因采取合理措施而增加的费用和（或）工期延误，也应由发包人承担。
异常恶劣的气候条件	异常恶劣气候条件的具体范围，由专用合同条款进一步明确。当出现异常恶劣的气候条件时，承包人有责任自行采取措施，避免和克服异常气候条件造成的损失，同时有权要求发包人延长工期。当发包人不同意延长工期时，可按有关“发包人的工期延误”的约定，支付为抢工增加的费用，但不包括利润。
不可抗力	不可抗力是指承包人和发包人在订立合同时不可预见，在工程施工过程中不可避免发生并不能克服的自然灾害和社会性突发事件，如地震、海啸、瘟疫、水灾、骚乱、暴动、战争和专用合同条款约定的其他情形。合同双方对是否属于不可抗力或其损失的意见不一致的，由监理人商定或确定。发生争议时，按合同中关于争议解决条款的约定处理。 合同一方当事人遇到不可抗力事件，使其履行合同义务受到阻碍时，应立即通知合同另一方当事人和监理人，书面说明不可抗力和受阻碍的详细情况，并提供必要的证明。如不可抗力持续发生，合同一方当事人应及时向合同另一方当事人和监理人提交中间报告，说明不可抗力和履行合同受阻的情况，并于不可抗力事件结束后28天内提交最终报告及有关资料。 不可抗力导致的人员伤亡、财产损失、费用增加和（或）工期延误等后果，由合同双方按以下原则承担： （1）永久工程，包括已运至施工场地的材料和工程设备的损害，以及因工程损害造成的第三者人员伤亡和财产损失由发包人承担； （2）承包人设备的损坏由承包人承担； （3）发包人和承包人各自承担其人员伤亡和其他财产损失及其相关费用； （4）承包人的停工损失由承包人承担，但停工期间应监理人要求照管工程和清理、修复工程的金额由发包人承担； （5）不能按期竣工的，应合理延长工期，承包人不需支付逾期竣工违约金。发包人要求赶工的，承包人应采取赶工措施，赶工费用由发包人承担。

计日工	1.费用的产生。发包人通知承包人以计日工方式实施的零星工作，承包人应予执行。采用计日工计价的任何一项变更工作，承包人应在该项变更的实施过程中。按合同约定提交以下报表和有关凭证，送发包人复核：工作名称、内容和数量；投入该工作所有人员的姓名、工种、级别和耗用工时；投入该工作的材料名称、类别和数量；投入该工作的施工设备型号、台数和耗用台时；发包人要求提交的其他资料和凭证。 2.费用的确认和支付。任一计日工项目持续进行时，承包人应在该项工作实施结束后的 24h 内，向发包人提交有计日工记录汇总的现场签证报告一式三份。发包人在收到承包人提交现场签证报告后的 2 日内予以确认并将其中一份返还给承包人，作为计日工计价和支付的依据。发包人逾期未确认也未提出修改意见的，视为承包人提交的现场签证报告已被发包人认可。
暂列金额	暂列金额是指发包人在招标工程量清单中暂定并包括在合同价款中的一笔款项。招标工程量清单中开列的已标价的暂列金额是用于工程合同签订时尚未确定或者不可预见的所需材料、工程设备、服务的采购，或用于施工中可能发生的工程变更等合同约定调整因素出现时的合同价款调整以及经发包人确认的索赔、现场签证等费用的支出。已签约合同价中的暂列金额由发包人掌握使用，发包人按照合同的规定作出支付后，如果有剩余，则暂列金额余额归发包人所有。

第二节　工程变更处理

本节要点		本节内容
工程变更的范围		根据《标准施工招标文件》(2007 年版)中的通用合同条款，工程变更的范围和内容包括： 1. 取消合同中任何一项工作，但被取消的工作不能转由发包人或其他人实施； 2. 改变合同中任何一项工作的质量或其他特性； 3. 改变合同工程的基线、标高、位置或尺寸； 4. 改变合同中任何一项工作的施工时间或改变已批准的施工工艺或顺序； 5. 为完成工程需要追加的额外工作。
变更程序	发包人的指令变更	1. 发包人直接发布变更指令。发生合同约定的变更情形时，发包人应在合同规定的期限内向承包人发出书面变更指示。变更指示应说明变更的目的、范围、变更内容以及变更的工程量及其进度和技术要求，并附有关图纸和文件。承包人收到变更指示后，应按变更指示进行变更工作。 2. 发包人根据承包人的建议发布变更指令。承包人收到发包人按合同约定发出的图纸和文件后，经检查认为其中存在变更情形的，可向发包人提出书面变更建议，发包人收到承包人的书面建议后，确认存在变更情形的，应在合同规定的期限内作出变更指示。发包人不同意作为变更情形的，应书面答复承包人。

变更程序	发包人的指令变更	1. 发包人直接发布变更指令。发生合同约定的变更情形时，发包人应在合同规定的期限内向承包人发出书面变更指示。变更指示应说明变更的目的、范围、变更内容以及变更的工程量及其进度和技术要求，并附有关图纸和文件。承包人收到变更指示后，应按变更指示进行变更工作。 2. 发包人根据承包人的建议发布变更指令。承包人收到发包人按合同约定发出的图纸和文件后，经检查认为其中存在变更情形的，可向发包人提出书面变更建议，发包人收到承包人的书面建议后，确认存在变更情形的，应在合同规定的期限内作出变更指示。发包人不同意作为变更情形的，应书面答复承包人。
	承包人的合理化建设导致的变更	承包人对发包人提供的图纸、技术要求以及其他方面提出的合理化建议，均应以书面形式提交给发包人。合理化建议被发包人采纳并构成变更的，发包人应向承包人发出变更指示。
工程变更的价款调整方法	分部分项工程费的调整	1. 已标价工程量清单中有适用于变更工程项目的，且工程变更导致的该清单项目的工程数量变化不足15%时，采用该项目的单价。 2. 已标价工程量清单中没有适用，但有类似于变更工程项目的，可在合理范围内参照类似项目的单价或总价调整。 3. 已标价工程量清单中没有适用也没有类似于变更工程项目的，由承包人根据变更工程资料、计量规则和计价办法、工程造价管理机构发布的信息（参考）价格和承包人报价浮动率，提出变更工程项目的单价或总价，报发包人确认后调整。承包人报价浮动率可按下列公式计算： （1）实行招标的工程：承包人报价浮动率 L=（1 −中标价/招标控制价）×100% （2）不实行招标的工程：承包人报价浮动率 L=（1 −报价值/施工图预算）×100% 4. 已标价工程量清单中没有适用也没有类似于变更工程项目，且工程造价管理机构发布的信息(参与)价格缺价的，由承包人根据变更工程资料、计量规则、计价办法和通过市场调查等有合法依据的市场价格提出变更工程项目的单价或总价，报发包人确认后调整。
	措施项目费的调整	1. 安全文明施工费，按照实际发生变化的措施项目调整，不得浮动。 2. 采用单价计算的措施项目费，按照实际发生变化的措施项目按前述分部分项工程费的调整方法确定单价。 3. 按总价（或系数）计算的措施项目费，除安全文明施工费外，按照实际发生变化的措施项目调整，但应考虑承包人报价浮动因素，即调整金额按照实际调整金额乘以承包人报价浮动率计算。

工程变更的价款调整方法	承包人报价偏差的调整	如果工程变更项目出现承包人在工程量清单中填报的综合单价与发包人招标控制价或施工图预算相应清单项目的综合单价偏差超过15%的，工程变更项目的综合单价可由发承包双方协商调整。
	删减工程或工作的补偿	如果发包人提出的工程变更，非因承包人原因删减了合同中的某项原定工作或工程，致使承包人发生的费用或（和）得到的收益不能被包括在其他已支付或应支付的项目中，也未被包含在任何替代的工作或工程中，则承包人有权提出并得到合理的费用及利润补偿。
现场签证	定义	现场签证是指发包人或其授权现场代表（包括工程监理人、工程造价咨询人）与承包人或其授权现场代表就施工过程中涉及的责任事件所作的签认证明。
	提出	承包人应发包人要求完成合同以外的零星项目、非承包人责任事件等工作的，发包人应及时以书面形式向承包人发出指令，提供所需的相关资料；承包人在收到指令后，应及时向发包人提出现场签证要求。承包人在施工过程中，若发现合同工程内容因场地条件、地质水文、发包人要求等不一致，应提供所需的相关资料，提交发包人签证认可，作为合同价款调整的依据。
	报告的确认	承包人应在收到发包人指令后的7日内，向发包人提交现场签证报告，发包人应在收到现场签证报告后的48小时内对报告内容进行核实，予以确认或提出修改意见。发包人在收到承包人现场签证报告后的48小时内未确认也未提出修改意见的，视为承包人提交的现场签证报告被确认。
	报告的要求	1. 现场签证的工作如果已有相应的计日工单价，现场签证报告中仅列明完成该签证工作所需的人工、材料、工程设备和施工机械台班的数量。 2. 如果现场签证的工作没有相应的计日工单价，应当在现场签证报告中列明完成该签证工作所需的人工、材料、工程设备和施工机械台班的数量及其单价。
	限制	合同工程发生现场签证事项，未经分包人签证确认，承包人便擅自实施相关工作的，除非征得分包人书面同意，否则发生的费用由承包人承担。

第三节　工程索赔的计算与审核

本节要点		本节内容
工程索赔	定义	工程索赔是指在工程合同履行过程中，合同一方当事人因对方不履行或未能正确履行合同义务或者由于其他非自身原因而遭受经济损失或权利损害，通过合同约定的程序向对方提出经济和（或）时间补偿要求的行为。
	分类	1. 按索赔的当事人分类 承包人与发包人之间的索赔，总承包人和分包人之间的索赔。 2. 按索赔的目的和要求分类

工程索赔	分类	根据索赔的目的和要求不同，可以将工程索赔分为工期索赔和费用索赔。 3. 按索赔事件的性质分类 根据索赔事件的性质不同，可以将工程索赔分为工程延误索赔、加速施工索赔、工程变更索赔、合同终止索赔、不可预见的不利条件索赔、不可抗力事件的索赔、其他索赔。
索赔依据		提出索赔和处理索赔都要依据下列文件或凭证：工程施工合同文件。国家法律、法规。国家、部门和地方有关的标准、规范和定额。工程施工合同履行过程中与索赔事件有关的各种凭证。
索赔前提条件		索赔事件已经造成了承包人直接经济损失或工期延误。造成费用增加或工期延误的索赔事件是非因承包人的原因发生的。承包人已经安装工程施工合同规定的期限和程序提交了索赔意向通知、索赔报告及相关证明材料。
索赔费用的构成	人工费	人工费的索赔包括由于完成合同之外的额外工作所花费的人工费用；超过法定工作时间加班劳动；法定人工费增长；非因承包商原因导致工效降低所增加的人工费用；非因承包商原因导致工程停工的人员窝工费和工资上涨费等。在计算停工损失中人工费时，通常采取人工单价乘以折算系数计算。
	材料费	材料费的索赔包括由于索赔事件的发生造成材料实际用量超过计划用量而增加的材料费；由于发包人原因导致工程延期期间的材料价格上涨和超期储存费用。材料费中应包括运输费，仓储费，以及合理的损耗费用。如果由于承包商管理不善，造成材料损坏失效，则不能列入索赔款项内。
	施工机械使用费	施工机械使用费的索赔包括由于完成合同之外的额外工作所增加的机械使用费；非因承包人原因导致工效降低所增加的机械使用费；由于发包人或工程师指令错误或迟延导致机械停工的台班停滞费。在计算机械设备台班停滞费时，不能按机械设备台班费计算，因为台班费中包括设备使用费。如果机械设备是承包人自有设备，一般按台班折旧费计算；如果是承包人租赁的设备，一般按台班租金加上每台班分摊的施工机械进退场费计算。
	现场管理费	现场管理费的索赔包括承包人完成合同外的额外工作以及由于发包人原因导致工期延期期间的现场管理费，包括管理人员工资、办公费、通信费、交通费等。
	总部（企业）管理费	总部管理费的索赔主要指的是由于发包人原因导致工程延期期间所增加的承包人向公司总部提交的管理费，包括总部职工工资、办公大楼折旧、办公用品、财务管理通信设施以及总部领导人员赴工地检查指导工作等开支。
	保险费	因发包人原因导致工程延期时，承包人必须办理工程保险、施工人员意外伤害保险等各项保险的延期手续，对于由此而增加的费用，承包人可以提出索赔。
	保函手续费	因发包人原因导致工程延期时，承包人必须相关履约保函的延期手续，对于由此而增加的手续费，承包人可以提出索赔。
	利息	利息的索赔包括发包人拖延支付工程款利息；发包人迟延退还工程保留金的利息；承包人垫资施工的垫资利息；发包人错误扣款的利息等。

索赔费用的构成	利润	一般来说，由于工程范围的变更、发包人提供的文件有缺陷或错误、发包人未能提供施工场地以及因发包人违约导致的合同终止等事件引起的索赔，承包人都可以列入利润。
	分包费用	由于发包人的原因导致分包工程费用增加时，分包人只能向总承包人提出索赔，但分包人的索赔款项应当列入总承包人对发包人的索赔款项中。
费用索赔计算的方法		1. 实际费用法。根据索赔事件所造成的损失或成本增加，按费用项目逐项进行分析、计算索赔金额的方法。 2. 总费用法。当发生多次索赔事件后，重新计算工程的实际总费用，再从该实际总费用中减去投标报价时的估算总费用，即为索赔金额。 3. 修正的总费用法。该方法是对总费用法的改进，即在总费用计算的原则上，去掉一些不合理的因素，使其更为合理。
工期索赔计算方法		1. 比例计算法。该方法主要应用于工程量有增加时工期索赔的计算，公式为： （1）已知受干扰部分工程的延期时间，公式： 工期索赔值=受干扰部分工期拖延时间×（受干扰部分工程的合同价格÷原合同总价） （2）已知额外增加工程量的价格，公式： 工期索赔值=原合同总工期×（额外增加的工程量的价格÷原合同总价） 2. 网络分析法。如果延误的工作为关键工作，则总延误的时间为批准顺延的工期；如果延误的工作为非关键工作，当该工作由于延误超过时差限制而成为关键工作时，可以批准延误时间与时差的差值；若该工作延误后仍为非关键工作，则不存在工期索赔问题。
共同延误的处理		当出现共同延误时，首先判断造成拖期的哪一种原因是最先发生的，即确定“初始延误”者，它应对工程拖期负责。在初始延误发生作用期间，其他并发的延误者不承担拖期责任。
工期索赔中应当注意的问题		1. 划清施工进度拖延的责任。 2. 被延误的工作应是处于施工进度计划关键线路上的施工内容或者是非关键工作，但是延误超过了总时差。

第四节　工程合同争议的处理

本节要点		本节内容
	和解	和解包括协商和解与监理或造价工程师暂定两种方式。在监理或造价工程师的暂定结果不实质影响发、承包双方当事人履约的前提下，发承包双方应按实施结果实施，直到其按照发、承包双方认可的争议解决办法被改变为止。

合同价款纠纷的解决途径	调解	调解方式包括管理机构的解释或认定以及双方约定争议调解人进行调解。 1. 当工程造价管理机构作出解释或认定时，除工程造价管理机构的上级管理部门作出了不同的解释或认定，或在仲裁裁决或法院判决中不予采信的外，工程造价管理机构作出的书面解释或认定是最终结果，对发、承包双方均有约束力。合同价款争议发生后，发承包双方可就工程计价依据争议以书面形式提请工程造价管理机构对争议以书面文件进行解释或认定。工程造价管理机构应在收到申请的 10 个工作日内就发承包双方提请的争议问题进行解释或认定。 2. 当约定争议调解人进行调解时，除非并直到调解书在协商和解或仲裁裁决、诉讼判决中作出修改，或合同已经解除，承包人应继续按照合同实施工程。 （1）约定调解人。发承包双方应在合同中约定或在合同签订后共同约定争议调解人，负责双方在合同履行过程中发生争议的调解。 （2）争议的提交。如果发承包双方发生了争议，任何一方可以将该争议以书面形式提交调解人，并将副本抄送另一方，委托调解人调解。 （3）进行调解。调解人应在收到调解委托后 28 日内，或由调解人建议并经发承包双方认可的其他期限内，提出调解书，发承包双方接受调解书的，经双方签字后作为合同的补充文件，对发承包双方具有约束力，双方都应立即遵照执行。 （4）异议通知。如果发承包任方对调解人的调解书有异议，应在收到调解书后 28 日内向另一方发出异议通知，并说明争议的事项和理由。
	仲裁或诉讼	1. 如果发承包双方的协商和解或调解均未达成一致意见，其中的一方已就此争议事项根据合同约定的仲裁协议申请仲裁，应同时通知另一方。仲裁可在竣工之前或之后进行，但发包人、承包人、调解人各自的义务不得因在工程实施期间进行仲裁而有所改变。如果仲裁是在仲裁机构要求停止施工的情况下进行，承包人应对合同工程采取保护措施，由此增加的费用由败诉方承担。 2. 发包人、承包人在履行合同时发生争议，双方不愿和解、调解或者和解、调解不成，又没有达成仲裁协议的，可依法向人民法院提起诉讼。
合同价款纠纷的处理原则	施工合同无效的价款纠纷处理	建设工程施工合同无效，但建设工程经竣工验收合格，承包人请求参照合同约定支付工程价款的，应予支持。建设工程施工合同无效，且建设工程经竣工验收不合格的，按照以下情形分别处理： 1. 修复后的建设工程经竣工验收合格，发包人请求承包人承担修复费用的，应予支持。 2. 修复后的建设工程经竣工验收不合格，承包人请求支付工程价款的，不予支持。

合同价款纠纷的处理原则	垫资施工合同的价款纠纷处理	1. 当事人对垫资和垫资利息有约定，承包人请求按照约定返还垫资及其利息的，应予支持，但是约定的利息计算标准高于中国人民银行发布的同期同类贷款利率的部分除外。 2. 当事人对垫资没有约定的，按照工程欠款处理。 3. 当事人对垫资利息没有约定，承包人请求支付利息的，不予支持。
	施工合同解除后的价款纠纷处理	1. 建设工程施工合同解除后，已经完成的建设工程质量合格的，发包人应当按照约定支付相应的工程价款。 2. 已经完成的建设工程质量不合格的： (1)修复后的建设工程经验收合格，发包人请求承包人承担修复费用的，应予支持。 (2)修复后的建设工程经验收不合格，承包人请求支付工程价款的，不予支持。
	工程设计变更的合同价款纠纷处理	当事人对建设工程的计价标准或者计价方法有约定的，按照约定结算工程价款。因设计变更导致建设工程的工程量或者质量标准发生变化当事人对该部分工程价款不能协商一致的，可以参照签订建设工程施工合同时当地建设行政主管部门发布的计价方法或者计价标准结算工程价款。
	工程结算价款纠纷的处理	1. 阴阳合同的结算依据，应当以备案的中标合同作为结算工程价款的根据。 2. 对承包人竣工结算文件的认可。当事人约定，发包人收到竣工结算文件后，在约定期限内不予答复，视为认可竣工结算文件的。按照约定处理。承包人请求按照竣工结算文件结算工程价款的，应予支持。 3. 工程欠款的利息支付。 （1）利率标准。当事人对欠付工程价款利息计付标准有约定的，按照约定处理；没有约定的，按照中国人民银行发布的同期同类贷款利率计息。 （2）计息日。利息从应付工程价款之日计付。当事人对付款时间没有约定或者约定不明的，下列时间视为应付款时间：①建设工程已实际交付的，为交付之日；②建设工程没有交付的，为提交竣工结算文件之日；③建设工程未交付，工程价款也未结算的，为当事人起诉之日。

第六章 工程结算与决算

章	节
第六章 工程结算与决算	第一节 工程价款支付与结算
	第二节 资金使用计划与投资偏差分析
	第三节 竣工决算的编制

第一节 工程价款支付与结算

本节要点	本节内容
法律法规政策变化	1. 基准日的确定 对于实行招标的建设工程，一般以施工招标文件中规定的提交投标文件的截止时间前的第 28 天作为基准日；对于不实行招标的建设工程，一般以建设工程施工合同签订前的第 28 天作为基准日。 2. 合同价款的调整方法 施工合同履行期间，国家颁布的法律、法规、规章和有关政策在合同工程基准日之后发生变化，且因执行相应的法律、法规、规章和政策引起工程造价发生增减变化的，合同双方当事人应当依据法律、法规、规章和有关政策的规定调整合同价款。 3. 工程延误期间的特殊处理 如果由于承包人的原因导致的工期延误，在工程延误期间国家的法律、行政法规和相关政策发生变化引起工程造价变化的，造成合同价款增加的，合同价款不予调整；造成合同价款减少的，合同价款予以调整。
预付款的支付	1. 额度。 （1）百分比法。发包人根据工程的特点、工期长短、市场行情、供求规律等因素，招标时在合同条件中约定工程预付款的百分比。根据《建设工程价款结算暂行办法》的规定，预付款的比例原则上不低于合同金额的 10%，不高于合同金额的 30%。 （2）公式计算法。公式计算法是根据主要材料(含结构件等)占年度承包工程总价的比重，材料储备定额天数和年度施工天数等因素，通过公式计算预付款额度的一种方法。其计算公式为： 工程预付款数额=（工程总数 × 材料比重（%）÷ 年度工天数）× 材料储备定额天数。 2. 支付时间。承包人应在签订合同或向发包人提供与预付款等额的预付款保函(如有)后向发包人提交预付款支付申请。发包人应在收到支付申请的 7 日内进行核实后向承包人发出预付款支付证书，并在签发支付证书后的 7 日

<table>
<tr><td colspan="2">预付款的支付</td><td>内向承包人支付预付款。发包人没有按合同约定按时支付预付款的，承包人可催告发包人支付；发包人在预付款期满后的 7 日内仍未支付的，承包人可在付款期满后的第 8 日起暂停施工。发包人应承担由此增加的费用和(或)延误的工期，并向承包人支付合理利润。</td></tr>
<tr><td colspan="2">预付款的扣回</td><td>1.按合同约定扣款。预付款的扣款方法由发包人和承包人通过洽商后在合同中予以确定，一般是在承包人完成金额累计达到合同总价的一定比例后，由承包人开始向发包人还款，发包方从每次应付给承包人的金额中扣回工程预付款，发包人至少在合同规定的完工期前将工程预付款的总金额逐次扣回。
2.起扣点计算法。从未施工工程尚需的主要材料及构件的价值相当于工程预付款数额时起扣，从每次结算工程价款中，按材料比重扣抵工程价款，竣工前全部扣清。其基本表达公式是：
$$T = P - \frac{M}{N}$$
式中：T——起扣点的累计完成工程金额；M——工程预付款总额；N——主要材料及构件所占比重；P——承包工程合同总额。</td></tr>
<tr><td colspan="2">预付款担保</td><td>预付款担保是指承包人与发包人签订合同后领取预付款前，承包人正确、合理使用发包人支付的预付款而提供的担保。其主要作用是保证承包人能够按合同规定的目的使用并及时偿还发包人已支付的全部预付金额。预付款担保的主要形式为银行保函。预付款担保的担保金额通常与发包人的预付款是等值的。预付款一般逐月从工程预付款中扣除，预付款担保的担保金额也相应逐月减少。</td></tr>
<tr><td colspan="2">安全文明施工费</td><td>发包人应在工程开工后的 28 天内预付不低于当年施工进度计划的安全文明施工费总额的 60%，其余部分按照提前安排的原则进行分解，与进度款同期支付。
发包人没有按时支付安全文明施工费的，承包人可催告发包人支付；发包人在付款期满后的 7 天内仍未支付的，若发生安全事故，发包人应承担连带责任。</td></tr>
<tr><td rowspan="2">期中支付</td><td>价款计算</td><td>已完工程的结算价款。已标价工程量清单中的单价项目，承包人应按工程计量确认的工程量与综合单价计算。计算价款的调整。承包人现场签证和得到发包人确认的索赔金额列入本周期应增加的金额中。</td></tr>
<tr><td>支付程序</td><td>承包人提交进度款支付申请；发包人签发进度款支付证书；发包人支付进度款；进度款的支付比例（进度款的支付比例按照合同约定，按期中结算价款总额计，不低于 60%，不高于 90%）；支付证书的修正（发现已签发的任何支付证书有错、漏或重复的数额，发包人有权予以修正，承包人也有权提出修正申请。经发、承包双方复核同意修正的，应在本次到期的进度款中支付或扣除）。</td></tr>
</table>

期中支付	承包人提交的已完工程进度款支付申请的内容	1. 累计已完成的合同价款； 2. 累计已实际支付的合同价款； 3. 本周期合计完成的合同价款，其中包括： （1）本周期已完成单价项目的金额； （2）本周期应支付的总价项目的金额； （3）本周期已完成的计日工价款； （4）本周期应支付的安全文明施工费； （5）本周期应增加的金额； 4. 本周期合计应扣减的金额，其中包括： （1）本周期应扣回的预付款； （2）本周期应扣减的金额。 5. 本周期实际应支付的合同价款。
工程竣工结算计价原则		1. 分部分项工程和措施项目中的单价项目应依据双方确认的工程量与已标价工程量清单的综合单价计算；如发生调整，以发承包双方确认调整的综合单价计算。 2. 措施项目中的总价项目应依据合同约定的项目和金额计算；如发生调整的，以发承包双方确认调整的金额计算，其中安全文明施工费必须按照国家或省级、行业建设主管部门的规定计算。 3. 其他项目。 （1）计日工应按发包人实际签证确认的事项计算。 （2）暂估价应按发承包双方按照《建设工程工程量清单计价规范》的相关规定计算。 （3）总承包服务费应依据合同约定金额计算，如发生调整，以发承包双方确认调整的金额计算。 （4）施工索赔费用应依据发承包双方确认的索赔事项和金额计算。 （5）现场签证费用应依据发承包双方签证资料确认的金额计算。 （6）暂列金额应减去工程价款调整(包括索赔、现场签证)金额计算，如有余额归发包人。 4. 规费和税金应按照国家或省级、行业建设主管部门的规定计算。规费中的工程排污费应按工程所在地环境保护部门规定标准缴纳后按实列入。
质量保证金的使用及返还		1.全部或部分使用政府投资的建设项目，按工程价款结算总额5%左右的比例预留保证金，社会投资项目采用预留保证金方式的，预留保证金的比例可以参照执行。 2.缺陷责任期内，实行国库集中支付的政府投资项目，保证金的管理应按国库集中支付的有关规定执行。其他政府投资项目，保证金可以预留在财政部门或发包方。缺陷责任期内，如发包方被撤销，保证金随交付使用资产一并移交使用单位，由使用单位代行发包人职责。 3.社会投资项目采用预留保证金方式的，发、承包双方可以约定将保证金交由金融机构托管；采用工程质量保证担保、工程质量保险等其他方式的，发包人不得再预留保证金，并按照有关规定执行。

采用价格指数调整价格差额	价格调整公式	按以下价格调整公式计算差额并调整合同价格： $\Delta P=P_0\left[A+\left(B_1\times\frac{F_{t1}}{F_{01}}+B_2\times\frac{F_{t2}}{F_{02}}+B_3\times\frac{F_{t3}}{F_{03}}+\cdots+B_n\times\frac{F_{tn}}{F_{0n}}\right)-1\right]$ 当确定定值部分和可调部分因子权重时，应注意由于以下原因引起的合同价款调整，其风险应由发包人承担： 1. 省级或行业建设主管部门发布的人工费调整，但承包人对人工费或人工单价的报价高于发布的除外； 2. 由政府定价或政府指导价管理的原材料等价格进行了调整的。 以上价格调整公式中的各可调因子、定值和变值权重，以及基本价格指数及其来源在投标函附录价格指数和权重表中约定。价格指数应首先采用工程造价管理机构提供的价格指数，没有时，可采用工程造价管理机构提供的价格代替。
	权重调整	按变更范围和内容所约定的变更，导致原定合同中的权重不合理时，由承包人和发包人协商后进行调整。
	工期延误后的价格调整	1. 由于发包人原因导致工期延误的，则对于计划进度日期（或竣工日期）后续施工的工程，在使用价格调整公式时，应采用计划进度日期（或竣工日期）与实际进度日期（或竣工日期）的两个价格指数中较高者作为现行价格指数。 2. 由于承包人原因导致工期延误的，则对于计划进度日期（或竣工日期）后续施工的工程，在使用价格调整公式时，应采用计划进度日期（或竣工日期）与实际进度日期（或竣工日期）的两个价格指数中较低者作为现行价格指数。
采用造价信息调整价格差额	人工单价调整	人工单价发生变化时，发承包双方应按省级或行业建设主管部门或其授权的工程造价管理结构发布的人工成本文件调整合同价款。
	材料和工程设备价格的调整	1. 如果承包人投标报价中材料单价低于基准单价，工程施工期间材料单价涨幅以基准单价为基础超过合同约定的风险幅度值时，或材料单价跌幅以投标报价为基础超过合同约定的风险幅度值时，其超过部分按实调整。 2. 如果承包人投标报价中材料单价高于基准单价，工程施工期间材料单价跌幅以基准单价为基础超过合同约定的风险幅度值时，或材料单价涨幅以投标报价为基础超过合同约定的风险幅度值时，其超过部分按实调整。 3. 如果承包人投标报价中材料单价等于基准单价，工程施工期间材料单价涨、跌幅以基准单价为基础超过合同约定的风险幅度值时，其超过部分按实调整。 4. 承包人应当在采购材料前将采购数量和新的材料单价报发包人核对，确认用于本合同工程时，发包人应当确认采购材料的数量和单价。发包人在收到承包人报送的确认资料后 3 个工作日不予答复的，视为已经认可，作为调整合同价款的依据。如果承包人未报经发包人核对即自行采购材料，再报发包人确认调整合同价款的，如发包人不同意，则不作调整。

	施工机械台班单价的调整	施工机械台班单价或施工机械使用费发生变化超过省级或行业建设主管部门或其授权的工程造价管理机构规定的范围时，按照其规定调整合同价款。
招标工程量清单漏项		1. 清单缺项漏项的责任。招标工程量清单必须作为招标文件的组成部分，其准确性和完整性由招标人负责。因此，招标工程量清单是否准确和完整，其责任应当由提供工程量清单的发包人负责，作为投标人的承包人不应承担因工程量清单的缺项、漏项以及计算错误带来的风险与损失。 2. 分部分项工程费的调整。施工合同履行期间，由于招标工程量清单中分部分项工程出现缺项漏项，造成新增工程清单项目的，应按照工程变更事件中关于分部分项工程费的调整方法，调整合同价款。 3. 措施项目费的调整。由于招标工程量清单中分部分项工程出现缺项漏项，引起措施项目发生变化的，应当按照工程变更事件中关于措施项目费的调整方法，在承包人提交的实施方案被发包人批准后，调整合同价款；由于招标工程量清单中措施项目漏项，承包人应将新增措施项目实施方案提交发包人批准后，按照工程变更事件中的有关规定调整合同价款。
工程量偏差	定义	工程量偏差是指承包人根据发包人提供的图纸（包括由承包人提供经发包人批准的图纸）进行施工，按照现行国家计量规范规定的工程量计算规则，计算得到的完成合同工程项目应予计量的工程量与相应的招标工程量清单项目列出的工程量之间出现的量差。
	合同价款的调整方法	1. 综合单价的调整原则。当应予计算的实际工程量与招标工程量清单出现偏差（包括因工程变更等原因导致的工程量偏差）超过 15%时，对综合单价的调整原则为：当工程量增加 15%以上时，其增加部分的工程量的综合单价应予调低；当工程量减少 15%以上时，减少后剩余部分的工程量的综合单价应予调高。 2. 措施项目费的调整。当应予计算的实际工程量与招标工程量清单出现偏差（包括因工程变更等原因导致的工程量偏差）超过 15%，且该变化引起措施项目相应发生变化，如该措施项目是按系数或单一总价方式计价的，对措施项目费的调整原则为：工程量增加的，措施项目费调增；工程量减少的，措施项目费调减。
提前竣工（赶工补偿）与误期赔偿		1. 提前竣工（赶工赔偿）。发包人应当依据相关工程的工期定额合理计算工期，压缩的工期天数不得超过定额工期的 20%，超过的，应在招标文件中明示增加赶工费用。如果承包人的实际竣工日期早于计划竣工日期，承包人有权向发包人提出并得到提前竣工天数和合同约定的每日历天应奖励额度的乘积计算的提前竣工奖励。 2. 误期赔偿。合同工程发生误期的，承包人应当按照合同的约定向发包人支付误期赔偿费，如果约定的误期赔偿费低于发包人由此造成的损失，承包人还应继续赔偿。即使承包人支付误期赔偿费，也不能免除承包人按照合同约定应承担的任何责任和义务。

第二节　资金使用计划与投资偏差分析

本节要点		本节内容	
资金使用计划的编制	按工程造价构成编制资金使用计划	按工程造价构成编制的资金使用计划也分为建筑安装工程费使用计划、设备工具费使用计划和工程建设其他费使用计划	
	按工程项目组成编制资金使用计划	1.按工程项目构成恰当分解资金使用计划总额；2.编制各工程分项的资金支出计划；3 编制详细的资金使用计划表。	
	按工程进度编制资金使用计划	1.编制工程施工进度计划；2.计单位时间的资金支出日标：3.计算规定时间内的累计资金支出额；4.绘制资金使用时间进度计划的 S 曲线。	
实际投资与计划投资	拟完工程计划投资	所谓拟完工程计划投资是指，根据进度计划安排在某一确定时间内所应完成的工程内容的计划投资。	拟完工程计划投资 = 拟完工程量 × 计划单价
	已完工程实际投资	所谓已完工程实际投资是根据实际进度完成状况在某一确定时间内所已经完成的工程内容的实际投资。	已完工程实际投资 = 实际工程量 × 实际单价
	已完工程计划投资	是指根据实际进度完成状况，在某一确定时间内已经完成的工程所对应的计划投资额。	已完工程计划投资 = 实际工程量 × 计划单价
偏差表示方法	费用偏差	费用偏差（CV）= 已完工程计划费用（BCWP）– 已完工程实际费用（ACWP）； 当 VC > 0 时，说明工程费用节约：当 CV < 0 时，说明工程费用超支。	
	进度偏差	进度偏差（SV）= 已完工程计划费用（BCWP）– 拟完工程计划费用（BCWS）； 当 SV > 0 时，说明工程进度超前；当 SV < 0 时，说明工程进度拖后。	
	参数	已完工程计划费用（BCWP）= Σ 已完工程量（实际工程量）× 计划单价； 已完工程实际费用（ACWP）= Σ 已完工程量（实际工程量）× 实际单价； 拟完工程计划费用（BCWS）= Σ 拟完工程量（计划工程量）× 计划单价；	

偏差和进度偏差	投资偏差	投资偏差=已完工程实际投资－已完工程计划投资=实际工程量×（实际单价－计划单价）	判断超支还是节约。 还可以用绩效指数表示。
	进度偏差	进度偏差=已完工程实际时间－已完工程计划时间进度偏差=拟完工程计划投资－已完工程计划投资=（拟完工程量－实际工程量）×计划单价	判断拖延还是提前。还可以用绩效指数表示。
	绝对偏差和相对偏差	$相对偏差=\frac{绝对偏差}{投资计划值}=\frac{投资实际值-投资计划值}{投资计划值}$	
	假定	各分项工程每周计划进度与实际进度均为匀速进度，且各分项工程实际完成总工程量与计划完成总工程时相等	
	已知	某工程计划进度线与实际进度线：各分项工程单位时间计划投资和实际投资	
	确定已完工程计划投资	已完工程计划投资表示线与已完工程实际投资表示线的位置相同（进度相同） 已完工程计划投资额与拟定工程计划投资额相等 各分项工程单位时间已完工程计划投资=该分项工程计划投资总额/该分期工程实际作业时间 该工程单位时间已完工程计划投资=∑本周各分项工程已完工程计划投资	
	计算投资偏差	投资偏差=拟定工程计划投资计值–已完工程计划投资累计值	
	计划进度偏差（以投资表示）	进度偏差=拟完工程计划投资累计值–已完工程计划投资累计值	
	计算进度偏差（以时间表示）	进度偏差=已完工程实际时间–已完工程计划时间 已完工程实际时间就是分析偏差的那一时刻 已完工程计划时间的计算应采用插值法，即在拟完工程计划投资累计值中对这一时刻已完工程计划投资累计值进行插值计算，即： 已完工程计划时间=比已完工程计划投资累计值稍小的数对应的时刻+已完工程计划投资累计值–比已完工程计划投资累计值稍小数/比已完工程计划投资累计值稍大数–比已完工程计划投资累计值的小数	

时标网络法进行偏差分析	根据时标网络图可以得到每时间段的拟完工程计划投资；已完工程实际投资可以根据实际工作完成情况测得，存时标网络图上。考虑实际进度前锋线并经过计算，就可以得到每一时间段的已完工程计划投资。 时标网络图法具有简单、直观的特点，主要反映累计偏差和局部偏差。
利用表格法进行偏差分析	可以根据项目的具体情况、数据来源、投资控制工作的要求等条件来设计表格，因而实用性较强，表格法的信息量大，可以反映各种偏差变量和指标，对全面深入地了解项目投资的实际情况非常有益；另外，表格法还便于用计算机辅助管理，提高投资控制工作的效率。
利用S曲线偏差分析	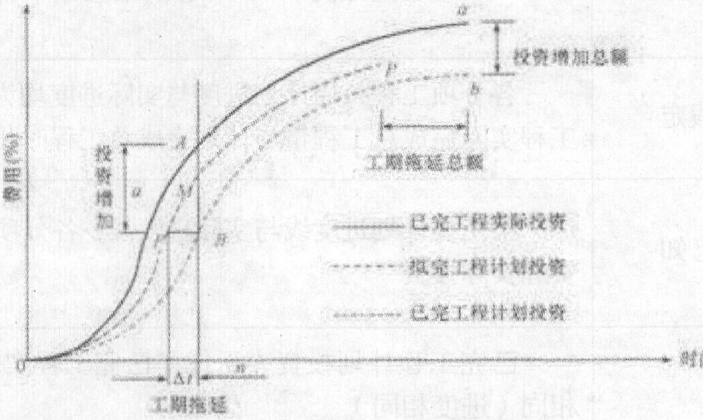 利用S曲线偏差分析

第三节 竣工决算的编制

本节要点	本节内容
建设项目竣工决算的概念及作用	1.竣工决算是以实物数量和货币指标为计量单位，综合反映竣工项目从筹建开始到项目竣工交付使用为止的全部建设费用、建设成果和财务情况的总结性文件。是竣工验收报告的重要组成部分。 2.作用。 （1）建设项目竣工决算是综合全面地反映竣工项目建设成果及财务情况的总结性文件，它采用货币指标、实物数量、建设工期和各种技术经济指标综合、全面地反映建设项目自开始建设到竣工为止全部建设成果和财务状况。 （2）建设项目竣工决算是办理交付使用资产的依据，也是竣工验收报告的重要组成部分。 （3）为确定建设单位新增固定资产价值提供依据。 （4）建设项目竣工决算是分析和检查设计概算的执行情况，考核建设项目管理水平和投资效果的依据。

<table>
<tr><td colspan="2">竣工财务决算说明书</td><td>竣工财务决算说明书主要反映竣工工程建设成果和经验，是对竣工决算报表进行分析和补充说明的文件，是全面考核分析工程投资与造价的书面总结，是竣工决算报告的重要组成部分。主要包括：建设项目概况；资金来源及运用等财务分析；基本建设收入、投资包干结余、竣工结余资金的上交分配情况；各项经济技术指标的分析；工程建设的经验及项目管理和财务管理工作以及竣工财务决算中有待解决的问题；需要说明的其他事项。</td></tr>
<tr><td rowspan="2">竣工财务决算报表的编制</td><td>建设项目竣工财务决算审批表</td><td>作为竣工决算上报有关部门审批使用：
1. “建设性质”按照新建、改建、扩建、迁建和恢复建设项目等分类填列。
2. “主管部门”是指建设单位的主管部门。
3. 所有建设项目均须经过开户银行签署意见后，按照有关要求进行报批：中央级小型项目由主管部门签署审批意见；中央级大中型建设项目报所在地财政监察专员办事机构签署意见后，再由主管部门签署意见报财政部审批；地方级项目由同级财政部门签署审批意见。
4. 已具备竣工验收条件的项目，3 个月内应及时填报审批表，如 3 个月内不办理竣工验收和固定资产移交手续的视同项目已正式投产，其费用不得从基本建设投资中支付，所实现的收入作为经营收入，不再作为基本建设收入管理。</td></tr>
<tr><td>大中型建设项目概况表</td><td>综合反映大中型项目的基本概况，内容包括该项目总投资、建设起止时间、新增生产能力、主要材料消耗、建设成本、完成主要工程量和主要技术经济指标，为全面考核和分析投资效果提供依据。
1. 建设项目名称、建设地址、主要设计单位和主要承包人，要按全称填列。
2. 表中各项目的设计、概算、计划等指标，根据批准的设计文件和概算、计划等确定的数字填列。
3. 所列新增生产能力、完成主要工程量的实际数据，根据建设单位统计资料和承包人提供的有关成本核算资料填列。
4. 基建支出是指建设项目从开工起至竣工为止发生的全部基本建设支出。
5. “初步设计和概算批准文号”，按最后经批准的文件号填列。
6. 收尾工程是指全部工程项目验收后尚遗留的少量收尾工程，在表中应明确填写收尾工程内容、完成时间、这部分工程的实际成本，可根据实际情况进行估算并加以说明，完工后不再编制竣工决算。</td></tr>
</table>

<table>
<tr>
<td rowspan="4">竣工财务决算报表的编制</td>
<td>大中型建设项目竣工财务决算报表</td>
<td>反映竣工的大中型建设项目从开工到竣工为止全部资金来源和资金运用的情况。具体编制方法：
1. 资金来源包括基建拨款、项目资本金、项目资本公积金、基建借款、上级拨入投资借款、企业债券资金、待冲基建支出、应付款和未交款以及上级拨入资金和企业留成收入等。
2. “交付使用资产”、“预算拨款”、“自筹资金拨款”、“其他拨款”、“项目资本”、“基建投资借款”、“其他借款”等项目，是指自开工建设至竣工的累计数，上述有关指标应根据历年批复的年度基本建设财务决算和竣工年度的基本建设财务决算中资金平衡表相应项目的数字进行汇总填写。
3. 其余项目费用办理竣工验收时的结余数，根据竣工年度财务决算中资金平衡表的有关项目期末数填写。
4. 资金支出反映建设项目从开工准备到竣工全过程资金支出的情况，内容包括基建支出、应收生产单位投资借款、库存器材、货币资金、有价证券和预付及应收款以及拨付所属投资借款和库存固定资产等，资金支出总额应等于资金来源总额。
5. 基建结余资金可以按下式计算：
基建结余资金=基建拨款+项目资本+项目资本公积金+基建投资借款+企业债券基金+待冲基建支出−基本建设支出−应收生产单位投资借款</td>
</tr>
<tr>
<td colspan="2">大中型建设项目交付使用资产总表。反映建设项目建成后新增固定资产、流动资产、无形资产和其他资产价值的情况和价值，作为财产交接、检查投资计划完成情况和分析投资效果的依据。</td>
</tr>
<tr>
<td colspan="2">建设项目交付使用资产明细表。反映交付使用的固定资产、流动资产、无形资产和其他资产及其价值的明细情况，是办理资产交接和接收单位登记资产账目的依据，是使用单位建立资产明细账和登记新增资产价值的依据。</td>
</tr>
<tr>
<td colspan="2">小型建设项目竣工财务结算总表。由于小型建设项目内容比较简单，因此可将工程概况与财务情况合并编制一张“竣工财务决算总表”，该表主要反映小型建设项目的全部工程和财务情况。</td>
</tr>
<tr>
<td>竣工决算的编制</td>
<td>依据</td>
<td>1.经批准的可行性研究报告、投资估算书，初步设计或扩大初步设计，修正总概算及其批复文件。
2. 经批准的施工图设计及其施工图预算书。
3. 设计交底或图纸会审会议纪要。
4. 设计变更记录、施工记录或施工签证单及其他施工发生的费用记录。
5. 招标控制价，承包合同、工程结算等有关资料。
6. 竣工图及各种竣工验收资料。
7. 历年基建计划、历年财务决算及批复文件。
8. 设备、材料调价文件和调价记录。
9. 有关财务核算制度、办法和其他有关资料。</td>
</tr>
</table>

竣工决算的编制	要求	1. 按着规定组织竣工验收，保证竣工决算的及时性。 2. 积累、整理竣工项目资料，保证竣工决算的完整性。 3. 清理、核对各项账目，保证竣工决算的正确性。
	步骤	1. 收集、整理和分析有关依据资料。 2. 清理各项财务、债务和结余物资。 3. 核实工程变动情况。 4. 编制建设工程竣工决算说明。 5. 填写竣工决算报表。 6. 做好工程造价对比分析。 7. 清理、装订好竣工图。 8. 上报主管部门审查存档。 9. 建设工程竣工决算的文件，由建设单位负责组织人员编写，在竣工建设项目办理验收使用1个月之内完成。
新增固定资产价值的确定		1.确定方法，单项工程建成经有关部门验收鉴定合格，正式移交生产或使用，即应计算新增固定资产价值。一次性交付生产或使用的工程一次计算新增固定资产价值，分期分批交付生产或使用的工程，应分期分批计算新增固定资产价值。 2.新增固定资产价值的计算是以独立发挥生产能力的单项工程为对象的，在计算时应注意以下几种情况： （1）对于为了提高产品质量、改善劳动条件、节约材料消耗、保护环境而建设的附属辅助工程，只要全部建成，正式验收交付使用后就要计入新增固定资产价值。 （2）对于单项工程中不构成生产系统，但能独立发挥效益的非生产性项目，如住宅、食堂、医务所、托儿所、生活服务网点等，在建成并交付使用后，也要计算新增固定资产价值。 （3）凡购置达到固定资产标准不需安装的设备、工器具，应在交付使用后计入新增固定资产价值。 （4）属于新增固定资产价值的其他投资，应随同受益工程交付使用的同时一并计入。 （5）交付使用财产的成本，应按下列内容计算： ①房屋、建筑物、管道、线路等固定资产的成本包括：建筑工程成本和应分摊的待摊投资； ②动力设备和生产设备等固定资产的成本包括：需要安装设备的采购成本，安装工程成本，设备基础支柱等建筑工程成本或砌筑锅炉及各种特殊炉的建筑工程成本，应分摊的待摊投资； ③运输设备及其他不需要安装的设备、工具、器具、家具等固定资产一般仅计算采购成本，不计分摊的“待摊投资”。 （6）共同费用的分摊方法。一般情况下，建设单位管理费按建筑工程、安装工程、需安装设备价值总额作比例分摊，而土地征用费、地质勘察和建

<table>
<tr><td colspan="2"></td><td>筑工程设计费等费用按建筑工程造价比例分摊，生产工艺流程系统设计费按安装工程造价比例分摊。</td></tr>
<tr><td rowspan="4">新增流动资产价值的确定</td><td>货币性资金</td><td>货币性资金是指现金、各种银行存款及其他货币资金，其中现金是指企业的库存现金，包括企业内部各部门用于周转使用的备用金；各种存款是指企业的各种不同类型的银行存款；其他货币资金是指除现金和银行存款以外的其他货币资金，根据实际入账价值核定。</td></tr>
<tr><td>应收及预付款项</td><td>应收账款是指企业因销售商品、提供劳务等应向购货单位或受益单位收取的款项；预付款项是指企业按照购货合同预付给供货单位的购货定金或部分货款。应收及预付款项包括应收票据、应收款项、其他应收款、预付货款和待摊费用。一般情况下，应收及预付款项按企业销售商品、产品或提劳务时的实际成交金额入账核算。</td></tr>
<tr><td>短期投资</td><td>包括股票、债券、基金。股票和债券根据是否可以上市流通分别采用市场法和收益法确定其价。</td></tr>
<tr><td>存货</td><td>存货是指企业的库存材料、在产品、产成品等。各种存货应当按照取得时的实际成本计价存货的形成，主要有外购和自制两个途径。外购的存货，按照买价加运输费、装卸费、保险费、途中合理损耗、入库前加上整理及挑选费用，以及缴纳的税金等计价；自制的存货，按照制造过程中的各项实际支出计价。</td></tr>
<tr><td colspan="2">新增无形资产价值的确定</td><td>1.计价原则
（1）投资者按无形资产作为资本金或者合作条件投入时，按评估确认或合同协议约定的金额计价。
（2）购入的无形资产，按照实际支付的价款计价。
（3）企业自创并依法申请取得的，按开发过程中的实际支出计价。
（4）企业接受捐赠的无形资产，按照发票账单所载金额或者同类无形资产市场价作价。
（5）无形资产计价入账后，应在其有效使用期内分期摊销，即企业为无形资产支出的费用应在无形资产的有效期内得到及时补偿。
2.计价方法
（1）专利权的计价。专利权分为自创和外购两类。自创专利权的价值为开发过程中的实际支出，主要包括专利的研制成本和交易成本。由于专利权是具有独占性并能带来超额利润的生产要素，因此专利权转让价格不按成本估价，而是按照其所能带来的超额收益计价。
（2）如果非专利技术是自创的，一般不作为无形资产入账，自创过程中发生的费用，按当期费用处理。对于外购非专利技术，应由法定评估机构确认后再进行估价，其方法往往通过能产生的收益采用收益法进行估价。
（3）商标权的计价。如果商标权是自创的，一般不作为无形资产入账，而将商标设计、制作、注册、广告宣传等发生的费用直接作为销售费用计入当期损益。只有当企业购入或转让商标时，才需要对商标权计价。商标权的计价一般根据被许可方新增的收益确定。
（4）当建设单位向土地管理部门申请土地使用权并为之支付一笔出让金</td></tr>
</table>

新增无形资产价值的确定	时，土地使用权作为无形资产核算；当建设单位获得土地使用权是通过行政划拨的，这时土地使用权就不能作为无形资产核算；在将土地使用权有偿转让、出租、抵押、作价入股和投资，按规定补交土地出让价款时，才作为无形资产核算。
其他资产价值的确定	1. 开办费的计价。开办费筹建期间建设单位管理费中未计入固定资产的其他各项费用，如建设单位经费，包括筹建期间工作人员工资、办公费、差旅费、印刷费、生产职工培训费、样品样机购置费、农业开荒费、注册登记费等以及不计入固定资产和无形资产购建成本的汇兑损益、利息支出。按照新财务制度规定，除筹建期间不计入资产价值的汇兑净损失外，开办费从企业开始生产经营月份的次月起，按照不短于 5 年的期限平均摊入管理费用中。 2. 租入固定资产改良支出计价。租入固定资产改良支出是企业从其他单位或个人租入的固定资产，所有权属于出租人，但企业依合同享有使用权。通常双方在协议中规定，租入企业应按照规定的用途使用，并承担对租入固定资产进行修理和改良的责任，即发生的修理和改良支出全部由承租方负担。对租入固定资产的大修理支出，不构成固定资产价值，其会计处理与自有固定资产的大修理支出无区别。对租入固定资产实施改良，因有助于提高固定资产的效用和功能，应当另外确认为一项资产。由于租入固定资产的所有权不属于租入企业，不宜增加租入固定资产的价值而作为递延瓷产处理。租入固定资产改良及大修理支出应当在租赁期内分期平均摊销。